www.ingramcontent.com/pod-product-compliance
Lightning Source LLC
Chambersburg PA
CBHW051849170526
45168CB00001B/33

9781517684273

المياه العادمة (الفضلات السائلة)

تأليف

الأستاذ الدكتور المهندس المستشار/ عصام محمد عبد الماجد أحمد

والدكتور/ الطاهر محمد الدرديري

والدكتور/ محمد عصام محمد عبد الماجد

© الطبعة الأولى، باسم الفضلات السائلة، الناشرون: دار جامعة السودان للطباعة والنشر والتوزيع، ص. ب. 407، الخرطوم، السودان، تمت طباعة لطبعة الاولى من هذا الكتاب بتمويل مقدر من جامعة السودان للعلوم والتكنولوجيا، ووزارة الشئون الاقتصادية بولاية الخرطوم، والدكتور الطاهر محمد الدرديري، ومجموعة العاقب: مهندسون واستشاريون، 2000 م. شارك في تأليف الاصدارة الأولى كل من الأستاذ الدكتور المهندس المستشار/ عصام محمد عبد الماجد أحمد، والأستاذ المهندس/ عبد الرحمن أحمد العاقب رحمه الله تعالى، والدكتور/ الطاهر محمد الدرديري، والدكتور/ التيجاني إسماعيل الجزولي. رقم الإيداع في المجلس القومي للصحافة والمطبوعات 99/250

ISBN-13: 978-1517684273
ISBN-10: 1517684277

Printed by CreateSpace, an Amazon.com Company

Available from Amazon.com, CreateSpace.com, and other retail outlets

شكر وتقدير الطبعة الثانية

مما يثلج الصدر استخدام كثير من طلاب الدراسات الجامعية وطلاب الدرسات العليا والبحثين وأعضاء الهيئة التدريسية والمهندسين لهذا الكتاب في أعمالهم الهندسية ومشاريعهم العمرانية للتصميم وأعمال الصيانة. وسعدنا بالتواصل العلمي معهم عبر الأسئلة المهمة والتي ساعدت كثيرا نحو تجويد هذه الاصدارة وتقليل الأخطاء بها.

والشكر ممتدد لكافة الشركات والهيئات والمؤسسات والأفراد والعلماء والباحثين الذين استخدمت أعمالهم في ثنايا هذا الكتاب لزيادة الفهم وترسيخ المعلومة وتبيان الغامض وتوضيح الفكرة.

افتقدت هذه الاصدراة قلم رائد هندسة البلديات السودانية الأستاذ المهندس المستشار/ عبد الرحمن أحمد العاقب رحمه الله تعالى إذ كان له فضل كبير في تأليف جوانب عدة من فصول وأبواب الاصدارة الأولى من الكتاب خاصة الجانب العملي والتطبيقي للوحدات الهندسية به. نسأل الله تبارك وتعالى أن يجعل هذا العمل الممتد في ميزان حسانته وأن يثيبه به خير الجزاء وأفضل الثواب وأن يلهمنا وآله الصبر والسلوان.

المؤلفون

شكر وتقدير الطبعة الأولى

الحمد لله رب العالمين، والشكر لله سبحانه وتعالى أن تكرم علينا وتفضل بإعطائنا فكرة وضع هذا الكتاب، وتحديد مداه، ثم تنسيق معلوماته وإخراجها هذا المخرج المبارك إن شاء الله تعالى.

وعملاً بقوله صلى الله عليه وسلم :**(لا يشكر اللهَ من لا يشكر الناس)**[1] فالشكر أولاً وآخراً لله رب العالمين أن تكرم سبحانه وتعالى علينا بإتمام هذا الكتاب الحاوي، ثم أجزل الشكر والتقدير مع فائق العرفان لكل من ساهم وساعد في إخراج هذا السفر للنور. والشكر خاص ومتصل للسادة جامعة السودان للعلوم والتكنولوجيا، ومعهد الترجمة الإسلامي، وإدارة تأصيل المعرفة بوزارة التعليم العالي والبحث العلمي، وجامعة السلطان قابوس على العون المالي، والعيني، واستخدام المكتبة، وتسهيل الحصول على معلومات جمِّلت من هذا الكتاب.

ثم الشكر متصل للجهات العلمية من منظمات، ومؤسسات، وشركات، ودور نشر، وجمعيات علمية تكرمت بالسماح باستخدام جزء من منشوراتها التي لا غنى عنها لإكمال هذا الكتاب، وتحقيق أهدافه.

ثم الشكر ممتد للجهات والشخصيات التي ساعدت في تمويل طباعة الكتاب ونشره ونخص منهم: البروفيسور الدكتور عز الدين محمد عثمان مدير جامعة السودان للعلوم والتكنولوجيا، واللواء مهندس بابكر علي التوم رئيس مجلس ولاية الخرطوم، والسيد إسماعيل مكي محمد وزير الشئون الاقتصادية بولاية الخرطوم، والدكتور الطاهر محمد

[1] النهاية في غريب الحديث والأثر لابن الأثير، باب الشين مع الكاف، ص. 493، الجزء الثاني، دار إحياء الكتب العربية، تحقيق طاهر أحمد الزاوي ومحمود محمد الطناجي. سنن الترمذي، كتاب البر والصلة، حديث رقم 1877. سنن أبي داوْد، كتاب الأدب، حديث رقم 4177. مسند أحمد، باقي مسند المكثرين، حديث رقم 7598، 7676، 8673، 9565، 9982، 11278. مسند أحمد، مسند الأنصار، حديث رقم 20836، 20845.

الدرديري، والبروفيسور المهندس عبد الرحمن أحمد العاقب مدير مجموعة العاقب: مهندسون واستشاريون، والمهندس بخيت مكي، والمهندس ليلى صالح محمود، والبروفيسور الدكتور حامد أحمد الحاج إسماعيل مدير كرسي اليونسكو للمياه، والمهندس عبد الفتاح حسن أحمد مدير شركة وارك الهندسية، والسيد محمد الحسن أحمد الحاج.

والشكر متصل للاخوة بمؤسسة التربية للطباعة والنشر لأناقة الطباعة، ودقة الإخراج، وروعة التنسيق والتصميم التي اشتهروا بها؛ ونخص منهم الاخوة طلعت عمر محمود، ومحمد صالح يعقوب، الأمين إبراهيم، وياسر عبد القادر الشيخ، ومحمد كباشي.

ولله الحمد أولاً وآخراً، والصلاة والسلام على سيدنا محمد وعلى آله وصحبه الأخيار.

المؤلفون

مقدمة

نحمده سبحانه وتعالى ونثني عليه ونصلي ونسلم على سيدنا محمد وعلى آله وصحبه ومن والاه. لله الحمد والمنّة أن تفضل علينا سبحانه وتعالى بإتمام هذا المرجع العلمي؛ الذي نأمل أن يفيد مهندسي الغد، وكتائب المهندسين المنتشرة في ربوع الوطن، ومشغلي محطات معالجة الفضلات السائلة، وغيرهم من أهل التخصصات ذات الصلة. هذا بالإضافة إلى الفائدة المرجوة للأستاذ المشرف على تدريس مساقات الهندسة البيئية، والبلديات، وتخطيط المدن، وهندسة المياه، وطلاب العلوم الهندسية، والبيئية، والصحية، والاجتماعية في دراساتهم الجامعية منها والعليا.

ورد في تاج العروس من جواهر القاموس للزبيدي "ويقال: رجلٌ هُنْدُوسُ هذا الأمر، بالضم، أي العالم به. ج هَنَادِسةٌ. ويُقال هُمْ هَنَادِسةُ هذا الأمر، أي العلماءُ به. والمهندس مُقَدِّرُ مجاري الماء والقُنِيِّ [1] واحتفارها حيث تُحفر، والاسم الهندسة، وهو مشتق من الهِنْدَازِ (أو أنْداز)، فارسية معرب آب أنداز، فأبدلت الزاي سيناً، لأنه ليس لهم دال بعده زاي وهو حاصل كلام كتاب الجوهري، وأنداز: التقدير، وآب: هو الماء". أسمى الفارسيون مبدع الفن الهندسي أنداز، ولقبه الفراعنة بالنجار الملكي (البناء الملكي)، وأسماه اليونانيون أرشيتكتون Architektons أي سيد البناءين، وعرفه الرومان بالأنجيناري Ingeniari لصنعه الأجهزة العسكرية ومنشآتها، ثم التصق لفظ مهندس في القرن السابع عشر بالمنشآت المدنية. ثم تطورت مهنة الهندسة بعد احترافها وانبثاق التخصصات الدقيقة الخاصة بها؛ فشملت العلوم وتطبيقها في محاور التصميم، والإنشاء الخاصة بالعمارة، والآلات، والأجهزة، وكافة وسائل الإنتاج الصناعية، والزراعية، والطبية، والفنية، والعسكرية، والإقتصادية؛ وكل ما يكفل أساليب الراحة

[1] القُنِيُّ: جمع قناة وهي الآبار التي تُحفر في الأرض متتابعة ليستخرج ماؤها ويسيح على وجه الأرض، وتجمع القناة على قَنَاً، وجمع القنا قُنِيّ فيكون جمع الجمع (أنظر لسان العرب لابن منظور).

وتيسير إيقاع الحياة. ويعرف بعضهم الهندسة على أنها "فن الإفادة من المبادئ والأصول العلمية في بناء الأشياء وتنظيمها".

وارتبطت الهندسة ارتباطاً وثيقاً بكافة العلوم، فأفادت منها في استخدام المواد، وقوى الطبيعة لبلوغ التقدم، وطلب التطور، وابتغاء الإزدهار في إطار اقتصادي مستدام دون ضرر بالبيئة المحيطة، أو الصحة العمومية ما أمكن. فكان الإبداع الهندسي المبين، والفن الجمالي المدرك والمحسوس، والتفاعل مع البيئة والجمهور للبعد عن النشاز والإيفاء بالنغم الرصين. بدأت الهندسة المدنية ثم انبثقت التخصصات المختلفة فشملت العِمارة، وتخطيط المدن، والإنشاءات، والطيران، والطرق، والجسور، والأنفاق، والبيئة، والري والهيدروليك، والكهرباء والإلكترونيات، والاتصالات، والميكانيكا، والبحرية، والتدفئة والتكييف، والسيارات، والكيمياء، والنفط، والتعدين، والطبية، والأمن الصناعي، والكفاية الإنتاجية، والزراعة، والحاسوب.

وللتفرد والإبداع الهندسي ينبغي اكتساب المهارة الهندسية، وتطوير الملكات الفكرية، ونمو القدرات العقلية، وترويض الخيال العلمي المبتكر، والمقدرة على التذوق الفني السليم، وقوة الملاحظة، والتمتع بالحس المرهف لكافة ضروب الجمال. ومن هنا ينبغي على المعلم نقل المعلومة الهندسية – في أمانة وإخلاص وتجرد – للمتلقي وطالب الهندسة الذي من الواجب أن يتحلى بالصبر، والانتباه، والتركيز، والتفاعل، لتلقي التدريب الكفيل بتطوير المهنة، ورفعة الأمة ونهضتها؛ خاصة في زماننا هذا حيث كاد أن يسود اقتصاد السوق، وعولمة الفنون، وتدويل المعرفة، وكوكبية المعلومات والثقافة. وهذا يُظهر كبر التحدي الملقى على عاتق جحافل المهندسين السودانيين، والعبء الكبير على كاهل أئمة الهندسة السودانية وعلمائها؛ ممثلين في مؤسسات التعليم العالي والبحث العلمي التي نيط بها حمل الأمانة، وتبليغ الرسالة الهندسية. ثم لنا أن نسعد بتحقيق آمال واقعية مثل انشاء مترو أنفاق حلفا والخرطوم وبورستودان وجوبا والفاشر ومابينها؛ ومد شبكة الطرق التي تقود جميعاً للخرطوم؛ وبناء الجسور والقناطر التي تضمن انسياباً منتظماً للنيل وتعمل على صد الفيضان، ومنافسة الطيران السوداني لارتياد الفضاء؛ وتحقيق أحلام مثل امتلاك القوة العسكرية العلمية السودانية النافذة عبر

المجرات لرفع راية لا إله إلا الله محمد رسول الله في الآفاق؛ وتحريك الأشياء دون معينات؛ والمشي على سطح الماء؛ وابتكار التلفاز ثلاثي الأبعاد ...الخ. ونكون خير امتداد لنفر سوداني كريم كان رائد هندسة الحديد والصلب في العالم أجمع في القرن السادس الميلادي، وامتداد طبيعي لثلة من الأولين حقق الطفرة الهندسية براً، وبحراً في الدولة الإسلامية وليس ذلك على الله ببعيد.

انتهج في وضع هذا الكتاب تسلسل قطار التعامل مع الفضلات ابتداءً من نقاط تجميعها، ثم نقلها، ومعالجتها، وإعادة استخدامها، وكيفية التعامل معها. وقد روعي التفكر في الأمور الشرعية في كل مرحلة من مراحل سير قطار التخلص من الفضلات لإتمام الفائدة في محاولة لقراءة كتاب الكون، والاستفادة مما أفاء الله سبحانه وتعالى به علينا من معانٍ وأفكار من القرآن الكريم، والسنة المطهرة، وعلومها. ومن ثم أتت هذه المحاولة لكتابة السفر وتجويده من قبل متخصصين لعمل مشترك يلتقي فيه العلم الوضعي مع العلم الشرعي الإسلامي.

احتوى الكتاب على سبعة فصول منهجية عالج فيها الفصل الأول: ضروب استخدام الماء المستعمل، وأطر مراقبة الفضلات السائلة، وطرق حفظ سجلات المحطة، وأنواع العينة، والسلامة المهنية في صناعة الفضلات السائلة.

وأتى الفصل الثاني يبين علاقة الفضلات والصحة العمومية، ويوضح أقسام الأمراض، ومسبباتها من البكتريا، والفيروسات (الحمات)، والفطريات، والطحالب، والحيوانات الأوالي، والروتفيرات، والقشريات، والديدان، واليرقات؛ وأثر وحدات المعالجة لإزالتها أو هلاكها أو تقليلها.

ثم تفرد الفصل الثالث بقضايا طرق جمع الفضلات السائلة ونقلها معدداً أنواع المجرور، وتقديرات معدل دفق الفضلات السائلة، وتغيراته، وأنماط قياسه، وهيدروليكيا الصرف الصحي، وتصميم المجرور، وملحقاته، وطرق تشييده، والمواد المستخدمة في ذلك. ثم عالج الفصل مشاكل الاحتكاك والتحات في المصارف الصحية.

تطرق الفصل الرابع إلى معالجة الفضلات السائلة بالنظر إلى أهداف المعالجة وطرقها، وبالتركيز على الأطر المستخدمة للمعالجة في المناطق الحضرية والريفية على حد سواء، متضمنة: المصفاة، وجهاز الترسيب، وحوض إزالة الرمل، والحمأة النشطة، وبرك الموازنة، وأخدود الأكسدة، ومرشح النضيض، وحوض التحليل اللاهوائي، والتلوث بالنفط. كما تطرق الفصل إلى المعالجة المتقدمة لإزالة الفسفور، والنتروجين.

ثم نظر الفصل الخامس إلى أمر معالجة الأوساخ والتخلص النهائي منها، متضمناً: هضم الحمأة، ونزح الماء منها، وطرق التخلص من السائل النهائي. وأحيل أمر القوانين والتشريعات المتعلقة بإعادة استخدام السائل النهائي، وأنماط التخلص من عموم الفضلات السائلة إلى الفصل السادس، والذي ركز على التشريعات المحلية، والعالمية، ومنظور الشرع الإسلامي في هذا الإطار، وتبيان حقوق الارتفاق.

لزيادة الفائدة المرجوة من هذا الكتاب روعي إدراج المسائل العملية التي وردت في امتحانات كلية الهندسة بجامعة الخرطوم، وكلية الهندسة بجامعة السودان للعلوم والتكنولوجيا، وكلية العلوم الهندسية بجامعة أم درمان الإسلامية، وكلية الصحة والدراسات البيئية (التي كانت تتبع لوزارة الصحة) بجامعة الخرطوم، وكلية الهندسة بجامعة الإمارات العربية المتحدة، وكلية الهندسة بجامعة السلطان قابوس بسلطنة عمان، عبر حقبة من الزمن زادت على نيف وعشرين عاماً. وقد تم اختيار هذه المسائل العملية لزيادة الفائدة وإكساب المهارة للقارئ لهذا الفن. كما تضمن كل فصل مسائل نظرية لسبر غور الموضوع قيد الذكر. وروعي وضع المصادر والمراجع العلمية المستفاد منها في تأليف الكتاب في نهاية كل فصل. ولإتمام الفائدة ولتسهيل الرجوع إلى الجداول التي لا غنى عنها فقد تم إدراجها مع المرفقات. ويعتقد المؤلفون أن وضع هذا الكتاب هو محاولة في سلسلة المحاولات الجادة لتعريب علم الهندسة البيئية، وتأصيله، وأسلمته، وإنتاج مؤلف يستفيد منه القارئ العربي، ومصمم وحدات المعالجة، ونظم نقل الفضلات

السائلة. ويرحب المؤلفون بأي ملاحظات، أو استفسارات، أو إضافات تفيد في إكمال الكتاب في الطبعات اللاحقة على العنوان المبين مع كل منهم.

نسأله سبحانه وتعالى أن يتقبل هذا الجهد وأن يضعه في ميزان حسناتنا يوم لا ينفع مال ولا بنون إلا من أتى الله بقلب سليم، وآخر دعوانا أن الحمد لله رب العالمين.

الأستاذ الدكتور المهندس عصام محمد عبد الماجد
جامعة السودان للعلوم والتكنولوجيا
ص. ب. 407 الخرطوم
هاتف: 775291، فاكس: 774559
بريد إلكتروني isam_abdelmagid@hotmail.com

الدكتور التيجاني إسماعيل الجزولي
المعهد الإسلامي للترجمة
ص. ب. 44755، الخرطوم وسط
هاتف: 222716، فاكس: 222718
بريد إلكتروني: gizuli@yahoo.co.uk

الأستاذ المهندس عبد الرحمن أحمد العاقب
مجموعة العاقب: مهندسون واستشاريون
الخرطوم، ص. ب. 10160
هاتف: 471650

الدكتور الطاهر محمد الدرديري
جامعة السلطان قابوس
كلية التربية والدراسات الإسلامية
ص. ب. 32 رمز بريدي 123
مسقط، سلطنة عمان

المؤلفون

الخرطوم في 1421 هـ - 2000 م

محتوى كتاب الفضلات السائلة

قائمة الأشكال

قائمة الجداول

مقدمة للحوسبة الهندسية

إن من أهم التطورات التي حدثت في التاريخ الإنساني هي الطفرة التكنولوجية التي بدأت أواخر القرن العشرين واستمرت إلى أوائل القرن الحالي في الحوسبة وعلومها. إن فكرة الحاسبات ليست فكرة جديدة، فالتاريخ يؤكد أن قدماء الصينيين استخدموا أدوات بدائية لتسهيل العمليات الحسابية. ثم ظهرت الآلات الحاسبة الميكانيكية والتي كانت خطوة متطورة من الحاسبات اليدوية، ثم قفزت التكنولوجيا لتظهر الحاسبات الالكترونية التي مرت بأجيال مختلفة استخدمت فيها تقنيات متعددة بدءاً بالترانزستورات والأنابيب المفرغة وحتى ظهرت الدوائر المتكاملة.

ونتيجة للتطور في علوم الحوسبة وتطبيقاتها، فقد أصبحت علوم الحاسوب أمراً مفروضاً ينبغي على كل طالب علم أن يلم بأركانه الأساسية، ابتداءً من التعامل الأساس مع الحاسوب، والعمل مع نظام التشغيل، والتعامل مع برامج سطح المكتب كمحررات النصوص وبرامج العرض والجداول الممتدة.

كما أن المهندس زيادة على هذه العلوم الأساسية يحتاج بالإضافة لذلك إلى المعرفة بقواعد البرمجة وأنواع لغات البرمجة الموجودة على الساحة واستخداماتها المختلفة. ويمكن تعريف البرنامج على أنه مجموعة من الأوامر التي يتم تغذيتها لوحدة المعالجة المركزية (Central Processing Unit, CPU) وهي الدائرة المتكاملة المسئولة عن تنفيذ جميع الأوامر التي ينفذها الحاسوب، لتقوم بتنفيذ الأوامر المطلوبة واحداً بعد الآخر حتى نهاية البرنامج المعني.

وبطريقة عامة، يمكن تقسيم البرامج لنوعين عامين:

* البرامج السطورية، أو البرامج التي يتم معالجتها بالسطور (Command line processing)، وهي البرامج القديمة الطراز، حيث كان البرنامج عبارة عن مجموعة من السطور (أو الأوامر) التي يتم تنفيذها بالتوالي حتى نهايتها،

* البرامج الرسومية، أو برامج واجهات المستخدم الرسومية (Graphical User Interface, GUI)، وهي البرامج الحديثة التي تتكون من جزئين: الواجهة الرسومية المقابلة للمستخدم، والشفرة البرمجية التي تنفذ العمليات المطلوبة.

والأوامر البرمجية يتم تحويلها في النهاية لأوامر بلغة الآلة (Machine code)، والتي تقوم وحدة المعالجة المركزية بتنفيذها.

وحيث أن برامج الواجهات الرسومية قد صارت أكثر تعقيداً من البرامج السطورية القديمة، فإن البرنامج ذي الواجهة الرسومية صار غير ملتزم بخط سير معين، حيث أن المستخدم هو الذي يحدد خط سير البرنامج، وأي جزء من البرنامج سيتم تنفيذه عبر إعطاء أوامر محددة للبرنامج. فمثلاً عند ضغط المستخدم على زر ما يتم تنفيذ جزء من البرنامج للقيام بعملية حسابية، وعند ضغط زر آخر يتم تنفيذ جزئية أخرى من البرنامج، وهكذا، حتى يقوم المستخدم بإنهاء البرنامج أو إغلاق جهاز الحاسوب.

وهذا النوع من البرامج يسمى البرامج التفاعلية (Interactive programs) حيث أن تفاعل المستخدم مع البرنامج هو الدافع لتنفيذ الشفرة المكتوبة، وغالباً لا يتم تنفيذ شفرة البرنامج كاملة، بل يتم تنفيذ جزء معين وهذا الجزء يعتمد على تفاعل المستخدم، وبدون هذا التفاعل يكون البرنامج في حالة حلقة مفرغة ينتظر الأوامر لتنفيذها.

والبرامج بهذه الطريقة يصعب كتابتها بوضع كل مكونات البرنامج في جوئية واحدة، وعلى ذلك أصبحت فلسفة البرمجة أن يتم تقسيم البرامج لأجزاء، يختص كل جزء بتنفيذ وظيفة معينة من الشفرة، كحساب نتيجة ما، أو رسم خطوط بيانية، أو بيان مخرجات للمستخدم، إلخ.. وأقسام البرامج الجزئية نوعان:

(1) البرامج الفرعية (Subroutines): يتكون البرنامج الفرعي من جزء من البرنامج الكلي، وعليه أن ينفذ مجموعة من الأوامر، ثم يعيد التحكم للبرنامج الأم. ومثال للبرامج الفرعية هي البرامج التي تقوم ببيان المخرجات للمستخدم، أو عمل رسم بياني، أو انتظار المستخدم لقراءة مدخلات معينة، ...

(2) الوظائف (Functions): مثلها مثل البرامج الفرعية، والفرق بينهما أن الوظائف يتوقع منها أن تعيد نتيجة ما للبرنامج الأم في حين أن البرنامج الفرعي لا يتوقع منه إعادة نتيجة، فمثلاً يمكن وضع الشفرة التي تقوم بحساب الجذر التكعيبي لرقم في وظيفة منفردة، وحينما يرغب المستخدم في حساب الجذر التربيعي يقوم بإعطاء الرقم للبرنامج الأم، الذي يقوم بنداء الوظيفة التي ستحسب الجذر ثم ترجع النتيجة للبرنامج الأم، والذي يقوم ببيانها للمستخدم في المخرجات.

والتعامل بين البرنامج الأم والبرامج الفرعية يتم عبر النداءات الوظيفية (Function Calls)، والتي تكون عادة باستخدام الإسم المميز للبرنامج الفرعي أو الوظيفة المراد منها تنفيذ عمل ما، بالإضافة لأي مدخلات تحتاجها الوظيفة لأداء عملها، وبعد أن تنتهي الوظيفة من عملها يتم إعادة التحكم للبرنامج الأم لتنفيذ أي أوامر أخرى.

والبرامج ذات الواجهة الرسومية تحتاج من المبرمج الإنتباه لشيئين:

(1) الواجهة الرسومية المقابلة للمستخدم (User interface)، وهي مجموعة الرسومات (من أزرار وقوائم ومربعات نصوص وأيقونات وغيرها مما يكوّن في مجموعه النوافذ التفاعلية مع المستخدم) وهي التي يراها مستخدم البرنامج ويتفاعل معها باستخدام الفأرة ولوحة المفاتيح لإدخال الأوامر للبرنامج. وبالنسبة للمستخدم فالبرنامج هو الواجهة الرسومية لا غير، المستخدم مثلاً يضغط زراً والبرنامج يعطي مخرجاً. وعادة تكون الواجهات الرسومية متشابهة تحت نظام التشغيل الواحد، فمثلاً كل (أو أغلب) النوافذ تحت نظام معين كويندوز تتكون من نفس الشكل واللون، ولكنها تختلف عن نوافذ نظام آخر كلينوكس، وهكذا.

(2) الشفرة البرمجية (Program Code)، وهي مجموعة الأوامر التي تقوم بتنفيذ الوظيفية الأساسية المطلوبة من البرنامج من وراء الكواليس. وبالنسبة للمستخدم فالشفرة غير مرئية، كما أنها يتم تنفيذها عند الحوجة كما أسلفنا. فمثلاً عندما يضغط المستخدم زراً معيناً في البرنامج يقوم النظام بالبحث في شفرة البرنامج عن الوظيفة أو البرنامج الفرعي المسئول عن تنفيذ أمر الضغط، ويتم تنفيذ الأوامر ثم يعود التحكم للبرنامج الأم، والذي بدوره يقوم بانتظار المستخدم ليدخل أمراً جديداً يتم تنفيذه. والشفرة عادة تختلف حسب لغة البرمجة المستخدمة، وهو شئ لا علاقة له (إلى حد ما) بالواجهة الرسومية، فنظرياً يمكن تصميم الواجهة الرسومية ثم كتابة الشفرة لها بعدة لغات مختلفة تحت نظام التشغيل الواحد. وهذه الحقيقة صعبة التنفيذ تحت بعض الأنظمة التي تحتاج للغات معينة للتفاعل مع الواجهة الرسومية، ولكنها ممكنة إلى حد كبير تحت بعض الأنظمة كنظام ويندوز.

ولكتابة أي برنامج حاسوبي لا بد أن يكون المبرمج ملماً بلغة البرمجة المراد استخدامها. ولغات البرمجة يمكن تقسيمها بعدة طرق:

1. لغات عامة الغرض (General purpose) ولغات خاصة الغرض (Special purpose):

فاللغات العامة هي اللغات التي يمكن استخدامها لأي من أغراض البرمجة، ومثال لها لغة فيجوال بيسك Visual Basic (وهي اللغة المستخدمة في هذا الكتاب) وفيجوال سي Visual C وجافا Java ودلفاي Delphi (وهي اللغة المشتقة من لغة باسكال المنقرضة). أما اللغات الخاصة فهي اللغات التي تخدم غرضاً معيناً بكفاءة أكبر من اللغات العامة، كلغات برمجة قواعد البيانات (مثل SQL)، ولغات برمجة الذكاء الصناعي (مثل Prolog وLisp) ولغات برمجة صفحات النت (مثل JavaScript وHTML).

واللغات العامة يمكن استخدامها لأغراض اللغات الخاصة، والعكس ليس صحيحاً. ولكن اللغات العامة لديها قصور بطبيعة الحال في الأماكن شديدة التخصص، كالحسابات الدقيقة، أو برامج الذكاء الاصطناعي المتطورة، أو صفحات النت المعقدة، فهذه الأشياء لا بد لبرمجتها برمجة صحيحة من استخدام لغة الغرض الخاص المصممة خصيصاً لهذه الوظيفة، لضمان أفضل النتائج.

2. لغات المستوى العالي (High level) والمستوى المتوسط (Intermediate level) والمستوى المنخفض (Low level):

والمقصود بالمستوى هو سهولة استخدام اللغة بالنسبة للمبرمج وقرب الأوامر المستخدمة في اللغة من اللغة الإنجليزية. فالحواسيب الأولى كان يتم برمجتها مباشرة باستخدام الشفرة الثنائية (1 أو 0) وهي اللغة الوحيدة التي يستطيع الحاسوب فهمها، حيث أن الواحد يعني وجود تيار في الموصل، والصفر يعني غياب التيار. والبرامج كانت صعبة الكتابة بهذه اللغة فهي عبارة عن سلسلة طويلة من الآحاد والأصفار المتتالية، وكل مجموعة من الأرقام تشكل معنى معين لوحدة المعالجة المركزية. والمبرمج كان غالباً ما يقع في الأخطاء بسهولة، ويكون عليه بالتالي إعادة كتابة البرنامج من البداية. هذا ما يسمى بلغة المستوى المنخفض أو لغة الآلة.

ثم ظهرت لغة التجميع (Assembly language) لتسهيل عملية كتابة البرامج، وهي عبارة عن كلمات مفتاحية تتكون كل منها من حرفين لأربعة حروف انجليزية على

الأكثر، وهي أقرب لفهم المبرمج، وقد سهلت عملية البرمجة كثيراً، حيث أن المبرمج يقوم بكتابة البرنامج بهذه اللغة الأقرب لفهمه، ثم يقوم برنامج خاص يسمى المُجَمِّع (Assembler) بترجمة البرنامج للغة الآلة التي تفهمها وحدة المعالجة المركزية. وكل أمر في لغة التجميع يقابله أمر مماثل في لغة الآلة، لذلك تعتبر لغة التجميع عبارة عن ترجمة حرفية للغة الآلة ولكن بحروف انجليزية، ولذلك تسمى لغة التجميع بلغة المستوى المتوسط. ولكن هناك مشكلة أن لغة الآلة تختلف حسب نوع وحدة المعالجة المركزية، وبالتالي فالبرنامج المكتوب بلغة التجميع بعد أن يتم تحويله للغة الآلة التي تفهمها وحدة معالجة من نوع معين، قد لا يمكن تنفيذه في وحدة من إنتاج شركة أخرى، وأشهر نوعين لوحدات المعالجة هما الذين تنتجهما شركتا إنتل وموتورولا، ولغات الآلة المستخدمة في كليهما تختلف كثيراً عن بعضهما.

ولكن المبرمجين مضوا أبعد من ذلك، فقاموا باختراع لغات أخرى سميت بلغات المستوى العالي. وهذه اللغات هي اللغات المشهورة في البرمجة الآن، حيث أن البرنامج يكون عادة سهل القراءة لأنه يتكون من كلمات إنجليزية واضحة بالإضافة للأرقام والرموز الحسابية الخاصة. كما دخلت مفاهيم جديدة كالأنواع (Classes) والبرامج الفرعية والوظائف، كما ظهرت فلسفة البرمجة المستندة على الأشياء (Object Oriented Programming, OOP) مما لم يكن موجوداً في لغات المستوى المنخفض. وكل برنامج مكتوب بلغة مستوى عالٍ يحتاج لمترجم يفهم هذه اللغة ثم يقوم بتحويلها للغة الآلة، حيث أن الحاسوب لا يفهم غير هذه اللغة المكونة من الآحاد والأصفار.

بعد هذا التطور في علوم الحاسوب، تعددت أنظمة التشغيل وتنوعت. فبينما كانت الأنظمة مغلقة المصدر – أي أن الشفرة البرمجية لها محجوبة عن المستخدم (Closed Source) كنظام تشغيل ويندوز، ظهرت أنظمة وبرامج مفتوحة المصدر (Open Source) كنظام تشغيل لينكس. والحركة البرمجية العامة أصبحت تسير في اتجاه البرامج مفتوحة المصدر، التي تتيح للمستخدم معرفة الشفرة البرمجية التي يستخدمها البرنامج لأداء وظيفة معينة، بل وتتيح للمستخدم في أحيان كثيرة تعديل الشفرة وربما إعادة استخدامها في برامج أخرى. ومن هنا ظهرت الحوجة للبرامج التي تعمل على

عدة أنظمة تشغيل مختلفة، فالمبرمج مثلاً قد يكتب برنامجه للعمل تحت نظام لينوكس، ولكن المستخدم يستخدم نظام ويندوز. ولحل هذه المشكلة ظهرت بعض اللغات العابرة للأنظمة (Cross-platform) حيث يمكن كتابة الشفرة البرمجية باستخدام لغة معينة، ثم يمكن تنفيذ البرنامج على عدة أنظمة مختلفة بدون إعادة كتابة الشفرة البرمجية. ومثال هذه اللغات Java و Qt/C++ وغيرها. وهذه البرامج يتم كتابتها بلغة المستوى العالي، ثم يقوم المجمّع بتحويلها للغة تشبه لغة الآلة ولكنها لغة خاصة تسمى اللغة الثنائية (Binary code) ثم يقوم برنامج معين يسمى الآلة الافتراضية (Virtual machine) بإعطاء الأوامر لوحدة المعالجة لتقوم بتنفيذها. وهذه البرامج تكون عادة أبطأ من البرامج المكتوبة بلغة الآلة مباشرة بسبب وجود الوسيط، وهو الآلة الافتراضية، بين البرنامج ووحدة المعالجة.

وهناك نقاط مهمة لا بد من أخذها في الاعتبار عند التخطيط لكتابة أي برنامج:

1. ما لغة البرمجة التي سيتم استخدامها؟ وهل هذه هي اللغة المناسبة لتنفيذ الوظيفة المطلوبة أم أن هناك لغة أخرى أكثر ملائمة؟. وبصورة عامة فإن البرامج المتخصصة كما أسلفنا يفضل كتابتها بلغاتها المتخصصة، أما البرامج العامة والبرامج الهندسية البسيطة فيمكن كتابتها بلغات البرمجة العامة.
2. ما نوع وطبيعة أجهزة الحاسوب التي سيتم تنفيذ هذا البرنامج عليها؟ هل هي وحدات معالجة ذات 32 أو 64 بت؟. ما الإمكانات المطلوبة (كسعة الذاكرة، بطاقات شاشة متخصصة، أجهزة سمعية، ..) أو عدمها.
3. نظام التشغيل المقصود (نظام النوافذ من مايكروسوفت MS Windows يعتبر أكثر النظم التشغيلية شهرة، ولكن هناك أنظمة أخرى دخلت الملعب بقوة وصار لها زبائنها ومستخدموها كنظام لينوكس Linux ونظام ماكنتوش Mac OS). هل سيتاح البرنامج للمستخدمين في أنظمة متعددة أو أنه سيكون مقصوداً للعمل تحت نظام تشغيل واحد؟.
4. ما نوع المعادلات والرسومات الهندسية المطلوبة ليقوم البرنامج بتنفيذ وظيفته بكفاءة؟.

وفي هذا الكتاب قمنا باختيار لغة فيجوال بيسك الإصدار العاشر لبرمجة الأمثلة الموجودة في نص الكتاب وذلك لسهولة استخدام اللغة خاصة للمبرمجين المبتدئين، كما أنها لغة واضحة وكلماتها المفتاحية سهلة القراءة، فيسهل بذلك متابعة شفرة البرامج المختلفة حتى لمن لم يتعود على البرمجة بهذه اللغة، كما أن سهولة اللغة تجعل تحويل البرامج المكتوبة بها للغات أخرى عملية ليست ذات صعوبة كبيرة. هذا إلى جانب كون فيجوال بيسك هي الاختيار الأول للمبرمجين تحت نظام مايكروسوفت ويندوز، وهو من أكثر الأنظمة شهرة وانتشاراً بين أنظمة التشغيل.

وقد تم تحويل كل الأمثلة الموجودة في الكتاب لبرامج تمت تجربتها تحت نظام ويندوز. وكل مثال تتبعه شفرة البرنامج الذي يؤدي الحسابات المطلوبة. أما الواجهة الرسومية لكل مثال فيمكن رؤيتها في الملحقات. حيث لا بد من تصميم الواجهة الرسومية لكل برنامج قبل الشروع في كتابة الشفرة المكملة لها.

وقد حافظنا في الأمثلة على البساطة ما أمكن، وتم وضع البرامج بحيث تكون مباشرة وتشرح الفكرة الهندسية المطلوبة بدون تعقيد أو مفاهيم برمجية معقدة. ويمكن إعادة إنشاء البرامج باستخدام الشفرة البرمجية والاستعانة بالملحقات لتصميم الواجهة الرسومية، أو يمكن الحصول على ملف مضغوط يحتوي على جميع مصادر الأمثلة المحتواة في الكتاب وذلك بزيارة مواقع المؤلفين:

http://sites.google.com/site/isamabdelmagid
http://sites.google.com/site/mohammedisam2000

الفصل الأول: الفضلات السائلة

1-1 إعادة استخدام الماء المستعمل

من منظور الدورة الطبعية (الهيدرولوجية) للماء يُلاحظ أن الماء العذب في البحيرات، والبرك، والأنهار، والمياه الجوفية يمثل حوالي خمسة بالمائة من المياه الموجودة على وجه الأرض، أما الجزء المتاح من هذا الماء العذب لاستخدام الإنسان فلا يتجاوز 0.62 في المائة ما يربو على ثلاثة أرباعها من المياه السطحية وبقيتها من المياه الجوفية (أنظر شكل 1-1). يشير هذا الأمر إلى أهمية المحافظة على الماء وترشيد استخدامه وعدم الإسراف والتبذير فيه. كما يتطلب الأمر التفكر في إمكانية ابتداع نظم جديدة لمعالجة الماء المستعمل والفضلات السائلة (أنظر شكل 1-2) بغية إعادة الاستخدام في ضروب شتى تضم التالي {1-5}:

1) تغذية المخزون الجوفي: يمكن أن تضاف المياه المستعملة المعالجة لزيادة المخزون الجوفي، أو لخزن الماء المعالج، أو لتفادي نضوب معين الماء، أو لمنع تغلغل الماء الملح في المناطق الساحلية، أو لامتداد معالجة الماء داخل باطن الأرض بغرض استخدامه مرة أخرى، أو قد يتم صب الماء المعالج في الحوض الجوفي ليفقد الماء المستعمل الهوية ليتم قبوله من الجمهور المتوقع أن يستخدمه. ومن أهم الخواص التي ينبغي مراعاتها ومراقبتها والتحكم فيها لمثل هذا النوع من الاستخدام حسب المعايير المتبعة: تقدير كمية ودرجة تركيز كلٍ من: الجراثيم والممرضات، والعناصر المعدنية، والفلزات الثقيلة، والمواد العضوية الثابتة.
2) مواكبة متطلبات ماء الشرب: في هذا الضرب من الاستخدام هناك مناطق قليلة جداً حاولت الاستخدام المباشر للماء المستعمل المعالج لأغراض الشرب مثل مدينة شانوت Chanute بولاية تكساس الأمريكية، ووندهوك Windhoek بناميبيا. وما فتئت الأبحاث تترى حول إمكانية استغلال الماء المستعمل في هذا المحور، واستقطاب قبول المستهلك له، لا سيما وهنالك ما يقارب حوالي 1.2 بليون نسمة من

جملة سكان العالم البالغ عددهم حوالي 6 بليون نسمة لا يجدون ماء شرب مأموناً، أي ما يقارب فرداً من كل خمسة أشخاص {5}؛ وحوالي 3 بليون شخص (واحد من كل شخصين) لا يوجد لديهم إصحاح مناسب. وتشير الإحصاءات العامة إلي هلاك حوالي 3.4 مليون فرد بسبب أمراض ذات صلة بالماء، نصفهم من الأطفال بسبب استخدام ماء غير مناسب، وغياب التعليم الصحي، وتدني إصحاح البيئة لديهم. أما الاستخدام غير المباشر للماء المستعمل المعالج فيوجد في عدة مناطق حول العالم من بينها بريطانيا وأوروبا وأمريكا عبر إعادة استخدام نسب معينة يتم التخلص منها في المياه السطحية من برك، وبحيرات، وأنهار، وأحواض جوفية. وينبغي مراقبة خواص الماء الطبعية والكيميائية والحيوية وخضوعها للتشريعات المتبعة عند صرف السائل النهائي المعالج للموارد المائية. ومن المهم فهم الصلة بين الماءن والإصحاح، والنظافة؛ ففي حقبة ما كان يعتقد اختصاصي الماء أن الماء النظيف يحسن من الصحة العمومية، غير أن مجموعة النظافة الشخصية والإصحاح والماء النظيف تقود مجتمعة إلى تحسن الصحة؛ ولكل من هذه المؤثرات أثره الصحي غير أن الماء أقلها، وأثرها مجتمعة أكبر من تأثير الماء النظيف لوحده {5}.

3) احتياجات الصناعة: يتم إعادة استخدام الماء المستعمل المعالج داخل المنشأة الصناعية المعينة بإعادة دوران السائل النهائي المعالج كما يحدث مثلاً في صناعة الحديد والإلكترونيات والمواد الكيميائية. وربما تم إعادة الاستخدام من محطات المياه العامة أو الخاصة لمجموعة صناعات مثلاً للتبريد، والغلايات، واستصلاح الأراضي، والتحكم في الغبار، ومكافحة الحريق. وتختلف المعايير حسب نوع الصناعة، والمنتج، وأنماط المعالجة المبدئية (أنظر جدول 1-1) والنهائية.

4) الترفيه والترويح والتسلية: قد يستخدم الماء المستعمل المعالج للسباحة، والتجديف، والتزحلق على الماء، والنزهة بالقوارب، والصيد المائي، والنوافير، والمخيمات، واستصلاح ميادين الألعاب الرياضية وغيرها من أنماط الترفيه والتسلية ومناشط الرياضة البدنية. ولكل ضرب من هذه الضروب معايير تحكمه وتشريعات تضبطه ينبغي مراعاتها للمحافظة على الصحة العامة.

5) البيئة المائية: عند استخدام الموارد المائية لتصريف السائل النهائي المعالج ينبغي مراعاة نسبة الكمية المضافة مقارنة مع انسياب المورد المائي، والأحمال العضوية، ومواكبة الخواص للتشريعات المتبعة.

6) تربية حيوانات المزارع والحيوانات البرية والوحشية: من أهم المعايير التي ينبغي أخذها في الحسبان عند استخدام الماء لهذا الأمر الملوحة، والمواد الصلبة الذائبة وغيرها من خواص التشريعات المتعلقة بنوع الحيوان وعمره، والعلف المستهلك لتغذيته وغيرها من العوامل المؤثرة.

7) ريّ المحاصيل الزراعية والساحات الخضراء: يفيد مثل هذا الاستخدام في إيجاد مصدر آخر لري المحاصيل والنباتات وتوفير المياه ذات الجودة العالية لمآرب أخرى تحتاج إلى نوع معين من الماء. كما تمثل مصدراً رخيصاً للماء، ومورداً اقتصادياً يفيد في التخلص من السائل النهائي المنبثق من وحدات المعالجة. ويمكن أن يشكل هذا الماء مصدراً ثابتاً يوثق به ويعتمد عليه، لاسيما وهو يحتوي على مواد تغذية تفيد المزروعات، كاحتوائه على عناصر النتروجين والفسفور. وينبغي مراعاة الخواص الحيوية والطبعية والكيميائية للماء المستعمل لتفادي أي مخاطر صحية متوقعة خاصة فيما يتعلق بالأحياء المجهرية الجرثومية، والممرضات، والملوحة، والمواد الصلبة الذائبة، والبورون، والمعادن، والمواد العضوية المصنعة والثابتة، والمترسبات الكيميائية لبعض العناصر الضارة. ولا يظهر جلياً أثر الزراعة على نوع الماء؛ غير أنه بمرور الزمن تتشكل مخاطر صحية وذلك من جراء استخدام عدة أنواع من الأسمدة، ومخصبات التربة، والمبيدات الحشرية والعشبية والبكترية والطحلبية وغيرها من المبيدات، ومواد مكافحة الآفات المعينة لزيادة الإنتاجية الزراعية. ثم تتراكم هذه المواد المضافة في خزانات الماء الجوفي، والبيئة المائية الطبعية ليظهر أثرها ومخاطرها الصحية ربما بعد عشرات السنين كما حدث في حالة استخدام مادة د. د. ت DDT.

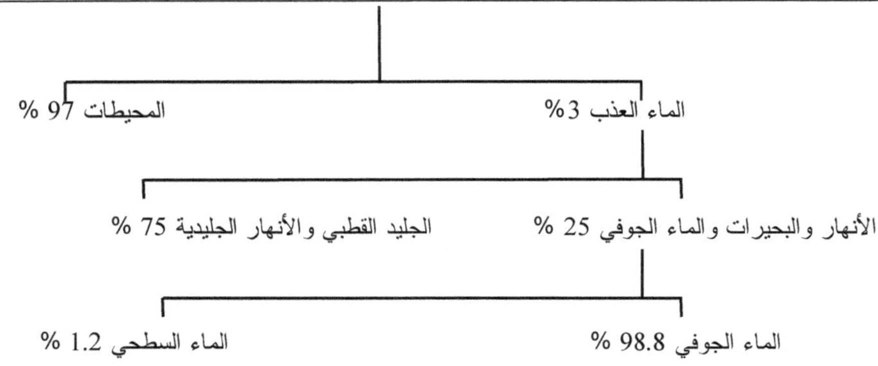

شكل 1-1 النسب التقريبية لتوزيع المياه على الكرة الارضية

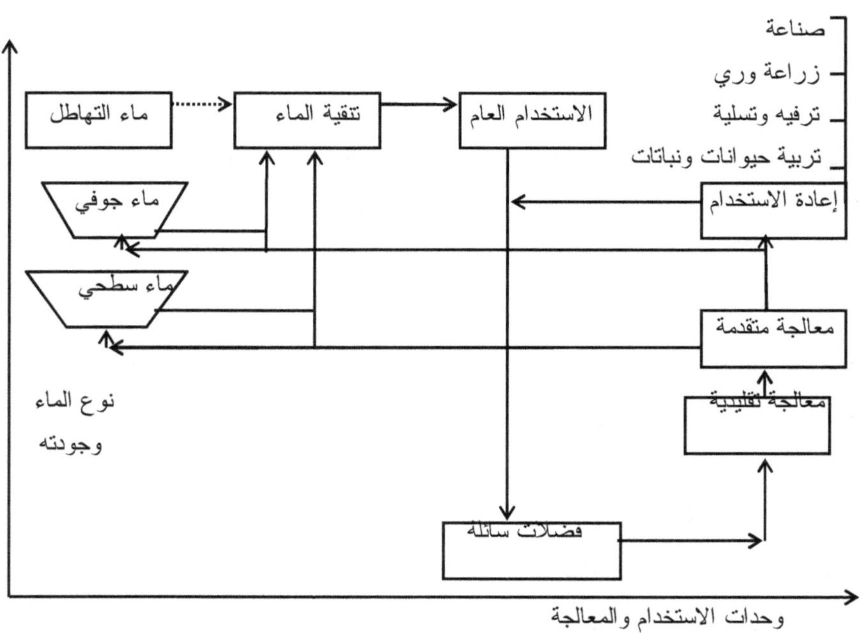

شكل 1-2 تغير نوع الماء بالاستخدام

من المتوقع أن يزيد الإقبال على إعادة استخدام الماء المستعمل بعد معالجته وتنقيته بما يتماشى والقوانين والتشريعات الضابطة. ويشير هذا الأمر إلى أهمية توحيد مرفقي قطاع إمداد الماء، وقطاع الفضلات السائلة؛ لاسيما ومن المتوقع أن يدفع المستهلك

لخدمات الماء غير أنه يتقاعس عن المساهمة في تكلفة معالجة ما استعمله من ماء لعدم رؤيته لأهمية الأمر، أو عدم اقتناعه، أو اعتماده على نظام بديل أرخص، ربما يكون متجاهلاً لأي أموال أخرى تصرف لتغطية نفقات العلاج، أو الإعاقة، أو التعويض، أو الإصلاح والصيانة لمنشآته، أو بديل لزمن ضائع. وفي هذا الجمع والتوحيد للمرفقين أهميته لدفع عجلة التقدم والنهضة العمرانية، وزيادة تغطية المدن والمناطق السكنية بخدمات ماء ممتازة، ومرفق إصحاحٍ راقٍ بما يعود على كافة أعضاء المجتمع بعوائد صحية وثقافية واجتماعية حميدة. ومن الدروس التي تعلمت من برنامج إمداد المياه العالمية، وحقبة مياه الشرب {5} أن الحلول لإمداد الماء ومشاكل الإصحاح على مستوى العالم لا تتعلق بالتقانة أو التمويل، غير أنها سياسية واجتماعية وإدارية في المقام الأول، وتحتاج إلى نوع جديد من المنشآت الإدارية الحكومية لمعالجتها.

جدول 1-1 مقترح المعالجة الابتدائية لبعض الصناعات

الفضلات الصناعية	خواص الدفق	الملوثات المتوقعة	المعالجة المبدئية المقترحة
إنتاج الألبان	متقطع – مستمر	حاجة الأكسجين الحيا-كيميائي BOD، الأكسجين الكيميائي COD، المواد الصلبة الذائبة الكلية، الرمل، حاجة الكلور، القلوية، اللون، العكر، المطهرات، القولونيات	إزالة الزيوت والشحوم والدهون، موازنة وتعادل
إنتاج اللحوم	متقطع	BOD، COD، المواد الصلبة العالقة الكلية، المواد الصلبة الذائبة الكلية، حاجة الكلور، اللون، الشحوم والدهون، النتروجين العضوي، القولونيات	تصفية، إزالة الزيوت الشحوم والدهون، موازنة
صناعة المشروبات الغازية	متقطع – مستمر	BOD، COD، المواد الصلبة العالقة الكلية، الرمل، الحمضية، القلوية	إزالة الرمل، فصل المواد الصلبة الخشنة، موازنة، معادلة

صناعة نسيج القطن	متقطع – مستمر	BOD، COD، المواد الصلبة العالقة الكلية، المواد الصلبة الذائبة الكلية، حاجة الكلور، اللون، القلوية، المطهرات، المعادن الثقيلة، الفوسفات	فصل المواد الصلبة الخشنة، الترسيب الكيميائي للمعادن، موازنة، معادلة
* صناعة الجلود باستخدام الكروم + صناعة الجلود باستخدام النبات	* متقطع + متقطع	* BOD، COD، المواد الصلبة العالقة الكلية، المواد الصلبة الذائبة الكلية، الرمل، القلوية، الحمضية، المعادن الثقيلة، الزيوت والشحوم، الكروم. + BOD، COD، المواد الصلبة العالقة الكلية، المواد الصلبة الذائبة الكلية، الرمل، القلوية، الحمضية، الزيوت والشحوم.	* إزالة الرمل، فصل المواد الصلبة، الترسيب الكيميائي، موازنة + إزالة الرمل، فصل المواد الصلبة الخشنة، معادلة، موازنة
تكرير النفط	مستمر	BOD، COD، المواد الصلبة الذائبة الكلية، الرمل، المعادن الثقيلة، الزيوت والشحوم، الفينول، الكبريتيد	إزالة الزيوت والشحوم والدهون، معادلة، ترويب كيميائي، الطفو بالهواء المذاب DAF
صناعة الفواكه والخضراوات	متقطع	BOD، COD، المواد الصلبة العالقة الكلية، المواد الصلبة الذائبة الكلية، الرمل، اللون، القلوية، المطهرات	إزالة الرمل، فصل المواد الصلبة الخشنة، معادلة

2-1 مراقبة الفضلات السائلة

من أهم أهداف مراقبة الفضلات السائلة وإعادة استخدامها في ما يفيد المجتمع المعني التالي:

أ. حماية الصحة العمومية،

ب. زيادة رفاهية الفرد،

ج. إظهار وثوقية مرفق معالجة الفضلات السائلة للاعتماد عليه،

د. المساعدة في تقويم المرفق،

ه. تبيان المعلومات والبيانات والإحصاءات المهمة للتحكم في المرفق وتشغيله بكفاءة عالية،

و. كشف المخاطر وإعطاء مؤشرات ودلائل المعيبات المتوقعة بسبب قصور في الإدارة أو الأجهزة أو نظم التشغيل ...الخ،

ز. إعطاء مؤشرات النجاح لتجويد الأداء،

ح. ترقية البحث العلمي،

ط. تحديد مصدر الملوثات (أنظر جدول 1-2) وكميات الفضلات والسائل المعالج والحمأة، ومواصفات كل منها وتحديد خواصها وتغيرها مع الزمن والأحمال،

ي. المساعدة في تقويم الأثر البيئي للفضلات السائلة وإعادة استخدامها في المضارب المجازة ومواكبتها للتشريعات والقوانين المحلية والعالمية.

جدول 1-2 مصادر تلوث الماء {7}

المصدر	التلوث المتوقع
(أ) المصادر المكانية (المحددة) Point sources	
+ محطات معالجة الفضلات المنزلية	+ BOD، أحياء مجهرية، مواد تغذية، الفسفور، الأمونيا، المواد السمية، لون وزبد.
* منشآت صناعية	* المواد السمية، BOD، مواد عضوية، مياه حارة، مواد كيميائية، لون وزبد، أملاح.
^ دفق المجاري المتحد	^ BOD، البكتريا، مواد التغذية، العكر، المواد الصلبة الذائبة الكلية، الأمونيا، المواد السمية.
– المحطات الحرارية	– المياه الحارة.
(ب) مصادر متنوعة Non-point sources	
+ الدفق الزراعي	+ مواد التغذية، العكر، المواد الصلبة الذائبة الكلية، المواد السمية، الأحياء المجهرية، الغرين من التعرية، الأسمدة، المبيدات، المواد العضوية.
* دفق حضري	* العكر، الأحياء المجهرية، مواد التغذية، المواد الصلبة الذائبة الكلية، المواد السمية.
^ دفق الإنشاء والتشييد	^ العكر، مواد التغذية، المواد السمية.
– دفق التعدين	– العكر، الأحماض، المواد السمية، المواد الصلبة الذائبة الكلية، المواد الصلبة العالقة الكلية.
# نظم أحواض التحليل اللاهوائي	# الأحياء المجهرية، مواد التغذية.

@ دفن صحي أرضي/التصريف الفائض	@ المواد السمية، المواد المتنوعة.
+ دفق التأجيم Silviculture	+ العكر، مواد التغذية، المواد السمية.

لمعاونة المراقبة المنتظمة والمستمرة ينبغي أخذ العينات حسب الإجراءات الصحيحة المتبعة لأخذ العينات لتمثل النظام قيد البحث وتفيد التقويم؛ رغم صغر حجمها وربما تغير زمان ومكان أخذها. وينبغي أخذ العينات في آنية نظيفة، وتحفظ بالطرق المنصوص عليها في أطر المواصفات والمقاييس المتبعة (أنظر جدول 1-3) بحيث يضمن عدم فقدها، أو زيادتها، أو تغيرها من زمن أخذها وحتى فحصها.

جدول 1-3 مقترحات حجم العينة، ونوع القارورة، والمواد الحافظة، وزمن الحجز قبل فحص العينة {1-4}

المنشط	الحجم المطلوب (مللتر)	نوع القارورة	المواد الحافظة أو طريقة الحفظ	زمن الحجز
الفحص الميكروبيولوجي القولونيات	100	لدائن أو زجاج	تبريد لدرجة 4°م	يجب الفحص بأسرع ما يمكن
الخواص الطبعية				
اللون	500	لدائن أو زجاج	تبريد لدرجة 4°م	24 ساعة
عسر الماء	100	لدائن أو زجاج	تبريد لدرجة 4°م أو إضافة حمض النتريك لرقم هيدروجيني < 2	6 أشهر
الرائحة	500	زجاج	تبريد لدرجة 4°م	24 ساعة
الرقم الهيدروجيني	25	زجاج أو لدائن	فحص في الموقع	ساعتان
الطعم	500	زجاج	تبريد لدرجة 4°م	24 ساعة
المواد الصلبة الذائبة	100	زجاج أو لدائن	تبريد لدرجة 4°م	7 أيام
المواد الصلبة	100	زجاج أو لدائن	لا يحتاج	7 أيام
الحرارة	1000	زجاج أو لدائن	فحص في الموقع	لا يوجد
موصلية كهربائية	100	زجاج أو لدائن	لا يحتاج	7 أيام
العكر	100	زجاج أو لدائن	تبريد لدرجة 4°م وحفظ في الظلام	24 ساعة
الأكسجين الذائب	300	زجاج	فحص في الموقع	لا يوجد

المنشط	الحجم المطلوب (مللتر)	نوع القارورة	المواد الحافظة أو طريقة الحفظ	زمن الحجز
الخواص الكيميائية				
المعادن الكلية	100	زجاج أو لدائن	5 مللتر/لتر حمض النتريك لرقم هيدروجيني < 2	6 أشهر
الحمضية أو القاعدية	200	زجاج أو لدائن	تبريد لدرجة 4°م	24 ساعة
الكلور	500	زجاج أو لدائن	فحص في الموقع	لا يوجد
الفلور	300	زجاج أو لدائن	لا يحتاج	28 يوماً
النترات	100	زجاج أو لدائن	تبريد لدرجة 4°م وإضافة حمض كبريتيك لرقم هيدروجيني < 2	28 ساعة
ثلاثي هالوجينات الميثان THM	25 إلى 250	زجاج	تبريد لدرجة 4°م	فحص بأسرع ما يمكن
الكبريتات	100	زجاج أو لدائن	تبريد لدرجة 4°م	7 أيام
الكبريتيد	100	زجاج أو لدائن	2 مللتر/لتر خلات الخارصين	7 أيام
BOD	100	زجاج أو لدائن	تبريد لدرجة 4°م	6 ساعات لدرجة حرارة 20°م
COD	100	زجاج أو لدائن	2 مللتر/لتر حمض كبريتيك مركز	7 أيام
الكالسيوم	100	زجاج أو لدائن	لا يحتاج	7 أيام
الكلوريد	100	زجاج أو لدائن	لا يحتاج	7 أيام
السيانيد	100	زجاج أو لدائن	قلوية لرقم هيدروجيني 10	24 ساعة
نتروجين-أمونيا	100	زجاج أو لدائن	40 ملجم/لتر كلوريد الزئبق $HgCL_2$ لدرجة 4°م، أو 0.8 مللتر/لتر حمض نتريك مركز	7 أيام
نيتروجين-كجلدار	100	زجاج أو لدائن	40 ملجم/لتر كلوريد الزئبق $HgCL_2$ لدرجة 4°م، أو 0.8 مللتر/لتر	غير مستقر
نتروجين-نترات	100	زجاج أو لدائن	حمض نتريك مركز	7 أيام

المنشط	الحجم المطلوب (مللتر)	نوع القارورة	المواد الحافظة أو طريقة الحفظ	زمن الحجز
			40 ملجم/لتر كلوريد الزئبق لدرجة 4°م، أو 0.8 مللتر/لتر حمض نتريك مركز	
نتروجين-نتريت	100	زجاج أو لدائن	40 ملجم/لتر كلوريد الزئبق لدرجة 4°م، أو تبريد على حرارة – 20°م	يوم إلى يومين
الزيوت والشحوم	100	زجاج أو لدائن	2 ملتر/لتر حمض كبريتيك مركز 4°م 2 مللتر/لتر حمض هيدروكلوريك لرقم هيدروجيني 2	24 يوماً
الكربون العضوي	100	زجاج أو لدائن	1 جم/لتر كبريتات نحاس + حمض فسفوريك لرقم هيدروجيني 2، 4°م	7 أيام
الفينول	100	زجاج أو لدائن	40 ملجم/لتر كلوريد الزئبق لدرجة 4°م، أو 0.8 مللتر/لتر حمض الكبريتيك المركز	24 ساعة
الفسفور	100			7 أيام

وينبغي التخطيط الجيد لأخذ العينة وتحديدها، وأسباب أخذها، والمواقع المقترحة للعينات، ونوع العينة، وعددها، وفترات تردد أخذها، وزمن العينة، ونوع جهاز فحص العينة، وحجم العينة المطلوبة، وطريقة حفظ العينة، والمسئول عن العينة وتدريبه وتأهيله، وأسلوب الفحص واتباعه للمعايير العالمية بغية إعادة الفحص للتأكد والحصول على نتائج مماثلة لنفس الظروف أو للمقارنة بين وحدات مختلفة.

لتحديد نقاط أخذ العينة تتبع نظم معينة حسب متغيرات مهمة تضم التالي:

- سهولة الدخول لنقاط أخذ العينة،
- أخذ عينات ممثلة للواقع في نقاط بها مزج جيد للمكونات،
- ينبغي أخذ العينة لنقاط حرجة في النظام،

- يتم أخذ العينة من منتصف المجرى حيث السرعة عالية لتفادي المواد الصلبة المترسبة،
- تؤخذ العينة أسفل تيار السائل لتفادي المترسبات الزيتية والدهنية والخبث.

من أهم أنواع العينة التالي:

1. عينات عشوائية (لحظية) Grab samples (spot, catch, instantaneous, snap): هي عبارة عن حجم واحد من العينة تجمع كلها في زمن واحد من نقطة واحدة؛ مثلاً وضع قارورة أخذ العينة في المفاعل، أو فتح صمام الجهاز لأخذ العينة. وتفيد مثل هذه العينات للمفاعل الثابت، أو عند ثبات الدفق وعدم تغيره، أو للانسياب والتصريف لفترة قصيرة.
2. عينات مركبة Composite samples: هي عبارة عن مجموعة عينات عشوائية، تؤخذ على فترات زمنية مختلفة من نفس نقطة أخذ العينة، ثم تمزج مع بعضها ومن ثم يتم الحصول على عينة مركبة من مجموعة أحجام متساوية لعينات عشوائية. عادة تؤخذ هذه العينات للمتوسط في زمن أقصى دفق.
3. عينات دفق متناسب Flow proportional samples: هي عبارة عن عينات مركبة ومكونة من مجموعة عينات عشوائية يعتمد حجمها على الدفق والانسياب المتغير مع الزمن. وتؤخذ هذه العينات باستخدام أحجام كبيرة للدفق العالي، كما وتؤخذ أحجام قليلة من العينات للدفق القليل.

لزمن العينة وترددها أهمية كبرى؛ فمثلاً يجب أخذ العينة العشوائية لتحديد الكلور المتبقي عند أقصى دفق، ولتحديد الرقم الهيدروجيني وكمية الأكسجين المذاب والقولونيات البرازية لأقل وأقصى دفق. وتؤخذ العينة المركبة لما يفوق 24 ساعة على كل رأس ساعة.

ومن نافلة القول أنه لا ينبغي أن يعتمد على عينة واحدة لإعطاء صورة متكاملة ومعلومات وافية لتقويم الأداء أو لاتخاذ القرار المناسب.

يمكن أخذ العينة من موقعها إلى مخبر الفحص في آنية من الزجاج أو اللدائن أو المطاط المقوى. ومن الأفضل أخذ العينة في قارورة نظيفة[1] ذات فم عريض وغطاء محكم. وإذا اقتضى الحال تطهير القارورة مثلاً للتحليل الميكروبيولوجي أو تقدير المواد العضوية ينبغي استخدام الآنية الزجاجية. عادة يتم إضافة جرعة من محلول مخفف من ثيوكبريتات الصوديوم Sodium thiosulfate لآنية أخذ العينة قبل التطهير كما يمكن استخدام الآنية التي تستعمل لمرة واحدة فقط، وينبغي أخذ الحيطة والحذر عند التخلص من الآنية الحاوية لمواد ملوثة أو خطرة ليتم التخلص منها حسب الإرشادات والتعليمات المحددة لها.

[1] يجب تنظيف قارورة أخذ العينة بماء مقطر، وينبغي عدم اللجوء لنظافة القارورة بمنظفات فوسفات إذا كان الاختبار المطلوب هو تحديد تركيز الفسفور بالعينة، كما ينبغي عدم استخدام محلول منظف من ثاني الكرومات للعينات المطلوب تحديد المعادن بها.

ومن الواجب العمل على فحص العينة مباشرة بعد أخذها؛ أما في حالة تعذر ذلك فينبغي اتخاذ الاحتياطات المناسبة لحفظ العينة وذلك لمنع النمو الحيوي، أو منع الترسيب، أو حلمأة المركبات الكيميائية، أو تقليل تطاير المكونات. وتتعدد أنواع المواد الحافظة حسب نوع الاختبار وطريقته. ويبين جدول 1−3 مقترحات حجم العينة والمواد الحافظة لها، ونوع قارورة أخذ العينة لعدد من الملوثات أو الاختبارات.

3-1 سجلات المحطة

يُنصح بحفظ السجلات المتضمنة بيانات الأداء والتشغيل لمحطات معالجة الفضلات السائلة. وتفيد البيانات الكاملة والمناسبة في التالي {6}:

1) المساعدة على التحكم في الأداء والتشغيل،
2) تستخدم بوصفها أساساً لتشغيل المحطة وتحديد أفضل معايير التشغيل،
3) تستغل لتحليل نتائج المحطة لتعكس أدائها وكفاءتها التشغيلية،
4) تعطي مراجعة ممتازة لما يجب عمله بغرض صيانة المحطة، وتحديد المشاكل، وإصلاح القصور، ومتابعة الصيانة وإكمالها منذ آخر صيانة أجريت،
5) تحدد أطر صيانة الأجهزة بالمحطة وفترات الصيانة الواجب إتباعها،
6) تبيان سجل جارٍ لأداء تشغيل المحطة اليومي بتفاصيله المختلفة مما يشكل خلفية تاريخية ومرجعية قياسية تساعد في تصميم أي متغيرات مستقبلة أو إضافات للمحطة، كما وتساعد على تصميم وحدات المعالجة في مناطق أخرى،
7) مراجعة ميزانية المحطة وتفعيلها مستقبلاً،
8) يرجع إليها في الأمور القضائية وإجراءات المحاكم بوصفها مستندات يعول عليها لمراجعة واقع الحال عبر الزمن عند حدوث مشاكل من نوع ما.

يعتمد نوع السجلات والبيانات المطلوبة على جوانب استخدامها، ونوع المعالجة المتبعة، وحجم الفضلات السائلة المعالجة، ووحدات المعالجة. وعليه يتم تحديد الاختبارات التي تجرى ومناطق أخذ العينات. غير أنه من الواجب أخذ بيانات الأرصاد الجوي والبيانات المناخية لكل أنواع المعالجة خاصة ما يتعلق بالأمطار وأي أنواع تهاطل أخرى، والحرارة، والرياح، والبخر وغيرها من العوامل المناخية المؤثرة في المنطقة. ويبين جدول 1−4 بيانات السجلات المقترحة لبعض أنواع المعالجة.

جدول 1-4 السجلات في وحدات معالجة الفضلات السائلة

نوع المعالجة	البيانات المقترح تسجيلها
معالجة أولية	بيانات الدفق اليومي، حجم الأوساخ من المصفاة وجهاز إزالة الرمل، كمية الكلور اليومي المستخدم والمتبقي منه للمعالجة المسبقة.
معالجة ابتدائية	بيانات التشغيل التفصيلية لكل الوحدات.
معالجة ثانوية ونهائية ومتقدمة	بيانات التشغيل والأداء والصيانة المكتملة

ينبغي التركيز على حفظ سجلات كاملة وصحيحة لتفادي سلبيات وجود سجلات ناقصة قد تقود إلى اتخاذ القرار غير السوي. ويساعد التصميم الجيد لاستبانة السجلات على سهولة إدخال المعلومات وتحليلها ومتابعتها وحفظها. وينبغي العمل على حفظ السجلات بصورة جيدة تضمن سلامتها، وعدم التلاعب فيها، وبقاءها طويلاً للفترة المطلوبة لاستخدامها، وسهولة أخذ المعلومات منها للبحث العلمي والقضايا ذات الصلة بالسجلات كالتشغيل والصيانة والتصميم وما إليه. ولا بد من التفكير الجيد في أهمية حفظ تلك السجلات التي يجب المحافظة عليها لفترات طويلة، وأخذ القرار الصائب للتخلص من السجلات التي أدت غرضها حسب قرار الجهة ذات الاختصاص والصلة.

تفيد السجلات في كتابة التقارير الفنية عن أداء المحطة، واحتياجاتها الفنية والمالية والإدارية والتصميمية والتشغيلية، والمتطلبات الجوهرية التي يجب عملها والقيام بها لتجويد الأداء وتحسينه، أو للاستفادة منها في توعية الجمهور والجهات ذات الصلة، أو للإعلام عن الأداء الجيد المفيد للبيئة المحلية. ويفيد إعلان هذه التقارير في تحسين الوضع الاجتماعي لمشغل المحطة والجهات الهندسية المسئولة عنها. ومن المتبع في كثير من منظمات أو جمعيات أو نقابات مشغلي محطات معالجة الفضلات السائلة رصد جوائز عمل لأفضل تقارير الأداء السنوية؛ ومن أهداف مثل هذه الجوائز:

- تمييز مشغل محطات المعالجة والتنقية، خاصة بالنسبة ذلك العامل الذي يأتي بعمل مبتكر ومتكامل أثناء أدائه واجبه، وتفانيه في مهنته.
- تشجيع العلاقة الجيدة بين مشغل المحطة والجمهور.
- تحسين الأداء بالمحطة وترفيع كفاءتها بتبيان أوجه القصور، أو عن طريق ابتداع الأساليب المساعدة في تقدم أنماط المعالجة أو اقتصادياتها.
- ترقية المهنة وعلوم المعالجة ونشرها للجمهور والفنيين وأهل الصنعة.

4-1 السلامة المهنية في صناعة معالجة الفضلات السائلة

قد تنسب أسباب الحوادث والكوارث بالمحطات إلى العامل، أو غياب الصيانة أو تباعد فتراتها، أو الإهمال والقصور، أو تدني أسلوب المعالجة، أو الجهل بطريقة التشغيل والتقانة المتبعة، أو غياب التشريع المناسب، أو غيرها من المسببات. ومن أهم هذه القضايا:

أ) عدم استقرار العامل في المحطة واستمراره بها، إذ من المعلوم أن العمل في محطات الفضلات السائلة يعتبر من المهن الطاردة للنظرة الاجتماعية ولتدني الأجور والرواتب. وعليه يتجدد العاملون بالمحطة بقطاعاتهم المختلفة من المهندس والفني والتقني والعامل الماهر والعامل غير الماهر. وكلما قصرت فترة خبرة العمل كلما زاد احتمال حدوث كوارث من العامل لقصور خبرته وممارسته المهنية وعدم استمرارية التأهيل والتدريب له خاصة في مجالات مستجدات التقانة وإنتاج الأجهزة الجديدة والتطور في الصناعة.

ب) تعقيد وحدات المعالجة: هذه إحدى مفرزات التقدم الصناعي التي تأتي بالجديد من نواتج صناعة الأجهزة التشغيلية أو أجهزة القياس والتقويم والتحليل التي تحتاج للصيانة، وتغيير قطع الغيار، والمحافظة عليها، ودواعي النظافة المستمرة لها.

ج) التدريب والتأهيل: تحتاج مستجدات التقانة إلى التدريب والتأهيل المستمر لقطاع العاملين في مرفق الفضلات السائلة. وقد يعيق الأمر عدم وجود المراكز المؤهلة للقيام بالتدريب، أو قصور ذات اليد وعدم وجود الميزانية التمويلية المناسبة الشيء الذي يقود إلى تدني الصيانة، وتدهور الكفاءة التشغيلية للأجهزة، وعدم عمل المحطة بالصورة المتوخاة والمرجوة.

د) غياب تشريع وقوانين السلامة المهنية: عادة لا يوجد تشريع أو قانون للسلامة المهنية يتعلق بمحطة الفضلات السائلة ومكان إنشائها؛ مما قد يعرض العامل لكثير من المخاطر المهنية في بيئة عمله، لاسيما وتتقاعس الجهة المشغلة أو الإدارية عن وضع برنامج سلامة يتبع لفائدة العامل، وإطراد الصناعة المائية لتجنب الحوادث. يحدد البرنامج دور كل عامل في المحطة، ومسئولياته، وسلطاته، ليعمل على ضوئها حال وقوع حادث ما؛ ويوضح كيفية التصرف لإجراء الإسعافات الأولية والمساعدة الطبية الفورية وغيرها من مقتضيات السلامة المهنية.

جدول 1-5 بعض المواد الكيمائية المستخدمة في عمليات المعالجة والتنقية

المركب	الصيغة الكيميائية	الاستخدام
الكربون النشط	C	التحكم في الطعم والرائحة
ثاني أكسيد الكلور	ClO_2	الطعم والرائحة
أكسيد الكالسيوم	CaO	إزالة العسر
كربونات الصوديوم	Na_2CO_3	إزالة العسر، وتعادل الرقم الهيدروجيني

بيكربونات الصوديوم	$NaHCO_3$	تعادل الرقم الهيدروجيني
هيدروكسيد الصوديوم (الصودا الكاوية)	$NaOH$	التعادل، تعادل الرقم الهيدروجيني
حمض الكبريتيك	H_2SO_4	المعادلة، تنشيط السليكا، تعادل الرقم الهيدروجيني
ثاني أكسيد الكربون	CO_2	إعادة الكربنة ، المعادلة
حمض الهيدروكلوريك	HCl	المعادلة، موازنة الرقم الهيدروجيني
حمض النتريك	HNO_3	المعادلة، موازنة الرقم الهيدروجيني، مواد تغذية
سداسي متافوسفات الصوديوم	$(NaPO_3)_4$	التحكم في الإئتكال
كبريتات الأمونيوم	$(NH_4)_2SO_4$	الترويب ، تنشيط السيلكا
سليكات الصوديوم	Na_2SiO_4	الترويب
كبريتات الحديدوز	$FeSO_4.7H_2O$	الترويب
كبريتات أمونيوم الألمونيوم	$Al_2(SO_4)_3(NH_4)_2SO_4.12H_2O$	الترويب
كبريتات الحديد المكلورة (الكوبراس المكلور)	$Fe_2(SO_4)_3.FeCl_3$	الترويب
كبريتات الحديديك	$Fe_2(SO_4)_3.xH_2O$	الترويب وترسيب الفسفور
كبريتات الألمونيوم (الشب)	$Al_2(SO_4)_3.xH_2O$	الترويب، ترسيب الفسفور
البولمير	عدة أنواع	التلبد، الترويب
السليكا النشطة	SiO_2^-	مساعدة الترويب
طين البنتونايت		مساعدة الترويب
هيدروكسيد الكالسيوم	$Ca(OH)_2$	الترويب، المعادلة، ترسيب الفسفور
كلوريد الحديد	$FeCl_3$ أو $FeCl_3.6H_2O$	الترويب، مساعدة الترويب، ترسيب الفسفور

ألمونات الصوديوم	$NaAlO_2$ أو $Na_2Al_2O_4$	الترويب، ترسيب الفسفور
الأمونيا	NH_3 أو NH_4OH	التطهير بالكلورامين، مواد تغذية
فوق كلوريت الكالسيوم	$Ca(ClO)_2.2H_2O$	التطهير
الكلور	Cl_2	التطهير
فوق كلوريت الصوديوم	$NaClO$	التطهير
ثايوسلفات الصوديوم	$Na_2S_2O_3$	إزالة الكلور
ثاني أكسيد الكبريت	SO_2	إزالة الكلور
فلوريد الصوديوم	NaF	الفلورة
فلوسليكات الصوديوم	Na_2SiF_6	الفلورة
الحمض الفلوسليكي	H_2SiF_6	الفلورة
هيدروكسيد المغنسيوم	$Mg(OH)_2$	إزالة الفلورة
كبريتات النحاس	$Cu\ SO_4$	التحكم في الطحالب
برمنجنات البوتاسيوم	$KMnO_4$	الأكسدة
الأكسجين	O_2	التهوية، الأكسدة
كلوريد الصوديوم	$NaCl$	تأهيل مبادل الأيونات
حمض الفسفوريك	H_2PO_4	مواد تغذية

5-1 تمارين عامة

1. بين أغراض إعادة استعمال الماء المستعمل.
2. أيهما أفضل لتجويد نوع الماء: المعالجة المتقدمة أم المعالجة التقليدية؟ ولماذا؟.
3. بين أهمية المعالجة الابتدائية ونوعها للصناعات التالية:
   - إنتاج اللحوم
   - صناعة الغزل والنسيج
   - دباغة الجلود وتهيئتها
   - تصفية النفط
4. ما هي أهم أهداف مراقبة الفضلات السائلة؟
5. أذكر أهم أنواع المعوقات الصادرة من التالي:
   - محطات الطاقة الحرارية

- استصلاح الأراضي
- التعدين
- أحواض التحليل اللاهوائي

6. كيف يمكن حفظ عينة من الفضلات السائلة لإجراء الفحص الميكروبيولوجي عليها، أو تحديد درجة العكر بها، أو قياس الزيوت والشحوم الموجودة فيها؟
7. ما فائدة السجلات بمحطات معالجة الفضلات السائلة؟
8. من أي المناطق ينبغي أخذ العينات للفضلات السائلة لإجراء الاختبارات عليها؟
9. أذكر أهم أنواع العينات؟

ما أهم أطر السلامة المهنية في محطات معالجة الفضلات السائلة؟

6-1 المراجع والمصادر

1) Rowe, D. R., and Abdel-Magid, I. M., Handbook of wastewater reclamation and reuse, CRC Press\Lewis Publishers, Boca Raton, FL, 1995
2) American Water Works Association and American Society of Civil Engineers, Water Treatment Plant Design, McGraw-Hill Education; 5 edi., 2012
3) Adams, V. D., Water and wastewater examination manual, Lewis Publishers, Chelsea, MI, 1991.
4) American Public Health Association and AWWA (American Water Works Association), Standard Methods for the Examination of Water and Wastewater, American Water Works Assn; 22 edi., 2012
5) Cosgrove, W. J., and Rijsberman, F. R., World Commission on Water for the 21st century, World water vision: making water everybody's business. Draft Report of the Commission, Version of 14th November 1999.
6) New York State Department of Environmental Conservation, division of Training and Development, Manual of instruction for wastewater treatment plant operators, Vol. 2, 1978
7) U. S. Environmental Protection Agency, National water quality inventory, Report to congress, BiblioGov, 2013.

الفصل الثاني: الفضلات والصحة العمومية

1-2 مقدمة

ورد في تاج العروس لكلمة صحح: الصُّحُ بالضَّم، والصِّحَّةُ، بالكسر، وقد وردت مصادرُ على فُعْلٍ، وفِعْلَةٍ، بالكسر، في ألفاظ هذا منها، وكالقُلِّ والقِلَّة، والذُّل والذِّلّة؛ قاله شيخنا، والصَّحَاحُ، بالفتح، الثلاثة بمعنى ذَهَاب المَرَضِ. وقد صَحَّ فُلانٌ من عِلَّتِه، وهو أيضاً البَرَاءَةُ من كلِّ عَيْبٍ ورَيْب. وحكى ابنُ دُريد عن أبي عُبَيْدَةَ: كان ذلك في صُحِّه وسُقْمِه. صحح: الصُّحُ والصِّحَّةُ والصَّحاحُ: خلافُ السُّقْمِ، وذهابُ المرض؛ وقد صَحَّ فلان من علته واسْتَصَحَّ {2}. قال {1}: ومن كلامهم: ما أَقْرَبَ الصَّحَاحَ من السَّقَمِ[1]. وقد صَحَّ يَصِحّ صِحَّةً، فهو صَحِيحٌ، وصَحَاحٌ، بالفتح. وصَحِيحُ الأَديمِ، وصَحَاحُ الأَديمِ: بمَعْنًى، أي غيرُ مقطوع. وفي الحديث: "**يُقَاسِمِ ابنُ آدَمَ أَهلَ النَّارِ قِسْمةً صَحَاحاً**"، يعني قابيلَ الّذي قَتَلَ أَخاه هابيلَ، يعني أَنه يُقاسِمهم قِسْمَةً صَحِيحةً، فله نِصْفُها ولهم نِصْفُها. الصَّحَاحُ، بالفتح: بمعنَى الصَّحيحِ. ويجوز أن يكون بالضَّمّ كطُوَالٍ في طَويل، ومنهم من يرويهِ بالكسر، ولا وَجْهَ له. ورَجُلٌ صَحَاحٌ وصَحِيحُ، من قومٍ صِحَاحٍ بالكسر، وأَصِحّاءَ، فيهما، وامرأَةٌ صَحيحةٌ، من نِسْوَةٍ صِحَاحٍ وصَحَائِحَ. وأَصَحَّ الرَّجلُ فهو صَحِيحٌ: صَحَّ أَهلُه وماشِيتُه، صَحيحاً كان هو أو مَريضاً. وأَصَحَّ القَومُ، وهم مُصِحّون، إذا كانتْ قد أَصابتْ أَموالَهم عاهةٌ ثم ارتفعتْ. وفي الحديث: "**لا يُورِد[2] المُمْرِض على المُصِحِ**"[3]. أي لا يُورِدُ مَنْ إبِلُه مَرْضَى على مَنْ إِبِلُه صِحَاحٌ، ولا يَسقيها معها، كأَنَّهُ كَرِه ذلك أَنْ يَظْهَرَ بمالِ المُصِحِّ ما ظَهَرَ بمال المُمْرِض فَيظُنَّ أَنّهَا أَعْدَتْهَا فيَأْثَمَ بذلك. وقد قال صلى الله عليه وسلم: "**لا عَدْوَى**"[4] {1}. وفي الحديث

---

[1] يعني ما أقرب الصحة من السقم.

[2] اللسان وفي النهاية: **لا يوردن**

[3] ورد في صحيح البخاري حديث رقم 5330 أطرافه في 5328 و5278 "**لا توردوا الممرض على المصح**". وورد أيضاً في صحيح البخاري حديث رقم 4117 أطرافه في 4118 و4122 و4125 و4126 "**لا يورد ممرض على مصح**". أنظر سنن ابن ماجة كتاب الطب حديث 3531. ومسند أحمد كتاب باقي مسند المكثرين حديث رقم 9239 أطرافه في 7993 و8894 و8895 و9076 و9082 و7300 و9472 و9930 و10177 و10371 و8800 و8660 و8043 و7897 و9291 و7544. وورد في موطأ الإمام مالك كتاب الجامع "أن رسول الله صلى الله عليه وسلم قال **لا عدوى ولا هام ولا صفر ولا يحل الممرض على المصح وليحلل المصح حيث شاء** فقالوا يا رسول الله وما ذاك فقال رسول الله صلى الله عليه وسلم **إنه أذى**".

[4] ورد في صحيح البخاري كتاب الطب باب الجُذام وقال عفان حدثنا سليم بن حيان حدثنا سعيد بن مِينَاء قال سمعت أبا هريرة يقول قال رسول الله صلى الله عليه وسلم **لا عدوى ولا طِيَرَة ولا هَامَةَ ولا صَفَرَ وفِرَّ من المجذوم كما تفرُّ من الأسد**. وورد في صحيح البخاري كتاب الطب حديث رقم 5278: حدثنا عبد العزيز بن عبد الله حدثنا إبراهيم بن سعد عن صالح عن ابن شهاب قال أخبرني أبو سلمة بن عبد الرحمن وغيره أن أبا هريرة رضي الله عنه قال إن رسول الله صلى الله عليه وسلم قال **لا عدوى ولا صفر ولا هامة** فقال أعرابي يا رسول الله فما بال إبلي كأنها الظباءُ فيأتي البعير الأجرب فيدخل بينها فيجربها فقال **فمن أعدى الأول** رواه الزهري عن أبي سلمة وسنان بن أبي سنان؛ أطرافه في أحاديث 5316 و5328

الآخر: **لا يورِدَنَّ ذو عاهة على مُصحٍ** أي أن الذي قد مرضت ماشيته لا يستطيع أن يُورِدَ على الذي ماشيته صِحاحٌ. {2} وأَصَحَّ اللهُ تَعالَى فُلاناً وصَحَّحه: أَزال مَرَضَه. ووَرَدَ في بعضِ الآثار: الصَّوْمُ مَصَحَّةٌ، بالفتح، ويُكْسَر الصَّادُ والفتح أَعْلَى، أَي يُصَحّ به مَبنيّاً للمجهول. وفي اللسان: أي يُصَحّ عليه، هو مَفْعَلَةٌ من الصِّحَّةِ: العافيةِ. وهو كقوله في الحديث الآخر: "**صُومُوا تَصِحّوا**". والسَّفَر أيضاً مَصَحَّة {1}. ورد في صحيح البخاري عن ابن عباس رضي الله عنهما قال قال النبي صلى الله عليه وسلم **نِعمتانِ مغبونٌ فيهما كثيرٌ من الناسِ الصِّحَّة والفراغ**[1]. وجاء في مسند أحمد ،كتاب مسند الأنصار، حديث رقم 20735 حدثنا حسن بن موسى حدثنا ابن لهيعة حدثني يزيد بن أبي حبيب عن سهل بن معاذ بن أنس الجهني عن أبيه أنه دخل على أبي الدرداء فقال بالصحة لا بالمرض فقال أبو الدرداء سمعت° رسول الله صلى الله عليه وسلم يقول **إن الصُّداعَ والمَلِيلةَ[2] لا تزالُ بالمؤمنِ وإنَّ ذنبهُ مثلُ أُحُدٍ فما تدعُهُ وعليه من ذلك مثل مثقالُ حَبَّةٍ من خردل.**

إن الاهتمام بصحة الإنسان وحماية ممتلكاته من أولويات الهندسة البيئية. ومن المعلوم أن العيش في موئل صحي وبيئة معافاة يساعد في زيادة الإنتاج، واستثمار الكادر البشري لما فيه المنفعة العامة. ولا يحبذ الإنسان العيش في بيئة غير صحية تهدده فيها الأمراض الناتجة عن تلوث الماء، أو الهواء، أو التربة. ومن المعلوم أن ما يربو على الثمانين بالمائة من الأمراض المعروفة لها علاقة بالماء والإصحاح. وما انتشار الأمراض المعوية عن طرق ماء الشرب مثل الكوليرا، والتيفود، والزحار، وأمراض الإسهال، والتهاب الكبد المعدي إلا قليل من الأمثلة المعلومة والشائعة خاصة في البلدان النامية؛ حيث شح مياه الشرب النقية، وقلتها، وانعدام الإصحاح، والتخلص السليم من الفضلات السائلة والصلبة المنزلية منها، والتجارية، والصناعية. وقد يعرض التخلص غير السليم من الفضلات إلى توالد نواقل للأمراض؛ فمثلاً يستشري داء الفلاريا من جراء توالد بعوض كيولكس فاتيجانس الناقل له بسبب تكاثره في المستنقعات الراكدة الناشئة عن التخلص من الفضلات السائلة غير المعالجة. وتعد هذه البيئة مأوى لنمو يرقات بعوض كيولكس بيبينس فاتيجانس خاصة النوع الاستوائي منه الذي يجد أفضل ظروف

و5330. أنظر صحيح مسلم كتاب السلام حديث 4116 و4117 و4118 و4119 و4120 و4121 و4123 و4124 و4125 و4126 و4128. أنظر سنن الترمذي كتاب السير حديث 1540 و2069. أنظر سنن أبي داود كتاب الطب حديث رقم 3412 و3413 و3415 و3420. أنظر سنن ابن ماجه كتاب المقدمة حديث 83 و3527 و3529 و3530. أنظر مسند أحمد كتاب العشرة المبشرين بالجنة حديث 1420 و1472 و2299، ومسند أحمد كتاب مسند بني هاشم حديث 2874، ومسند أحمد كتاب المكثرين من الصحابة حديث 3981 و4545 و6117 و6773 و7301، ومسند أحمد كتاب باقي مسند المكثرين حديث 7993 و8800 و9076 و9239 و9494 و9930 و10177 و10451 و11874 و12105 و12316 و12357 و13142 و13411 و13439 و13603 و13829 و14571 ومسند أحمد كتاب مسند المكبين 15168، وموطأ مالك كتاب الجامع.

[1] أنظر صحيح البخاري: كتاب الرقاق حديث رقم 5933. وسنن الترمذي: كتاب الزهد حديث رقم 2226؛ وسنن ابن ماجة: كتاب الزهد، حديث رقم 4160؛ وسنن الدارمي: كتاب الرقاق، حديث رقم 2591. وجاء في مسند أحمد: مسند بني هاشم، حديث رقم 2224 وحديث رقم 3038: عن ابن عباس أنه قال قال رسول الله صلى الله عليه وسلم **إن الصحة والفراغ نعمتان من نعم الله مغبون فيهما كثير من الناس.**

[2] المليلة: حرارة الحمى ووهجها، أطرافه في حديث رقم 20743.

لتوالده في المياه التي ترتفع درجة التلوث العضوي فيها. وفي الظروف الحيوية المواتية يتوالد هذا البعوض طول السنة، ويتغذى بشراهة على دم الإنسان، ومن ثم يعمل على نقل فلاريا بانكروفت في المراكز الحضرية الكبيرة، والمدن الصغيرة، والقرى بالمناطق الحارة {3}. ويؤدي زيادة معدلات تلوث التربة ببيض الديدان إلى انتشار أمراض مثل الإسكارس، وداء الديدان المعوية، والانكلستوما وغيرها.

أما التلوث بالفضلات الصناعية فقد يتأتى عنه تلوث حيوي أو كيميائي ربما صعبت مجابهته بله التخلص منه، ومعافاة البيئة. تقود هذه المشاكل إلى تدني الإنتاج، وتؤدي لعواقب وخيمة تؤثر على النواحي الاقتصادية، والاجتماعية، والثقافية، والصحية للسكان. ولا يكفي عند تخطيط المدن والقرى النظر في إمكانية مد المواطنين بماء صحي مأمون، بل ينبغي التفكر في جمع الفضلات، ومعالجتها، وابتكار أساليب مثلى للتخلص منها، أو إعادة استخدامها دون حدوث أي مخاطر، أو مهددات (أنظر شكل 2-1). وهذا الأمر ذو أهمية لتكتمل الصورة الجمالية للموئل الصحي الأنيق داخلياً وخارجياً. إذ لا يكفي تجميل المنزل وأناقته داخلياً، والبيئة المحيطة به تغوص في أوحالها، وتعوم في فضلاتها الظاهرة للعيان عند غياب استخدام الوحدات الصحية المناسبة، أو مستترة في جوف المنطقة المحيطة مثلاً عند انتشار أحواض التحليل اللاهوائي لكل منزل على حدة ضمن منظومة المنازل المتقاربة بالمدينة المأهولة بالسكان ليتم التخلص من السائل الناشئ حولها.

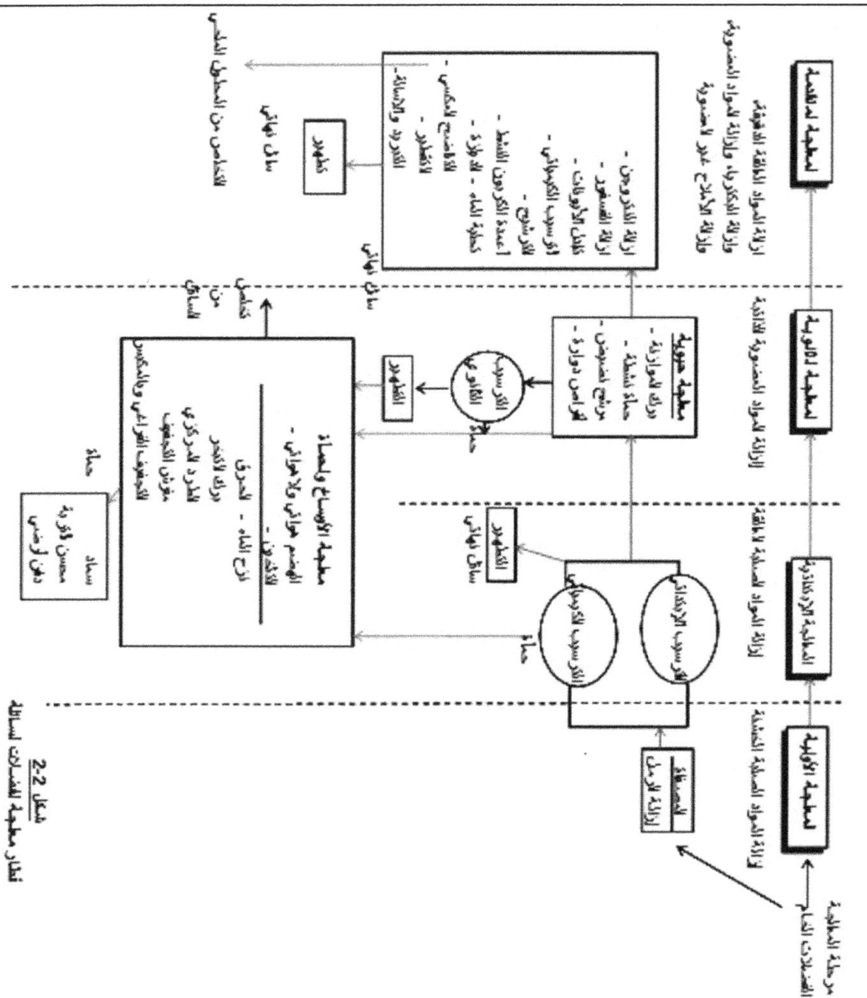

شكل 2-2
إطار معالجة الفضلات السائلة

2-2 أقسام الأمراض

يمكن تقسيم الأمراض ذات الصلة بالمياه والإصحاح البيئي إلى الأمراض المنقولة بالمياه، وأمراض عدم النظافة بالماء، والأمراض التلامسية، والأمراض ذات الصلة بنواقل الجراثيم، والأمراض الناتجة أصلاً من القصور في نظم الإصحاح البيئي (أنظر جدول 2-1){13}.

ففي الأمراض المنقولة بالماء Water borne diseases تبتلع جرثومة المرض بشرب الماء الملوث. وتعمل المياه بصورة قاطعة بوصفها عامل حامل للميكروب عندما يصل إلى الماء نتيجة التلوث بالفضلات البشرية والحيوانية بطرق مباشرة، أو غير مباشرة. ومن أمثلة هذه الأمراض: حمى التيفود، والكوليرا، والتهاب الكبد المعدي، والدسنتاريا، والقارديا، وإصابات الإسهال، وداء البريميّات Leptospirosis، والحمى الباراتيفودية، وبعض فيروسات الحمات المعوية *Enterviruses*.

تنتقل أمراض عدم النظافة Water washed بسبب شح أو عدم وجود الماء النظيف[1]، وعدم استخدام كميات الماء المطلوبة. وتنتقل هذه الأمراض بطرق مباشرة من إنسان لآخر، أو باستخدام طعام ملوث، أو بالأيدي المتسخة، أو بالذباب إن شاء الله سبحانه وتعالى. ومن أمثلة هذه الأمراض: الزحار الباسيلي، والدسنتاريا الأميبية، وتسمم الطعام، وداء السَّلْمُونيلات، والإسهال، والباراتيفويد، والأنكلستوما، وداء الصَفَر، وأمراض الجلد وتقرحاته، والرمد الصديدي، والتراكوما، والجرب، والسَعْفَة، والحمى القملية.

تنتشر الأمراض المتركزة بالمياه Water contact عبر إيصال المرض بواسطة مضيف مائي لافقاري[2]. جزء من حياة الميكروب وناقل المرض يأخذ مجراه في حيوان مائي لحين ملامسته لجلد الإنسان، أو دخوله من خلال العين، والأنف، والأذن، وفتحات المخارج إلى المبتلى. ومن أمثلة هذه الأمراض البلهارسيا، ودودة غينيا، والتُنَيْنَة، وداء الخيطيات (الفلاريا)، والفرنديت Guinea worm .

تنتقل الأمراض ذات الصلة بنواقل المرض Water-related/Insect-vector diseases بوساطة نواقل للجراثيم[3] تعتمد في حياتها على نظام مائي، أو تعيش بالقرب منه. هذه النواقل متحركة وعدائية بالقرب من النظام المائي غير المحمي، والمفتوح، والساكن. وقد تحدث العدوى عندما تقوم الحشرة الحاملة لجرثومة المرض بعضٍ آخر، ومن ثم يتم حقن الجراثيم داخل الجلد أو مجري الدم. ومن أمثلة هذه الأمراض :

أ. داء المِثْقَبِيّات (مرض النوم): ينتقل بوساطة ذبابة التسي تسي التي تعيش في المناطق الرطبة العالية، وتتكاثر في مناطق الأنهار تحت النباتات المخضرة النامية على ضفاف الماء.

i. حمى النهر (أو عمى الجور أو داء كُلابِيَّة الذَّنَب): ينتقل بوساطة الذبابة السوداء (ذبابة الذَلْفاء) التي تتكاثر عند التصاقها بالصخور، والنباتات في الأنهار، والمجاري المائية السريعة الجريان.

---

[1] لعموم النظافة الشخصية وللاستعمالات المنزلية

[2] عادة يكون حيوان

[3] مثل بعض الحشرات والحيوانات أو غيرها من النواقل

ii. داء الملاريا: تنتقل بوساطة أنثي بعوض الإنفيل Anopheles والتي تتكاثر في عدة مجمعات مائية مختلفة.

iii. الحمى الصفراء: تنتقل بوساطة بعوض الزاعجة المصرية (*Aedes aegypti*) التي تتكاثر في المياه الساكنة الشديدة التلوث وعادة تستريح في مناطق بعيدة عن مناطق تكاثرها.

أ. الفلاريا: وهو مرض من دودة تنتقل بوساطة البعوض. ويتكاثر نوع هذا البعوض في البحيرات، والبرك، أو الماء في الأوعية، وغلاف جوز الهند، والصحن، والميزاب gutter التي بها ماء في حالة سكون.

تنتقل الأمراض ذات الصلة بالإصحاح Sanitation- related diseases لقصور الإصحاح وتدني طرق التخلص من الفضلات. وينمو الطور الأول للدودة المسببة لهذا المرض في تربة ملوثة بالبراز. ومن أمثلة هذه الأمراض: الدودة الشِصِّية Hookworm (المَلْقُوة Ankylostoma) والدودة المدوَّرة. تنمو يرقة الدودة الشِصِّية وتعيش في التربة الرطبة الملوثة بالبراز الحاوي علي بيض الدودة؛ ثم تتغلغل إلى جسم الإنسان عبر الأقدام، أو الجلد، أو الأيدي. أما الدودة المدوَّرة أو داء الصَفَر (الإسكريارس) فتنتقل عندما يقوم الأطفال مثلاً بأكل البيض، والطعام، والخضراوات من التربة الملوثة لأي سبب. ومن أسباب انتقال مثل هذه الأمراض: غياب المراحيض الصحية بمنطقة ما (أو عدم استخدام هذه المراحيض بصورة جيدة)، أو لوجود التربة الملوثة، أو عند استخدام البراز غير المعالج بوصفه سماداَ، أو لعدم وجود التعليم المناسب (أنظر شكل 2-1).

جدول 2-1: أقسام الأمراض ذات الصلة بالمياه {13}

القسم	أمثلة الأمراض	الجرثومة المسببة للمرض	فترة الحضانة	التحسن الملائم لإمداد الماء
الأمراض المحمولة بالمياه				
كلاسيكية	حمى التيفويد الهيضة	بكتريا السلمونيلة التيفية بكتريا الضمة الهيضية	12 إلى 14 يوم، متوسط 7 أيام بضع ساعات إلى 7 يوم، متوسط 3 يوم	تعقيم ميكروبي تعقيم ميكروبي
غير كلاسيكية	إلتهاب الكبد	جراثيم غير معروفة	30 إلى 50 يوم، متوسط 35 يوم	تعقيم ميكروبي
الأمراض الناتجة من عدم الغسل الجيد بالماء				
أمراض جلد	الجرب	متعددة		استخدام كميات أكبر من الماء
أمراض عيون	التراكوما أو حثر	جرثومة مثل الفيروس	عدة أيام إلى أسابيع	استخدام كميات أكبر من الماء
إسهالات	الزحار الباسيلي أو الشيغيلة	الشيغلة	1 إلى 7 يوم، عادة أقل من 4 يوم	استخدام كميات أكبر من الماء
الأمراض المتمركزة في المياه				
متغلغلة في الجلد	داء المنشقات	المنشقة	4 إلى 6 أسابيع أو أكثر	حماية مصدر الماء
مبتلعة إلى الجوف		التينة المدينية وبعض القشريات	حوالي 12 شهر	حماية مصدر الماء
الأمراض ذات الصلة بنواقل الجراثيم				
عض بالقرب من الماء	داء المثقبيات	المثقبية الغمبية	2 إلى 3 أسابيع	ضخ الماء من المصدر
توالد في المياه	الحمى الصفراء	فيروس الحمى الصفراء	3 إلى 6 أيام	ضخ الماء من المصدر
الأمراض الناتجة من قصور الإصحاح				
	الدودة الشصية	الصفر الخراطيني	حوالي شهرين	التخلص الصحي من البراز

	الصفر	الجرثومة المسببة للمرض	فترة الحضانة	التحسن الملائم لإمداد الماء

* نسبة انخفاض المرض بسبب تحسن إمداد الماء

نواقل (منتجات) الجراثيم

هي كائنات حية يمكنها نقل جرثومة المرض، وتضم الناقل الحقيقي[1] والحيوان الذي يعمل مستودعاً للجراثيم[2]. ومن أهم العوامل البيئية المؤثرة على حياة نواقل الجراثيم، وتكاثرها، وانتقالها: حركة الماء، ومعدل دفقه، وعمقه، وخواص الماء، والتلوث العضوي؛ ودرجات تركيز الأكسجين، وضوء الشمس، ودرجة الحرارة، ووجود النباتات المائية الملائمة. ومن أهم نواقل الحشرات: الزاعجة المصرية الناقلة للحمى الصفراء، وبعوض برغش Culicine mosquito الناقل لداء الخَيْطِيَّة أو الفيلاريا، وبعوض الإنفيل الناقل للبرداء، والذبابة السوداء (الذلفاء) Simulium blackfly الناقلة لداء كلابية الذنب، والذبابة المنزلية *Musca domestica* المسببة للإسهال، وذبابة الحصان - ذبابة النعرة اللاسعة Tabanid، والذبابة الرملية (الفاصدة) Phlebotomine sandfly الناقلة لداء الليشمانية، وذبابة تسى تسى Tse tse fly الناقلة لداء المثقبيات الإفريقي، وديدان المَحّار المُلتوى Bulinus snails الناقل لداء التتينة.

ويمكن أن يتم تقسيم الأمراض حسب نوع الجرثومة المسببة للمرض. ومن أهم الجراثيم الممرضة من مملكة الأحياء المجهرية البكتريا والفطريات والطحالب والحيوانات الأولي والفيروسات (الحُمات).

3-2 البكتريا

نبعت كلمة البكتريا من كلمة إغريقية تعني القضيب rod أو الشاخص staff للشكل المميز لطائفة منها. والبكتريا وحيدة الخلية المجهرية وبدائية النواة Prokaryotic، وتضم، هذه الكائنات بدائية النواة، الطحلب الأزرق المخضر، والبكتريا. وليس لها نواة محددة مقارنة بالكائنات حقيقية النواة eukaryotic، إذ لها نواة محددة وتضم نباتات، وحيوانات. تتكاثر البكتريا بالانقسام البسيط. ويضم الانقسام البسيط انقسام النواة، واستطالة خلوية، وانقسام الخلية، ثم انفصال الخلية (الثنائي) إلى اثنين عادة بزمن تكاثر كل عشرين دقيقة. وتحتاج البكتريا للكربون للتكاثر. وتحصل الأنواع ذاتية الإغتذاء[3]

[1] يعنى بالناقل الحقيقي الحشرات اللاسعة أو اللادغة

[2] تضم الحيوانات التى تعمل كمستودع للجراثيم الديدان التى تعيش فى بعض النظم البيئية.

[3] تضم البكتريا ذاتية الإغتذاء: البكتريا ضوئية التغذية الذاتية photoautrophic التي تقوم بتكوين المواد الكربوهيدراتية بعملية تمثيل ضوئي لا يتصاعد فيها الأكسجين لاستغلال البكتريا لكبريتوز الهيدروجين بدلاً عن الماء، والبكتريا كيمائية التغذية الذاتية Chemoautrophic والتي تعمل على أكسدة مركبات غير عضوية للحصول على الطاقة عن طريق البناء الكيميائي لتكوين المواد الكربوهيدراتية (19) وبناء احتياجاتها الغذائية (20).

autotrophs عليه من ثاني أكسيد الكربون، وتحصل الأنواع غيرية الإغتذاء[1] heterotophs على الكربون من المواد العضوية مثل النباتات الميتة، والحمأة، واللحوم. وتتواجد البكتريا في الهواء، والماء، والنباتات، والتربة، وأمعاء الحيوانات الحية والميتة؛ وهي عامة لكافة وحدات تفتيت المواد العضوية في محطات المعالجة والتنقية. عادة تحتوي البكتريا على 75 إلى 80 بالمائة ماء، وعلى 20 إلى 25 بالمائة مواد صلبة. يتراوح طول البكتريا في المتوسط بين 0.5 إلى 10 ميكرون؛ ويمكن تقسيمها حسب الشكل إلى:

1- كروية أو بيضيَّة: Spherical or ovoid or coccus حيث تشبه الخلية الكرة، وقد تستطيل قليلاً وتصنف الخلايا حسب التفاعل لطرق صبغ جرام؛ ومنها العنقودية الذهبية *Staphylococcus aureus* التي تأتي بالحبوب Boils والاضطرابات المعوية والرشح ومتلازمة الحرق Scalded-skin syndrome وقشور الجلد (الأدمة).

2- عصوية أو أسطوانية: Cylindrical, rod-shaped, bacillus لها شكل أسطوانة مستقيم نسبياً على شكل قضيب؛ ومنها الزائفة الزِنْجارِيّة *Pseudomonas aeruginosa* التي تمنع تركيب وإنشاء البروتين، وتقوم بترسيب النخر necrosis الشبيه بالذِيفَان (السم) الخارجي exotoxin للدفتريا، وأمراض الجهاز البولي، والتهابات الجلد.

3- أسطوانية منحنية (الواوية Curved Cylindrical (Vibrio: تَظهر كأقل من لولب واحد وعادة لها مظهر حرف الواو.

4- لولبية (حلزونية) Helical, twisted or bent: لها شكل لولبي (حلزوني) أسطواني يطلق عليها الحُلَيْزِنَة Spirillum مثل: اللولبية الشاحبة *Treponema pallidum* المسببة للزهري syphilis، والجدري الإنكليزي والفرنسي، وأمراض غير زهرية بَجَل nonvenereal syphilis-bejel. وتنقسم البكتريا الحلزونية حسب الشَّكْلِ إلى ثلاثة أقسام فرعية تضم:

أ. الضمة vibrios ولهذه البكتريا التواء بسيط كما في الضمة الهيضية المسببة للكوليرا (الهيضة).

ب. الحُليزين Spirilla التي تماثل المبرام وهي صلبة؛ ومنها Campylobacter المسئولة عن الالتهابات المعوية المماثلة للكوليرا.

ت. المُلتويات (اللولبيات) Spriochetes وأيضاً تماثل هذه البكتريا المبرام corkscrew غير أنها مرنة ويمكنها الانثناء، والتذبذب، والالتواء بفضل الخيط المحوري المتحرك في إطار حلزوني من أحد نهايات الخلية، ومنها اللولبية الشاحبة *Treponema pallidum* المسببة للزهري.

للبكتريا منافع عدة منها زيادة خصوبة التربة، وتحليل الكائنات الميتة إلى مواد بسيطة خاملة، وتثبيت النتروجين للجو وللنبات، وتدخل في صناعات اللبن والزبادي، والجبن، والمنسوجات والكتان، والجلود، والخل، والتخمير، والأدوية، والتحضيرات الصيدلانية، والكحول وغيرها.

[1] منها البكتريا الرمية saprophytic bacteria التي تتغذى بامتصاص المركبات العضوية البسيطة أو المعقدة وبقايا النباتات والحيوانات بعد أن تحللها بإنزيماتها، والبكتريا الطفيلية التي تعيش على الكائنات الحية لتستمد منها الغذاء (19).

من أهم الأمراض البكتيرية التي يمكن أن تسببها الفضلات السائلة غير المعالجة جيداً: الدسنتاريا الباسيلية، والكوليرا، والتهاب الأمعاء enteritis، والتيفود، والباراتيفود، والسَلْمُونيلَة Salmonellosis وقد تنتج هذه الأمراض من جراء شرب ماء ملوث، أو استهلاك طعام ملوث، أو استنشاق هواء ملوث بها. ومن ضمن البكتريا الممرضة التي وجدت في الفضلات السائلة تلك الموضحة بالجدول 2-2 والجدول 2-3.

جدول 2-2 أمثلة للأمراض وبعض الأحياء المجهرية ذات الصلة

{4،13،15،16،21،22}

	الكائن الحي المسبب للمرض	**المرض الذي تسببه**	**العائل**
(1) البكتريا: *الكروية	+ ذات الرئة *Pneumonia* – التهاب السحايا *Meningitis spp.* * النَّيْسَرِيَّة البُنيَّة *Neisseria gonorrhoeae* ^ عِقْدِية بيتا *Beta-haemolytic streptococcus (group A)*	+ الالتهاب الرئوي – الالتهاب السحائي * السيلان (التعقيبة) Gonorrhea, clap، والتهاب المفاصل Arthritis، والتهاب العين، وانفتال وليدي *Vulvulus neonatorum*، والتهاب الحوض للأطفال Pelvic inflammatory disease	+ الإنسان – الإنسان * الإنسان ^الإنسان والحيوان
*العصوية	+ السلمونيلة *Salmonella* * السلمونيلة التِّيفيَّة *S. typhi* + السلمونيلة نظيرة التِّيفيَّة *S. paratyphi* A, B, & C * الشيغِلَّة السُونيَّة *Shigella Sonnei* – الوَتَدِيَّة الخُنَاقية	^ الحمى القرمزية Scarlet fever + الجمرة وتقيحات الدمامل * التيفود والإسهال + الباراتيفويد والأمراض المعوية	+الإنسان والحيوان * الإنسان + الإنسان * الإنسان – الإنسان والماشية

	Corynebacterium diphtheriae ^ *الاشريكية القولونية E. coli*	* الدسنتاريا (الزحار) الشيغيلة – الدفتريا Diphtheria ^ التهاب المثانة cystitis، التهاب الإمعاء Enteritis ، التهاب Peritonitis	^ الإنسان، الحيوانات الأليفة
*الواوية	~ الضمة الهيضية *Vibrio cholerae* ^ ضمة أخرى	~ الكوليرا (الهيضة) ^ إسهال وجفاف داء السَّلْمونيلات	~ الإنسان ^ الإنسان
*الحلزونية	+ اللولبية الشاحبة *Treponema pallidum*	+ الزهري Venereal	+ الإنسان
2)الفيروسات كرويّة عصوية منوية مكعبة	+ حُمَّة مخاطية *Myxovirus influenzae* حُمَة السِنْجَابِيَّة *Poliviruses hominis*	+ الأنفلونزا شلل الأطفال رفشة الطباق (اصفرار عروق أوراق النبات) لاقمات البكتريا (البكتريوفاج) مثل فيروسات حيوانية	+ الإنسان الإنسان النبات
(3) البروتوزوا الحيوانات الأوالي	المتحولة الحالة للنسج *Enatamoeba histolytica* + الجياردية اللَّمبليَّة *Giardia lamblia* – المثقبية *Trypanosoma* ^ المُتَصَوِّرة *Plasmodium* + القِرْبِيَّة القولونية *Balantidium coli*	الدسنتاريا الأميبية والقرحة القولونية وخراج الكبد + الجارديا والإسهال والتهاب الأمعاء الدقيقة – مرض النوم ^ الملاريا + قرحة القولون، إسهال، دسنتاريا	الإنسان + الإنسان – الإنسان ^الإنسان، الثديات البرية + الإنسان والحيوان خاصة الخنزير والفأر

	– *Cryptosporidium*	– اسهال	– الإنسان والحيوان
(4) الديدان	* الصَفَر الخراطيني *Ascaris lumbricoides* + المَلْقُوَّة العَفجية *Ancylostoma duodenale* والدودة الفتاكة *Necator* * جانِبِيَّة المَنَاسِل الفِستَرمانيَّة *Paragonimus westermani* – السُرْمِيَّة الدُوَيْدِيَّة *Enterobius vermicularis* + المنشقة الدموية *Schistosoma haematobium*، المنشقة المنسونية *S. mansoni*، المشقة اليابانية *S. japonicum* ^ الشريطية العزلاء *Taenia saginata* * التُنَيْنَة المَدينيَّة *Dracunculus medinensis* + الفُخَرِيَّة البَنْكُرُفْتِيَّة *Wuchereria bancrofti Brugia malayi* – كُلابِيَّة الذَنَب أو المُتَلَوِّية *Onchocerca volvulus*	* الدودة المدورة Roundworm، الصَفَر Ascariasis + الدودة الشصية (داء المَلَقُّوَّات) hookworm * دودة الرئة lung fluke، جانبية المناسل paragonimiasis – دودة الدبوس pinworm، داء السُرْمِيَّات Enterobiasis + داء المنشقة ^ الدودة الشريطية البقرية Beef-tapewaorm، داء الشريطيات Taeniasis * التُنَيْنَة Guinea worm, Dracunculiasis, dracontiasis + داء الخيطيات أو داء الفلاريا Filariasis، Bancroftian، داء الفيل Elephantiasis، داء الفُخريات – داء كلابية الذنب Onchocerciasis، عمى النهر River blindness (الجور)	* الإنسان + الإنسان الإنسان والحيوان – الانسان + الإنسان ^ الإنسان، البقر * الإنسان + الإنسان – الإنسان

جدول 2-3 بكتيريا تم اكتشافها في الفضلات السائلة {4}

البكتريا	المرض
السلمونيلة التِيفيَّة *Salmonella typhi*	حمى التيفويد، والإسهال
السلمونيلة نظيرة التِيفيَّة *S. paratyphi*	حمى الباراتيفود، والتهابات معوية
السلمونيلة التِيفيَّة الفأْرِيَّة *Salmonella typhimurium*	تسمم الطعام، والسلمونيلة
الشيغِلَّة السُونِيَّة *Shigella Sonnei*	الزحار الباسيلي

المُتَفطِّرَةُ السُّلّيَّة *Mycobacterium tuberculosis*	السل
الاشريكية القولونية *Escherichia coli*	إسهال، والتهاب المعدة والأمعاء
الضمة الهيضية *Vibrio cholerae*	كوليرا، وإسهال، وجفاف
اليَرْسَنِيَّة *Yersina enterocolitica*	إسهال، والتهاب المعدة والأمعاء
Francisella tularensis	تُولارمِيّة tularemia
البَرِيْمِيَّة *Leptospira interrogans*	البَرِيْمِيَّة، واليرقان Weil's diseases

يوضح جدول 2-4 الجرعة الممرضة للجراثيم البكتيرية التي من التوقع تواجدها في الفضلات السائلة<

جدول 2-4 الجرعة الممرضة لبعض البكتريا في الفضلات السائلة[1] {4-7}

الأحياء المجهرية	الجرعة الممرضة (عدد الأحياء)	معدل الهجوم (%)	أقل جرعة (عدد الأحياء)
السلمونيلة *Salmonella spp.*	10^{5} إلى 10^{8}	50	10^{5}
الشيغِلّة *Shisella spp.*	10 إلى 10^{2}	50	10
الضمة الهيضية	10^{3} إلى 10^{11}	25 إلى 75	10^{3}
الإشريكية القولونية	10^{6} إلى 10^{10}	25 إلى 75	10^{6}
العِقْدِيَّةُ البِرازية *Streptococcus faecalis*	أكبر من 10^{10}	25 إلى 75	10^{10}

نسبة لصعوبة تحديد الأحياء المجهرية واكتشافها في الفضلات السائلة، ومضيعة زمن طويل لإتمام الفحوصات المطلوبة فيعتمد على تقدير أحياء مجهرية معينة كمؤشرات مثل القولونيات[2] الكلية Total coliforms، والقولونيات البرازية، والعِقْدِيّة *Fecal streptococci* لتدل على وجود الأحياء الجرثومية، ومن المؤشرات المستخدمة الاشريكية القولونية *E. coli*، والعِقْدِيّة البرازية *Streptococcus fecalis* لتدل على وجود كائنات يمكن أن تسبب الأمراض.

<u>أثر وحدات المعالجة لإزالة البكتريا:</u>

1. تزيل وحدات المعالجة الابتدائية مثل الترسيب نسبة قليلة من البكتريا بما يصل إلى 25% ، غير أنها لا تُعد من العمليات الجيدة لإزالتها.

---

[1] أقل عدد من الأحياء المجهرية مطلوب لحدوث المرض في كل مريض تم فحصه

[2] جراثيم القولونيات زمرة من الجراثيم التي توجد في القناة المعوية للثدييات وتنتمي إلى فصيلة الجراثيم المعوية، وعادة ما يوجد بعضها، خاصة القولونيات البرازية، في براز الإنسان والحيوانات وتستخدم كمؤشر للتلوث البرازي (25).

2. عادة تعمل وحدات معالجة الفضلات السائلة الثانوية على تخفيض أعداد البكتريا، غير أن كميات كبيرة منها تظل موجودة حتى بعد وحدات المعالجة الحيوية.
3. يعتقد بأن نسبة معتبرة من البكتريا تتم إزالتها في بركة الموازنة لزمن مكث حوالي 11 يوماً.
4. يعتقد أن الحمأة النشطة أكثر كفاءة في تقليل البكتريا والفيروسات من مرشحات النضيض، ومن المتوقع أن تعمل الحمأة النشطة على تخفيف أكثر من 90% من البكتريا. ومرشحات النضيض 50 إلى 90% منها.
5. الكلورة عالية الكفاءة للتطهير، وإزالة البكتريا من الفضلات السائلة عدا عند علو درجة العكر، أو زيادة كمية المواد العضوية، ووجود الأمونيا. وتتفاقم مشاكل تكوين الكلورامين، والمواد العضوية المكلورة (البسيطة والمعقدة)، والمواد المسرطنة والمواد المطفرة mutagenic.
6. تتمكن المعالجة الثانوية التي تتبعها معالجة نهائية مثل مرشحات الرمل السريع، وإضافة الجير من قتل البكتريا، وإزالة الفيروسات نسبة لعلو الرقم الهيدروجيني {8}.

2-4 الفيروسات(الحُمَات)

كلمة الفيروس اللاتينية virus تعني سم. والفيروس وحدة تحمل المعلومات اللازمة لتكرار تمثيله، غير أنه لا يملك الآلية لهذا التكرار. وعليه فكل الفيروسات طفيلية جبرية، ولا يمكنها التكاثر خارج خلية مضيفة. وعليه تعيش الفيروسات على أنها وحدات داخل الخلايا intracellular، أو جسيمات خارجها extracellular. وللفيروسات خاصيَّة التبلر، ويندر أن يحدث بها أيض (تحول غذائي). الفيروس أصغر أنواع الأحياء المجهرية، وهي طفيلية، وجرثومية على النبات والحيوان والبكتريا، الفيروسات دقيقة الحجم إذ تتراوح بين 5 إلى 25 نانومتر في قطرها، وقد تصل إلى 800 نانومتر في طولها. والفيروسات أجسام تتكون من درع من البروتين يحيط بمركز حمض نووي DNA أو RNA. وعليه يمكن تقسيم الفيروسات حسب نوع الحمض النووي (Deoxyribonucleic acid, DNA or Ribonucleic acid, RNA)، وهندسته الكلية capsid، وجود غلاف أو غيابه. ويمكن تقسيم الفيروسات حسب الشكل إلى كروية، وعصوية، ومنوية، ومكعبة (انظر جدول 2-2). كما يمكن تقسيم الفيروسات حسب نوع المضيف لها إلى التالي:

أ. الفيروسات البكترية أو البكتريوفيج Bacteriophages لاقمات البكتريا: يمكنها إصابة الخلايا البكترية.

ب. الفيروسات الحيوانية: وهي جبرية داخل خلايا الحشرات، والزواحف، والأسماك، والطيور وكثير من الثدييات. وقد تسبب أمراض للإنسان مثل الجديري (جديري الماء، الحُماق Chickenpox)، والتهاب الغدة النكفية mumps، والحصبة، والسعر، ورشح البرد.

ت. الفيروسات النباتية خاصة للنباتات الزهرية والسرخس والفطر والطحلب وبعض النباتات. معظم هذه الفيروسات تنتقل بواسطة الحشرات الماصة أو الماضغة مثل: الأرَقَة Aphid (المنَّة)[1] وبعض أنواع الذباب whiteflies والخنفساء.

يصعب اختبار الفيروسات في الفضلات السائلة بسبب صغر حجمها، وقلة تركيزها في السائل، ووجود أنواع مختلفة منها (هنالك أكثر من مائة نوع منها في براز الإنسان)، وعدم ثباتها، ومحدودية الطرق المتاحة للاختبار وللكشف عنها. ومن أمثلة الفيروسات التي وجدت في الفضلات السائلة: فيروس التهاب الكبد .hepatitis A، و norwalk-type virus ، و rotaviruses، والحُمَات العقدية adenovirus، والحمات المعوية enterovirus ، والحُمَة الرِيَوِيَّة (الحُمَة التنفسية المعوية) reovirus. يتم إفراز الفيروسات التي قد تصيب القناة الهضمية بكميات كبيرة من الشخص المصاب؛ وقد تتراوح كمياتها من ألف إلى عشرة آلاف وحدة لكل جرام من البراز. ومن الملاحظ أن فيروسات الفضلات السائلة تتأثر بفصول السنة: إذ تكثر أثناء الصيف والخريف {4}. ويبين جدول 2-5 أمثلة لبعض الأمراض الفيروسية ذات الصلة بالبراز.

جدول 2-5 فيروسات مخرجة في البراز {4،9}

الفيروس	المرض
الحُمَات العقدية Adenovirus	متعددة والتهابات الجهاز التنفسي
الحُمَات المعوية Enteroviruses + الحُمَة الإيكَوِيَّة Echovirus ^حُمَة سِنْجَابِيَّة (Poliviruses (types 1,2,3	+ متعددة ^ التهاب سِنْجَابِيَّة النخاع Poliomyelitis، شلل وحالات أخرى، والتهاب السَحَايا، وحمى، ومرض يشابه الأنفلونزا
حمى كُوكْسَاكِيَّة coxsackieviruses (Group A, Group B)	متعددة، والتهاب المعدة والأمعاء، وأمراض القلب، والتهاب السَحَايا، والتهاب الجهاز التنفسي
الحُمَة المعوية الممرضة لخلايا يتيم البشر Enteric cytopathogenic human orphan	متعددة، والتهاب السَحَايا، وإسهال، وأمراض الجهاز التنفسي، والطفح الظاهر الوبائي (طفحية) Epidemic exanthem
فيروس التهاب الكبد Hepatitis A virus	التهاب الكبد المعدي (اليرقان)
الحُمَة الرِيَوِيَّة Reoviruses	متعددة، والتهاب المعدة والأمعاء
الحُمَات الدوارة Rotaviruses	Norwalk، وإسهال خاصة عند الأطفال والرضع
غيرها	إسهال

[1] حشرة تمتص عصارات النبات.

تؤثر عدة عوامل على نشاط الفيروسات في التربة والنبات والمحصول ومنها: درجة تركيز المواد العضوية بالتربة، والرقم الهيدروجيني، ودرجة الحرارة، والرطوبة، والتعرض لأشعة الشمس. عامة يقل نشاط الفيروسات في النبات والمحصول عنه في التربة لقلة الرطوبة والتعرض لأشعة الشمس. ورغم أن الفيروسات لا يمكنها العيش خارج مضيف حيّ غير أن بعضها يمكنه العيش لمدة أسابيع في البيئة خاصة إذا قلت درجة الحرارة عن 15 درجة مئوية {4،9،10}.

<u>أثر وحدات المعالجة لإزالة الفيروسات:</u>

تعتمد درجة إزالة الجراثيم من وحدات المعالجة على عدة متغيرات منها: طريقة المعالجة المستخدمة، وخواص الفضلات السائلة، والظروف البيئية وتركيز الممرضات وأنواعها. قد يصل تركيز الفيروسات في الفضلات السائلة الخام إلى 100.000 وحدة ممرضة لكل لتر، وبافتراض أن 99% منها تمت إزالتها في محطة معالجة تقليدية جيدة التشغيل غير أن السائل النهائي المعالج ما زال يحمل 1000 جسم فيروس لكل لتر، وهذا عدد كبير، لاسيما وقليل من الفيروسات (وربما واحد فقط في بعضها)، يمكنه أن يسبب المرض في الإنسان {4}. وبالنسبة لكفاءة وحدات المعالجة لإزالة الفيروسات فيمكن تلخيصها كما يلي:

أ. المعالجة الابتدائية (الأساسية) غير مجدية لتقليل فيروسات الفضلات السائلة.

ب. من المتوقع أن تقوم الحمأة النشطة بتقليل الفيروسات بنسبة 80 إلى 90%

ج. يعتقد بأن مرشح النضيض يعمل على تخفيض الفيروسات بنسبة 50 إلى 90% {4}

د. تفيد وحدات الأزموزية العكسية (التناضح العكسي) ذات الكفاءة العالية لإزالة الفيروسات. وتؤثر في هذه الكفاءة العوامل المؤثرة على وحدة التناضح العكسي من نوع السائل المعالج، وكميته، والغشاء شبه المسامي، وعوامل التشغيل.

ه. تقاوم الفيروسات التطهير بالكلور أكثر من البكتريا؛ وعليه لا يسهل إزالة الفيروسات بالكلورة؛ غير أنه يعتقد بأنها لا تتواجد في الفضلات السائلة لمدة تزيد عن 7 أيام {4، 11}.

و. الأوزون فعال لإزالة الفيروسات بعد زمن تلامس مناسب {4}.

5-2 الفطريات Fungi or molds

هي نباتات لا زهرية، بسيطة التركيب، هوائية، غيرية الاغتذاء heterotrophic، ولا تحتوي على يخضور chlorophyll، ويمكنها التعايش في ظروف جافة وأكثر حمضية مقارنة بالبكتريا، كما وأنها غالباً متعددة الخلية وكثير منها تمتص المواد الغذائية من النباتات والحيوانات الميتة. ويمكنها العيش في المياه العذبة، وفي التربة، وفي مياه البحر. ويمكن أن تكبر إلى أن ترى بالعين المجردة كحالة الفُطر Mushroom. ومن أهم أنواع الفطر حسب نوع الأبواغ الجنسية لها {22}:

أ. الفطور المخاطية Myxomycota (slime molds) والتي تتكاثر في الكتل الخشبية الرطبة المتعفنة، والأوراق النباتية، والتربة.

ب. الفطريات الطحلبية (الفطر البدائي، أو الطحلبية - الخيطية) Phycomycota (water molds) يضم فطر الماء عدة أنواع تتكاثر في الماء والبيئة الرطبة مثل فطر عفن الخبز الأسود Rhizopus.

ج. الفطور الزِّقِّيَّة Ascomycota (sac fungi) والتي تتميز بتكوين أبواغ خاصة داخل خلايا متخصصة أو كيس (زق)؛ وتضم مجموعة كائنات منها العفن الفطري mildew وفطر وحيد الخلية ومن أشهرها فطر خميرة الخبز Yeast، وخميرة الجعة المسمى الفُطْرِيَّة السُّكَّرِيَّة الجِعَوِيَّة Saccharomyces cerevisiae لتخمير العجين قبل خبزها ولإنتاج الكحول في الصناعة؛ وقد يسبب هذا الفطر بعض الأمراض، والتهاب السحايا، ويسمم الغذاء.

د. الفطر المتطور مثل: الفُطُور الدِعَامِيَّة Basidiomycota (club fungi) (البازيدية)، وتتميز بحمل أبواغها على دعامات تنتظم خارج الخلية المكونة لها، مثل فطر المشروم (عيش الغراب)، وفطر صدأ القمح؛ والفطر الداعم bracket fungi الذي ينمو على الأشجار، وفطر دقيق الفحم .duffballs

ه. الفطر الثنائي Deuteromycota (imperfect fungi) تضم عدة أنواع منها فطر اللواحم Carnivorous fungi، وفطر امبيرفكتي *fungi-impertecti* . ومن المشهور أن الأصبعية *Dactyella bembicoides* تحاصر الديدان المدورة بالتربة بتشكيل خُوط (خيط فطري) التابع لها في حلقات صغيرة أو أنشوطة شنق. وعند مرور الدودة خلال الحلقة تضيق عليها وتحصرها ثم تنمو في داخل جسمها لتتغذى عليها.

و. الفطور الأُشْنِيَّة (الحزازية) Lichenes (lichens) تتمكن هذه الأنواع من الفطر من النمو حتى في الصخر الصلد لتبدأ عملية صناعة التربة.

يتكاثر كثير من الفطر في شكل شعيرات ترى في الأنهار الملوثة، ومرشحات النضيض، والحمأة النشطة. بعض من الفطر مفيد لتحضير الخميرة، والجبن، والخبز، والكحول، ولإنتاج الفيتمينات مثل B2 ؛ وبعض منها يستخدم غذاءً مثل عيش الغراب؛ أو مصدراً للدواء مثل المضادات الحيوية[1]، وصناعة المشروبات الغازية[2]. ولأن الفطر هوائي يمكنه أن يتواجد في الحيوانات في الجلد، أو في مجرى الدم، أو الرئة؛ وعليه فقليل منها ممرض للإنسان؛ ومن أمراض الفطر: مرض قدم الرياضي athlete's foot ، والدودة الحلقية، وتلف الكبد والرئة والكلى؛ كما وهنالك نخبة من الفطر تقوم بإنتاج السموم القاتلة Mycotoxins مثل فطر الأمانيت (من فصيلة الغاريقونيات سام غالباً) *Amanita verna* أو ما يسمى بالملاك المهلك[3] destroying angel الموجود في غابات الأخشاب. وكثير من الفطر

[1] مثل البنسلين *Penicillium chrysogenum*

[2] بفضل فطر الرشاشية السوداء *Aspergillus niger* الذي يساعد في إنتاج حمض الستريك (حمض الليمون) لإعطاء النكهة للمشروب

[3] ضرب من الفطر السام.

ممرض للنبات[1]، ويفسد البذور، أو الفواكه، أو الخضراوات مما ينتج عنه أنزيم يمكنه هدم الأنسجة؛ أو أن تقوم الفطريات بإنتاج مواد سامة للإنسان والحيوان مثل الافلاتوكسين انظر جدول 2-2. كما وتهاجم الفطريات كثيراً من المواد العضوية مثل السيللوز، والفينول، والهيدروكربونات. وتتحول المواد العضوية إلى مركبات يمكن استخدامها غذاءً لأحياء مجهرية أخرى. وقد يقوم الفطر بإفساد الطعام وتلف الورق والخشب والنبات (مثل صدأ القمح؛ وتفحم الذرة؛ والبياض الدقيقي للخيار، والشمام، والبطيخ، والطماطم؛ والبياض الزغبي للفجل، والبطاطس، وقصب السكر) والجلد والأجهزة الكهربائية، أو الضوئية خاصة في المناخ الرطب الحار. ويتم التحكم في الفطر باستخدام المواد الكيميائية غير أنه يفاقم من مشاكل التحكم فيها تكوين الأبواغ التي تنتشر بسهولة في الجو بفضل الرياح.

6-2 الطحالب Algae

نباتات لا زهرية وتحتوي على اليخضور مما يمكنها من القيام بعملية التمثيل الضوئي. وقد تكون وحيدة الخلية (مثل الدايتومات أو المَشْطُورة Diatoms، والكلاميدومانس أو المُتَدَثِّرَة Chlamydomonas) أو متعددة الخلايا في شكل خيوط متفرعة، أو غير متفرعة مستقلة الخلايا (كما في الاسبيروجيرا Spirogyra) ولأنها ذاتية الاغتذاء autotrophs وتستغل المركبات غير العضوية للبروتوبلازم؛ وبعض الطحالب يمكنها التركيب الكيميائي Chemosynthesis. تقوم الطحالب باستخدام ثاني أكسيد الكربون لإنتاج الخلايا أثناء النهار وإنتاج الأكسجين. ويقود استهلاك ثاني أكسيد الكربون نهاراً إلى زيادة الرقم الهيدروجيني مما يعمل على تقليل العسر، وترسيب كربونات الكالسيوم. يمكن إيجاد الطحالب المجهرية في كل المناطق ابتداءً من الجليد الدائم والثلج إلى الصحاري، والبحار، والمحيطات، والبحيرات، والأنهار، والبرك الصغيرة، والصخور، والتربة {12}.

من فوائد بعض الطحالب: التخلص من ثاني أكسيد الكربون في بعض النبات، وفي سفن الفضاء، وإنتاج الطعام (الطحالب الحمراء والبنية) لبعض الشعوب، وتمثل غذاء لكثير من الحيوانات المائية مثل الأسماك، وإنتاج غذاء الدواجن، وإنتاج بعض العناصر مثل اليود والبروم والبوتاسيوم مثلاً من الطحالب البحرية، وإنتاج الفيتامينات أ، ب، ج، د، ك، ويستخدم بعض منها كمنابت لبعض أنواع البكتريا والفطر، وتدخل الطحالب في بعض الصناعات (مثل الأدوية والمواد العازلة للحرارة وصناعة الديناميت ومعجون الأسنان)، وتستغل لزيادة خصوبة التربة بتثبيت نتروجين الجو مثل بعض أنواع الطحالب الزرقاء المخضرة، أو تستغل سماداً لأملاح البوتاسيوم مثل الطحالب الحمراء والبنية. وللطحالب أهمية في عمليات المعالجة الحيوية للفضلات السائلة لاسيما وقد تؤدي إلى إفساد الشواطئ والسواحل، ومشاكل التخمة، وانسداد المرشحات، والتأثير على وحدات الترويب والتلبد، وقد تأتي بريح وطعم لماء

[1] مثل فطر البطاطا *Phytophthora infestani*

الشرب، وإنتاج مواد سامة. وتستغل الطحالب لمعالجة الفضلات، وإنتاج الأسمدة ومخصبات التربة، والوقود، والعلف.

يمكن تقسيم الطحالب حسب اللون الصبغي للتمثيل الضوئي، أو المركبات المستخدمة لحفظ المواد الغذائية، أو خصائص دورات تكاثرها؛ ومن أهم أنواع الطحالب {22،19،18،14،4}:

أ. الطحالب الخضراء (الكلوريلا الخضراء) Chlorophyta بما فيها الكلوريلا Chlorella والتي تعيش غالباً في الماء العذب، وهناك بعضاً منها يعيش في التربة الرطبة والماء المالح وحقول الثلج وأعالي الجبال. وربما كانت هذه الطحالب وحيدة الخلية، أو مكونة من خيوط وحيدة الخلية، أو عناقيد كرية، أو شرائح مثل الخس. وتوجد مجموعة من الكلوريلا في برك الموازنة.

ب. الطحالب الناصعة الخضرة ذات الحركة السوطية ووحيدة الخلية Euglenophyta بما فيها اليوجلينا Euglena ، ومعظمها يعيش في الماء العذب، وقليل منها يعيش في التربة الرطبة.

ج. الطحالب الخضراء المصفرة، أو البنية المذهبة Chrysophyta معظم هذه الطحالب عادة وحيدة الخلية وتعيش في الماء العذب، وبعض منها تلتصق مع بعضها بعد الانقسام لتكون مستعمرات. ويرجع لونها لصبغ أصفر بني يحجب الكلوروفيل. ومن أهم أنواعها الدايتوم Diatoms التي توجد في الماء العذب أو المالح، ولها قشرة تتكون غالباً من السيليكا. ومترسبات هذه القشور تعرف بالتربة الدايتومية diatomaceous earth التي تستخدم مادةً مساعدة في الترشيح.

د. الطحالب الزرقاء المخضرة Cyanophyta لها شكل بسيط وتماثل البكتريا في كثير من الوجوه وهي وحيدة الخلية. ولهذه الطحالب أهمية للهندسة البيئية لإنها تكوِّن طبقة سميكة على سطح الماء، وربما أتت بطعم ورائحة للماء، ولها المقدرة على استخدام نتروجين الجو للغذاء لبناء الخلية. وتوجد الطحالب الخضراء والكلاميدوموناس Chlamydomonas في المياه الراكدة، والقنوات، والتربة الرطبة، وفي برك الموازنة الغنية بالغذاء غير العضوي، وفي أخدود الأكسدة ومن ضمن الطحالب الزرقاء المخضرة المتواجدة Oscillatoria و Phormidium و Anacystic و Anabaena.

ه. الطحالب القرنفلية (ثنائية السوط) Pyrrophyta (dinoflagellates) تنتج هذه الأنواع من الطحالب في المحيطات. وتعمل مستعمرات هذه الطحالب على تلون الماء باللون الأحمر الوردي (القرنفلي) لتكاثر الخلايا (Gonyaulax)، ويطلق عليها التيار الأحمر red tides. تنتج هذه الطحالب سماً مميتاً للأسماك وكثير من الأحياء المجهرية الصغيرة والإنسان. و تؤثر الأسماك الميتة على استعمال البلاجات والشواطئ للسياح والمصطافين. ويقوم المحار Oysters والبطلينوس[1] Clams التي تنمو في مثل هذه المياه بتركيز السموم في أجسامها عند ترشيحها للطعام من الماء، وقد تضر المواد المتركزة بصحة المستهلك الذي يتغذى عليها.

و. الطحالب البنية Brown algae (Phaeophyta) تكثر الطحالب البنية في المياه المالحة، ومنها الطحلب البحري seaweed المسمى عشب البحر kelp الذي يغطي الصخور بطول سواحل

[1] حيوان من الرخويات أو السمك الصدفي

المحيطات، وربما وصل إلى مائة متر طولي. يمكن جنى هذه الطحالب لتستخدم في كثير من الأطعمة حسب نوع الطحلب؛ فمثلاً تستخدم بعض المواد من الطحالب البنية في صناعة الآيس كريم (البوظة أو الجيلاتي)، وطلية (كريمة) الكعك، والفطيرة (العصيدة)، والشموع، وكثير من مستحضرات التجميل؛ كما ويستخدم عشب البحر كمصدر ممتاز لليود لمقدرة الطحلب على تركيز اليود من مياه البحر، وتصنع من الطحالب البنية منابت Agar للأحياء المجهرية.

ز. الطحالب الحمراء Red algae (Rhodophyta) توجد في المياه المالحة وتنمو بطول سواحل البحار. تستخدم هذه الطحالب كمضافات مغلظة ولإعطاء النكهة، وتدخل في صناعة بعض الأطعمة، وتستغل كعلف غني بالبروتين للماشية.

أثر وحدات المعالجة لإزالة الطحالب:

أ. تعمل التهوية على تخفيض ثاني أكسيد الكربون CO_2 وبالتالي تخفيض الطحالب.

ب. تضاف مبيدات الطحالب للقضاء عليها ومن المبيدات المستخدمة: مثل كبريتات النحاس $CuSO_4$ وبرمنجنات البوتاسيوم $KMnO_4$

ج. تعمل الكلورة بجرعة قد تصل إلى 1 ملجم/لتر من الكلور على إزالة الطحالب.

7-2 الحيوانات الأوالى Protozoa

كلمة البروتوزوا مشتقة من كلمات إغريقية تعني الحيوان الأول First animal {22}. الحيوانات الأوالي (البروتوزوا) متحركة لا خلوية يتراوح طولها من 2 إلى بعض مئات الميكرون؛ ومعظمها هوائي وغيرية الاغتذاء، وتتحرك بواسطة أهداب cilia (كما في البراميسيوم Paramecium)، أو محسات شعرية أو سوطيات(كما في اليوجلينا Euglena)، أو الأرجل الكاذبة pseudopodium (كما في الأميبا Amoeba). تتواجد الحيوانات الأوالي في البرك والبحيرات والأنهار والتربة اللينة. بعض منها لونها أخضر أو أصفر أو ذهبي. تعيش البروتوزوا على البكتريا والكائنات الحية وبعض منها تأكل الطحالب. من أهم أنواع الحيوانات الأوالي {22}:

أ. السوائط Phylum Mastigophora تتحرك بواسطة السوطيات ومنها المثقبية الغمبية *Tryponosoma gambiense* التي تسبب مرض النوم الإفريقي، ومنها المُشَعَّرة المَهْبِلِيَّة *Trichomonas vaginalis* المسببة لأمراض المشعرة الزهرية *Venereal trichomoniasis* عند النساء أو ما يسمى التهاب المهبل (الغمد) Vaginitis الذي ينتج عنه إفراز زبد مصفر له ريح نتن، وربما حدث الالتهاب للرجال غير أنه قليل الحدوث.

ب. Phylum Scrodina تضم أعضاء من الأميبا amoebae والتي تنساب دون أن يكون لجسمها شكل دائم. معظم الأميبا غير ضار وتعيش في الماء والتربة. ومن الأميبا الضارة المتحولة الحالة للنسج *Enatamoeba* histolytica التي تسبب الزحار الأميبي للإنسان بشربه لماء ملوث بها.

ج. الهوادب Phylum Ciliophora والمتلألئة Opalinida فهي مهدبة وتتحرك بالأهداب. تتواجد هذه الأنواع في البرك المائية وفي العشب. تتغذى تلك المتواجدة في بيئة المياه العذبة على الطحالب والفطر والبكتريا والحيوانات الأوالي الأخرى. ومن الأنواع الممرضة منها القِرْبِيَّة القولونية *Balantidium coli* التي تسبب مرض القولون والإسهال والزحار والإغماء والغثيان.

د. البوائغ Phylum Sporozoa ومنها المُتَصَوِّرة Plasmodium المسئولة عن الملاريا في الإنسان، ومنها المُقَوَّسَة القُنْدِيَّة *Toxoplasma gondii* التي تسبب داء المُقَوَّسات Toxoplasmosis المؤثر على الحامل والجنين بصورة خاصة، وربما أدى المرض للهلاك أو التأثير على الدماغ أو الجهاز العصبي الرئيس وربما انتقلت البروتوزوا من فضلات القطط.

معظم البروتوزوا غير ضار، والقليل منها يؤدي إلى أمراض للإنسان (انظر جدول 2–2). ومن أمثلة الأمراض التي تسببها الحيوانات الأوالي: الملاريا، ومرض النوم، والدسنتاريا الأميبية، والجياردية. وبما أن البروتوزوا يمكن رؤيتها تحت المجهر الضوئي فتعتبر مؤشر جيد لحالة الأنهار؛ فمثلاً عند التلوث بالفضلات السائلة في الأنهار تكثر البراميسيوم paramecium والكلوبيديوم colpidium في العوالق الحيوانية zooplankton. وتوجد Vorticella وOpercularia في طين القعر. وقد تحتوي الفضلات على كِيْسَة cysts تمثل الأطوار المقاومة للبروتوزوا. وتقوم الكِيْسَة بالتأثير على جهاز أمعاء الإنسان والحيوان لتنقل المرض. ومن هذه الأمراض الإسهال، والزحار الأميبي، والجياردية. يتم إخراج البروتوزوا في البراز في شكل كِيْسَة؛ ويصعب الحد من نشاطها حتى بجرعات زائدة من الكلور. وقد تعيش الكِيْسَة في الفضلات السائلة لمدة 20 يوماً.

<u>أثر وحدات المعالجة على الحيوانات الأوالي:</u>

1. يمكن أن تكون الجياردية Giardia و Cryptosporidium مقاومة للتطهير بالكلور. ويعتبر مرض Cryptosporidiosis مرض خطير نسبة لغياب علاج معلوم له، و تعتمد نقاهة المريض وتعافيه كلية على المناعة الذاتية للمريض، ويعتقد بأن الترشيح يمكنه استخلاص Cryptosporidium من إمداد الماء.
2. تطبيق الخطوط التوجيهية، أو المعايير المناسبة للماء لا يعني خلو الماء المعالج من الجياردية، أو من Cryptosporidium.
3. يمكن لوحدات المعالجة الابتدائية – مثل الترسيب – إزالة الكِيْسَة (بما يقارب 50 إلى 90%) والحيوانات الأوالي.
4. من المتوقع أن تقوم وحدات المعالجة التقليدية الحاوية على ترسيب وحمأة نشطة (أو ترشيح حيوي) على تخفيض الكِيْسَة.
5. من المتوقع أن تقوم برك الموازنة ذات زمن المكث العالي بتخفيض كبير للحيوانات الأوالي.
6. تعمل البرك والمرشحات الرملية في مرحلة المعالجة النهائية على إزالة البروتوزوا الجرثومية والكِيْسَة.

7. إضافة جرعة عالية من الكلور (مثلاً 45 ملجم/لتر) للسائل النهائي المعالج من الفضلات السائلة يساعد على تعطيل الكِيْسَة والحيوانات الأوالى لزمن تلامس في حدود الساعة الواحدة.

8-2 الروتفيرات Rotifers, wheel animals

الروتفيرات حيوانات هوائية تتراوح بين 50 إلى 250 ميكرومتر في الطول. وهي أبسط الحيوانات اللافقارية المتعددة الخلايا، ولها أهداب حول الفم مما يمكنها من ابتلاع البكتريا وغيرها من المواد العضوية. ووجودها في السائل النهائي المعالج يعني درجة عالية من كفاءة وحدة المعالجة الهوائية.

9-2 القشريات Crustaceans

هي حيوانات مائية تستخدم الأكسجين، وتستهلك المواد العضوية، والبكتريا، والطحالب؛ ولها جسم صلب أو قشرة. وتعدُّ القشريات غذاءً جيداً للأسماك. من غير المتوقع أن توجد القشريات عادة في المعالجة الحيوية؛ غير أن وجودها يعني جودة الماء ونظافته. تضم القشريات الكَرْكَند (جراد البحر) lobsters، والسرطان crabs، والقُرَيْدِس (برغوث البحر) prawn، والروبيان shrimps، والقشريات المجهرية. ومن أهم طائفة القشريات المؤثرة في الهندسة البيئية الجوادف cyclops، وبرغوث الماء Daphnia. وقد استخدمت القشريات أيضاً لتحديد احتواء السائل النهائي من برك موازنة الأوساخ على الطحالب {17}. وتتواجد القشريات في البحيرات، والأنهار المتزنة نسبة لتعقيد تمثيلها الغذائي.

10-2 الديدان واليرقات Helminths Worms & larvae

كلمة helmis إغريقية تعني دودة. توجد الديدان في الطين العضوي، والكتلة الحيوية. وهي هوائية، غير أنها يمكنها تفتيت المواد العضوية الصلبة التي يصعب تفتيتها بأحياء مجهرية أخرى. يتراوح طول الديدان من 0.05 ملم إلى ما يربو على ستة أمتار. من الديدان المستخدمة على أنها مؤشراً لتلوث الأنهار دودة *Tubifix* التي توجد في الأنهار شديدة التلوث بالإضافة إلى يرقة القَمَعَة Midge fly larva، ويرقة *Chironomidae* التي توجد في منطقة نشاط التفتيت الحيوي عند بداية استعادة النهر لحالته الطبيعية {17}.

يمكن تقسيم الديدان إلى مجموعتين رئيستين تضمان: الديدان المَمْسُودة (المُدَوَّرة) round worms (nematodes)، والديدان المُسَطَّحة (المفلطحة) flat worms. ويمكن تقسيم الديدان المُسَطَّحة إلى: الديدان الشَريطيَّة (القَليديَّة) tapeworms (cestodes)، والديدان المَثْقُوبَة flukes (trematodes). أما الديدان الشَريطيَّة فمفصلية segmented، وللديدان المَثْقُوبَة أجسام غير مفصلة. ومن المعلوم أن الديدان المَثْقُوبَة تنتشر ببُيُوضها ova، والتي يمكن أن توضع في التربة، أو الماء، أو الخضراوات لتصل

إلى المبتلى بطرق مباشرة أو غير مباشرة. وفي بعض الأحيان تخرج البيوض أو اليرقات مع البراز عدا بيض البلهارسيا (المُنْشَقَّةُ الدَّمَوِيَّة أو البراز الدموي) *Schistosoma hamatobium*، وداء المنشقات البولي (البول الدموي) urinary schistosomiasis التي تفرز مع البول؛ وبيض دودة غينيا guinea worm, Dracunculus التي تفرز من خلال هتك جدار جلد المصاب؛ ويعيش البيض لفترة طويلة من الزمن. تصيب كثير من الديدان الممرضة أمعاء الإنسان، وبتكرار الإصابة قد ينتج تلف غير معالج للأمعاء أو غيرها من الأعضاء {4، 13}. ويبين جدول 2 – 6 بعض أنواع الديدان التي ينبغي أخذها في الحسبان عند تصميم وحدات معالجة الفضلات السائلة المنزلية أو إعادة استخدامها.

جدول 2–6 بعض أنواع الديدان في الفضلات السائلة

الدودة	الجرثومة	المرض
الديدان المَمْسُودة	+ الصَفَرُ الخَرَاطِينِي *Ascaris lumbricodies* * المُسَلَّكَةُ الشَعْرِيَّةُ الرأس *Trichuris trichiura*	+ داء الديدان المَمْسُودة والاسكرياس واضطراب الجهاز الهضمي، وانسداد الأمعاء، وانسداد البنكرياس (المُعَثْكَلَة) وقناة الصفراء. * داء الديدان السوطية ومرض القَهَم anorexia، وفقدان الوزن، واضطراب الأعصاب، والأرق insomnia، وألم البطن.
الديدان المُسَطَّحة * الديدان الشَرِيطيَّة * الديدان المَثْقُوبَة	+ أنواع الشريطية *Taenia spp.* * أنواع المنشقة *Schistoma spp.* ^ أنواع متفرع الخِصْيَة *Clornorchis spp.*	+ داء الشريطية، والأنيميا (فقر الدم)، وإسهال، والتواء المستقيم * المنشقة ^ داء متقبيات الكبد، وتلف للمثانة والكلى

عادة تضم الديدان حيوانين مضيفين (أو عائلين أو أكثر) أحدهما الإنسان. تصيب الديدان أمعاء الإنسان، وتخرج بيضها مع البراز الذي ربما لوث الماء. والتلوث يمكن أن يأتي من مضيف مائي مثل الحلزون Snails أو الحشرات.

من المفضل أن تسير الخطوط التوجيهية أو المعايير التشريعية لإعادة استخدام الفضلات السائلة المعالجة إلى عدد بيوض الديدان والمسموح به؛ وذلك لاستخدامه هدفاً ينبغي أن يفي به تصميم

محطة معالجة الفضلات السائلة، ولا ينبغي أخذه في الحسبان خطأً توجيهياً أو معياراً يتم فحصه مع الفحص الدوري لنوعية السائل النهائي المعالج.

أثر وحدات المعالجة لإزالة الديدان

أ. تعمل المعالجة الابتدائية بالترسيب على إزالة عدد مقدر من الأحياء المجهرية الكبيرة ذات الكثافة مثل بيوض الديدان.

ب. يذكر أن برك موازنة الأوساخ الموصلة على التوالي يمكنها إحراز نسبة ممتازة لإزالة الديدان {13}.

ج. لا تقوم المعالجة الثانوية بإزالة كل جراثيم الشريطية العَزْلاء *Taenai Saginata* والأحياء المجهرية للاسكارياس (داء الصَفَر) ascariasis؛ ومن ثم فإن استخدام السائل النهائي من وحدات المعالجة الثانوية والحاوي على هذه الأحياء المجهرية قد يشكل خطورة عند استخدامه لري الأراضي التي يزرع بها علف الماشية.

د. تعمل محطة معالجة الأوساخ التي تضم الترسيب والمعالجة الثانوية على إزالة بعض ديدان الشريطية العَزْلاء *Taenai Saginata*.

ه. بيض الاسكرياس (داء الصَفَر) يمكن أن يوجد في الحمأة المهضومة.

و. يمكن إزالة بيض الاسكرياس بالمعالجة الحرارية لمدة ساعتين أو أكثر لدرجة حرارة 55° م أو بالتعرض للشمس لمدة طويلة {11،14}.

عند استخدام الفضلات السائلة غير المعالجة لري المحاصيل تزيد احتمالات المخاطر الصحية من جراء الديدان المعوية والبكتريا وتقل احتمالات خطر الفيروسات كما مبين على جدول 2-7.

جدول 2-7 المخاطر النسبية على الصحة العمومية عند استخدام البراز غير المعالج والفضلات السائلة في الزراعة وتربية الأحياء المائية {9،23،24}

الجرثومة	المقدار النسبي لتردد الإصابة أو المرض
1) الديدان المعوية * الصفر Ascaris * داء المسلكات Trichuris * المَلْقُوّة Ancylostoma * الدودة الفتاكة Necator	عالي
2) الإصابة بالبكتريا إسهال بكتيري مثل الكوليرا والتيفود	قليل
3) الإصابة بالفيروسات * إسهال فيروسي	أقل

* التهاب الكبد (أ)	
4) الإصابة بالمثقوبات Trematode والقليدية Cestode * المنشقة (البلهارسيا) * Chlonorchiasis * داء الشريطيات Taeniasis	من عالي إلى منعدم اعتماداً على البراز المعين واستخدامه والظروف المحيطة

11-2 تمارين عامة

1. ما المقصود من التعبير والكلمات التالية: صحة، وصفر خراطيني، وفيروسات عصوية، وبكتريا واوية، وطحالب حمراء، ونواقل الجراثيم.
2. ما الفرق بين المعالجة الأولية، والابتدائية، والثانوية، والمتقدمة؟ وفي أي إطار تستخدم كل منها؟ مع إعطاء أمثلة لكل منها.
3. ما أقسام الأمراض من منظور الصحة العمومية؟ مع إعطاء أمثلة لكل قسم منها.
4. كيف تنتقل الأمراض التالية للإنسان: الحمى الصفراء، والملاريا، وحمى النهر، وداء المثقبيات، والصفر الخراطيني، والحمة السنجابية، والمشعرة الزهرية ومرض النوم الإفريقي؟
5. ما مخاطر الأحياء التالية: بعوض برغش، والذلفاء، وذبابة النعرة اللاسعة، وبعوض الإنفيل، والزاعجة المصرية؟ وكيف يمكن مكافحة كل منها؟
6. ما الفرق بين البكتريا الكروية، والعصوية، والأسطوانية؟ معطياً مثالاً لكل منها، وتوضيح مضارها؟
7. ما أهم أنواع البكتريا المتوقع وجودها في الفضلات السائلة؟ وكيف يمكن إزالتها؟
8. ما فائدة القولونيات الكلية، والبرازية؟
9. ما أثر وحدات المعالجة التالية لإزالة كل من البكتريا أو الفيروسات أو الطحالب أو الديدان: الترسيب، والترويب، والترشيح، والتهوية، والمعالجة الحيوية (الحمأة النشطة، ومرشح النضيض، وأخدود الأكسدة، وبرك الموازنة، والأقراص الحيوية الدوارة)، وأحواض التحليل اللاهوائي، والتطهير بالكلور؟
10. ما الفرق بين الفيروسات الحيوانية، والفيروسات النباتية؟ مع ذكر أمثلة لكل منها.
11. ما أهم العوامل المؤثرة على نشاط الفيروسات في التربة؟
12. بين المشاكل المتوقعة من الفطور المخاطية، والفطور الزقية؟
13. ما أهم فوائد الطحالب؟
14. ما الفرق بين الطحالب الخضراء، والطحالب القرنفلية؟
15. ما أهم الأمراض التي تسببها الحيوانات الأوالي؟ وكيف يمكن القضاء على هذه الأمراض في بيئة معينة؟
16. بين أوجه التشابه والاختلاف بين الديدان الشريطية، والديدان المدورة؟ مع إعطاء أمثلة لكل منها.

12-2 المصادر والمراجع

1) الزبيدي، م.، تاج العروس من جواهر القاموس، المجلد الرابع، دراسة وتحقيق علي شيري، دار الفكر للطباعة والنشر والتوزيع، بيروت، لبنان، 1994.

2) ابن منظور، لسان العرب، المجلد السابع، الطبعة الثالثة، مؤسسة التاريخ العربي، دار إحياء التراث العربي، بيروت، لبنان، 1993.

3) منظمة الصحة العالمية، التخلص من عوائق المياه العامة، تقرير لجنة خبراء منظمة الصحة العالمية، سلسلة التقارير الفنية، رقم 541، 1979.

4) Rowe, D. R. Abdel-Magid, I. M., Handbook of wastewater reclamation and reuse, CRC Press/Lewis Publishers, Boca Raton, FL, 1995.

5) Sorber, C. A., Public health aspects of agricultural reuse applications of wastewater, municipal wastewater reuse, News, AWWA, Research Foundation, AWWA Denver, Co. S7, 1982, pp. 5, 10

6) Shahalam, A. B. M., Wastewater effluent versus safety in its reuse: state-of-the-art, J. Environ. Sci, September/ October, 1989, 35.

7) Hutzler, N. J. and Boyle, W. C., Risk assessment in water reuse, water reuse, E. Joe, Middle Brooks, Ed., Ann Arbor Science, Ann Arbor, MI, 1982, 293.

1. Pescod, M. B. and Alka, U., Guidelines for wastewater reuse in agriculture, Edited by Pescod, M. B. and Arar, A., Proceedings of the FAO Regional Seminar on the Treatment and Use of Sewage Effluent for Irrigation, held in Nicosia, Cyprus, 7-9 October 1985, Butterworths, London 1988, pp. 52, 64.

1) Shuval, H. E., Adin, A., Fattal B., Rawitz, E and Yekutiel, P., Integrated resource recovery: Wastewater irrigation in developing countries: Health effects and technical solutions, World Bank, Tec. Pap. Ser. No. 51, UNDP project management report No. 6 WB, Washington DC., 1986.

7. World Health Organization, Guidelines for the Safe Use of Wastewater, Excreta And Greywater: Excreta and Greywater Used in Agriculture, WHO, 3rd Edi., 2006

8. Cowan, J. P., and Johnson, P. R., Reuse of effluent for agriculture in the Middle East, in Reuse of Sewage Effluents, Proceedings of the International Symposium Organized by the Institution of Civil Engineers, and held in London on 30 - 31 October 1984, Thomas Telford, London, 1985, 107-145.

9. Belcher, H. and Swale, E., A beginners guide to fresh water algae, Institute of Terrestrial Ecology, London, HMSO, Cambridge, 1978.

10. Feachem, R. G., Bradley, D. J., Garelick, H. and Mara, D. D., Sanitation and disease: Health aspects of excreta and wastewater management, Published for the World Bank by John Wiley and Sons, Chichester, 1983

11. Feachem, R.G, Blum, D., Health aspects of wastewater reuse, in Reuse of Sewage Effluents, Proceedings of the International Symposium Organized by the Institution of Civil Engineers, London, October 1984, Thomas Telford, London, 1985, 237.

12.مفكرة مؤسس الطالب في التاريخ الطبيعي، الورقة الثانية، للصف الثاني الثانوي، مكتبة غزة بالفجالة، القاهرة.
13. Nelson, K. E. and Williams, C., Infectious Disease Epidemiology: Theory and Practice, Jones & Bartlett Learning; 3 edi., 2013
14..
15. McKinney, R. E., Microbiology for sanitary engineers, McGraw-Hill Book Co. Ltd., New York, 1962.
16. الأحياء، الصف الثانوي العلمي، وزارة التربية والتعليم، سلطنة عمان، الطبعة السادسة، 1995.
17. الأحياء، للصف الثالث الثانوي، الجهاز القومي لتطوير المناهج والبحث التربوي، وزارة التربية والتعليم، الخرطوم، السودان، 1996.
18.أحمد، ع. ع. م.، ومضات ونبضات في مقرر مادة الأحياء للشهادة السودانية، الطابعون مطبعة العباس، أم درمان.
19. Doctor's answers, Marshall Cavendish Ltd., 1981, No. 16, London, UK.
20. Wheelis, M., Principles Of Modern Microbiology, Jones & Bartlett Learning; 1 edi., 2007
21. IRCWD, Health aspects of night soil and sludge use in agriculture and aquaculture, IRCWD News, December 1985, 23.
22. Strauss, M. and Blumenthal, U., Use of human wastes in agriculture and aquaculture: Utilization practices and health perspectives, International Reference Centre for Waste Disposal, IRCWD, Duebendorf, Switzerland, IRCWD Report No. 8/90, 1994.
23. تقرير مجموعة علمية بمنظمة الصحة العالمية، الدلائل الصحية لاستعمال المخلفات السائلة في الزراعة وتربية الأحياء المائية، سلسلة التقارير التقنية، رقم 778، 1990.

الفصل الثالث: طرق جمع الفضلات السائلة ونقلها

3-1 مقدمة

جمع الشيءَ عن تفرقه يجمعُه جمعاً وجَمَّعَه وأجْمَعَه فاجتمع واجْدَمَعَ. واستجمع السيلُ: اجتمع من كل موضع. والفَضْل والفَضْلة: البقية من الشيء. وأَفْضَل فلان من الطعام وغيره إذا ترك منه شيئاً. والفَضيلة والفُضَالة: ما فَضَل من الشيء. وفَضَلات الماء: بقاياه. والعرب تقول لبقيَّة الماء في المزادة فَضْلة، ولبقية الشراب في الإناء فَضْلة. وفي الحديث: **لا يمنع فضل الماء ليمنع به الكلأ**، هو نَفْع البئر المُباحة، أي ليس لأحد أن يغلب عليه ويمنع الناس منه حتى يحوزه في إناء ويملكه. {1}.

يتم تجميع الفضلات السائلة من مصادر إنتاجها المنزلية والصناعية والزراعية والتجارية وما ماثلها بغرض التالي {2 – 6}:

- توصيل الفضلات ونقلها إلى محطات المعالجة، أو نقاط التخلص النهائي.
- معالجتها وإعادة استخدامها[1].
- المحافظة على الصحة العامة[2].
- تحويل الفضلات إلى نواتج أخرى غير ضارة وغير خطرة.
- منع التحلل اللاهوائي، أو التغير في خواص الفضلات.
- منع إنتاج الغازات النتنة والضارة.
- تقليل انتقال الملوثات والمثابرة على النظافة[3].

---

[1] ورد في صحيح البخاري، كتاب الأشربة، باب شراب الحَلْواء والعَسَل وقال الزُّهري لا يحلُّ شُربُ بَول النَّاس لشدَّةٍ تَنزلُ لأنهُ رجسٌ قال الله تعالى {**أحلَ لكم الطيباتُ**} وقال ابنُ مسعودٍ في السَّكر إنَّ اللهَ لم يجعلْ شِفاءكُم فيما حَرَّمَ عليكم.

[2] ورد في سنن النسائي، كتاب الجمعة، حديث 1362 ، أخبرنا محمود بن خالد عن الوليد قال حدثنا عبد الله بن العَلاءِ أنَّهُ سَمِعَ القاسم بن محمد بن أبي بكر أنهم ذكروا غُسْلَ يومِ الجمعةِ عند عائشة فقالت إنَّما كان النَّاسُ يسكنون العَالِية فيحضُرُون الجمعة وبهم وَسَخٌ فإذا أصابهم الرَّوْحُ سَطعتِ أرواحُهُم فيتأذى بها النَّاسُ فذُكِرَ ذلكَ لرسول الله صلى الله عليه وسلم فقال **أو لا يغتسلون**.

[3] فمثلاً ورد في صحيح البخاري عن ابن عباس رضى الله عنه قال: " مرّ النبي صلى الله عليه وسلم بحائط من حيطان المدينة - أو مكة - فسمع صوت إنسانين يعذبان في قبورهما، فقال النبي صلى الله عليه وسلم "**يعذبان، وما يعذبان في كبير - ثم قال - بلى، كان أحدهما لا يستتر من بوله، وكان الآخر يمشى بالنميمة**" ثم دعا بجريدة فكسرها كسرتين، فوضع على كل قبر كسرة، فقيل له: "يا رسول الله لم فعلت هذا؟" قال: "**لعله أن يخفف عنهما ما لم تيبسا**"[3] {7}.

2-3 فذلكة تاريخية {8}

يرجع تاريخ هندسة البلديات بالسودان إلى أوائل القرن عندما بدأت المدن في التطور والنمو حسب الخطط الموضوعة. وقد تم إعداد أول خطة تخطيط للمدن السودانية لمدينة الخرطوم في مطلع عام 1902م تحت توجيهات الحاكم العام البريطاني كتشنر، ومن أهم موجهات هذه الخطة:

- تم تصميم الشوارع الوترية – والتي يظهر أنها قد أدخلت أساساً لأسباب عسكرية – بحيث يتحكم كل تقاطع وتري في جزء من المدينة.
- استخدام العرض الكبير للشوارع لتقع بين 30 إلى 40 متراً.

تم التركيز على عاصمة البلاد لأهميتها السياسية، والاقتصادية، والتجارية، والثقافية، والاجتماعية؛ لاسيما وتضم أهم المناشط التجارية، والدواوين الحكومية، والمؤسسات التعليمية، والشركات الأهلية والتجارية، وتمثل مركز الدولة، وبها السفارات الأجنبية وملحقياتها، والفنادق الكبرى، ورئاسات المصارف. كما تضم أهم محاور حركة النقل والمواصلات والاتصالات المحلية والإقليمية والعالمية بمدنها الثلاث: الخرطوم، والخرطوم بحري، وأم درمان.

ومنذ البدء في تنفيذ هذه الخطة بدأت هندسة البلديات تأخذ وضعها القيادي في تنمية البلاد.

وصف الرائد استانتون {9} بداية تنمية الخرطوم الجديدة على ضوء إطار الخطة المشار إليها على النحو التالي: "تم تسوية أطلال الخرطوم القديمة بمساعدة فرق من الجيش؛ وتم شق الشوارع عبر الأنقاض، وإتمام الأعمال الهامة بعد إيجاد التمويل اللازم؛ وافتتحت عدة خدمات عامة. ويظهر أن استقرار الأرض واكبه مشاكل عدة بسبب حب تملك الأرض المتأصل لدى السودانيين، غير أنه تم تسوية النزاعات وبدأ تشييد المباني. واستشرف عام 1959م ميلاد أول ثورة لمشاريع البلدية المتمثلة في إنشاء محطة مياه شرب الخرطوم والتي تتكون من: وحدة كاملة لترشيح المياه، وخزان حفظ الماء النقي، ووحدة ضخ الماء من الخزان لحوض الضغط، ليتم توزيع ماء الشرب لمباني الأوربيين والفنادق والمحال التجارية الراقية ومنازل السودانيين."

ثم سارعت خطوط السكة الحديد وبناء جسر النيل الأزرق من نمو المدينة.

وفي عام 1912م قام دكتور ماكلينز W. A. Macleans مهندس البلدية بتحضير خطة جديدة أكثر عمومية ساعدت في امتداد مدينة الخرطوم جنوباً وغرباً داخل الحدود المشكلة بالسكة الحديد.

واستمر نمو مدينة الخرطوم في تناغم مطرد مع مشاريع التخطيط المعدة تحت إشراف مهندس البلدية، ومدير قسم المساحة.

ويظهر أنه نسبة لشح التمويل وخدمات البلدية لم يستحسن تكوين قسم منفصل لهندسة البلدية، وعليه استمرت تبعيته عملاً إضافياً من أعباء ناظر الفصل الهندسي في كلية غردون القديمة. وكان الناظر مشرفاً على التصميم، والتنفيذ لكل أعمال هندسة البلدية في المدن الثلاث. وإذ يتم تحضير المشاريع في مدرسة الهندسة بوساطة الطلاب تحت إشراف وتوجيهات الناظر، وأعضاء هيئة التدريس، لتجاز بوساطة مجلس المدينة الذي يتم تعيين أعضائه من قبل الحاكم الذي هو رئيس المجلس في ذات الوقت. ويتم تنفيذ الأعمال بوساطة المقاولين، أو مباشرة من قبل منظمات العمال تحت إشراف وإدارة هيئة التدريس، وطلاب فصل الهندسة.

أما أعباء مهندس البلدية فقد كانت بسيطة وقاصرة على الطرق (التي لا تتجاوز الكيلومتر الواحد في العام)، وتصريف مياه الأمطار، والبناء، والصيانة لمباني البلدية القديمة. لقد تم إنشاء أول قسم لهندسة البلدية في السودان حوالي عام 1936م بمدينة الخرطوم. وعُين لها مهندس بلدية، وأعضاء مساعدين، ليكون مسئولاً عن كل أعمال هندسة البلدية بمدينة الخرطوم، والخرطوم بحري، وأم درمان، ويتم انتداب أعضاء الهندسة للقسم من أقسام الأشغال العامة والذين تلقى معظمهم تدريباً مناسباً وتم تأهيلهم لحل المشاكل الهندسية البسيطة التي يتوقع أن تواجههم.

أما في بقية أرجاء القطر فتتبع الأعمال – التي تقع تحت رعاية مهندس البلدية – عادة لمهندس الوحدة في قسم الأشغال العامة.

وفي عام 1956م تم تعيين مهندس البلدية مسئولاً تقنياً لمجلس محلي منتخب، بمسئولية متميزة لإيجاد الاحتياجات الأساسية للسكان في تشييد الطرق وصيانتها، وصرف مياه الأمطار، وتنفيذ مباني المدارس وصيانتها، والوحدات الصحية، والأسواق العامة، والتحكم في البناء، ومشاريع السكن والتخطيط، وكل الأعمال التي يتم إنشاؤها بتمويل عام من دافعي العوائد لفائدة المدينة وقاطنيها.

ثم ارتفعت أعداد الوحدات المسئولة في السودان إلى حوالي 90، منها 18 مجالساً بلدياً و72 مجالس ريفية ومعظم هذه الوحدات بها أقسام هندسية. غير أن هناك قليلاً من المجالس التي لها وحدات أو أقسام هندسية فاعلة، وتضم عدداً مناسباً من المهندسين نسبة للعدد القليل من المهندسين في الدولة، والوضع المالي الصعب، وغياب المهندس المؤهل المنافس، لإدارة وحدات الأعمال في الوزارة المعنية.

ومن الملاحظ أن أعمال مهندس البلدية في العاصمة القومية وبورتسودان متقدمة كثيراً عن المناطق الأخرى بالقطر، وربما يعزى هذا إلى تكدس المهندسين المؤهلين من أهل الخبرة بالعاصمة، كما وأن الحكومات المتعاقبة أولت أهمية لتنمية العاصمة، والمدن، وقد تم مراجعة هذه

السياسية الآن عبر المحليات والولايات ونأمل في تنمية وحدات خدمية في المدن الرئيسة والريف بدون تحيز، والتوزيع العادل للمهندسين المؤهلين، وإيجاد الدعم المالي للمجالس المحلية.

أما أعمال مهندس البلدية فتتعدد لتتصل مع عدة مناشط لكثير من الوزارات الحكومية وأقسامها، ومن المعلوم أساساً أن المجتمع هو الذي يأتي بالمشاكل التي تواجه مهندس البلدية، وكما قيل فإن هندسة البلدية تمثل ذلك الفرع من الهندسة التي تنبثق ممن تخدم من مواطنين أنشئت بهم ولهم، وتتأثر أساساً بهم، وباحتياجاتهم، وأنماط حياتهم.

تم مؤخراً دمج مشروع مجاري الخرطوم والخرطوم بحري في إدارة تحت اسم "إدارة الهندسة الصحية" تتبع لوزارة الشئون الهندسية. ومن الأهداف العامة لهذه الإدارة: رفع مستوى صحة البيئة، ومعالجة المياه الآسنة، وصيانة المشروعات، وتطوير خدمات الصرف الصحي، وتصميم وحداتها، ودراسة المشاريع التنموية والتدريب، وتنفيذ الأوامر المحلية للصرف الصحي، ومكافحة التلوث {16}.

أما بالنسبة لتصريف مياه الأمطار فقد تم إنشاء نظام جيد لتصريفها لأهميته للإصحاح في المدن والأرياف لكل البلاد، ومن الملاحظ أن الأمطار تهطل في معظم المناطق خلال شهرين أو ثلاثة من السنة، غير أن التهاطل غزير عند حدوثه. وغني عن القول أن تجميع مياه الأمطار في منطقة ما يجلب معه كثير من المشاكل الصحية، والاجتماعية، والنفسية، غير أن معظم المدن تواجه كثيراً من المشاكل الاقتصادية الملازمة لتمويل نظم الصرف المناسبة بما فيها العاصمة القومية، ويستغل كثير من المال في معالجة وتنمية نظم الصرف الحالية. وتمثل المصارف المؤقتة – التي تحفر قبل بضع أسابيع من موسم الأمطار ثم تدفن بُعيد موسمها – أحد خواص كثير من شوارع المدن.

يتكون نظام تصريف الأمطار المستخدم في معظم أرجاء الدولة عامة من مصارف سطحية عمومية، وجداول للمصارف الفرعية والجانبية. وقد تم سابقاً تصميم معظم المصارف في المدن الثلاث بالعاصمة لتصريف أية مياه أمطار من المدينة في مدة 72 ساعة. ويتم حساب دفق مياه الأمطار علي تقدير عشوائي لمعدل تهاطل افتراضي ثابت يقدر ببوصة واحدة عبر كل المنطقة. ويتم تحديد حجم المصرف لتصريف كمية الدفق المحسوب في مدة 72 ساعة على سرعة دفق تصل إلى حوالي 2 قدم في الثانية. وقد أسقطت هذه الطريقة العشوائية في التصميم على ضوء البحث العلمي الحديث، وتطوير حسابات معدل دفق مياه الأمطار.

في مدينة الخرطوم تم اعتماد تصميم مصارف مياه الأمطار للسنوات السابقة علي طريقة زمن التركيز للويد وديفز وفيها استخدم لتقدير شدة وزمن الأمطار منحنى صمم خصيصاً لمدينة

الخرطوم. وقد تم تحضير المنحنى ابتداءً في عام 1955م بجمع سجلات كل زوابع الأمطار المسجلة للفترة من 1950م إلي 1955م بواسطة مقاييس الأمطار الآلية الموضوعة في مطار الخرطوم، ووسط الخرطوم، وشمبات. ثم يتم حساب حجم المصرف من معادلة माننج. وتم تصميم المنحنى بتحليل الزوابع وشدتها (150 زوبعة في مجملها)، وتم تطوير المنحنى في عام 1960م على أساس سجلات أمطار عشر سنوات. ويمثل المنحنى شدة تكرار لسنتين.

ومن أفضل الأمثلة لأعمال تصريف مياه الأمطار التي ساعدت في تنمية مدينة الخرطوم، المصرف M-N والذي تم الانتهاء من تشييده في مارس من عام 1956م وقد أنشئ المصرف لخدمة المنطقة السكنية المنخفضة في الجزء الجنوبي من الديوم الجديدة، والتي ظلت إلى عام 1955م عرضة لجرف متكرر خلال مواسم الأمطار، وحدثت آخر كارثة في موسم أمطار عام 1954م حيث تهدمت حوالي 400 وحدة سكنية بكاملها. ويخدم المصرف مساحة 4.5 كيلومتر مربع. ومعظم المباني كانت من الطين والشوارع ترابية واستخدم معيار نفاذية 0.25، ويستغرق زمن الدخول لأي منطقة تصريف جزئي ثلاث دقائق. أما طول المصرف الكلي فقد بلغ 4 كيلومترات، وشكل أول جزء منه طوله 2.8 كيلومتر في شكل شبه دائري لمقطع القعر، وجدران قائمة بمساحة مقطع متوسط 2.5 متر مربع وسعة دفق 3 أمتار مكعبة في الثانية. وقد صمم من خرسانة عادية للقعر، وطوب للجدران الجانبية. أما الجزء الثاني من المصرف فطوله حوالي 1.2 كيلومتر، وله قعر طبقي وجدران قائمة ومساحة المقطع 4.75 أمتار مربعة وسعة 6 أمتار مكعبة، وتم تشييد الجدران الجانبية من الحجارة بمونة من الأسمنت. وبلغت تكلفة الإنشاء الكلية للمصرف 2200 دينار سوداني. ومنذ إنشاء المصرف تم حماية كل المنطقة الجانبية التي بها حوالي 2500 وحدة سكنية من جرف الأمطار خلال موسمها.

أما الفضلات السائلة البشرية (البرازية) فقد مرت عبر أطوار مختلفة في الدولة. ومن الطرق التي استخدمت نظام الجردل (النفاية الليلية) night soil. وفي هذا النظام تخدم المنازل بمرحاض جردل يتم جمع مكوناتها بأسطول من السيارات ليتخلص منها بالدفن في مناطق تصريف محددة في المناطق الطرفية وضواحي المدن؛ غير أن هذا النظام قد نبذ تماماً للتكلفة العالية، وتدهور صحة البيئة منه، وعدم توفر العمالة اللازمة لأدائه. كما تم استخدام نظم البالوعة cesspool، والمرحاض المائي water privy في كثير من المدن. وما فتئت تستخدم مراحيض الحفرة في كثير من مدن الريف، ليقل استخدامها في المدن حيث يزداد الاعتماد على أحواض التحليل اللاهوائي، وحفر الامتصاص للتشرب، والتي تبيح استخدام التركيبات الصحية الحديثة، غير أن ارتفاع تكلفة الإنشاء تحد من انتشارها على مستوى الريف.

أما الفضلات التجارية فتواجهها عدة صعاب خاصة في المدن الصناعية مثل الخرطوم بحري، والنظام المستخدم حالياً لا يعمل جيداً ويمثل مشاكل صحية نسبة لاستخدام المصارف السطحية المكشوفة للتصريف لأحواض تبعد حوالي 3 كيلومترات شرق المدينة.

غير أن مشاكل تصريف الفضلات البرازية والسائلة لا تعمل على حله أي من النظم المذكورة، كما وأن النمو المطرد للحضر والهجرة إليها، وازدهار الصناعة، والزيادة في مستوي المعيشة، وتطور علوم الهندسة البيئية، أتى باستخدام أكثر للمياه مما فاقم من مشاكل التعامل مع الفضلات السائلة. وقد فطنت مدينة الخرطوم إلى ضرورة النظر في استخدام نظام أفضل للتخلص من الفضلات السائلة والتجارية خاصة في مناطق تكدس الصناعة، وعليه فقد تم تصميم شبكة مجاري الخرطوم في 1951م لاستقبال الفضلات البرازية من كل المنطقة السكنية ما بين النيل الأزرق شمالاً وشارع 71 جنوباً {46} عدا الديوم الجديدة. وتم تقدير السكان الذين تخدمهم الشبكة بحوالي 80.000 نسمة لتقدير كمية الدفق لتصميم محطة معالجة الفضلات بافتراض دفق 40 جالون في اليوم للفرد (حوالي 182 لتر في اليوم) بدفق كلي يبلغ 3.2 مليون جالون في اليوم (14546 متر مكعب في اليوم) ومعالجة كاملة لأقصى دفق Q_p يصل ثلاثة أضعاف الدفق المتوسط Q_{av} أي: $Q_p = 3\ Q_{av}$. بدأ تنفيذ المشروع في عام 1953 إلى 1954 م وتم افتتاح محطة القوز رسمياً في السابع عشر من نوفمبر 1959 {46}.

وتخدم المدينة بعدد 14 مصرفاً فرعياً و 12 محطة رفع وضخ. وكانت المحطة رقم 6 بالقرب من كبري المسلمية هي المحطة الرئيسة ثم تليها المحطة 9 الواقعة في شارع الحرية؛ وتضخ المحطتان لمزرعة المجاري بالقوز، وتخدم المحطات المتبقية مناطق محدودة، وقد وصل عدد المحطات بعد إعادة التأهيل بوساطة اليابانيين إلى 16 محطة {16}. والمصارف المساعدة بعمق 2 إلى 3 أمتار تقوم بجمع الدفق من المباني للمصارف العمومية لتوجهها بالراحة (الانسياب الذاتي) لمجرور عام يقوم بتصريفها تحت الجاذبية لغرف تجميع محطة الضخ. ومن هذه الغرف يتم رفعها بالطاقة الكهربائية بمضخات رافعة عبر أنابيب رافعة لمستوى المجرور العالي الذي يقوم بتصريفها بالانسياب الذاتي لأحد محطتي الفتح الرئيستين بالقرب من جسر المسلمية والمنطقة الصناعية، ليتم رفعه لاحقاً عبر أنابيب رافعة لمحطات التصريف لما يسمى بغابات البعوض بالقوز التي تسع 3.2 مليون جالون في اليوم.

تضم محطات المعالجة المصافي والنظافة وأحواض الترسيب وهضم الأوساخ وأحواض التجفيف والترشيح. أحواض إزالة الرمل ثلاثة تم تصميمها ليعمل منها حوضان في نفس الوقت. وعمق الدفق في الحوض تتحكم فيه قناة معنقة لسرعة دفق واحد قدم في الثانية. توجد بالمحطة أربعة أحواض ترسيب قطر كل منها 14 متراً، ولكل منها عمق جانبي حوالي 2.5 متر، وبكل حوض كاشط أوساخ آلي موضوع ليدور بمعدل 7.5 قدم في الدقيقة، وتم تصميم الأحواض لتعطي

ثلاث ساعات زمن مكث لدفق متوسط، وزمن مكث ساعة واحدة لأقصى دفق من الفضلات. تخدم المحطة 16 وحدة ترشيح دائري قطر كل منها 32 متراً، وتبلغ الطبقة الترشيحية الكلية (من الحجارة) 23000 متر مكعب. توجد أربعة أحواض دبال **humus tanks** دائرية لها نفس قطر وعمق أحواض الترسيب. ويوجد حوضا أوساخ قطر كل منها 20 متراً بعمق جانبي يبلغ 5.7 أمتاراً وعمق في الوسط يصل إلى 11 متراً. تبلغ مساحة أحواض التجفيف وإزالة الرمل 19200 متر مربع.

يتم ضخ السائل المعالج بوساطة مضخات لطول 4.5 كيلومتر، وقطر 80 سم للأنابيب الرافعة لري الحزام الأخضر ومنطقة الغابة الواقعة جنوب الخرطوم. قام بتنفيذ المشروع شركة ماربلز رد جوي البريطانية، وقام بالتصميم وأعمال المسح شركة هواردي هنقري البريطانية {16}. أما تكلفة المشروع فبلغت اثنين مليون ومائتي ألف جنيه حينئذٍ. وبدأ في إنشاء الشبكة في عام 1954م، وبدأ تشغيلها في عام 1959م بخطوط تتراوح أقطارها بين 150 ملم وبطول 168 كيلومتر، وحدودها الجغرافية شارع النيل شمالاً، وشارع 61 بالعمارات جنوباً، ومعرض الخرطوم الدولي شرقاً، وفندق هيلتون بالمقرن غرباً. ثم أضيفت إليها منطقة العمارت في عام 1962م. نسبة للزيادات العمرانية الرأسية والأفقية بالخرطوم وزيادة عدد السكان فقد زادت كمية المياه المنصرفة لمزرعة القوز حتى وصلت تسعة ملايين جالون في اليوم؛ أي ثلاثة أضعاف السعة التصميمية مما أدى إلى تدني في الأداء، وصرف غير صحي للنيل الأبيض، وتسرب ناتج من أعطال في أنابيب الفضلات السائلة الخام الداخلة للمحطة، وتدهور في صحة البيئة المحيطة، ومن ثم ألغيت مزرعة القوز التي أصبحت في قلب الأحياء السكنية {10،11}؛ وأستعيض عنها بمحطة ضخ لرفع المياه لمزرعة الحزام الأخضر {16} التي صممت بسعة 22 مليون جالون في اليوم لحقليه {10} الممتدين على مساحة سبعة آلاف فدان ليستفاد من المياه المعالجة لري وسقاية المشروع {11}. في عام 1985 تم إنشاء محطة مجاري سوبا لتخفيف الأحمال العضوية والهيدروليكية. نسبة لتدهور المنشآت الخدمية وغياب الصيانة الدورية وتعطيل معينات الضخ واهتراء شبكة المجاري فقد كثر طفح الفضلات وتدهور صحة البيئة في المنطقة الخدمية مما حدا بالحكومة وضع خطة عامة في عام 1981 لتطوير نظام المجاري وتحديثه وزيادته. وفي عام 1986 تم إعادة تأهيل بعض محطات الضخ بواسطة شركة سيقموند الإنكليزية وتم إعادة تأهيل وتشييد محطات أخرى في عام 1990 بواسطة شركة كونويكي اليابانية، كما تم إعادة تأهيل محطة سوبا بالحزام الأخضر بطاقة تصميمية تبلغ 31.420 متر مكعب في اليوم في المتوسط (تضم 12.620 متر مكعب من الفضلات المنزلية و14.300 متر مكعب من الفضلات التجارية و4500 متر مكعب من الفضلات الصناعية) لتعمل بنظام برك التثبيت (الموازنة) مع إنشاء محطة جديدة للضخ بها مباني للإدارة ومعمل {46}. تستوعب برك الموازنة دفق الفضلات التصميمي وتضم أربع برك لاهوائية وبركتان اختياريتان وبركتا نضج.

أما بالنسبة لمشروع مجاري الخرطوم بحري فقد تم إكمال المرحلة الأولى له للمنطقة الصناعية في عام 1971م بطاقة استيعابية ستة ملايين جالون في اليوم، ويضم محطتي رفع في المنطقة الشمالية والجنوبية، ومحطة لزيادة الضخ، ومحطة معالجة بالحاج يوسف بها مصافٍ، وحجرة إزالة رمل، وحوض ترسيب، وأربعة أحواض هضم حمأة، وستة عشرة حوض تجفيف، وعشر برك تثبيت: الأربعة الأولى لاهوائية، والأربعة الثانية هوائية، والبركتان الأخيرتان للنظافة والتخزين والنضج. تبلغ مساحة المزرعة 900 فدان (أربعة كيلومترات مربعة تقريباً) ولم تعمل المحطة بصورة جيدة لمشاكل مختلفة منها: مشاكل إنشائية وتشغيلية (كهربائية وميكانيكية وقطع غيار) وغياب العمالة المؤهلة. غير أنه قد بدأ في إعادة تأهيلها وإضافة مضخات لها وربما توصيل المنطقة السكنية بها لزيادة كفاءة أداء المعالجة {16}.

3-3 الصرف الصحي

من الطرق المتبعة لتجميع ونقل الفضلات السائلة{2 – 6}:

أ. طرق بدائية: يتم فيها استخدام الإنسان أو الحيوان، وهذه ينصح بتركها، وينبغي التخلي عنها لأضرارها الكثيرة، وتعدد مساوئها على الفرد والمجتمع الذي يعيش فيه.

ب. طرق آلية: و يتم فيها الضخ والتجميع الآلي للفضلات، ثم تنقل بوسائل النقل المتعددة من مركبات وغيرها إلى نقاط المعالجة أو التخلص النهائي. وينبغي أن تراقب هذه الأساليب مراقبة دقيقة، وأن يتم تثقيف العاملين وزيادة توعيتهم الصحية لمنع التلوث، وانتقال الأمراض من الفضلات عبر السلسلة الغذائية، أو عبر طرق مباشرة وغير مباشرة إلى الإنسان أو الأنعام.

ج. طرق الصرف الصحي: ويتم فيها تصميم شبكات مجاري (صرف صحي) لحمل الفضلات السائلة إلى محطات المعالجة أو نقاط التخلص النهائي.

يتم صرف الفضلات السائلة بوساطة أنابيب أو قنوات تسمى مجارير (مجاري) الصرف الصحي لتشكل شبكة المجاري بالمنطقة. والجَرُّ لغة: الجَذْبُ، جَرَّهُ يَجُرُّه جَرّاً. وانْجَرَّ الشيءُ: انْجَذَب. وجارُّ الضَّبُع: المطر الذي يجرُّ الضبعَ عن وِجارِها من شدته، وربما سمي بذلك السيل العظيم لأنه يَجُرُّ الضباعَ من وُجُرِها أيضاً. وقيل: جارُّ الضبع أشدّ ما يكون من المطر كأنه لا يدع شيئاً إلا جَرَّهُ. ابن الأعرابي: يقال للمطر الذي لا يدع شيئاً إلا أساله وجره: جاءنا جارُّ الضبع، ولا يجر الضبعَ إلا سَيْلٌ غالبٌ {1}.

ويعرّف المجرور اصطلاحاً على أنه: أنبوب أو ماسورة أو قناة في الغالب الأعم مغلقة غير أنها ليست ممتلئة لحمل الحمأة والفضلات السائلة.

من الأهداف العامة لتشييد شبكة المجاري التالي{12،5،4،2-14}:

1) جمع الفضلات السائلة ونقلها إلى نقاط المعالجة أو نقاط التخلص النهائي.

2) المحافظة على الصحة العامة، ورفاهية المنطقة المأهولة بالمجمعات السكانية، أو بمشاريع التنمية.

4-3 أنواع المجرور Types of sewer {2،4،5، 12-15، 17، 18}

يقصد بالمجرور أيّ أنبوب (أو قناة) مغلق صمم لحمل الفضلات السائلة تحت ظروف دفق مكشوف (غير ممتلئة). ومن أهم أنواع المجرور التالي:

- مجرور صحي Sanitary sewer : هو مجرور يحمل فضلات سائلة ويصمم لتمنع عنه مياه السيل (الأمطار) والمياه السطحية والمياه الجوفية، غير أنه ربما حمل الفضلات الصناعية بالمنطقة التي يخدمها.
- مجرور عام Common sewer : يقصد به ذلك المجرور الذي يحق لجميع الأطراف استخدامه.
- مجرور منزل House sewer : هو ذلك الأنبوب الذي يحمل الفضلات السائلة من نظام سباكة منزل واحد لمجرور عام أو لأقرب نقطة تخلص.
- مجرور رئيس Main sewer (Trunk Sewer) : يحمل الدفق من واحد أو أكثر من مجرور فرعي أو ثانوي.
- مجرور شبه رئيس Submain sewer : يستقبل هذا المجرور الدفق الصادر من عدة مجارير عرضية.
- مجرور عرضي Lateral sewer : لا يصب فيه مجرور عام.
- مجرور متقاطع Intercepting sewer : يقطع عرضاً عدداً من المجارير ليقطع انسياب موسم الجفاف DWF المتحد مع (أو غير المتحد مع) مياه الأمطار عند استخدامه في نظام مشترك.
- مجرور إضافي (إسعافي) Relief sewer : يصمم ويوضع ليخفف حمولة أي مجرور ذي سعة غير مناسبة.
- مجرور سيل Storm sewer : يصمم هذا المجرور لحمل مياه الأمطار بما فيها الدفق السطحي وغسيل الشارع.
- مجرور مشترك (موحد) Combined sewer : يصمم لحمل الفضلات المنزلية والصناعية ومياه الأمطار والسيل.
- مخرج التصريف Sewer outfall : يستقبل مخرج التصريف الدفق من نظام التجميع ليحمله إلى محطة المعالجة أو نقطة التخلص النهائي.

ومن أهم نظم المجاري المستخدمة: النظام الموحد (المشترك)، والنظام المنفصل، والنظام شبه الموحد، والنظام المفرغ، ونظام الضغط، وفي ما يلي عرض موجز لكل منها:

أ) النظام الموحد (المشترك) للمجاري Combined sewer system أنظر الشكل (3-1)

وجد علماء الآثار نظام مجاري في قصور وقلاع بلاد ما بين النهرين Mesopotamia لتصريف الفضلات السائلة، وأشارت الحفريات في منطقة بابل وNineveh إلى بقايا مجار. وكذلك في اليونان في الأكروبول والألومبيا Acropolis & Olympia. ويعد البارثينون من أجمل أعمال اليونان على قمة تل الأكروبول، وهو معبد ضخم ارتفاعه نحو 91 متراً، ويشرف على مدينة أثينا حيث كانه قلعة أو حصناً، وقد بني في القرن الخامس قبل الميلاد. ومن أشهر المصارف الرومانية كلواكا (مجرى) ماكسيما Cloaca maxima الذي تم إنشاؤه في القرن السادس قبل الميلاد لصرف مياه الأرض الرطبة للتلال المحيطة بروما، ويعتقد بأن كلواكا Cloaca كان أصلاً نهراً صغيراً تم تحويله بتعبيد جوانبه بالحجارة، ثم تمت تغطية كل المنشأة بسقف على شكل قوس من صخور اللافا الكبيرة لا يدعم تماسكها أي نوع من المونة وما يزال يستخدم {19}. كما قام الرومان بإنشاء مجارٍ في عدة مدن أخرى في إمبراطوريتهم مثلاً في باريس وكولونيا Cologne وترابر Trier، وأقاموا حمامات دبوكيلتيان وشيدوا القنوات المائية بالحجارة والطوب في طبقة وطبقتين وأحياناً ثلاث، مما سهل على روما الحصول على مائها بواسطة إحدى عشرة قناة حملت فيض الماء من موارده الجبلية إلى خزانات المدينة وامتد بعضها أكثر من خمسين ميلاً {19}. وقد شق اليونانيون قناة ساموس عام 530 ق. م. بوساطة بوبالينوس وكانت تحتوي نفقاً يبلغ طوله 1100 متر {19}. ومازالت تشاهد على جزيرة كريت آثار مجاري حضارة مِيْنَوِي (ذو علاقة بحضارة جزيرة أقريطش (كريت) القديمة) Minoan في حقبة 3000 – 1100 قبل الميلاد؛ والتي يظن بأنها كانت تنقل مياه الأمطار والحمامات وربما فضلات القصر. ثم أتى الرومان وقاموا ببناء أنابيب تحمل مياه الأمطار من الشوارع للمنازل أو المباني القليلة المتصلة بالنظام.

وفى النظام الموحد للمجاري يقوم نفس المجرور بحمل ونقل الفضلات السائلة المنزلية والتجارية والصناعية بالإضافة إلى المياه السطحية ومياه السيل ومياه الأمطار. ويعمل هذا النظام بصورة جيدة في المناطق التي يتساوى فيها توزيع الأمطار عبر فصول السنة. أما في المناطق شبه الجافة أو الجافة والمدارية فلا يصلح النظام الموحد لأن الأمطار تهطل لبضع أشهر في السنة، ويقود هذا الوضع إلى أن تتجمع المترسبات في المجرور في فصول الجفاف الطويلة مما يؤدي إلى مشاكل التحلل وانبثاق الروائح الكريهة، وبمجيء الأمطار الغزيرة الأولى يتم غسل المترسبات عبر فائض التصريف إلى المياه السطحية.

ومن أهم محاسن النظام الموحد للمجاري التالي {2،13}:

i. تخفيف الحمأة – بفضل مياه الأمطار – مما يسهل أداء المعالجة في المحطات.

ii. تقلل مياه الأمطار من اقتصاديات المعالجة.

iii. تساعد المياه في النظافة والكشط المستمر للأوساخ المترسبة في المجاري.

iv. يسهل نظافة المجاري لكبر حجمها.

v. يقلل النظام الموحد من السباكة المنزلية ويتفادى تصميمه عمل شبكتين.

ب) نظام المجاري الصحية المنفصل Separate sanitary sewers system أنظر الشكل (2-3)

نسبة لأن استخدام النظام الموحد لحمل الفضلات السائلة المنزلية ومياه الأمطار لم يؤد إلى الحل الجذري لمشكلة التخلص من الفضلات السائلة، بل حولها من الشوارع إلى منطقة التخلص النهائي، فقد قام أبو الإصحاح السير ادوين جادويك Edwin Chadwick في عام 1842 بتقديم فكرة فصل الفضلات من مياه الأمطار إلى نقطة لا تشكل مخاطر صحية لتجد طريقها إلى أقرب مصدر مياه سطحية. وعليه تم استخدام نظام المجاري الصحية المنفصل لجمع ونقل الفضلات السائلة المنزلية والتجارية والصناعية.

وفى هذا النظام يتم التخلص من المياه السطحية Surface water ، ومياه السيل Runoff، والأمطار بوساطة مجاري مياه الأمطار. أما الفضلات السائلة والحمأة المنزلية والتجارية والصناعية فيتم التعامل معها بوساطة مجاري أخرى تسمى المجاري الصحية.

ومن أهم محاسن هذا النظام لحمل الفضلات السائلة {2،13،17،18،20}:

1) اقتصادي الأداء لاستخدامه مجار ذات أحجام صغيرة.

2) تقل مخاطر تلوث الموارد المائية لعدم اعتبار صرف الفائض من مياه الأمطار (السيل) في تصميم المجرور

3) قلة كمية الفضلات السائلة والحمأة الداخلة للمعالجة.

4) قلة التكلفة مقارنة بنظام المجاري الموحد خاصة عند الاحتياج إلى ضخ الفضلات.

أما مساوئ النظام فتضم {2،13}

1. الاحتياج إلى نظافة الأوساخ وكشطها نسبة لصعوبة التأكد من استمرار وجود سرعة التنظيف الذاتية في المجرور باستثناء استخدام الميل الكبير.
2. تكلفة عملية نظافة الأوساخ وكشطها والصيانة المستمرة.
3. الاحتياج إلى ثنائية السباكة بالمنزل.
4. وجود شبكتي مجاري في الطريق تقود إلى زحمة المرور وتأخره، وربما قادت إلى منع المرور أو تعطيله عند القيام بعمليات الترميم والإصلاح، وتزيد من احتمال التداخل مع شبكة المياه عند إصلاح الخطوط.
5. تكلفة شبكتين أو نظامين من المجاري أكثر من تكلفة نظام واحد.

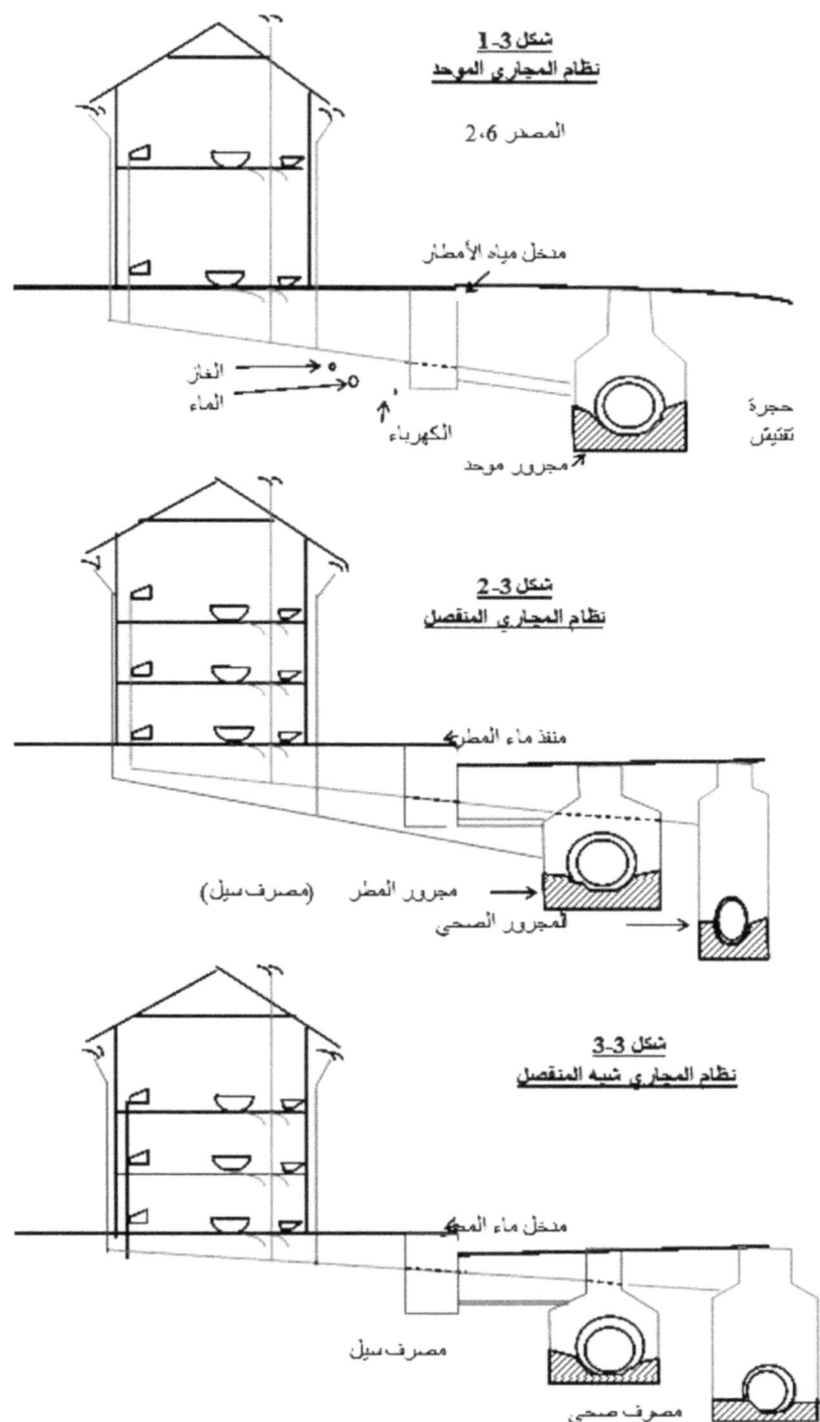
شكل 3-1
نظام المجاري الموحد
المصدر 6،2
مدخل مياه الأمطار
الغاز
الماء
الكهرباء
حجرة
تفتيش
مجرور موحد
شكل 3-2
نظام المجاري المنفصل
منفذ ماء المطر
مجرور المطر (مصرف سيل)
المجرور الصحي
شكل 3-3
نظام المجاري شبه المنفصل
مدخل ماء الم
مصرف سيل
مصرف صحي

جـ) نظام المجاري شبه المنفصل Pseudo-separate (partially separate) sewer system أنظر شكل (3-3)

نظام المجاري شبه المنفصل خلط بين النظامين السابقين، بحيث يقوم نظام شبكة مجاري مستقل باستقبال الفضلات السائلة وجزء من مياه الأمطار والسيول والمياه السطحية[1]، ويقوم جزء آخر من النظام بنقل الجزء المتبقي من مياه الأمطار والسيول والمياه السطحية.

قد يقود سوء الاستخدام للمصارف الصحية إلى حدوث عدة مشاكل منها على سبيل المثال:

- الانفجارات.
- حدوث الحرائق.
- الانسداد والقفل بسبب الشحوم والدهون والزيوت أو أحمال القعر وغيرها من الأنقاض والأوساخ.
- الأعطال والخلل (مثلاً بسبب انسياب الفضلات الحارقة، أو الأكالة، ومن جراء التحميل الزائد، أو الوصلات غير القانونية، أو عند تلوث المياه، أو التعرض للمعالجة بالدفق الفائض، أو إدخال الفضلات غير القابلة للتفسخ).

(د) نظام المجاري المفرغة The vacuum type system {6 }:

يتم في نظام المجاري المفرغة توصيل الأجهزة الخدمية (المرحاض[2] وأحواض الغسيل ... الخ) بوساطة أنبوب مجرور ذي قطر صغير نسبياً إلى حوض تجمع الفضلات. ويتم التفريغ في الحوض (تحت ضغط 5 إلى 7 أمتار) بوساطة مضخة على فترات زمنية بفتح صمام الأجهزة لشفط الفضلات السائلة في حوض التجميع. ثم يُعمل على نظافة الحوض من فترة للأخرى لخزان شاحنة أو بوساطة مضخات خاصة لضخ محتويات حوض التجميع ليتم صرفه لنظام مجاري تقليدي أو لمحطة معالجة.

ومن أهم محاسن هذا النظام:

1- استخدام أقطار أقل لأنابيب المجرور.
2- المرونة الكبيرة في الميول ووضع المجرور.
3- إمكانية رفع أوساخ إلى 5 أمتار.
4- ترشيد المياه عند استخدام مراحيض تفريغ خاصة.

---

[1] مثلاً المياه المجمعة من أسطح المنازل وتلك التي تجد طريقها إلى الشبكة

[2] ورد في مسند أحمد باقي مسند الأنصار الحديث 22476 حدثنا سفيان عن الزهري عن عطاء بن يزيد الليثي سمعتُ أبا أيوبَ يُخبرُ عن النبي صلى الله عليه وسلم قال **لا تستقبلوا القبلة بغائطٍ ولا بولٍ ولكن شرِّقوا أو غرِّبوا** قال أبو أيوبَ فقدِمْنَا الشَّامَ فوجدنا مراحيضَ جُعِلَتْ نحوَ القبلةِ فننحرفُ ونستغفرُ الله (أطرافه في 22419، 22424، 22435، 11457، 22474، 22414).

ويتم استخدام هذا النظام في حالات معينة مثلاً للسفن، أو لخدمة عدة منازل منعزلة، ليتم جمع الفضلات في حوض تجميع مركزي حيث يتم ضخ الأوساخ بعيداً.

(هـ) نظام الضغط The pressure type system

تقوم في نظام الضغط مضخات صغيرة بتصريف الفضلات المنزلية من حوض تجميع إلى نظام مجاري يعمل بأكمله تحت الضغط. ويتم استخدام أنابيب ذات أقطار صغيرة (نسبة للسرعات العالية)، ويمكن استخدام أعماق أقل للأنابيب مقارنة بنظم الانسياب الذاتي (تحت الجاذبية، بالراحة). ولهذا النظام ميزات خاصة في المناطق المستوية.

أما عند المفاضلة بين نظم المجاري المختلفة ينبغي التفكر في النقاط التالية:

- العوامل الاقتصادية والاجتماعية والسياسية المؤثرةعلى عملية اختيار أحد هذه النظم أو مجموعها، لا سيما وأن نظام تجميع الفضلات السائلة يكلف حوالي 80 إلى 90% من التكلفة الكلية لنظام المجاري الصحية التقليدي للتخلص من الفضلات السائلة {21}.
- مدى تكدس الشارع بالأنابيب والقنوات والكوابل وغيرها.
- عرض الشوارع.
- أثر المجاري على محطة المعالجة.
- أهمية الضخ طبقاً لطبغرافية المنطقة.
- مدى وكفاية التنقية الذاتية للمياه السطحية المستقبلة للمياه المعالجة.
- انبثاق الروائح في النظام الموحد من مداخل مياه السيل وأغطية غرف التفتيش.
- التوزيع المتساوي للأمطار عبر فصول السنة.
- وجود الخبرات والمعرفة الفنية والاقتصادية والصحية.

5-3 تقديرات معدل دفق الفضلات السائلة

تفيد تقديرات معدل دفق الفضلات السائلة في التالي:

1. التصميم الجيد لوحدات التجميع والمعالجة والتخلص النهائي،
2. وضع دراسة الجدوى الاقتصادية لمشروع التصريف الصحي،
3. تقليل التكلفة المالية،
4. تساوي المشاركة عند استخدام الوحدات بأكثر من مجموعة سكانية أو منطقة.

وتتم تقديرات معدل دفق الفضلات السائلة النابعة أو المنتجة بوساطة المصادر التالية:

1) فضلات منزلية (صحية) Domestic wastewater : وتتعلق هذه الفضلات بتلك المنبثقة من المنازل والمساكن والمحلات التجارية والمؤسسات وما ماثلها من تلك المعتمدة على معدلات استهلاك الماء. ومن المعلوم أن التغيرات في استهلاك الماء تعتمد على المنطقة الجغرافية، والمناخ، وحجم المجتمع المستهلك لها، والمستوى الصناعي وغيرها من العوامل المؤثرة.

2) فضلات صناعية Industrial wastewater: وتتعلق بدفق الفضلات السائلة من المحال والمؤسسات الصناعية. ومن المتوقع أن يتغير الدفق حسب المنطقة، والمناخ السائد بها، ونوع الصناعة وحجمها وإدارتها، ونسبة إعادة استخدام الماء بها، وأنماط معالجة الفضلات بموقع المصنع.

3) مياه السيل (الأمطار) Storm water : وتتعلق بالمياه الناتجة من انسياب التساقط.

4) مياه التسرب Infiltration/ inflow : ويُقصد بها المياه الإضافية الداخلة لنظام المجاري من التربة عبر عدة طرق، بالإضافة إلى مياه السيل (الأمطار) المنساب فيها من الأسطح والمجمعات الأرضية والباحات والساحات ومجرور السيل. وتضم إليها المياه الإضافية المتسربة للمجرور من الوصلات الخدمية له، والمياه المتسربة من التربة عبر الأنابيب المعطوبة، ووصلات الأنابيب ونقاط التلاقي، وجدران غرف التفتيش، بالإضافة إلى الماء الداخل من مصارف المنطقة، ومصارف الأساسات، وتصريف مياه التبريد، وتصريف مناطق السدود، ومياه الأمطار، وغسيل الشوارع والطرق العامة. ويعتمد معدل المياه المترسبة وكمياتها على طول المجرور، ومساحة المنطقة الخدمية (منطقة التصريف)، وخواص التربة وجغرافيتها، والكثافة السكانية[1]، ونوع المواد المستخدمة للمجرور، والتركيبات الصحية، ومواصفات وحدات المجرور لزمن التصميم.

ويمكن تقدير دفق الفضلات السائلة بالنسبة للمناطق التي يوجد بها نظام مجاري من سجلات الدفق الفعلية أو قياس الدفق بها. أما للمناطق الجديدة وتلك غير المتصلة بشبكة صرف صحي، فيمكن تقدير دفق الفضلات السائلة منها بتحليل بيانات السكان، أو تقدير استهلاك الماء لها، أو يمكن استخدام تقديرات دفق لمناطق ومجموعات سكانية مماثلة لها. ويبين جدول 3-1 معدلات فعلية لاستخدام الماء لعدة وحدات ومؤسسات خدمية.

[1] التي تؤثر على العدد والطول الكلي لتوصيلات المنزل

جدول 3-1 معدل استخدام الماء لعدة وحدات {2-13،5-22،20،18،17،15}

المستخدم	المعدل
مطار فندق (نُزل) مطعم مكاتب استراحة	10 إلى 20 لتر/مسافر/يوم 200 إلى 400 لتر/ضيف/يوم 25 إلى 40 لتر/فرد/يوم 40 إلى 60 لتر/فرد/ يوم 120 إلى 200 لتر/ضيف/يوم
مساكن (بدون عداد ماء) مساكن (بعداد ماء)	300 إلى 500 لتر/فرد/يوم 200 إلى 600 لتر/فرد/يوم
مستشفى + مع غسيل + بدون غسيل	 700 إلى 1200 لتر/سرير/يوم 100 إلى 220 لتر/سرير/يوم
مدرسة صباحية مع كافتيريا مدرسة صباحية مع كافتيريا وحمامات مدرسة داخلية داخلية	40 إلى 60 لتر/تلميذ/يوم 60 إلى 80 لتر/فرد/يوم 200 إلى 400 لتر/فرد/يوم 150 إلى 220 لتر/نزيل/يوم
مغسلة ملابس عامة مغسلة ملابس منزلية آلية مغسلة صحون منزلية حوض غسيل مغسلة صحون تجارية مغسلة سيارات	1000 إلى 3000 لتر/آلة غسيل/يوم 110 إلى 200 لتر/الحمولة 15 إلى 30 لتر/الحمولة 4 إلى 8 لتر/استخدام 15 إلى 35 لتر/دقيقة 40 إلى 60 لتر/سيارة/يوم
ري حديقة بالتنقيط	6 إلى 8 لتر/دقيقة
دورة مياه بصمام شطف (رحض) 170 KN/m^2 حوض دورة مياه دش 16 ملم بسمت 8 أمتار حوض حمام (مغطس) خرطوم حريق 13 mm بمنفث 38 mm , وسمت 20 متر	90 إلى 110 لتر/دقيقة 15 إلى 25 لتر/استخدام 90 إلى 110 لتر/استخدام 90 إلى 110 لتر/استخدام 140 إلى 160 لتر/دقيقة
صناعة التعليب صناعة الأغذية صناعة النسيج صناعة الورق صناعة الغازولين صناعة الكبريت صناعة ثاني أكسيد الكربون صناعة الأمونيا	50 إلى 70 م^3/ملجم 2 إلى 20 م^3/ملجم 200 إلى 300 م^3/ملجم 120 إلى 800 م^3/ملجم 7 إلى 30 م^3/ملجم 8 إلى 10 م^3/ملجم 60 إلى 90 م3/ملجم 100 إلى 130 م^3/ملجم

ماسورة تسرب مستمرة الدفق	4-5 لتر/دقيقة
الحيوانات والطيور: • البقر والفريزيان • الخراف والماعز • الخيل والبغال • الدجاج • الدجاج الروسي • البط	 40 إلى 140 لتر لكل رأس 8 لتر لكل رأس 35 لتر لكل رأس 25 إلى 35 لتر لكل مائة دجاجة 80 لتر لكل مائة دجاجة 80 لتر لكل مائة بطة

عند التفكر في معدل الاستخدام العام للمياه ينبغي التفرقة بين كمية الماء المنتجة أو المأخوذة من المصدر (يطلق عليها الاستهلاك)، وكمية المياه المستخدمة فعلياً بواسطة الجمهور المستهلك (الاستخدام). ويعبر الفرق بين المقدارين (الاستهلاك – الاستخدام) عن كمية المياه المفقودة أو غير المحسوبة في نظام التوزيع، بالإضافة إلى استخدام الماء في مشارب أخرى مثل: مكافحة الحريق، ونظافة الشوارع، وتخضير المنتزهات وتشجيرها، والمناطق العامة، وتلك المستخدمة للتجارة، والتصنيع، ومحطات الطاقة، والفضلات السائلة للمستهلكين غير الموصلين بشبكة المجاري، بالإضافة إلى الفاقد والمهدر من الأنابيب الحاملة للماء. وعليه من المتوقع أن تكون نسبة الفضلات السائلة في حدود 60 إلى 80 بالمائة من الاستهلاك أو من المياه المأخوذة. وفي حالة غياب بيانات الدفق الحقيقي للفضلات السائلة يمكن أخذ مقدار 70 بالمائة من معدل الماء المأخوذ للاستهلاك المنزلي.

هنالك عدة عوامل تؤثر على كمية دفق الفضلات السائلة منها: زيادة السكان وكثافتهم، ومعدل تغير السكان، واستهلاك الماء، والاحتياجات المائية، والنشاط التجاري، والصناعي، والزراعي، وزيادة الخدمات، وطبغرافية وجيولوجية المنطقة. ويتم الاعتماد على فكرة انسياب موسم الجفاف Dry Weather Flow (DWF) عند حساب كمية دفق الفضلات السائلة. يعتمد انسياب موسم الجفاف على عدة عوامل منها: عدد السكان وكثافتهم ومعدل نموهم، وطبيعة المنطقة الخدمية ونوعها وحجمها، ومعدل استهلاك المياه، والتسرب من المياه الجوفية، وعوامل الطقس والمناخ ذات الصلة.

ويقدر انسياب موسم الجفاف بالمتوسط الكلي لتصريف مياه المجاري، ويمثل الانسياب الاعتيادي في ماسورة التصريف أثناء موسم الجفاف. كما يعرف انسياب موسم الجفاف "بمتوسط الدفق اليومي في المجرور بعد عدة أيام مطيرة لم يتجاوز المطر فيها قيمة 2.5 ملليمتر في مدة الأربعة والعشرين ساعة السابقة" {2،23،24}. وتبين المعادلة 3-1 طريقة حساب معدل انسياب موسم الجفاف[1] DWF .

[1] Dry Weather Flow

$$DWF = P*Q + I_r + T_W - EV \quad (3\text{-}1)$$

حيث:

DWF = انسياب موسم الجفاف[1] (لتر/ يوم)

P = عدد السكان داخل شبكة المجاري، عادة يقدر عدد السكان بالتعداد السكاني، مع وضع التعديلات المناسبة لاستنباط الأعداد المستقبلة، والزيادة السكانية، ونمو السكان

Q = المتوسط اليومي لاستهلاك المياه (لتر/الفرد/اليوم)

I_r = متوسط التسرب الداخل لماسورة التصريف والناتجة بسبب ضعف نقاط التوصيل أو تصنيع الماسورة من مادة مسامية (لتر/اليوم). عادة يتفاوت هذا المقدار ما بين صفر إلى 30 في المائة من انسياب موسم الجفاف

T_W = متوسط الانسياب التجاري للفضلات السائلة (لتر/اليوم)

EV = معدل البخر، وقد يصل هذا المقدار في المناطق الحارة 30 إلى 50 بالمائة من كمية المياه المستهلكة (لتر/ يوم)

أما أعلى معدل لدفق الفضلات السائلة فيحسب على أساس أنه يساوي اثنين إلى 4 أضعاف انسياب موسم الجفاف.

مثال 3-1

يخدم مصرف صحي منطقة من المتوقع أن يكون تعداد سكانها مستقبلاً 7000 شخص . يقدر متوسط دفق الفضلات السائلة 0.5 م^3/يوم/شخص ، كما يقدر التسرب في المنطقة بحوالي 60 م^3/كيلومتر طولي من المصرف. بافتراض أن الطول الكلي للمصرف 6 كيلومترات جد مقدار انسياب موسم الجفاف.

الحل

1) المعطيات: P = 7000 شخص ، Q = 0.5 م^3/يوم/شخص ، I_r = 60 م^3/كيلومتر طولي من المصرف ، L = 6 كلم

2) جد مقدار التسرب = 60×6 = 360 م^3/يوم

3) جد معيار انسياب موسم الجفاف باستخدام المعادلة $DWF = P*Q + I_r + T_W - EV$

4) DWF = 7000×0.5 + 360 − 0 = 3860 م^3/يوم

[1] كما ويمكن تقدير انسياب موسم الجفاف كنسبة (80 إلى 90 بالمائة) من معادلات استهلاك المياه.

برنامج 3-1:

```
Public Class Form1

    Private Sub Form1_Load(ByVal sender As System.Object,
       ByVal e As System.EventArgs) Handles MyBase.Load
        Label1.Text = "السكان تعداد"
        Label2.Text = "شخص/يوم/3م-الفضلات دفق متوسط"
        Label3.Text = "طولي كم/3م-التسريب"
        Label4.Text = "كم-المصرف طول"
        Label5.Text = "يوم/3م-الجفاف موسم انسياب"
        Button1.Text = "الانسياب احسب"
        Me.Text = "مثال 3-1"
        Me.FormBorderStyle =
           Windows.Forms.FormBorderStyle.FixedSingle
    End Sub

    Private Sub Button1_Click(ByVal sender As System.Object,
       ByVal e As System.EventArgs) Handles Button1.Click
        Dim P, Q, Ir, L, DWF As Double
        P = Val(TextBox1.Text)
        Q = Val(TextBox2.Text)
        L = Val(TextBox4.Text)
        Ir = Val(TextBox3.Text) * L
        'DWF = P*Q + Ir + Tw - EV
        DWF = (P * Q) + Ir
        TextBox5.Text = FormatNumber(DWF, 0)
    End Sub
End Class
```

معيار المكافئ السكاني

يعول على معيار المكافئ السكاني بالنسبة لتقدير قوة وشدة الفضلات الصناعية Population equivalent, PE. ويمكن تعريف معيار المكافئ السكاني على أنه معيار يقارن نوع الفضلات السائلة الصناعية مع حمأة مثالية للفرد Standard sewage . وتتم المقارنة من خلال تحديد أحد خواص الفضلات مثل: حاجة الأكسجين الحيا-كيميائي أو المواد الصلبة العالقة أو الدفق أو حاجة الأكسجين الكيميائي .. الخ. وقد تم الاتفاق على استخدام الحمأة المنزلية كحمأة مثالية. وعليه يصبح معيار المكافئ السكاني هو عدد الناس للحمأة المعنية {24}.

وأهم فوائد معيار المكافئ السكاني تتمثل في الآتي {24}:

- تحديد المتغيرات في معالجة الفضلات والمخلفات السائلة الصناعية،
- تقدير تركيز وشدة تلوث الحمأة الناتجة من المصادر الصناعية،

- تحديد تعريفة التخلص من المخلفات من المصنع وبؤرة مصدرها.

وتوضح المعادلة التالية علاقة معيار المكافئ السكاني بالأكسجين الحيا-كيميائي:

$$PE = \frac{BOD_5 Q}{BOD_s} \qquad 3\text{-}2$$

حيث:

PE = معيار المكافئ السكاني

BOD_5 = الأكسجين الحيا-كيميائي لمدة خمسة أيام ودرجة حرارة 20° م للفضلات السائلة (ملجم/لتر)

Q = معدل دفق الفضلات السائلة ($م^3$/ث)

BOD_S = الأكسجين الحيا-كيميائي لمدة خمسة أيام ودرجة حرارة 20° م للحمأة المثالية. وهذه تساوى 60 جراماً من الأكسجين الحيا-كيميائي لمدة خمسة أيام الناتج اليومي من الفرد العادي في المملكة المتحدة، وتساوى 80 جراماً من الأكسجين الحيا-كيميائي لمدة خمسة أيام الناتج اليومي من الفرد العادي في اليوم في الولايات المتحدة الأمريكية

مثال 3-2

جد المكافئ السكاني لمصنع معين ينتج 800000 لتر من الفضلات السائلة في اليوم علماً بأن قيمة الأكسجين الحيا-كيميائي لمدة خمسة أيام تبلغ 150 ملجم/لتر

الحل

1) المعطيات: Q = 800000 لتر ، BOD_5 = 150 ملجم/لتر

2) بافتراض أن الفرد المتوسط ينتج حمل أكسجين حيا-كيميائي = 0.06 كجم/يوم يمكن إيجاد معيار المكافئ السكاني : $PE = (150\times10^{-3}\times800000) \div (0.06\times10^{3}) = 2000$

برنامج 3-2:

```
Public Class Form1

    Private Sub Form1_Load(ByVal sender As System.Object,
       ByVal e As System.EventArgs) Handles MyBase.Load
        Label1.Text = "انتاج الفضلات اليومي-لتر"
        Label2.Text = "الأكسجين الحياكيميائي لخمسة أيام-ملجم/لتر"
        Label3.Text = "المكافئ السكاني"
        Button1.Text = "احسب المكافئ"
        Me.Text = "مثال 3-2"
        Me.FormBorderStyle =
```

```
            Windows.Forms.FormBorderStyle.FixedSingle
    End Sub

    Private Sub Button1_Click(ByVal sender As System.Object,
       ByVal e As System.EventArgs) Handles Button1.Click
        Dim PE, Q, BOD5 As Double
        Const BOD8 = 0.06 * 1000
        Q = Val(TextBox1.Text)
        BOD5 = Val(TextBox2.Text) / 1000
        PE = (Q * BOD5) / BOD8
        TextBox3.Text = FormatNumber(PE, 0)
    End Sub
End Class
```

6-3 التغيرات في دفق الفضلات السائلة إلى شبكة المجاري

يتغير معدل دفق الفضلات السائلة إلى المجرور يومياً. ويلاحظ أن التغير في دفق الفضلات السائلة في محطات المعالجة يتبع منظومة استهلاك المياه اليومي مع تأخير لبضع ساعات. ومن الملاحظ أن أقل دفق يحدث أثناء ساعات الصباح الأولى عندما يكون الاستهلاك في أدنى مستوى له وعندما يكون مسبب الدفق خلال المجرور التسرب والراشح ونسبة قليلة من الفضلات السائلة. ويحدث أول أقصى دفق في ساعات الصباح المتأخرة عندما تصل المياه المستخدمة الصباحية إلى محطة المعالجة، ثم يحدث ثاني دفق أقصى خلال الساعات الأولى من المساء (أنظر الشكل 3-4)، غير أن هذه التغيرات تعتمد على حجم المجموعة السكانية وطول المجرور. وتحدث تغيرات موسمية (أو فصلية) لدفق الفضلات السائلة في المجتمعات الصغيرة [1]. وتعتمد الكميات المنتجة على النشاط بالمنطقة وحجم السكان. أما الدفق الصادر من المنشآت التجارية والصناعية فعادة يحدث معظمه أثناء ساعات النهار بمعدل ثابت.

[1] مثل مجتمع الداخليات والكليات والمدارس وفي مناطق الإنتاج الموسمي (الزراعي والصناعي)

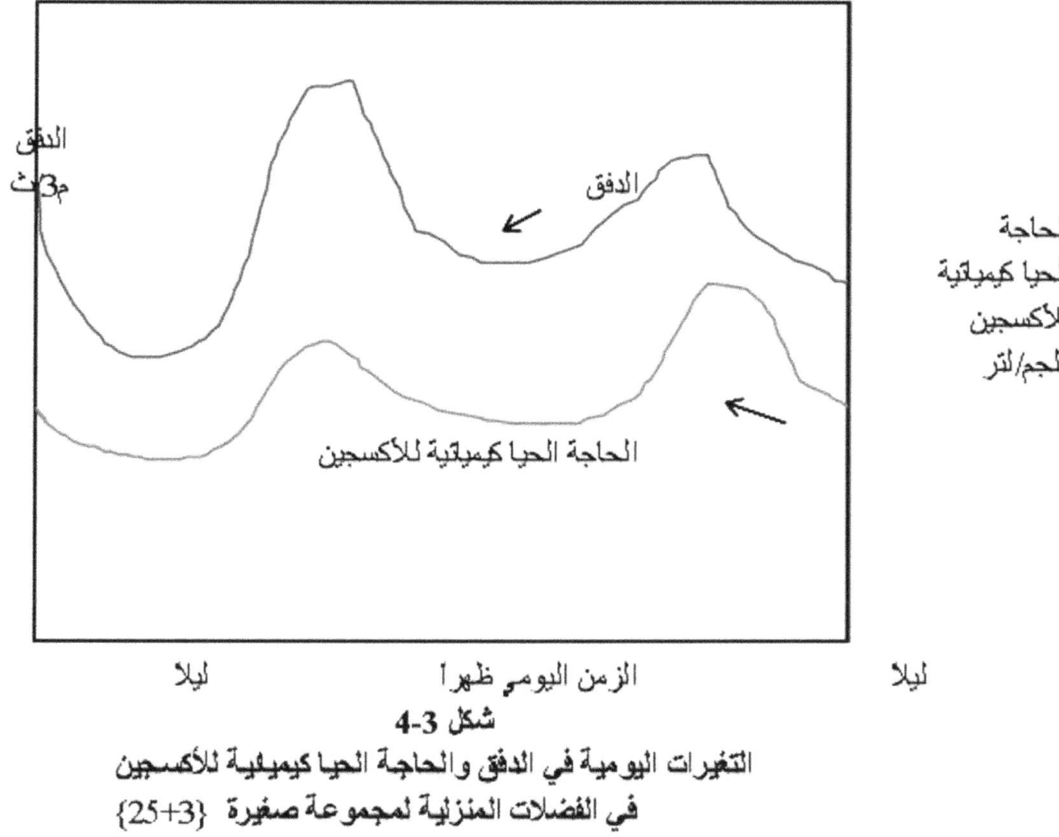

شكل 3-4

التغيرات اليومية في الدفق والحاجة الحيا كيميائية للأكسجين في الفضلات المنزلية لمجموعة صغيرة {3+25}

وعند تصميم شبكة المجاري يتم تقدير الدفق لفترة مستقبلة يطلق عليها فترة التصميم وتقدر بين 20 إلى 30 سنة. ويؤخذ أقصى دفق للتصميم الذي يتحقق من تشبع الكثافة السكانية. ولتحديد معدل دفق الفضلات يُبنى التقدير على أقصى استخدام للمياه أو يبنى على الكثافة السكانية، أو يحسب من عدد المباني، أو طبقاً لنسبة للتوسع في خطة الإسكان التي تحتاج إلى توصيلات مجاري. وعند حساب كميات الدفق الداخلة للمجرور لا بد من إضافة أي مياه تجد طريقها إليه من خلال التشققات في الأنابيب، أو الوصلات المعطوبة، أو عبر التوصيلات المتقاطعة، أو خلال غرف التفتيش غير الجيدة التصميم، أو عبر غطاء غرفة التفتيش المغمور، أو من التوصيلات المنزلية غير الجيدة، أو من المصارف غير القانونية، أو من أي أجزاء معطوبة في المنطقة المجاورة {2}.

نسبة لاعتماد التصميم الهيدروليكي لمنشآت تجميع الفضلات السائلة على التغيرات في الدفق ينبغي النظر في القيم القصوى للدفق ويحتاج إلى بيانات أقصى دفق لتصميم مجرور التجميع المجرور المتقاطع interceptor sewer كما ويحتاج إلى بيانات الانسياب المداوم sustained flow لتصميم محطة المعالجة {5}، ويعنى بالانسياب المداوم ذلك الدفق المتصل لعدة فترات زمنية (مثلاً ساعتين أو يزيد).

3-7 قياس دفق الفضلات السائلة

يتم قياس دفق الفضلات السائلة إما بطرق مباشرة أو طرق السرعة والمساحة.

(أ) الطرق المباشرة لقياس الدفق: يتم في مثل هذه الطرق مقارنة معدل الدفق بمتغير أو متغيرين يسهل قياسهما؛ مثلاً يتم مقارنة معدل الدفق لعمق الدفق في أحد أطراف أنبوب أفقي شبه ممتلئ، أو مقارنة الدفق مع عمق الدفق وميل المجرور، أو وزن كتلة الدفق عبر فترة زمنية محددة، أو باستخدام قاعدة الفنتشوري من خلال مقياس دفق عبر الفتحات والثقوب، أو باستخدام مقياس الدفق الإلكترومغنطيسي، أو باستخدام مواد كيميائية مشعة أو عناصر استشفافية (عناصر تتبع)، أو بقياس حجم الدفق مع الزمن أو القياس عبر الهدارات.

<u>مقياس الفنتشوري Venturi meter (أنظر شكل 3-5)</u>

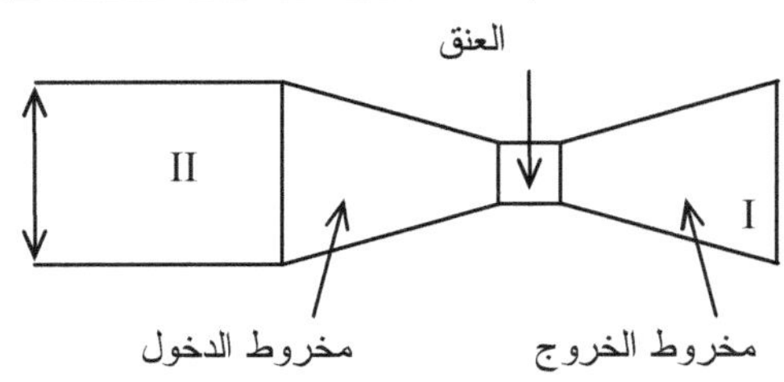

شكل 3-5 رسم مبسط لمقياس الفنتشوري

ويمكن استخدام المعادلة 3-3 لإيجاد الدفق عبر جهاز الفنتشوري. وتعتمد المعادلة 3-3 على معادلة برنولي Bernoulli لدفق أفقي.

$$Q = A_1 A_2 \frac{\sqrt{2g(h_1 - h_2)}}{\sqrt{A_1^2 - A_2^2}} = A_1 A_2 \frac{\sqrt{2gH}}{\sqrt{A_1^2 - A_2^2}} \qquad 3\text{-}3$$

حيث:

Q = الدفق عبر الفنتشوري

A_1 = المساحة عبر أعلى انسياب الدفق (م^2)

A_2 = المساحة عبر عنق الجهاز (م^2)

h_1, h_2 = فقد السمت (م)

$$H = h_1 - h_2 \qquad 3\text{-}4$$

ويمكن كتابة المعادلة 3-3 لانسياب التشغيل الحقيقي، ولأنابيب فنتشوري قياسية، مع الأخذ في الاعتبار أثر عوامل الاحتكاك لتقرأ حسب المعادلة 3-5.

$$Q = C A_2 \sqrt{2gH} \qquad 3\text{-}5$$

حيث:

$$C = C_1 C_2 \qquad 3\text{-}6$$

C = معامل (يتغير بين 0.98 و 1.02)

C_1 = معامل المساحة والذي يمكن إيجاده من المعادلة 3-7.

$$C_1 = \frac{A_1}{\sqrt{A_1^2 - A_2^2}} \qquad 3\text{-}7$$

C_2 = معامل الاحتكاك

القناة المعنقة لطاسة بالمر Palmer - Bowls flume

تستخدم القناة المعنقة لقياس الدفق في عدة أنواع من القنوات المكشوفة، إذ يوضع المقياس في المجرور في غرفة تفتيش لقياس العمق أعلى المجرى، ثم يقرأ الدفق من منحنى قياس متدرج. ومن محاسن هذه الطريقة سهولة العمل بها في نظم المجاري القائمة، وقلة فقد السمت، وسهولة النظافة الذاتية للمجاري.

(ب) طريقة السرعة والمسافة:

تفيد طريقة السرعة والمسافة لإيجاد الدفق بضرب سرعة الدفق (م/ث) في مساحة المقطع (م^2) التي يحدث خلالها الانسياب. ويمكن إيجاد السرعة باستخدام عدة طرق منها {2،5،27}:

- مقياس التيار: ويستخدم المقياس في المجرور الكبير أو في القنوات المكشوفة: ويتم القياس بنظام النقطة الواحدة، أو نظام النقطتين، أو النظام متعدد النقاط، حيث يتم أخذ مقياس السرعة على عمق 0.6 متر من سطح الماء في وسط المجرى لنظام النقطة الواحدة، أو قياس السرعة على بعد 0.2 متر و 0.8 متر ثم إيجاد السرعة المتوسطة لها لنظام النقطتين، أو قياس السرعة في عدة مقاطع ثم يتم حساب السرعة المتوسطة عبر كل المقاطع للنظام متعدد النقاط. وينبغي اختيار هذا الأسلوب للقياس في حال عدم وجود أوراق كثيرة أو مواد صلبة عالقة بالمجرور يمكنها قفل وانسداد المقياس.
- النظم الكهربية: باستخدام مقاييس مثل خلايا الموصلية أو الأنيمومتر anemometer . وينبغي ملاحظة أن المواد الصلبة العالقة في الفضلات السائلة تؤثر على المقياس.
- النظم الطافية للقنوات المستطيلة: تستخدم النظم الطافية لتقدير السرعة بين غرفتي تفتيش لقياس السرعة السطحية غير أن القراءة تتأثر بالرياح.
- المواد الكيميائية المشتقة والعناصر الاستشفافية (عناصر التتبع): يتم حقن هذه المواد في أعلى المجرى عند نقطتي تحكم للزمن اللازم لظهور المادة عند النقاط. ثم توجد السرعة بقسمة المسافة بين نقاط التحكم على زمن رحلة عنصر الاستشفاف.
- الصبغ: يستخدم الصبغ في المجرور الصغير، إذ تصب الصبغة في الجزء الأعلى من الدفق ويوجد الزمن اللازم لتحركها من نقطة أعلى المجرى. ومن الأصباغ المستخدمة: أيوسين eosin (صباغ أرجواني يستخرج من قطران الفحم) وأحمر الكنغو Congo red وبرمنجنات البوتاسيوم ورودامين (صبغ أحمر) rhodamine B والبوناسايل الوردي الزاهي Pontacyl Brilliant Pink B وغيرها.

التسرب Infiltration

قد تجد بعض من المياه الجوفية طريقها إلى المجرور عبر جدرانه، خاصة في أنابيب الخرسانة رديئة الجودة. وقد تدخل مياه الأمطار عبر غطاء غرف التفتيش، أو عبر الوصلات والشقوق الحادثة في الأنابيب والوصلات بسبب هبوط الأساس (غير المتزن وغير الجيد). ويؤثر تسرب المياه المالحة سلباً على المعالجة الحيوية وربما حد كثيراً من استخدام السائل المعالج للري. أما في حالة وجود المجرور أعلى من منسوب الماء الجوفي فإن التسرب يكون سالباً أي أن المجرور يرشح من الوصلات. وبما جذب هذا التسرب جذور النباتات والأشجار لتنمو وتتكاثر، ومن ثم تعمل على قفل المجرور وانسداده. ويمكن تقدير معدل التسرب من المعادلة 3-8.

$$Q_I = (0.2 \text{ to } 1)\, Q_{av} \qquad 3\text{-}8$$

حيث:

Q_I = معدل التسرب.

من الملاحظ أن الأرقام القليلة للتسرب تنتج من أنابيب الاسبستس الأسمنتي AC ووصلات المطاط الحلقية، أما الأرقام العالية له فمن أنابيب الخرسانة ووصلات الأسمنت.

أدنى وأقصى سرعة للدفق في المجرور

يجب ألا تقل سرعة الدفق في المجرور عن حد أدنى، وذلك لمنع ترسب المواد الصلبة غير العضوية وتجمعها مما يقفل المجرور، ولمنع ترسب المواد العضوية أو المواد الصلبة العالقة، أو تراكم الزيوت والشحوم والدهون على جدران المجرور وبالتالي تفسخها، وإنتاج الغازات الكريهة وغير المستحبة، مثل كبريتيد الهيدروجين، والذي بالإضافة إلى طبيعة رائحة البيض الفاسد فيه قد يؤدى أيضاً إلى زيادة تآكل قمة المجرور، مما يفاقم من مشاكل التآكل والتحات. ويحتاج إلى سرعة أعلى من حد معين لضمان النظافة الذاتية للمجرور.

كما ويسمح بأقل ميل يمكن معه المحافظة على أقل سرعة عندما يكون المجرور ممتلئ كلياً أو ممتلئ بنسبة 78 %

ينبغي ألا تتعدى سرعة الدفق في المجرور سرعة قصوى محددة لمنع التآكل الكبير والنحر ولتلافي الاحتياج إلى تبديد الطاقة في نقطة الصرف. وتفضل في مجاري السيل سرعة تصميمية كبيرة مقارنة بالمجاري الصحية بسبب الرمال الثقيلة والمواد غير العضوية التي قد تجد طريقها للمجرور. ويستحسن أن تكون أقل سرعة في حدود 0.75 إلى 0.9 متر على الثانية. ونسبة للخواص الحاكة للمواد الصلبة فمن المستحسن تفادى السرعات الكبيرة، وتعد السرعة 2.4 متر في الثانية مناسبة كحد أعلى {2،15}.

وقد أبانت الحدود التالية فائدتها:

- بالنسبة للماء الرائق (النقي) يسمح بسرعة دفق لا تزيد عن 12 متراً في الثانية.
- بالنسبة للمجاري الصحية الحاملة للفضلات السائلة يسمح بسرعة تصل إلى 3 أمتار في الثانية. وربما تصل في حالات استثنائية إلى 5 أمتار في الثانية.
- بالنسبة لمجرور مياه الأمطار والصرف السطحي والسيل يسمح بسرعة تصل إلى 5 أمتار في الثانية، وربما تصل في حالات استثنائية نادرة إلى 10 أمتار في الثانية.
- وعموماً يجب ألا تزيد السرعة والقوى الهيدروليكية عن تلك المحددة طبقاً لخواص وأحمال المواد المصنع منها المجرور. وربما اقتضى الحال للحد من التآكل وضع طبقة من الإبوكسي epoxy للحصول على سطح أملس وناعم لإطالة عمر المجرور وتقليل تكاليف تغييره.

8-3 تصريف الذروة {28} Peak discharge

في حال غياب سجلات قياس دفق الفضلات السائلة، أو عدم أهليتها لتحديد معامل ذروي يمكن تقدير أقصى دفق من المعادلة 3-9.

$$Q_p = k \cdot Q_{av} \qquad 3\text{-}9$$

حيث:

Q_p = أقصى دفق (انسياب ذروي) peak flow

Q_{av} = الدفق المتوسط average flow

k = معامل ذروي peak coefficient، والذي يعبر عن نسبة الدفق الأقصى إلى الدفق المتوسط (في حدود 2 إلى 3) وكلما كبرت المدينة كلما صغر المعامل k. ويعبر عن المعامل الأقصى كدالة في الدفق المتوسط مع أعلى مقدار 4 وبافتراض أقل دفق Q_p في حدود لتر على الثانية للمجموعات السكانية الصغيرة. (يساوي 4 لتصميم المجرور العرضي laterals، ويعادل 2.5 لتصميم مجرور المصب out fall sewer {5})

$$k = a + \frac{b}{\sqrt{q_{av}}} \qquad 3\text{-}10$$

حيث:

a = 1.5 و b = 2.5

وبالنسبة لدفق الفضلات السائلة الصناعية من الأنسب أن يتم تقدير معامل k بناءً على الدفق المتوسط، وعدد نوبات العمل (الورديات) التي تمت، وتفاصيل تشغيل محطة المعالجة وعملها. أما بالنسبة لإيجاد أقصى دفق للتسرب فيمكن استخدام معامل k في حدود 1.5 إلى 2 {5}.

عند التصميم الهندسي يحتاج إلى معرفة تصريف الذروة (أقصى تصريف) الذي يمكن أن تتحمله المنشآت المائية[1]. وهنالك عدة طرق لتقدير تصريف الذروة والفيضان؛ ويعتمد استخدام أي من هذه الطرق على درجة الدقة المطلوبة، وأهمية المشروع، وحجم منطقة التصريف ونوعها، وحجم البيانات المتاحة ودقتها وجودتها. كما ويحتاج – أحياناً – إلى معرفة توزيع الزمن لأقصى فيضان. وتعتمد قيمة العاصفة التصميمية (أو الدفق التصميمي Design flow) على فترة الرجوع والتي لها علاقة بأهمية المنشأة وعمرها الافتراضي. ومن هذه الطرق:

- تقديرات عقلية: تستخدم لتقدير الانسياب السطحي، والأمطار التي يستفاد منها عند تصميم شبكات الصرف لمناطق معينة (وتغيراتها مع الزمن)، أو إلحاق مصارف بها مستقبلاً.

[1] مثل السدود، والقناطر، والخزانات، والمطافح، وقنوات الفيضان والتصريف تحت الجسور، ونظم الصرف والري في المدن والمطارات وغيرها

- معادلات افتراضية (تجريبية): هذه حسابات يمكن استخدامها عند التصميم للمناطق الجابية. وتختلف هذه المعادلات فيما بينها اختلافاً بيناً، مما يستدعي فهم محدداتها ومجالات تطبيقها قبل اختيارها والعمل بها؛ غير أنه يمكن استخدامها للتحقيق من تقديرات الطرق الـعقلية أو الإحصائية. ومن هذه المعادلات: المعادلة العقلانية، ومعادلة كريج، ومعادلة بيركلي-زيقلر. وتوجد معادلات أخرى مثل طريقة شاو، وهيدروجراف الوحدة، والطرق الإحصائية، ويمكن الرجوع إليها في مظانها الأصلية من كتب الهيدرولوجيا وعلوم نواميس المياه.
- تحليل إحصائي: يعتمد على البيانات المشاهدة لفترة مناسبة من الزمن. وهنا يجب التأكد من الحصول على بيانات جيدة وبالحجم الذي يؤدي إلى الاعتماد عليها والعمل بها للتكهن باحتمال تردد (أو إمكانية حدوث) الدفق التصميمي في الفترة الزمنية المتوقعة.
- تراكم المعلومات الإحصائية المتاحة عبر مقارنتها بخبرات بيانية في منطقة مجاورة أو مناطق مماثلة بها معلومات لعدة سنوات، أو عبر استنتاج إحصائي لقيم أخرى.
- العمل على استخدام أي معلومات هيدرولوجية للحصول على قيم تصميم مأمون وذي جدوى اقتصادية لتلافي إمكانية حدوث انهيار هندسي للمنشأة مما يترتب عليه خسائر في الأرواح أو المنشآت.
- استخدام النماذج الهيدروليكية.

النظرية العقلية (المنطقية)، طريقة زمن التركيز The rational method, Time of concentration method

من العوامل المؤثرة في الكميات الصادرة من دفق السيل (الأمطار): شدة الأمطار وفترة هطولها، والزوابع، والمسافة التي تقطعها المياه قبل أن تصل إلى المجرور، ومعامل النفاذية، وميل المنطقة الجابية، وشكل وحجم منطقة التصريف {2}.

ويمكن تقدير معدل دفق السيل باستخدام معادلة لويد وديفيد Lloyd Davies method ، أو ما يسمى بالصيغة العقلية Rational method (والتي تصلح لمنطقة لا تزيد مساحتها عن 15 كيلومتراً مربعاً) كما مبين في المعادلة 3-11.

$$Q = C\,I\,A \qquad 3\text{-}11$$

حيث:

Q = دفق السيل أو تقدير تصريف الذروة المتوقع حدوثه عقب أمطار غزيرة في منطقة جابية (لتر/ث)

A = مساحة منطقة التصريف الجابية (هكتار) (أنظر شكل 3-6). وتوجد من خارطة المنطقة أو من حساب المساحة، وتكون عادة أقل من 40 هكتاراً وربما 80 هكتاراً كأعلى قيمة.

I = متوسط شدة (كثافة انهمار) الأمطار (أو الزوبعة) Rainfall intensity لتردد مختار وزمن هطول يساوي زمن التركيز (لتر/ث . هكتار).

C = معامل السيل، معامل عقلاني للانسياب السطحي (لا بعدي). ويمثل ثابت السيل نسبة السيل إلى الأمطار، أو الجزء من الأمطار المتساقط الذي يظهر على شكل دفق سطحي. ويعتمد ثابت السيل على نوع وخواص السطح ويقدر من خواص المنطقة الجابية.

$$0 < C < 1 \qquad 3\text{-}12$$

وتفترض الصيغة العقلانية ما يلي {29،28،3،2}:

* إن معدل الانسياب (الناتج من أي كثافة انهمار مطر) يصل أقصاه عندما تستمر كثافة انهمار المطر لمدة تساوى أو تفوق زمن التجميع (زمن تركيز الجابية).
* أقصى معدل انسياب (ناتج من كثافة انهمار أمطار لها فترة هطول تساوى أو تفوق زمن التجميع) هو عبارة عن نسبة بسيطة من شدة الأمطار. أي أن هنالك علاقة خطية بين (Q) و (I) بحيث أن Q = صفر عند I = صفر.
* يماثل تردد انسياب الذروة كثافة انهمار الأمطار لزمن التجميع.
* العلاقة بين انسياب الذروة ومقاس مساحة الجابية تماثل العلاقة بين فترة الهطول وكثافة انهمار الأمطار.
* معامل الانسياب يتماثل للزوابع ذات التردد المختلف.
* معامل الانسياب يتساوى لكل الزوابع في منطقة الجابية.

عادة يكون معامل الانسياب السطحي أقل من الوحدة، ويصل إلى الوحدة في منطقة الصرف غير المسامية عند استمرار الزوبعة والأمطار لمدة طويلة (30،28). كما وقد يزيد مقدار المعامل عن الوحدة، مثلاً عندما يذوب الجليد والثلج المتراكم بواسطة الشمس، أو بالأمطار أو بالضباب. وفي الغالب تستخدم مقادير متوسطة لمعامل الانسياب السطحي (ثابت السيل C) كما مبين في جدول 3–2 والتي تسري لعواصف قليلة الحدوث وذات تردد من 5 إلى 10 سنوات.

جدول 3–2: ثابت السيل للصيغة العقلية {2–13،4–30،20،18،17،15–32}

المنطقة،	القيمة
المنطقة السكنية:	
*أسرة واحدة (سكن منفرد)	0.3 إلى 0.5
*وحدات سكنية لمجموعة منفصلة	0.4 إلى 0.6
*وحدات سكنية لمجموعة متصلة	0.6 إلى 0.75
*مناطق سكنية بالضواحي	0.25 إلى 0.4

* مناطق شقق سكنية	0.5 إلى 0.7
المنطقة الصناعية: *صناعات ثقيلة *صناعات خفيفة	 0.6 إلى 0.9 0.5 إلى 0.8
مناطق غير مطورة وغير محسنة حدائق عامة، ومقابر منطقة الملاعب	0.1 إلى 0.3 0.1 إلى 0.25 0.2 إلى 0.35
الشوارع: *إسفلتية *خرسانية *الطوب (أو الطابوق) * مماشي وممرات الرصيف * أسطح الطرق المرصوفة	 0.7 إلى 0.95 0.8 إلى 0.95 0.7 إلى 0.85 0.75 إلى 0.95 0.75 إلى 0.95 0.8 إلى 0.9
المدينة والمنطقة التجارية وسط المدينة (المنطقة الحضرية) مناطق ساحات السكك الحديدية المناطق المخضرة	0.7 إلى 0.95 0.7 إلى 0.9 0.2 إلى 0.4 0.05 إلى 0.35
الأسطح غير النافذة للماء (سدودية للماء)	0.7 إلى 0.95
مساحات الأخشاب	0.01 إلى 0.1

تعتمد أعلى شدة مطر متوقعة لمنطقة محددة على ظروف المناخ وتردد المطر (مقلوب فترة إعادة الحدوث، أو فترة الرجوع) ومدة هطوله. ومن المعلوم أنه كلما طالت فترة الرجوع كلما زادت شدة المطر، وكلما طالت فترة هطوله كلما قلت شدته. ويمكن تقدير شدة المطر من المعادلة 3-13.

$$i_{P,t} = \frac{C\,P^m}{(T+d)^n} \qquad 3\text{-}13$$

حيث:

$i_{P,T}$ = شدة المطر لمدة P سنة وفترة T دقيقة

c, d, n, m = معامل، ثابت (d أكبر من صفر و n أقل من أو تساوي 1)

P = فترة الرجوع، أو احتمال تواتر الحدوث (سنة)

T = زمن التركيز، ويعبر هذا الزمن عن مجموع زمن دخول وخروج الدفق (دقيقة).

ويمكن أخذ المعادلات البريطانية 3-14 و 3-15

(أ) لفترة رجوع P = 1 سنة:

$$i = \frac{30}{T+10} \qquad 5 < T < 20 \text{ min} \qquad 3\text{-}14$$

$$i = \frac{40}{T+30} \qquad 20 \le T \le 120 \text{ min} \qquad 3\text{-}15$$

يعتمد تردد المطر على أهمية المنطقة، فمثلاً تؤخذ فترات رجوع 20 إلى 30 سنة للمناطق التجارية في وسط المدينة لأن الفيضانات فيها تؤدي إلى فواقد اقتصادية كبيرة، غير أنه ولمدينة ريفية صغيرة فمن المتوقع أن يقل الدمار وعليه تؤخذ فترة رجوع من نصف عام إلى عام.

ويستمر تصريف الذروة المتوقع حدوثه عقب أمطار غزيرة في منطقة جابية (أنظر شكل 3-6) لفترة تسمى زمن تركيز الجابية. ويقصد بهذا الزمن: الزمن اللازم لأول قطرة من الأمطار تهطل في أقصى جزء من المنطقة الجابية لتنتقل إلى منطقة الخروج (النقطة التي تتم فيها التقديرات). ويقال إن هذه الطريقة اقترحت بواسطة مهندس ايرلندي في عام 1851 م يسمى توماس مولفاني Thomas J. Mulvany. ويتكون زمن التركيز من جزءين يمثلان: زمن الدخول، وزمن الدفق داخل نظام المجاري.

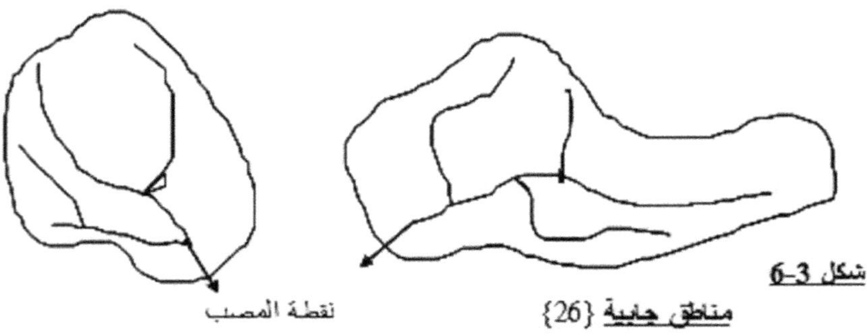

شكل 3-6

مناطق جابية {26}

أما زمن الدخول فهو الزمن المطلوب ليدخل به الانسياب السطحي إلى المجرور – المصرف، أو هو الزمن الذي تأخذه عينة من الأمطار لتنساب من منطقة تهاطلها إلى أقرب نقطة دخول لمجرور السيل في نظام المجاري. ويعتمد زمن الدخول على ميلان السطح ومداه وطبيعته وحالته، والغطاء عليه، والأمطار والعوامل المؤثرة عليها، وسعة التخلخل، والتخزين في المناطق المنخفضة. عامة فكلما زادت شدة الأمطار كلما قل زمن الدخول. ويتراوح زمن الدخول المستخدم بين 5 إلى 15 دقيقة، وعادة تستخدم مقادير 5 إلى 10 دقيقة في المناطق الحضرية ووسط المدينة لأن نقاط دخول الماء متقاربة من بعضها البعض، و10 إلى 15 دقيقة في الأطراف والضواحي

وفي المناطق الريفية. وفي المناطق المزدحمة بالسكان وفي وجود الرصيف وتغطية السطح بمواد غير مسامية[1]، يؤخذ زمن الدخول ليساوي 5 دقائق.

ويبين الجدول 3-3 تقديرات لزمن الدخول لبعض المناطق.

جدول (3-3) تقديرات زمن الدخول لبعض المناطق {28، 33}

المنطقة	زمن الدخول (دقيقة)
مناطق مزدحمة، أسطح مرصوفة، مناطق سكنية طرق عريضة	10 - 5
مناطق متقدمة قليلة الميلان	15-10

ويمكن استخدام المعادلة 3-16 لحساب زمن الدخول.

$$t_c^{2.14} = \frac{2.19L.n}{\sqrt{S}} \qquad 3\text{-}16$$

حيث:

t_c = زمن الدخول (دقيقة)

L = المسافة لأقصى منطقة دخول ($L \leq 365$)

S = الميل المطلق (م/م)

n = معامل الحجز ويوازي معامل الاحتكاك. ويبين الجدول 3-4 بعض قيم n.

جدول 3-4 قيم معامل الحجز n {28}

نوع السطح	n
سطح غير مسامي	0.02
تربة خالية ملساء مضغوطة	0.1
أسطح خالية، متوسطة الخشونة	0.2
عشب ضعيف ومحاصيل زراعية	0.2
عشب أو حشائش متوسطة	0.4
أراضي أخشاب، وأشجار طارحة للأوراق	0.6
أراضي أخشاب، وأشجار طارحة للأوراق، وأوساخ عميقة	0.8
أراضي الأخشاب الصنوبرية	0.8

[1] مما يسمح بانسياب كل الدفق إلى المصرف عبر فتحات متقاربة من بعضها البعض

أما زمن الدفق داخل المصرف فيمكن تقديره من الخواص الهيدروليكية للمصرف.

بالنسبة لاستخدام الطريقة العقلانية لمنطقة الخرطوم فقد تم استخدام سجلات أمطار 29 سنة (للفترة من 1959 إلى 1988) {33} لرسم منحنى الشدة وفترة هطول الأمطار لفترات رجوع لعامين وخمسة أعوام لعدد 232 زوبعة مرصودة في السجلات حسب ما هو موضح في جدول 3 - 5.

جدول 3-5 شدة هطول الأمطار وفترتها {33}

فترة هطول (دقيقة)	شدة المطر (ملم/ساعة)	فترة هطول (دقيقة)	شدة المطر (ملم/ساعة)
زمن رجوع عامين		زمن رجوع خمسة أعوام	
10	26.5	10	58
15	23.5	15	50.6
20	21.5	20	46.95
25	19.5	25	42.7
30	17.5	30	38.5
35	16.7	35	35.1
40	15.4	40	31.5
45	13.75	45	28.45
50	12.95	50	25.95
55	12	55	23.65
60	11	60	21.5
65	10.5	65	19.5
70	9.75	70	18.15
75	9.5	75	16.75
80	8.95	80	15.5
85	8.45	85	14.45
90	8	90	13.75
95	7.4	95	12.95
100	7.1	100	12
105	6.85	105	11.45
110	6.45	110	11
115	6	115	10.45
120	5.5	120	9.75

يتضح من جدول 3-5 أن حجم المصرف لفترة رجوع لخمسة أعوام تقريباً ضعف حجم المصرف لفترة رجوع لعامين. وتتضح هذه الملاحظة بمقارنة المعادلة 3-17 والمعادلة 3-18. وعليه فإن تكلفة

مصرف لفترة رجوع خمس سنوات تقريباً ضعف تكلفته لفترة رجوع لمدة عامين. ولنفترض أن منطقة جابية محددة لها زمن تركيز لمدة ساعتين؛ وعند حدوث مطر لفترة رجوع خمسة سنوات يتم تصريف كل المنطقة الجابية في ساعتين دون تكوين برك عند تصميم مصرف لفترة رجوع خمس أعوام؛ غير أن تصميم المصرف لفترة رجوع عامين فإن المطر الحادث لفترة رجوع خمس أعوام يأخذ مدة أقل من أربع ساعات مع تكوين برك محدودة في المنطقة المحيطة بالمصرف. ويمكن قبول هذا الوضع خاصة للبلدان المماثلة لا سيما إذا كانت فترة الأمطار قصيرة. وبهذا المفهوم فقد اتفق على أن يتم الكشف عن مصارف الأمطار والمصارف الجابية في منطقة الخرطوم وتقويمها لفترة رجوع لمدة عامين {33}.

وبالنسبة لمنحنى زمن رجوع لمدة عامين فقد تم استيفاؤه باستخدام المعادلة التجريبية {33} المبينة في المعادلة 3-17.

$$i_2 = 50.41 * (0.991)^{T} (T)^{-0.23} \qquad 3.17$$

أما منحنى زمن الرجوع لمدة خمسة أعوام فقد تم استيفاؤه باستخدام المعادلة التجريبية {33} المبينة في المعادلة 3-18.

$$i_5 = 122.7 * (0.989)^{T} (T)^{-0.254} \qquad 3.18$$

حيث:

I_2 = شدة هطول الأمطار المماثل لفترة رجوع عامين، (ملم/ساعة)

I_5 = شدة هطول الأمطار المماثل لفترة رجوع خمسة أعوام، (ملم/ساعة)

T = زمن التركيز

ومن الطرق التجريبية الأخرى لمعرفة أقصى دفق:

- **<u>معادلة كريج Creage formula:</u>**

$$Q = 1.3C'(0.386A)^{\frac{0.938}{A^{0.048}}} \qquad 3.19$$

- **<u>معادلة بيركلي-زيقلر Burkly-Ziegler formula:</u>**

$$Q = 0.7CIA[SIA]^{0.25} \qquad 3.20$$

طريقة تصميم الهيدروجراف Design hydrograph method {33}

تعتبر في الأوساط الهيدرولوجية أن الصيغة العقلانية مناسبة لمناطق جابية صغيرة، وقد اقترح معهد الهيدرولوجيا ب (والنقفورد Wallingford) ببريطانيا مساحة 150 هكتاراً كأعلى حدٍ للصيغة العقلانية. وفي هذا الإطار تحديد لبعض المصارف الرئيسة بالعاصمة القومية التي تخدم مساحات جابية كبيرة مثل مصرف الحاج يوسف

الرئيس، مما يضعها خارج افتراضات الصيغة العقلانية. ولمثل هذه الظروف والملابسات يمكن استخدام طريقة تصميم الهيدروجراف.

تفترض طريقة تصميم الهيدروجراف رسم خطوط متساوية زمن التحرك isochrones travel time من أبعد نقطة على حدود المنطقة الجابية إلى نقطة المصب. ويتم حساب المساحة بين الخطوط المتساوية زمن التحرك المتجاورة وبافتراض أن تواتر الزوبعة يتكون من متتالية من متوسط شدة الأمطار $I_1, I_2 ....$ لزيادات زمنية متتالية t فإن الإحداثيات العمودية لهيدروجراف الدفق يمكن تقديرها على نحو المعادلة 3-21

$$Q_1 = C*i_1*A_1$$
$$Q_2 = C*i_2*A_1 + C*i_1*A_2$$
$$Q_3 = C*i_3*A_1 + C*i_2*A_3 + C*i_1*A_3 \qquad 3\text{-}21$$

حيث:

C = معامل السيل للمنطقة الجابية

يتم تجميع السجلات الأصلية لارتفاعات المطر الهاطل وفترة الهطول في فترات 60 دقيقة كما مبين على سبيل المثال في جدول 3 – 6.

جدول 3-6 متوسط شدة الهطول {33}

الفترة (ساعة)	عدد تواتر الزوابع	نسبة تواتر الزوابع (%)	متوسط شدة الهطول (ملم/ساعة)
صفر – 1	175	79	11.2
1 – 2	24	11	6.8
2 – 3	12	5	4.3
3 – 4	9	4	3.9
4 – 5	2	1	2.5

ويوضح جدول 3-6 أن 79 بالمائة من جملة حدوث الهطول لها فترة أقل من ساعة واحدة. ومن الملاحظ أن منحنى شدة المطر وفترته لا تعكس هذه المعلومة المفيدة، إذ أنها تفترض أوزاناً متساوية لكل شدة المطر، وعليه من الأنسب تحديد أقصى فترة هطول لساعة. وهذا التحديد له أثر ضئيل على مقطع المصرف وأبعاده لا سيما وأنه مصمم لفترات رجوع قصيرة.

ويتم رسم الخطوط المتساوية زمن التحرك isochrones لفترة زمنية 60 دقيقة عمودياً على المصرف الرئيس. ويتم حساب المساحة بين كل خطين متجاورين منها ثم يمكن استخدام المعادلة 3-21 لإنشاء هيدروجراف الدفق. وتستخدم معادلةماننج أو غيرها من المعادلات في إطار طريقة التجربة والخطأ لإيجاد مقطع المصرف وأبعاده.

3-9 هيدروليكا الصرف الصحي

عادة يتم تصميم المجرور للدفق المماثل للقنوات (المجاري) المكشوفة التي لا تعمل تحت الضغط حتى ولو كان المجرور ممتلئ أحياناً، والاستثناء في حالة السيفون المعكوس inverted siphon، ودفق الخطوط من محطات ضخ الفضلات والتي عادة تعمل تحت الضغط. قد يمتلئ المجرور – في بعض الأحيان – ويفيض وترتفع المياه في غرف التفتيش مثلاً أثناء العواصف بقفل الخطوط أو من جراء الدفق الزائد عن الدفق التصميمي. أما بالنسبة لنظام التجميع تحت الضغط (أو تحت التفريغ) فيصمم المجرور لدفق كامل (ممتلئ) {15}

عندما تدخل المياه لأنبوب أو قناة بمعدل ثابت وتخرج حرة في الجزء الأخير منها يحدث دفق منتظم[1] لا يلبث أن يعم فيه الانسياب المستقر[2]. وعليه عند تصميم المجرور يفترض وجود دفق مستقر، ويتوقع وجود الدفق المنتظم في أنابيب المجرور المستقيمة، كما ويتوقع التغير في السرعة عبر الحواجز وعند تغير مساحة المقطع في الأنبوب أو القناة.

تنساب المياه عبر مسار الأنبوب مدفوعة بقوة الجاذبية الأرضية بسرعة تسمح باستخدام السمت المتاح أو الهبوط للتغلب على الاحتكاك، ويستخدم جزء قليل من السمت لإيجاد الطاقة الحركية أو سمت السرعة. ويتغير مقدار الاحتكاك أو المقاومة التي يجب التغلب عليها تغيراً مطرداً مع خشونة سطح الأنبوب أو القناة، ومساحة مقطع السطح الملامس، كما وتتغير مع مربع السرعة تقريباً، وتتغير تغيراً مطرداً مع كثافة السائل {15}.

تعتمد معظم تقديرات هيدروليكا المجاري الصحية على عدة افتراضات تضم {34،3،2}:

- انتظام السرعة عبر أي جزء من الدفق (أي انسياب أحادى البعد One dimensional flow)
- دفق لا منضغط Incompressible ، عدا احتمال وجود طرق مائي Water hammer في الأنابيب التي تعمل بدفق تحت الضغط.

[1] يقصد بالدفق المنتظم uniform flow غياب التغير في السرعة عبر المجرى أو المسار

[2] الانسياب المستقر steady flow يقصد به ذلك الانسياب الذي ينساب فيه نفس حجم السائل عبر نقطة في كل وحدة فترة زمنية.

- انسياب مستقر[1]. هذا مع وجود دفق ثابت بين الدفق الداخل والخارج. وعادة يتغير الضغط بوضوح من ساعة إلى أخرى ويشار إليه بالدفق شبه المستقر Quasi-steady flow.
- تطبق معادلة الاستمرارية كما موضح في المعادلة 3-22.

$$Q = A*v \qquad 3\text{-}22$$

حيث:

Q = معدل الدفق (م3/ث)

A = مساحة المقطع (م2)

v = سرعة الدفق المتوسطة عبر المقطع (م/ ث)

- تطبق معادلة بيرنولي Bernoulli's equation كما موضح في المعادلة 3-23

$$\frac{P}{\gamma} + \frac{v^2}{2g} + z = H \qquad 3\text{-}23$$

حيث:

P = الضغط على قطاع معين (باسكال)

γ = الوزن النوعي (نيوتن/ م3)

v = السرعة المتوسطة للدفق عبر القطاع (م/ ث)

g = عجلة الجاذبية الأرضية (م/ ث2)

z = الارتفاع لنقطة في المقطع عبر خط انسياب أعلى من مرجع إسناد معين (م)

H = الطاقة الحدية (م)

- تستخدم معادلة كمية الحركة Momentum equation كما موضحة في المعادلة 3-24

$$\Sigma F = \gamma\, Q \frac{v}{g} \qquad 3\text{-}24$$

حيث:

Σ F = مجموع كل القوى المؤثرة على السائل المنحصر بين قطاعين، وتضم قوى الضغط والوزن والاحتكاك (نيوتن)

γ = الوزن النوعي (نيوتن/م3)

Q = الدفق (م3/ث)

v = تغير السرعة بين القطاعين (م/ث)

g = عجلة الجاذبية الأرضية (م/ث2)

[1] انسياب مستقر - مطرد Steady flow أي لا يوجد تغير في الدفق مع الزمن

3-10 حجم المجرور

تستخدم عدة معادلات تجريبية لإيجاد الدفق تسمى بمعادلات دفق الاحتكاك وتضم التالي: {37-29،34-2،13،15،17،18،27}:

أ) معادلة مياننج Manning equation أو صيغة سترايكلر Strickler's formula:

إن معادلة ماننج من أكثر المعادلات استخداماً في الانسياب عبر القنوات المكشوفة والمجارير المفتوحة لسهولتها. ويفترض في هذه المعادلة أن معامل الخشونة C ثابت لكل مدى الدفق ويمثل بقيمة معامل ماننغ n . وقد وجدت قيم n من تجارب مخبرية لعدة أنواع من المواد غير أنه لا ينصح باستخدام هذه القيم لمواد غير الماء {26}. وتوضح معادلة 3-25 صيغة معادلة ماننج.

$$v = \frac{k}{n} rH^{\frac{2}{3}} S^{\frac{1}{2}} \qquad 3\text{-}25$$

حيث:

v = سرعة الدفق (م/ ث)

k = ثابت مقداره 1.49 للمواصفات الأمريكية والبريطانية (= مقدار الوحدة في نظام المقاييس العالمي SI)

n = ثابت ماننج (أنظر جدول 3-7)

r_H = نصف القطر الهيدروليكي (م)

S = معدل الميل (م/م)

يوجد نصف القطر الهيدروليكي من المعادلة 3-26

$$r_H = A/ w_p \qquad 3\text{-}26$$

حيث:

A = مساحة المقطع العمودي على اتجاه السرعة (م2)

w_p = المحيط المبتل (م)

ويمكن إيجاد نصف القطر الهيدروليكي بالنسبة لأنبوب دائري من المعادلة 3-27

$$r_H = D/4 \qquad 3\text{-}27$$

حيث:

D = قطر المجرور (م)

أما معدل الدفق فيمكن إيجاده من المعادلة 3-28

$$Q = A*v \qquad 3\text{-}28$$

حيث:

Q = معدل الدفق (م3/ث)

A = مساحة المقطع (م2)

v = سرعة الدفق (م/ ث)

كما ويمكن حل معادلة ماننج بيانياً {2،15} عن طريق المخطط بياني المعادلة Nomograph، كما موضح في شكل 3-7 للأنابيب الممتلئة.

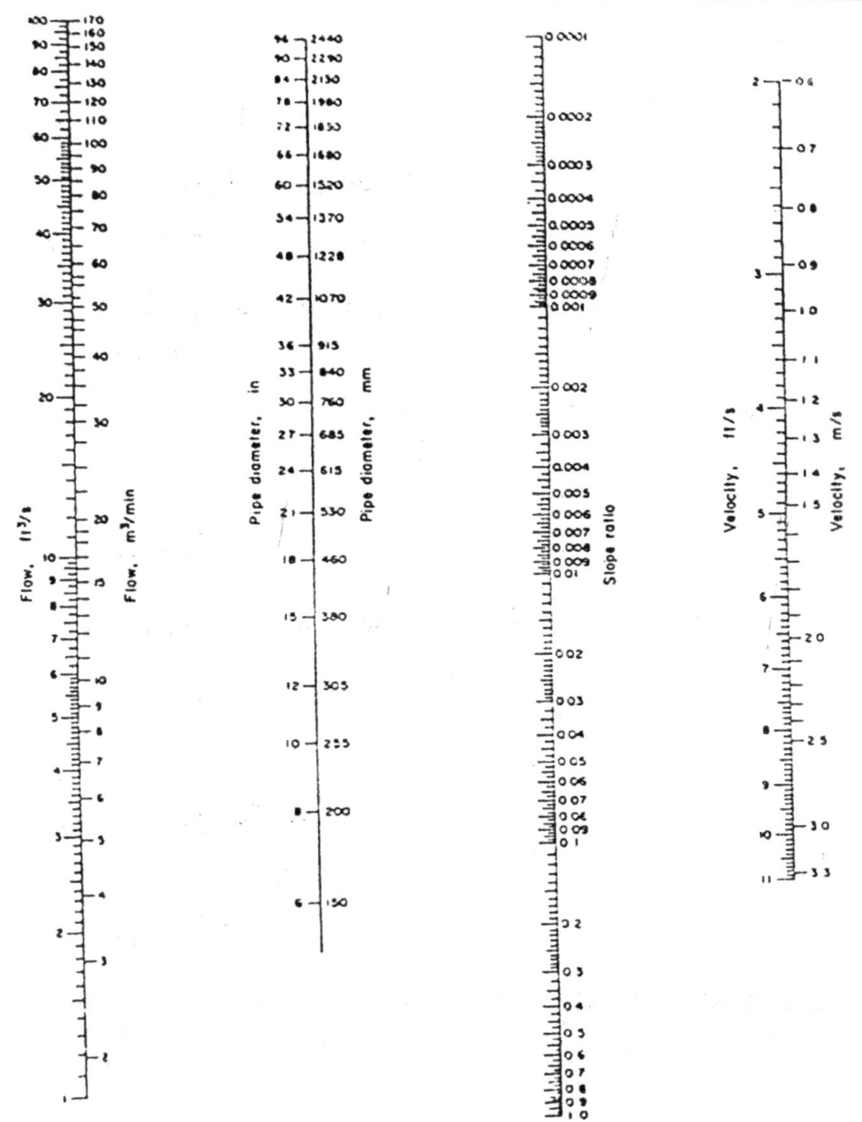

شكل ٣-١٧أ بياني معادلة ماننج للأنابيب الممتلئة n = 0.013 {١٥،٢}

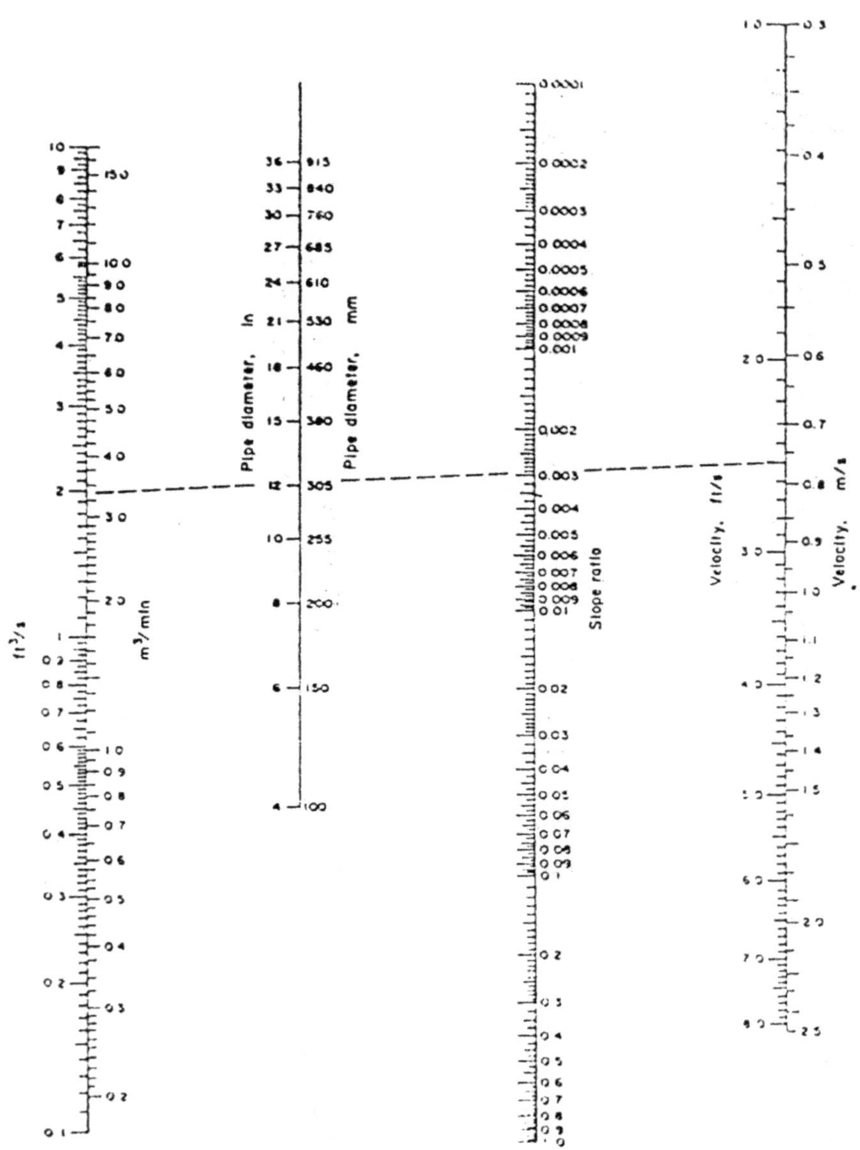

شكل ٣-٧ب بياني معادلة ماننج للأنابيب الممتلئة n = 0.013 {١٥،٢}

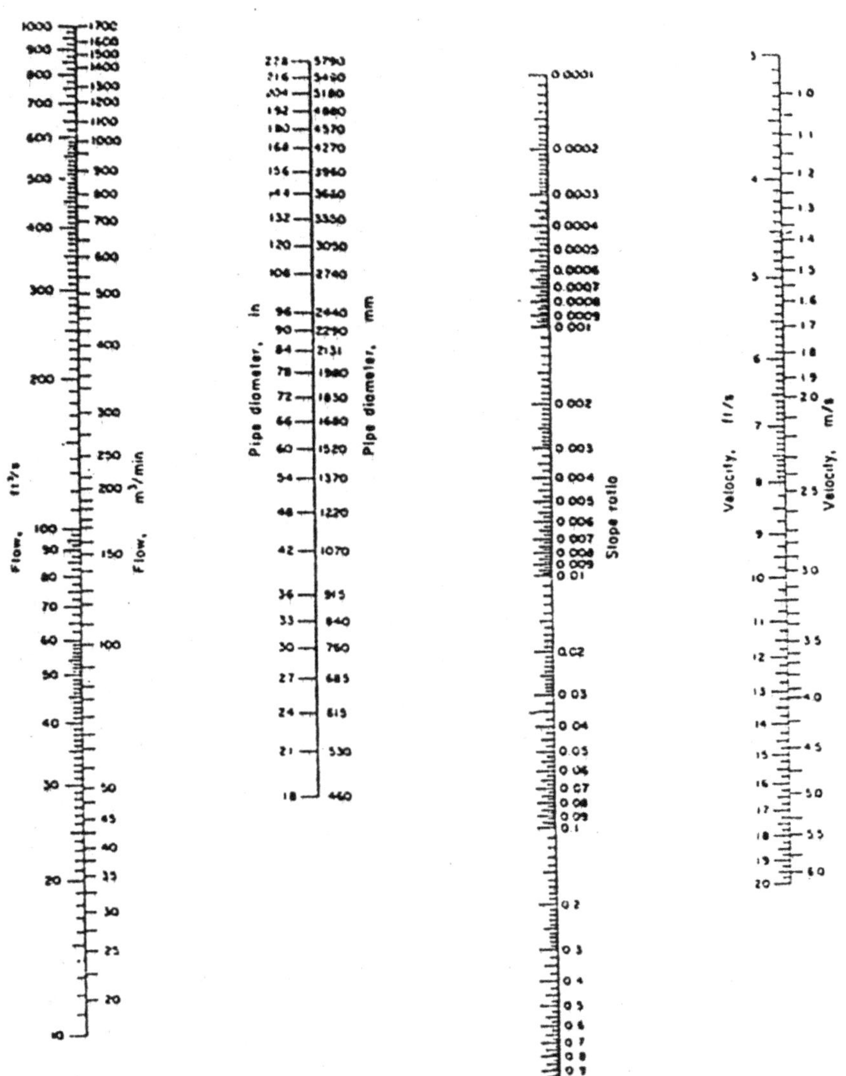

شكل ٣-٧ج بياني معادلة ماننج للأنابيب الممتلئة n = 0.013 {١٥،٢}

جدول (3-7) ثابتماننج {2-38،28،26،15،4-40}

وصف السطح	n
معدن أملس، الأسمنت الجيد معدن مموج نحاس قصدير زجاج رصاص	0.01 0.024 0.011 0.011 0.011 0.011
أنبوب بلاستيكي، أو الخشب المستوى النظيف، أو الحديد الزهر الإسفلتي أنبوب أسبستس أسمنتي أنبوب حديد زهر بخشونة عادية، خشب غير مستوى أنبوب حديد زهر، بناء طوب متوسط أنبوب حديد مبرشم	0.009 0.011 0.012 0.015 0.017
خرسانة جيدة، أنبوب طين مزجج، بناء الطوب جيد الوضع خرسانة	0.013 0.014
طوب خشن	0.017
أرض ملساء، حصى قوى	0.018 إلى 0.02
خندق، أنهار بشكل جيد، بعض الحجارة والأعشاب خندق، أنهار لها قعر خشن وتكثر بها الأعشاب	0.03 0.04
مجاري صحية مغطاة بالنمو الحيوي	0.013
قنوات طبيعية أنهار طبيعية: نظيف، مستقيم الضفاف متعرج، بعض البرك، مناطق ضحلة متعرج، بعض البرك، مقاطع حجارة بطئ، برك عميقة جدا، بعض الأعشاب	0.025 إلى 0.035 0.03 0.04 0.055 0.07

ب) معادلة هيزن وليام Hazen William's equation : تستخدم معادلة هيزن وليام بكثرة لتصميم وتحليل المجارير تحت الضغط. ونسبة لتطوير المعادلة مخبرياً فينبغي عدم

استخدامها لمائع غير الماء، ليس هذا فحسب بل ينبغي استخدامها لمدى درجات الحرارة المجربة عادة لنظم الماء النقي. وتبين معادلة 3–29 معادلة هيزن وليام.

$$v = k*C*r_H^{0.63}*S^{0.54} \qquad 3\text{-}29$$

حيث:

v = سرعة الدفق المتوسطة (م/ ث)

k = مقدار 1.32 للمواصفات الأمريكية والبريطانية (= مقدار 0.85 في نظام المقاييس العالمي SI)

r_H = نصف القطر الهيدروليكي (م)

S = ميل الخشونة (م/م)

C = ثابت احتكاك الأنبوب (معامل خشونة هيزن وليام).

يمكن حل معادلة هيزن وليام بواسطة بياني المعادلة {2،28} كما هو ممثل في شكل 3–8. أما معدل الدفق فيوجد من المعادلة 3–30.

$$Q = k*C*D^{2.63}*S^{0.54} \qquad 3\text{-}30$$

يمكن إيجاد ثابت احتكاك الأنبوب من جدول 3–8

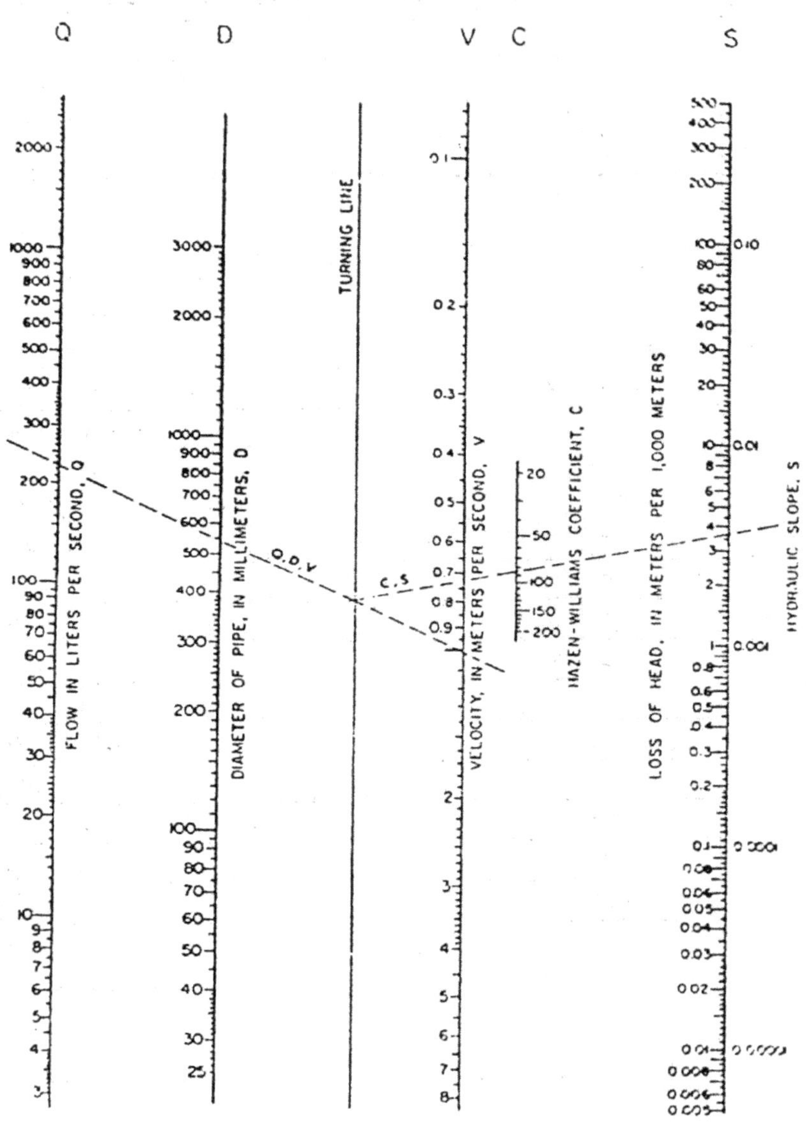

شكل ٣-٨ بياني معادلة هيزن وليام {٣٨،٢٨،٢}

جدول 3-8 قيم ثابت احتكاك الأنبوب لمعادلة هيزن وليام {2،15،28،31،38،41}

نوع الأنبوب	C
أنبوب الاسبستس الأسمنتي	120 إلى 140
أنبوب النحاس الأصفر	130 إلى 140
مجرور الطوب	100
الحديد الزهر:	
*جديد غير مبطن	130
*قديم غير مبطن	40 إلى 120
*مبطن بالأسمنت	130 إلى 150
*مبطن بالبتيومين	140 إلى 150
*مطلي بالقار (القطران)	115 إلى 135
الخرسانة أو مبطنة بالخرسانة:	
*أنواع الحديد	140
*أنواع الخشب	120
*متوسطة	130
القصدير	130
النحاس	130 إلى 140
رصاص	130 إلى 140
الحديد المغلفن	120
حديد جديد ملحوم	120
زجاج	140
خرطوم الحريق (مبطن بالمطاط)	135
طوب	120 إلى 150
بلاستيك	140 إلى 150
فولاذ:	
*مبطن بالقطران والفحم	145 إلى 150
*جديد غير مبطن	140 إلى 150
*مبرشم	140 إلى 150

مثال 3-3

جد حجم مجرور دائري لنقل السيل من منطقة صرف تبلغ نصف كيلومتر مربع، تنحدر بميل 1 في 200. علما بأن زمن التركيز يساوى 40 دقيقة وأن ثابت السيل يساوى 0.4 وثابت ماننج يعادل 0.013. ما مقدار سرعة الدفق داخل المجرور؟

الحل

1. المعطيات: A = 0.5 كلم2، s = 1 ÷ 200 ، t = 40 دقيقة، C = 0.4 ، n = 0.013.

جد شدة الأمطار من المعادلة: $I = 750/(t + 10)$

$I = 750 \div (40 + 10) = 15$ m/s

جد دفق السيل من الصيغة العقلية: $Q = 0.278*C*I*A$

$Q = 0.278 \times 0.4 \times 15 \times 0.5 = 0.834\ m^3/s = 50.04\ m^3/min$

2. جد قطر المجرور باستخدام بياني معادلة ماننج أو باستخدام معادلة ماننج

$Q = (1/n)*(D/4)^{2/3}*s^{1/2}*(\pi/4)*D^2 = (\pi/4^{5/3})*(D^{8/3}/n)*s^{1/2}$

$D = [(Q*4^{5/3}*n) / (\pi*s^{1/2})]^{3/8}$, $D = [(0.834 \times 4^{5/3} \times 0.013) / (\pi \times \{1 \div 200\}^{1/2})]^{3/8} = 0.766$ m

استخدم معادلة ماننج لإيجاد سرعة الدفق: $v = (1/n)*r_H^{2/3}*s^{1/2}$

$v = (1 \div 0.013) \times (0.766/4)^{2/3} \times (1/200)^{0.5} = 1.81$ m/s

أو:

$v = Q/A = 0.834/((\pi/4)*0.766^2) = 1.81$ m/s

برنامج 3-3:

```
Public Class Form1

    Private Sub Form1_Load(ByVal sender As System.Object,
       ByVal e As System.EventArgs) Handles MyBase.Load
        Label1.Text = "منطقة الصرف-كم2"
        Label2.Text = "ميل منطقة الصرف"
        Label3.Text = "زمن التركيز-دقيقة"
        Label4.Text = "ثابت السيل"
        Label5.Text = "ثابت ماننج"
        Label6.Text = "قطر المجرور-م"
        Label7.Text = "سرعة الدفق-م/ث"
        Button1.Text = "احسب"
        Me.Text = "مثال 3-3"
    End Sub

    Private Sub Button1_Click(ByVal sender As System.Object,
       ByVal e As System.EventArgs) Handles Button1.Click
```

```
        Dim A, s, t, C, n As Double
        Dim I, Q, D, v As Double
        A = Val(TextBox1.Text)
        s = Val(TextBox2.Text)
        t = Val(TextBox3.Text)
        C = Val(TextBox4.Text)
        n = Val(TextBox5.Text)
        I = 750 / (t + 10)
        Q = 0.278 * C * I * A
        Dim D1, D2 As Double
        D1 = (Q * Math.Pow(4, (5 / 3)) * n)
        D2 = (Math.PI * Math.Sqrt(s))
        D = Math.Pow((D1 / D2), (3 / 8))
        Dim rH As Double = D / 4
        v = (1 / n) * Math.Pow(rH, (2 / 3)) * Math.Sqrt(s)
        TextBox6.Text = FormatNumber(D, 3)
        TextBox7.Text = FormatNumber(v, 2)
    End Sub
End Class
```

مثال 3-4

جد مقدار الدفق وسرعته داخل أنبوب قطره 1.4 متراً، موضوع على ميل 0.02. علما بأن ثابتماننج يساوى 0.015.

الحل

1. المعطيات: $D = 1.4$ m ، $s = 0.02$ ، $n = 0.015$
2. استخدم بياني المعادلة المبنى على صيغة ماننج، وارسم خطاً مستقيماً يوصل ثابت ماننج 0.015 مع الميل ثم مد الخط ليقطع خط المرتكز Pivot line
3. جد نصف القطر الهيدروليكي للأنبوب الممتلئ
$r_H = D/4 = 1.4 / 4 = 0.35$ m
4. أوصل النقطة على خط المرتكز ونصف القطر الهيدروليكي ليقطع خط السرعة على السرعة = 4.68م/ث وعليه:
الدفق = $4.68 \times \pi \times (1.4)^2 \div 4 = 7.21$ م^3/ ث.
5. أو يمكن إيجاد سرعة الدفق من معادلة ماننغ:
$$v = \frac{1}{n} rH^{\frac{2}{3}} S^{\frac{1}{2}} = \frac{1}{0.015} 0.35^{\frac{2}{3}} 0.02^{\frac{1}{2}} = 4.68 \text{m/s}$$

برنامج 3-4:

```
Public Class Form1

    Private Sub Form1_Load(ByVal sender As System.Object,
       ByVal e As System.EventArgs) Handles MyBase.Load
        Label1.Text = "قطر الأنبوب-م"
        Label2.Text = "ميل الأنبوب"
        Label3.Text = "ثابت ماننج"
        Label4.Text = "سرعة الدفق-م/ث"
        Button1.Text = "احسب سرعة الدفق"
        Me.Text = "مثال 3-4"
        Me.FormBorderStyle =
          Windows.Forms.FormBorderStyle.FixedSingle
    End Sub

    Private Sub Button1_Click(ByVal sender As System.Object,
       ByVal e As System.EventArgs) Handles Button1.Click
        Dim D, rH, s, n, v As Double
        D = Val(TextBox1.Text)
        s = Val(TextBox2.Text)
        n = Val(TextBox3.Text)
        rH = D / 4
        v = (1 / n) * Math.Pow(rH, (2 / 3)) * Math.Sqrt(s)
        TextBox4.Text = FormatNumber(v, 2)
    End Sub
End Class
```

ج) معادلة دارسي – ويسباش Darcy - Weisbach equation (أو معادلة كولبروك وايت Colebrook-White) للدفق خلال الأنابيب

إن معادلة دارسي–ويسباش معادلة نظرية تستخدم عند تحليل نظم الأنابيب تحت الضغط، لأي معدل دفق ولموائع غير منضغطة incompressible fluids كما وتستخدم للجداول المكشوفة للدفق ذي السطح الحر. وتوضح معادلة 3-31 معادلة دارسي ويسباش لإيجاد سرعة الدفق.

$$v = \sqrt{\frac{8g}{f} rHò\ S} \qquad 3\text{-}31$$

حيث:

v = سرعة الدفق (م/ث)

f = معامل احتكاك هيزن وليام والذي يتغير مع مواد الجدول وشكله وسرعة الدفق ورقم رينولد

rH = نصف القطر الهيدروليكي (م)

g = عجلة الجاذبية الأرضية (م/ث2)

S = ميل الخشونة (م/م)

د) صيغة براندتل وكولبروك Prandtl - Colebrook formula

تكمن صعوبة استخدام معادلة دارسي–ويسباش في إيجاد قيمة معامل الخشونة f. وتتيح صيغة براندتل وكولبروك إيجاد قيمة معامل الخشونة لدفق مضطرب مطور كلية fully developed turbulent flow كما موضح في المعادلة 3–32أ للسطح الحر، والمعادلة 3– 32ب للدفق الكامل (الممتلئ) في الأنابيب المغلقة {26}.

$$\frac{1}{\sqrt{f}} = -2\text{Log}\left(\frac{k}{12\text{rH}} + \frac{2.51}{\text{Re}\sqrt{f}}\right) \qquad 3\text{-}32a$$

$$\frac{1}{\sqrt{f}} = -2\text{Log}\left(\frac{k}{14.8\text{rH}} + \frac{2.51}{\text{Re}\sqrt{f}}\right) \qquad 3\text{-}32b$$

حيث:

k = ارتفاع الخشونة (أنظر جدول 3–9) والذي يعتمد على الصناعة والتشكيل والعمر وغيرها من العوامل المؤثرة

rH = نصف القطر الهيدروليكي

Re = رقم رينولدز

f = معامل خشونة دارسي–ويسباش

ولإيجاد قيمة معامل دارسي–ويسباش بهذه المعادلة ينبغي استخدام الحاسوب وتتضح الصعوبة عند حل المعادلة بالطرق التقليدية أو لمجموعة أنابيب. وقد قام سوام وجين Swamme and Jain بحل المعادلة مباشرة لمعامل الخشونة للدفق خلال أنابيب دائرية ممتلئة كما مبين في المعادلة 3–33.

$$f = \frac{1.325}{\left(\text{Log}_e\left[\frac{k}{3.7D} + \frac{5.74}{\text{Re}^{0.9}}\right]\right)} \qquad 3\text{-}33$$

حيث:

D = قطر الأنبوب

ومن معادلة جيزي ومعادلة كولبروك يمكن إيجاد سرعة الدفق كما مبين في المعادلة 3–34.

$$v = -2\text{Log}\left[\frac{2.51\nu}{D\sqrt{2gdS}} + \frac{k}{3.71D}\right]\sqrt{2gDS} \qquad 3\text{-}34$$

حيث:

ν = اللزوجة (م^2/ث)

جدول 3-9 قيم مثالية (موجهات) لارتفاع خشونة دارسي-ويسباش {26}

المادة	ارتفاع الخشونة (ملم)
الاسبستس الأسمنتي	0.0015
القصدير	0.0015
الطوب	0.6
الحديد الزهر الجديد	0.26
الخرسانة: * أشكال الحديد * أشكال خشبية	 0.18 0.6
النحاس	0.0015
المعدن المموج	45
الحديد المجلفن	0.15
الزجاج	0.0015
الرصاص	0.0015
اللدائن	0.0015
الحديد مينا قطران الفحم جديد وغير مبطن مبرشم	 0.0048 0.045 0.9
شرائح الخشب	0.18

هـ) معادلة دي جيزي Chezy equation

وتبين المعادلة 3-35 معادلة جيزي.

$$v = C\sqrt{rHS} \qquad 3\text{-}35$$

حيث:

v = السرعة المتوسطة للدفق (م/ ث)

C = معامل الاحتكاك أو معامل دي جيزي (م$^{0.5}$/ ث)

rH = نصف القطر الهيدروليكي (م)

S = ميل الخشونة (م/م)

هنالك عدة معادلات تستخدم لإيجاد معامل الاحتكاك أو معامل دي جيزي مثل صيغة غانغولت وكتر

Ganguillet & Kutter في أبحاثهم عن الأنهار والدفق المفتوح {42}، وتستخدم معادلة جيزي مقرونة مع معادلة كتر في تصميم المجرور الصحي كما مبين في المعادلة 3-36.

$$C = \frac{23 + \frac{0.00155}{S} + \frac{1}{n}}{1 + \frac{\left(23 + \frac{0.00155}{S}\right)n}{\sqrt{rH}}} \qquad 3\text{-}36$$

حيث:

C = معامل الاحتكاك أو معامل دي جيزي (م$^{0.5}$/ ث) وتعتمد على نصف القطر الهيدروليكي والميل ومواد تبطين المجرى

n = معامل الخشونة، والذي يزداد بزيادة خشونة حدود القناة (ثابتماننج)

rH = نصف القطر الهيدروليكي (م)

S = ميل الخشونة (م/م)

كما ويمكن إيجاد معامل دي جيزي من صيغة بازن Bazin formula، والتي لا تربط معامل دي جيزي بميل القعر، كما موضحة في المعادلة 3-37.

$$C = \frac{86.9}{1 + \frac{k}{\sqrt{rH}}} \qquad 3\text{-}37$$

حيث:

C = معامل الاحتكاك أو معامل دي جيزي (م$^{0.5}$/ ث)

rH = نصف القطر الهيدروليكي (م)

k = ثابت يعتمد على خشونة السطح (أنظر جدول 3-10)

جدول (3-10) قيم ثابت بازن {2،3،42}

سطح المجرى	K
أسمنت أملس أو خشب نظيف مستو	0.06
ألواح سميكة، والطوب	0.16
قناة ترابية لها سطح منتظم جداً	0.85
قناة ترابية طبيعية	1.303
قناة استثنائية الخشونة	1.75

و) صيغة سكيميمي Scimemi formula

توضح المعادلة 3-38 صيغة سكيميمي.

$$v = C^*r_H^{0.68}*s^{0.56} \qquad 3\text{-}38$$

حيث:

C = ثابت يساوى 158 لأنابيب ألياف أسمنتية {25}.

مثال 3-5

جد قيمة معدل الدفق الذي يمكن أن ينقله أنبوب قطره 800 ملم موضوع بميل يساوى متراً لكل كيلومتر، علما بأن معاملماننج 0.013 وثابت احتكاك الأنبوب (معامل هيزن وليام) = 110

أ) باستخدام معادلة دي جيزي

ب) باستخدام معادلة ماننج

جـ) باستخدام معادلة هيزن-وليام

الحل

1- المعطيات: D = 0.8 م، $s = 1 \div 1000 = 0.001$ ، n = 0.013، C لهيزن = 110

2- استخدم معادلة دي جيزي لإيجاد الدفق

*جد نصف القطر الهيدروليكي : $r_H = D \div 4 = 0.8 \div 4 = 0.2$

*جد قيمة C من معادلة كتر:

$$C = \frac{23 + \frac{0.00155}{S} + \frac{1}{n}}{1 + \frac{\left(23 + \frac{0.00155}{S}\right)n}{\sqrt{rH}}} = \frac{23 + \frac{0.00155}{0.001} + \frac{1}{0.013}}{1 + \frac{\left(23 + \frac{0.00155}{0.001}\right)0.013}{\sqrt{0.2}}} = 59.21$$

*جد سرعة الدفق من معادلة دي جيزي $v = C*\sqrt{r_H*s}$

$v = 59.212\times \sqrt{(0.2)\times (0.001)} = 0.83$ m/s

* جد معدل الدفق من معادلة دي جيزي

$Q = 0.83\times (\pi \div 4) \times (0.8)^2 = 0.42\ m^3/s$

3- استخدم معادلةماننج لإيجاد سرعة الدفق

$v = (1/n)*r_H^{2/3}*s^{1/2} = (1 \div 0.013) \times (0.2)^{2\div 3} \times (0.001)^{0.5} = 0.83$ m/s

جد معدل الدفق:

$Q = 0.83\times (\pi \div 4) \times (0.8)^2 = 0.42\ m^3/s$

4- استخدم معادلة هيزن وليام بفرض C = 110

$Q = 0.278*C*D^{2.63}*s^{0.54} = 0.278 \times 110 \times (0.8)^{2.63} \times (0.001)^{0.54} = 0.41\ m^3/s$

برنامج 3-5:

```
Public Class Form1

    Private Sub Form1_Load(ByVal sender As System.Object,
       ByVal e As System.EventArgs) Handles MyBase.Load
        Label1.Text = "ملم-الأنبوب قطر"
        Label2.Text = "الأنبوب ميل"
        Label3.Text = "ماننج معامل"
        Label4.Text = "الأنبوب احتكاك ثابت"
        Label5.Text = "جيزي دي بمعادلة الدفق"
        Label6.Text = "ماننج بمعادلة الدفق"
        Label7.Text = "وليام-هيزن بمعادي الدفق"
        Button1.Text = "الدفق معدل احسب"
        Me.Text = "مثال 3-5"
        Me.FormBorderStyle =
          Windows.Forms.FormBorderStyle.FixedSingle
    End Sub

    Private Sub Button1_Click(ByVal sender As System.Object,
       ByVal e As System.EventArgs) Handles Button1.Click
        Dim D, s, n, C As Double
        Dim rH, Cdg, vdg, Qdg As Double
        Dim vm, Qm As Double
        Dim Qhw As Double
        D = Val(TextBox1.Text) / 1000
        s = Val(TextBox2.Text)
        n = Val(TextBox3.Text)
        C = Val(TextBox4.Text)
        rH = D / 4
        'Calculate using De Jezy
        Dim Cdg1, Cdg2 As Double
```

```
        Cdg1 = 23 + (0.00155 / s) + (1 / n)
        Cdg2 = 1 + (((23 + (0.00155 / s)) * n) / Math.Sqrt(rH))
        Cdg = Cdg1 / Cdg2
        vdg = Cdg * Math.Sqrt(rH * s)
        Qdg = vdg * (Math.PI / 4) * (D ^ 2)
        'Calculate using Manning
        vm = (1 / n) * Math.Pow(rH, (2 / 3)) * Math.Sqrt(s)
        Qm = vm * (Math.PI / 4) * (D ^ 2)
        'Calculate using Hazen-William
        Qhw = 0.278 * C * Math.Pow(D, 2.63) * Math.Pow(s, 0.54)
        TextBox5.Text = FormatNumber(Qdg, 2)
        TextBox6.Text = FormatNumber(Qm, 2)
        TextBox7.Text = FormatNumber(Qhw, 2)
    End Sub
End Class
```

ويمكن تلخيص طريقة تصميم المصرف أو تقويمه على النحو التالي {33}:

- يتم تعديل ميل المصرف الحالي لينساب ماء المطر بالانسياب الذاتي.
- يتم تحديد المساحة المخدومة وحسابها بكل مجرور رئيس ومجرور فرعي.
- يتم تقدير زمن التركيز بفرض أن سرعة الدفق في المصرف 0.5 متر على الثانية.
- يمكن تقدير شدة هطول المطر لزمن التركيز من المعادلات الافتراضية، كما يمكن استخدام منحنيات أو جداول الشدة – والفترة – والتردد.
- تستخدم الصيغة العقلانية لإيجاد الدفق التصميمي.
- يمكن استخدام معادلةماننج أو غيرها من المعادلات في إطار منظومة التجربة والخطأ لإيجاد أطوال مساحة مقطع المصرف.

ينبغي أخذ الملاحظات التالية في الحسبان:

- من الأفضل أن يتم إنشاء المصرف الرئيس والمصارف الفرعية والجانبية مصارف مكشوفة بحوائط جانبية مرتفعة بحوالي 150 ملم من الشارع المجاور أو بمستوى سطح الأرض. ويتم تبطين هذا الجزء الناتئ داخلياً وخارجياً بمونة أسمنتية بنسبة 6 إلى 1، ويتم طلاؤه بمستحلب طلاء.
- توضع فتحات جانبية للمصرف بعرض حوالي 250 ملم ولها قعر invert مباشرة أدنى مستوى الشارع المجاور. ويتم وضع الفتحات على مسافات 10 إلى 15 متراً.
- ينبغي وضع بربخ culvert خرساني عند تقاطع المصرف مع طريق يحمل حركة مرور بطول يعتمد على عرض الطريق القاطع. يتم تصميم البربخ لحمل موزع بانتظام Uniformly Distributed Load مقدارها 10 kN U.D.L. بالإضافة إلى حمل حافة سكين Knife Edge Load مقدارها 100 kN K.E.L. عندما يُقاطع طرق حركة المرور الرئيسة. ويصمم البربخ

لحمولة قياسية 5 kN U.D.L. بالإضافة إلى 27 kN K.E.L. عندما يتم استخدامه للمشاة ولحركة المرور الخفيفة.

ويتم إنشاء المصرف من:

1. بقعر invert خرساني بنسبة 4 إلى 2 إلى 1، ويعمل على هندسة مقطعه ليصل إلى حوالي 200 ملم في سمكه.
2. جدران جانبية (داعمة) من الطوب المحروق بسمك 300 ملم لارتفاع قد يصل إلى 1.25 متر أعلى القعر. وعندما يتجاوز الارتفاع مترين يمكن زيادة سمك الجدران في تناغم مع نتائج التصميم الإنشائي. وتستخدم مونة رمل وأسمنت بخلطة 6 إلى 1 ويمكن أن يتم تشطيب الوصلات (الروابط) وتسطيحها

ينبغي معرفة مستوى السطح المائي الذي يصب فيه المصرف في نهاية المطاف حسب السجلات للسنوات المنصرمة لكي يتم وضع مصرف المصب على بعد معقول من أقصى مستوى يحتمل أن يصل إليه الماء، وإلا ربما اقتضى الحال رفع الماء برافعة أو بنظام معين، وربما احتاج المصرف إلى معالجة هندسية خاصة.

من أكثر المشاكل حدوثاً وتأثيراً على أداء المصارف ترسيب الغرين والنفايات التي تذروها الرياح، وسوء استخدام المصرف لرمي الفضلات والنفايات والأوساخ التي إذا لم يتم التعامل الكفء معها قد تؤدي إلى انسداد كامل للمصرف. وينبغي وضع دراسة جدوى لمعرفة فائدة تصميم مصائد الغرين على مداخل المصرف في مقارنة مع التكلفة العملية للإنشاء والصيانة والنظافة الدورية.

يعتمد شكل شبكة تجميع الفضلات السائلة ونقلها ووضعها على عدة عوامل منها:

- نوع نظام المجاري المختار.
- طبغرافية المنطقة.
- موضع نقاط التخلص النهائي.
- هيدرولوجية المنطقة.

ومن أمثلة أنماط الشبكة المتبعة التالي (أنظر شكل 3-9):

(أ) النمط المتعامد Perpendicular pattern: توضع فيه مجموعة مجاري ليصل أي منها إلى نقطة المصب بأقصر مسار. ويفيد هذا النظام في حمل مياه الأمطار لنظام الشبكة المنفصل وألا تتلوث مياه المصدر المائي الذي قد تصب فيه المجاري.

(ب)النمط المتقاطع Interceptor pattern: توضع فيه مجموعة من المجاري الرئيسة لخدمة مناطق مختلفة. ويتم توصيل نقاط صب هذه المجاري الرئيسة بمجرور قاطع كبير الحجم ينقل الفضلات لمحطة الضخ أو محطة المعالجة. ويمكن إضافة طافح للقواطع لتأخذ فائض الفضلات ومياه الأمطار الأقل تلوثاً للمصدر المائي.

(ج)نمط المروحة Fan pattern: يتم توجيه كل المجاري لنقطة واحدة لمجرور المصب بعد أن تغطي كل المساحة بالعوارض الفرعية. ويستخدم مثل هذا النظام عندما تقل الطبغرافية الطبيعية في اتجاه نقطة المصب ولها وادي مكون في منطقة وسطية، ويستخدم هذا النظام لنظام شبكة المجرور الموحد أو شبه الموحد.

(د) النمط القطري Radial pattern: يستخدم هذا النظام للمجرور الصحي في منطقة وسطها مرتفع وتنخفض في كل الاتجاهات نحو أطرافها. وهذا النوع من النظام يمكن استخدامه فقط عندما توجد عدة نقاط تخلص.

(ه) نمط المنطقة Zone pattern: ويستخدم هذا النظام عند وجود عدة مناطق بالنسبة لعدة ارتفاعات. وفيه توضع عدة مجاري تقاطع في تناغم مع ارتفاعات المنطقة. وتترك مجاري السيل والأمطار لتصب في النهر وتحمل الفضلات إلى محطة معالجة موحدة. ويستفاد من مثل هذا النظام في المجاري الموحدة.

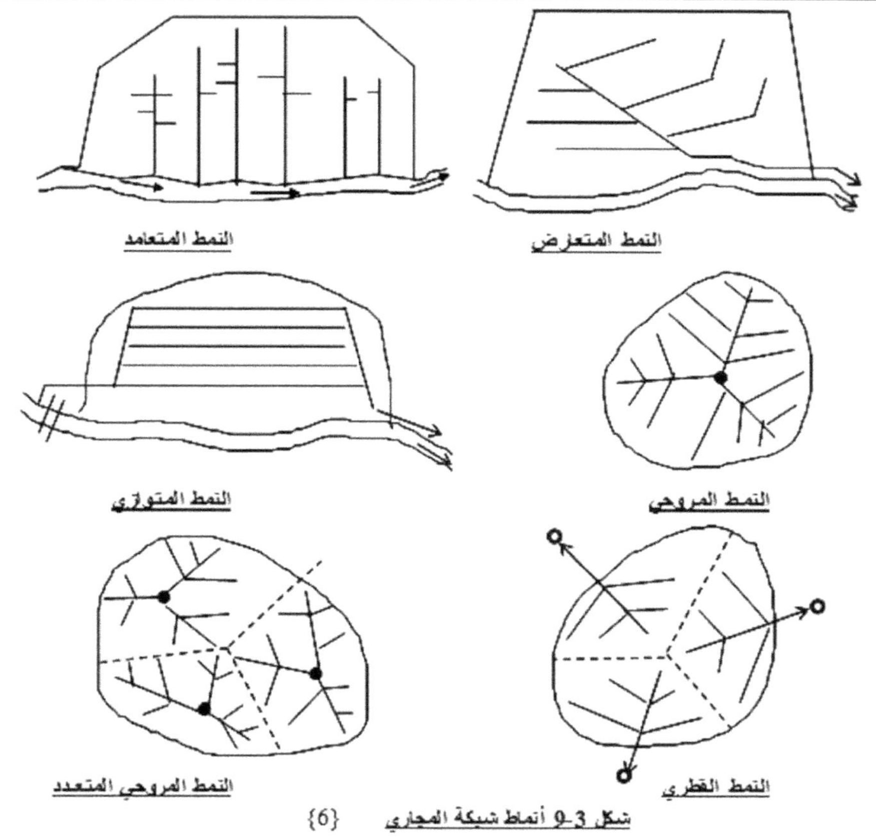

شكل 3-9 أنماط شبكة المجاري {6}

3-11 مراحل إنشاء مشروع مجاري الصرف الصحي

يمكن تقسيم مراحل إنشاء مشروع مجاري الصرف الصحي إلى:

1- مرحلة جمع المعلومات والتحري.
2- مرحلة التصميم الابتدائي والهندسي التفصيلي.
3- مرحلة الإنشاء.
4- مرحلة التشغيل.

وينبغي أن تضم المرحلة الأولى لإنشاء مشروع مجاري الصرف الصحي والخاصة بجمع المعلومات والتحري البيانات التالية:

1. طبغرافية وجغرافية المنطقة: وتعني هذه البيانات بجمع الخرط الراهنة والخرط الكنتورية والصور الجوية للمنطقة قيد الدراسة لمعرفة خواص المنطقة الجابية والمحيطة. على أن تحتوي الخرط على الحدود السياسية للمنطقة، والطرق، والموارد المائية، وخطوط المواصلات والاتصالات، والمنشآت المائية التي قد تؤثر على نظام المجرور، والجوانب المتعلقة بجيولوجية وهيدرولوجية وهيدروليكية المنطقة.
2. بيانات التربة: لمعرفة حالات التربة، وتحديد معامل الدفق C، وتقدير معامل النفاذية، ومعيار التسرب المتوقع، ونوع الأساسات المطلوبة.
3. خواص الماء الجوفي[1]، وخواص المياه السطحية، ومعامل الدفق السطحي، وغيرها من العوامل المؤثرة.
4. مجاري الصرف الصحي الراهنة: بما يتضمن تصميم شبكة المجاري الراهنة وحالتها، وما بها من قصور أو مشاكل أو عيوب وصعوبات ومدى تحملها للامتداد مستقبلاً؛ ودرجة ونسبة تحميل النظام، ومدى إمكانية ترميم وصيانة النظام الحالي، وكيفية تطويره والاستفادة القصوى منه.
5. إمداد المياه: فيما يتعلق بمعدل استهلاك الماء للمجموعة السكانية، والاستخدام الأقصى، والنسبة المئوية الداخلة لشبكة المجاري، ووضع الشبكة، وأعماق الأنابيب وأحجامها لتفادي تقاطع شبكة الماء مع شبكة الصرف الصحي.
6. الخدمات الاجتماعية بالمنطقة: فيما يتعلق بخطوط إمدادات الكهرباء والفولتية والتردد والاستمرارية، وخطوط الهاتف والمايكرويف، وإمداد أنابيب الغاز والنفط، وأعماق الشبكات الخدمية ووضعها بالنسبة لعرض الشارع وحالته من سفلتة وغيرها.
7. المنشآت القائمة: فيما يتعلق بالأنفاق والسراديب، والجسور والقناطر، وخطوط السكة الحديد تحت الأرض، والمباني الموجودة وارتفاعاتها وأجزاء المباني تحت سطح الأرض وأعماق أساساتها، وتداخل هذه المنشآت مع وضع وعمق المجرور.
8. خطة تنمية المدينة: ينبغي وضع تصميم شبكة المجاري في قالب خطة التنمية للمنطقة للمدى القصير والبعيد لتقدير الأحجام بصورة تسمح بالامتداد المتوقع حسب خطط التنمية المجازة.
9. الصناعات: تحديد المنشآت الصناعية القائمة والمتوقعة، ومعرفة كمية الفضلات السائلة الناتجة منها ونوعيتها من خلال قطار التصنيع لكل صناعة ومدخلاتها واستهلاك الماء بها، واحتمالات إعادة استخدام الماء المعالج داخل المصنع، ووجود معالجة ابتدائية أو وحدة موازنة به، بالإضافة إلى خطة تنمية المصنع في إطار الخطط والإستراتيجية العامة.
10. السكان: تغيرات السكان حسب التعداد السكاني - إن وجد - والنمو ومؤشرات السكان في المستقبل (الكثافة السكانية، والنمو، والمواليد، والوفيات، والهجرة) حسب زمن التصميم[1] في إطار الخطة الرئيسة أو يمكن تقدير السكان باستخدام صور جوية أو غيرها من الوسائل.

[1] مستوى منسوبه، وخواصه من ملوحة ودرجة ائتكال مواد المجرور

11. المعلومات والبيانات الهيدرولوجية والمناخية ومعلومات الإرصاد الجوي: فيما يتعلق بتوزيع الأمطار (أقصى وأدنى متوسط للأمطار)، وتقديرات الأمطار المتوسطة والعليا والدنيا، وأشد الزوابع قليلة الحدوث مع زمن وتردد التساقط، بالإضافة إلى المعلومات الوافية عن: دفق الأنهار والفيضانات ومناسيب البحار والتيارات السائدة بالمنطقة والرياح ودرجات الحرارة والبخر والرطوبة.
12. تاريخ المنطقة: لمعرفة أي أحداث لها علاقة بالماء أو المناخ وحدوث كوارث طبيعية[2]، أو ما يفيد مشروع الصرف الصحي من الأهالي من كبار السن أو باستخدام التاريخ المدون.
13. المعلومات والبيانات السياسية: فيما يتعلق بالقوانين والتشريعات الهندسية والبيئية في إطار الصرف الصحي ومعدلات الدفق، والجهات التي تعمل على تطبيقها ومتابعتها وتطويرها.
14. معلومات اقتصادية (التمويل): لمعرفة طرق التمويل وكيفية الحصول عليها في فترة الإنشاء، بالإضافة إلى مقترحات تعريفة الصرف الصحي الراهنة والمستقبلة والعائد المتوقع. ومعلومات عن تكاليف الإنشاء والعمالة والطاقة والمواد والمكون الأجنبي ونظام الضرائب.
15. البيانات العامة الأخرى والمتنوعة: والتي قد تشمل أي أشياء أخرى لم تضمن أعلاه مثل: حركة السياحة والترفيه والسلوك الاجتماعي فيما يتعلق بأنماط المحافظة على البيئة ومكافحة التلوث، وإمكانية إعادة استخدام الماء المعالج والدوران بالمنطقة والجمعيات الطوعية الفاعلة في المواضيع ذات الصلة.

[1] في حدود 10 سنوات للمناطق الطرفية وغير الاستثمارية أو 25 سنة للخطط الرئيسة master plans والمجرور الرئيس trunk mains

[2] مثل الزلازل والبراكين والفيضانات والسيول والأوبئة وغيرها

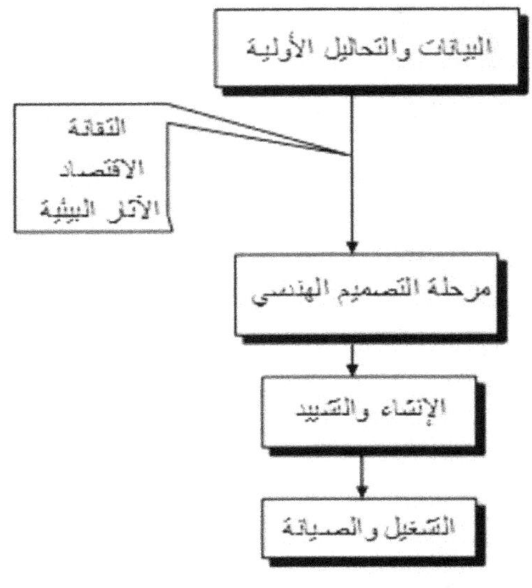

شكل 3-10 أطوار مشروع الصرف الصحي {2}

ويمكن تقسيم المسوحات والفحوصات الاستقرائية إلى محاور محددة مثل {2}:

1) المحور الطبيعي: المتعلق بطبغرافية المنطقة، وخرط المدينة، ووجود شبكة مجاري حالية، والتوسع في المستقبل، والمناطق الأثرية والتاريخية ومناطق التراث.
2) محور التنمية: ويتعلق بالسكان في المنطقة، ونوع التنمية السائدة، وأهم الخطط القومية بالمنطقة.
3) المحور السياسي: ويتعلق بالحدود السياسية، والاتفاقيات، وبروتوكولات الخدمات، والقوانين المتعلقة بالمعالجة المبدئية للفضلات الصناعية، وتلك المتعلقة بإعادة الاستخدام والدوران، وتلك المتعلقة بالصرف للمجاري المائية، وغيرها من قوانين وأنماط استخدامها وطريقة تطبيقها، والجهات الصادرة منها، وكيفية تغييرها لتتناسب والتغيرات الطارئة في المجتمع، ومفرزات الدراسة والبحوث.
4) محور الصحة والدفق الصحي: ويتعلق بكمية الفضلات السائلة، وقوتها، وتكوينها، وطريقة التخلص منها، والقوانين المواكبة لها، والمناحي السياسية والاجتماعية والاقتصادية والصحية.
5) المحور المالي.

3-12 تصميم المجرور

تحوى معايير تصميم المجرور: إيجاد سعة الأنبوب وتحديد أقل وأقصى ميل، وتبيان ارتفاعات مناسيب الدفق والتغيرات في حجم الدفق. ويمكن أن تبنى الحسابات إما على أساس الدفق الذي يملأ كل مقطع الأنبوب (دفق كامل)، أو على أساس أن الدفق يملأ جزء من مقطع الأنبوب (دفق جزئي).

وبالنسبة للدفق الكامل فيمكن إيجاد حجم وميل المجرور باستخدام المعادلات المذكورة آنفاً (انظر الجزء 3-9). أما بالنسبة للدفق الجزئي فيمكن إيجاده باستخدام رسم العناصر الهيدروليكية Hydraulic element diagram الموضحة على شكل 3-11 للأنابيب الدائرية. وعند استخدام رسم العناصر الهيدروليكية لا بد من استخدام معادلةماننج أو رسم بياني معادلة ماننج لإيجاد حالة المجرور الممتلئ، ثم توجد النسبة بين أي عنصرين هيدروليكيين لإيجاد العناصر الأخرى. كما ويمكن الرجوع إلى جدول 3-11 للأنابيب ذات الدفق الجزئي.

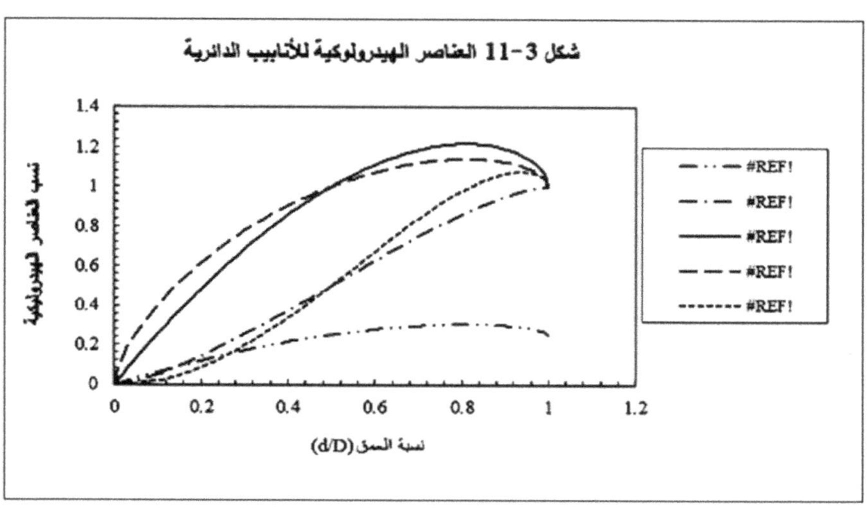

$$\phi = 2\cos^{-1}\left(1-\frac{2d}{D}\right) \qquad 3\text{-}37$$

حيث:

ϕ = الزاوية المحصورة بين نصف قطرين كونا على وتر عمق الدفق الجزئي (أنظر شكل 3-12)

d = عمق الدفق

D = قطر المجرور

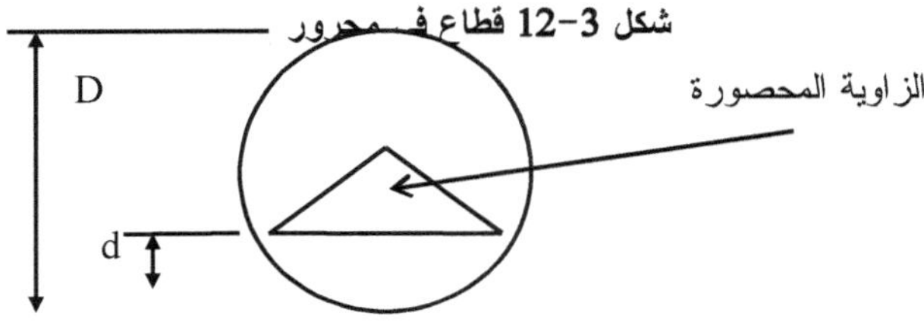

شكل 3-12 قطاع في مجرور

ومن شكل 3-12 يمكن استنتاج المعادلات التالية للمساحة، والمحيط المبتل، ونصف القطر الهيدروليكي، وسرعة الدفق، ومعدل الدفق على الترتيب:

أ) لأنبوب ممتلئ (دفق كامل):

$$A_f = \pi\frac{D^2}{4} \qquad 3\text{-}38$$

$$\left(w_p\right)_f = \pi D \qquad 3\text{-}39$$

$$\left(r_H\right)_f = \frac{D}{4} \qquad 3\text{-}40$$

$$v_f = \frac{1}{n} rH^{\frac{2}{3}} S^{\frac{1}{2}} = \frac{1}{n}\left(\frac{D}{4}\right)^{\frac{2}{3}} S^{\frac{1}{2}} \qquad 3\text{-}41$$

$$Q_f = A_f v_f = \frac{1}{n}\left(\frac{D}{4}\right)^{\frac{2}{3}} S^{\frac{1}{2}} \pi\frac{D^2}{4} = \frac{1}{n}(D)^{\frac{8}{3}} S^{\frac{1}{2}} \pi\frac{1}{4^{5/3}} \qquad 3\text{-}42$$

ب) لأنبوب بدفق جزئي:

$$A_p = \pi\frac{D^2}{4}\frac{\phi}{360} - \left(\frac{D}{2}-d\right)\sqrt{\left(Dd-d^2\right)} =$$

$$D^2\left[\frac{\pi\phi}{1440} - \left(\frac{1}{2}-\frac{d}{D}\right)\sqrt{\left(d-\left(\frac{d}{D}\right)^2\right)}\right] \qquad 3\text{-}43$$

$$\left(wp\right)_p = \frac{\pi D \phi}{360} \qquad 3\text{-}44$$

$$\left(rH\right)_p = \frac{Ap}{\left(wp\right)_p} = \frac{D}{4} - \frac{360D}{\pi\phi}\left(\frac{1}{2} - \frac{d}{D}\sqrt{\frac{d}{D} - \left(\frac{d}{D}\right)^2}\right) \qquad 3\text{-}45$$

$$v_p = \frac{1}{n}\left(rH^{\frac{2}{3}} S^{\frac{1}{2}}\right)_p \qquad 3\text{-}46$$

$$Q_f = A_p v_p \qquad 3\text{-}47$$

ومن ثم يمكن تكوين العناصر الهيدرولوكية على النحو التالي:

نسبة نصف القطر الهيدروليكي للدفق الجزئي إلى قطر المجرور

$$\frac{\left(rH\right)_p}{D} = \frac{1}{4} - \frac{360}{\pi\phi}\left(\frac{1}{2} - \frac{d}{D}\sqrt{\frac{d}{D} - \left(\frac{d}{D}\right)^2}\right) \qquad 3\text{-}48$$

نسبة مساحة مقطع المجرور للدفق الجزئي إلى مساحة المقطع للدفق الكلي

$$\frac{A_p}{A_f} = \frac{\phi}{360} - 4\pi\left(\frac{1}{2} - \frac{d}{D}\right)\sqrt{\left(\frac{d}{D} - \left(\frac{d}{D}\right)^2\right)} \qquad 3\text{-}49$$

نسبة نصف القطر الهيدروليكي للدفق الجزئي إلى نصف القطر الهيدروليكي للدفق الكلي

$$\frac{\left(rH\right)_p}{\left(rH\right)_f} = 1 - 1440\pi\,\phi\left(\frac{1}{2} - \frac{d}{D}\sqrt{\frac{d}{D} - \left(\frac{d}{D}\right)^2}\right) \qquad 3\text{-}50$$

نسبة سرعة الدفق الجزئي لسرعة الدفق الكلي

$$\frac{v_p}{v_f} = \left(\frac{\left(rH\right)_p}{\left(rH\right)_f}\right)^{\frac{2}{3}} = \left(1 - \frac{1440}{\pi\phi}\left(\frac{1}{2} - \frac{d}{D}\sqrt{\frac{d}{D} - \left(\frac{d}{D}\right)^2}\right)\right)^{\frac{2}{3}} \qquad 3\text{-}51$$

نسبة الدفق الجزئي للدفق الكلي

$$\frac{Q_p}{Q_f} = \frac{v_p A_p}{v_f A_f} =$$

$$\left(1 - \frac{1440}{\pi\phi}\left(\frac{1}{2} - \frac{d}{D}\sqrt{\frac{d}{D} - \left(\frac{d}{D}\right)^2}\right)\right)^{\frac{2}{3}}\left(\frac{\phi}{360} - 4\pi\left(\frac{1}{2} - \frac{d}{D}\right)\sqrt{\left(\frac{d}{D} - \left(\frac{d}{D}\right)^2\right)}\right) \qquad 3\text{-}52$$

جدول 3-11 العناصر الهيدروليكية لقطع دائري

نسبة المحيط المبتل wp/wf	نسبة الانسياب Q_p/Q_f	نسبة السرعة v_p/v_f	نسبة نصف القطر الهيدروليكي $(r_H)_p/(r_H)_f$	نسبة المساحة A_p/A_f	نسبة نصف القطر الهيدروليكي للقطر $(r_H)_p/D$	الزاوية ϕ	نسبة العمق للقطر d/D
2.53E-05	9.96E-19	1.2E-05	4.14E-08	8.33E-14	1.03E-08	0.000724	1E-11
8E-05	3.18E-18	1.2E-05	4.16E-08	2.65E-13	1.04E-08	0.002291	1E-10
0.000253	2.1E-18	6.42E-06	1.63E-08	3.28E-13	4.07E-09	0.007244	1E-09
0.0008	1.49E-17	8.87E-06	2.64E-08	1.68E-12	6.6E-09	0.022909	1E-08
0.00253	2.22E-15	4.14E-05	2.67E-07	5.37E-11	6.67E-08	0.072445	1E-07
0.011314	1.47E-12	0.000305	5.33E-06	4.8E-09	1.33E-06	0.323984	0.000002
0.013856	3.53E-12	0.0004	8E-06	8.82E-09	2E-06	0.396797	0.000003
0.016	6.58E-12	0.000485	1.07E-05	1.36E-08	2.67E-06	0.458182	0.000004
0.017889	1.07E-11	0.000562	1.33E-05	1.9E-08	3.33E-06	0.512263	0.000005
0.025298	4.79E-11	0.000893	2.67E-05	5.37E-08	6.67E-06	0.72445	0.00001
0.035777	2.15E-10	0.001417	5.33E-05	1.52E-07	1.33E-05	1.024529	0.00002
0.043818	5.18E-10	0.001857	8E-05	2.79E-07	2E-05	1.254789	0.00003
0.050597	9.66E-10	0.002249	0.000107	4.29E-07	2.67E-05	1.448908	0.00004
0.056569	1.57E-09	0.00261	0.000133	6E-07	3.33E-05	1.619931	0.00005
0.080001	7.03E-09	0.004143	0.000267	1.7E-06	6.67E-05	2.290947	0.0001
0.113141	3.16E-08	0.006576	0.000533	4.8E-06	0.000133	3.239943	0.0002
0.138571	7.6E-08	0.008617	0.0008	8.82E-06	0.0002	3.968169	0.0003
0.160011	1.42E-07	0.010438	0.001066	1.36E-05	0.000267	4.582124	0.0004
0.1789	2.3E-07	0.012112	0.001333	1.9E-05	0.000333	5.123055	0.0005
0.253024	1.03E-06	0.019224	0.002665	5.36E-05	0.000666	7.245699	0.001
0.35789	4.63E-06	0.030507	0.005328	0.000152	0.001332	10.24868	0.002
0.438397	1.11E-05	0.039963	0.007989	0.000279	0.001997	12.55411	0.003
0.506302	2.08E-05	0.048396	0.010647	0.000429	0.002662	14.49866	0.004
0.566158	3.36E-05	0.056141	0.013302	0.000599	0.003326	16.2127	0.005
0.801339	0.000151	0.08898	0.026542	0.001692	0.006636	22.94745	0.01
1.135176	0.000672	0.140803	0.052834	0.004771	0.013209	32.50733	0.02
1.392664	0.001607	0.183921	0.078876	0.008738	0.019719	39.88084	0.03
1.610863	0.002979	0.222095	0.104667	0.013412	0.026167	46.12927	0.04
1.804107	0.0048	0.256893	0.130205	0.018686	0.032551	51.66307	0.05
2.574004	0.020869	0.401157	0.254081	0.052023	0.06352	73.71013	0.1
2.704522	0.025488	0.426042	0.278086	0.059825	0.069522	77.44768	0.11
2.829933	0.030573	0.449964	0.301833	0.067945	0.075458	81.03899	0.12

2.950904	0.036121	0.473014	0.32532	0.076363	0.08133	84.50316	0.13
3.067976	0.042128	0.495268	0.348546	0.08506	0.087136	87.85568	0.14
3.181595	0.04859	0.51679	0.37151	0.094022	0.092878	91.10932	0.15
3.292135	0.055502	0.537633	0.394212	0.103234	0.098553	94.27477	0.16
3.39991	0.062859	0.557845	0.416649	0.112682	0.104162	97.36107	0.17
3.505192	0.070654	0.577464	0.438821	0.122353	0.109705	100.376	0.18
3.608214	0.078882	0.596526	0.460727	0.132237	0.115182	103.3261	0.19
3.709181	0.087536	0.61506	0.482365	0.142321	0.120591	106.2175	0.2
3.808271	0.096608	0.633094	0.503735	0.152597	0.125934	109.055	0.21
3.905642	0.106091	0.650652	0.524835	0.163054	0.131209	111.8434	0.22
4.001437	0.115977	0.667755	0.545664	0.173683	0.136416	114.5866	0.23
4.095782	0.126259	0.684422	0.566221	0.184475	0.141555	117.2883	0.24
4.18879	0.136927	0.70067	0.586503	0.195422	0.146626	119.9517	0.25
4.280566	0.147973	0.716516	0.606511	0.206517	0.151628	122.5799	0.26
4.371205	0.159387	0.731973	0.626242	0.21775	0.156561	125.1754	0.27
4.460791	0.171162	0.747054	0.645696	0.229116	0.161424	127.7408	0.28
4.549404	0.183287	0.761771	0.66487	0.240606	0.166218	130.2784	0.29
4.637118	0.195752	0.776135	0.683764	0.252214	0.170941	132.7902	0.3
4.724	0.208549	0.790156	0.702375	0.263933	0.175594	135.2782	0.31
4.810114	0.221665	0.803842	0.720703	0.275757	0.180176	137.7442	0.32
4.895518	0.235092	0.817203	0.738745	0.287679	0.184686	140.1898	0.33
4.980267	0.248819	0.830244	0.7565	0.299693	0.189125	142.6167	0.34
5.064415	0.262834	0.842975	0.773967	0.311793	0.193492	145.0264	0.35
5.148009	0.277127	0.855401	0.791143	0.323973	0.197786	147.4203	0.36
5.231096	0.291687	0.867528	0.808026	0.336228	0.202007	149.7996	0.37
5.313722	0.306502	0.879362	0.824616	0.348551	0.206154	152.1657	0.38
5.395927	0.321561	0.890908	0.84091	0.360937	0.210227	154.5197	0.39
5.477754	0.336852	0.90217	0.856905	0.37338	0.214226	156.8629	0.4
5.55924	0.352363	0.913154	0.872601	0.385875	0.21815	159.1964	0.41
5.640423	0.368082	0.923862	0.887995	0.398417	0.221999	161.5212	0.42
5.72134	0.383997	0.934299	0.903085	0.411	0.225771	163.8384	0.43
5.802026	0.400094	0.944467	0.917868	0.423619	0.229467	166.1489	0.44
5.882516	0.416362	0.954371	0.932343	0.436269	0.233086	168.4539	0.45
5.962843	0.432787	0.964012	0.946506	0.448944	0.236627	170.7541	0.46
6.043041	0.449357	0.973393	0.960356	0.46164	0.240089	173.0507	0.47
6.123143	0.466058	0.982517	0.973891	0.474351	0.243473	175.3445	0.48
6.20318	0.482876	0.991385	0.987106	0.487072	0.246776	177.6365	0.49
6.283185	0.499799	1	1	0.499799	0.25	179.9276	0.5
6.363191	0.516811	1.008362	1.01257	0.512525	0.253142	182.2186	0.51
6.443228	0.533899	1.016474	1.024812	0.525247	0.256203	184.5106	0.52
6.52333	0.551049	1.024336	1.036725	0.537958	0.259181	186.8044	0.53
6.603528	0.568246	1.031949	1.048304	0.550654	0.262076	189.101	0.54

6.683855	0.585475	1.039313	1.059546	0.563329	0.264886	191.4013	0.55
6.764345	0.602722	1.04643	1.070448	0.575979	0.267612	193.7062	0.56
6.845031	0.61997	1.0533	1.081005	0.588598	0.270251	196.0168	0.57
6.925948	0.637205	1.059922	1.091216	0.601181	0.272804	198.334	0.58
7.007131	0.65441	1.066296	1.101074	0.613723	0.275269	200.6588	0.59
7.088617	0.67157	1.072422	1.110577	0.626218	0.277644	202.9922	0.6
7.170443	0.688668	1.0783	1.119719	0.638661	0.27993	205.3354	0.61
7.252649	0.705688	1.083927	1.128497	0.651047	0.282124	207.6895	0.62
7.335274	0.722612	1.089305	1.136905	0.66337	0.284226	210.0556	0.63
7.418362	0.739423	1.09443	1.144938	0.675624	0.286234	212.4349	0.64
7.501956	0.756104	1.099301	1.15259	0.687804	0.288148	214.8287	0.65
7.586103	0.772636	1.103917	1.159857	0.699904	0.289964	217.2384	0.66
7.670853	0.789001	1.108275	1.166732	0.711918	0.291683	219.6653	0.67
7.756257	0.80518	1.112372	1.173209	0.72384	0.293302	222.111	0.68
7.84237	0.821153	1.116207	1.17928	0.735664	0.29482	224.577	0.69
7.929253	0.836901	1.119774	1.184939	0.747383	0.296235	227.065	0.7
8.016967	0.852402	1.123072	1.190177	0.758991	0.297544	229.5768	0.71
8.10558	0.867636	1.126096	1.194986	0.770482	0.298747	232.1143	0.72
8.195166	0.882581	1.12884	1.199358	0.781847	0.299839	234.6798	0.73
8.285804	0.897213	1.131301	1.203282	0.793081	0.300821	237.2753	0.74
8.37758	0.911511	1.133473	1.206748	0.804175	0.301687	239.9034	0.75
8.470589	0.925448	1.135349	1.209745	0.815123	0.302436	242.5669	0.76
8.564934	0.939001	1.136922	1.21226	0.825915	0.303065	245.2686	0.77
8.660729	0.952141	1.138184	1.21428	0.836544	0.30357	248.0118	0.78
8.7581	0.964842	1.139128	1.21579	0.847001	0.303947	250.8001	0.79
8.85719	0.977074	1.139742	1.216773	0.857276	0.304193	253.6377	0.8
8.958156	0.988805	1.140015	1.217211	0.867361	0.304303	256.529	0.81
9.061178	1.000003	1.139936	1.217084	0.877245	0.304271	259.4792	0.82
9.16646	1.010631	1.139489	1.216369	0.886916	0.304092	262.4941	0.83
9.274236	1.020653	1.138659	1.215041	0.896364	0.30376	265.5804	0.84
9.384775	1.030026	1.137427	1.213068	0.905575	0.303267	268.7458	0.85
9.498395	1.038704	1.13577	1.210419	0.914537	0.302605	271.9995	0.86
9.615467	1.046638	1.133664	1.207054	0.923235	0.301763	275.352	0.87
9.736438	1.053771	1.131077	1.202925	0.931653	0.300731	278.8162	0.88
9.861849	1.060039	1.127975	1.197978	0.939772	0.299495	282.4075	0.89
9.992366	1.065369	1.124311	1.192147	0.947575	0.298037	286.145	0.9
10.12883	1.069672	1.120032	1.185347	0.955037	0.296337	290.0528	0.91
10.27232	1.072846	1.115068	1.177476	0.962135	0.294369	294.1618	0.92
10.42426	1.07476	1.109329	1.168397	0.968838	0.292099	298.513	0.93
10.58663	1.075247	1.102691	1.157926	0.975111	0.289482	303.1627	0.94
10.76226	1.074082	1.094983	1.145806	0.980912	0.286452	308.1921	0.95
10.95551	1.070942	1.085944	1.131647	0.986186	0.282912	313.7259	0.96

11.17371	1.065316	1.075143	1.114807	0.99086	0.278702	319.9743	0.97
11.43119	1.056269	1.061762	1.094058	0.994827	0.273515	327.3478	0.98
11.76503	1.041542	1.043728	1.066304	0.997906	0.266576	336.9077	0.99
12.56637	0.999598	1	1	0.999598	0.25	359.8552	1

مثال 3-6

وضع مجرور قطره 1.1 م على ميل 0.001. جد سرعة ومعدل الدفق عندما يكون ممتلئاً. جد سرعة الدفق وارتفاع المنسوب عندما يكون ممتلئاً جزئياً حاملاً دفقاً يساوى 0.3 متر مكعب في الثانية. (ثابت ماننج = 0.013)

الحل

1- المعطيات: D = 1.1 م، s = 0.001، Qp = 0.3، n = 0.013

2- جد سرعة الدفق من معادلة ماننج:

$v_f = (1/n)*r_H^{2\div 3}*s^{0.5} = (1 \div 0.013) \times (1.1 \div 4)^{2\div 3} \times (0.001)^{0.5} = 1.03$ m/s

أو يمكن إيجاد السرعة v من بياني معادلة ماننج لتساوي 1.03 م/ ث

3- جد معدل الدفق من معادلة الاستمرارية: Q = A*v

4- $Q = (\pi \div 4) \times (1.1)^2 \times 1.03 = 0.978\ m^3/s = 58.65\ m^3/min$

5- بالنسبة للدفق الجزئي:

* جد نسبة الدفق الجزئي للدفق الكلي

$Q_p \div Q_f = (0.3 \times 60) \div 58.65 = 0.307.$

* استخدم هذه النسبة أفقياً في مخطط رسم العناصر الهيدروليكية وأرسم عموداً ليقطع منحنى الدفق على نقطة محددة. ومن هذه النقطة ارسم خطاً أفقياً ليقطع المحور الصادي، ويعطى نسبة العمق الجزئي إلى العمق الكلي (قطر الأنبوب) أي:

$d \div D = 0.38$

* وعليه جد عمق الدفق الجزئي

$d = 0.38 \times 1.1 = 0.42$ m, rH/D = 0.206

rH = 0.206X1.1 = 0.2266

$v_p = (1 \div 0.013) \times (0.2266)^{2\div 3} \times (0.001)^{0.5} = 0.9$ m/s

* لإيجاد السرعة، من خط العمق (0.38) ارسم خطاً أفقياً إلى اليمين ليقطع منحنى السرعة، ثم ارسم خطاً عمودياً من نقطة التقاطع على منحنى السرعة. وأوجد نسبة السرعة لتقرأ:

$v_p \div v_f = 0.879$

* وعليه يمكن إيجاد السرعة الجزئية

$v_p = 0.879 \times 1.03 = 0.9$ m/s

برنامج 3-6:

```
Public Class Form1
    Dim dD_table() As Double =
        {
            0.0000000001, 0.0000000001, 0.000000001,
0.00000001,
            0.0000001, 0.000002, 0.000003,
            0.000004, 0.000005, 0.00001, 0.00002,
            0.00003, 0.00004, 0.00005, 0.0001, 0.0002,
            0.0003, 0.0004, 0.0005, 0.001, 0.002,
            0.003, 0.004, 0.005, 0.01, 0.02, 0.03,
            0.04, 0.05, 0.1, 0.11, 0.12, 0.13, 0.14,
            0.15, 0.16, 0.17, 0.18, 0.19, 0.2, 0.21,
            0.22, 0.23, 0.24, 0.25, 0.26, 0.27, 0.28,
            0.29, 0.3, 0.31, 0.32, 0.33, 0.34, 0.35,
            0.36, 0.37, 0.38, 0.39, 0.4, 0.41, 0.42,
            0.43, 0.44, 0.45, 0.46, 0.47, 0.48, 0.49,
            0.5, 0.51, 0.52, 0.53, 0.54, 0.55, 0.56,
            0.57, 0.58, 0.59, 0.6, 0.61, 0.62, 0.63,
            0.64, 0.65, 0.66, 0.67, 0.68, 0.69, 0.7,
            0.71, 0.72, 0.73, 0.74, 0.75, 0.76, 0.77,
            0.78, 0.79, 0.8, 0.81, 0.82, 0.83, 0.84, 0.85,
            0.86, 0.87, 0.88, 0.89, 0.9, 0.91, 0.92,
            0.93, 0.94, 0.95, 0.96, 0.97, 0.98, 0.99, 1
        }
    Dim rhD_table() As Double =
        {
            0.0000000103461, 0.0000000104086, 0.00000000407042,
            0.0000000066008, 0.0000000666702, 0.00000133333,
0.000002,
            0.00000266666, 0.00000333332, 0.00000666664,
0.0000133332,
            0.0000199997, 0.0000266662, 0.0000333326,
0.0000666636,
            0.000133321, 0.000199972, 0.000266617, 0.000333256,
0.000666356,
            0.001332089, 0.001997199, 0.002661687, 0.003325551,
0.006635522,
            0.013208616, 0.019719074, 0.026166683, 0.032551228,
0.063520135,
            0.069521522, 0.075458213, 0.081329957, 0.087136496,
0.092877569,
            0.098552908, 0.104162241, 0.109705287, 0.115181762,
0.120591374,
            0.125933826, 0.131208813, 0.136416024, 0.141555139,
0.146625832,
```

```
            0.151627769, 0.156560606, 0.161423993, 0.16621757,
0.170940968,
            0.175593807, 0.180175699, 0.184686244, 0.189125032,
0.193491642,
            0.197785638, 0.202006574, 0.206153992, 0.210227417,
0.214226361,
            0.218150322, 0.221998779, 0.225771197, 0.229467022,
0.233085681,
            0.236626582, 0.240089112, 0.243472635, 0.246776492,
0.25, 0.253142449,
            0.2562031, 0.259181186, 0.262075908, 0.264886431,
0.267611886, 0.270251364,
            0.272803914, 0.275268542, 0.277644205, 0.279929806,
0.282124194, 0.284226157,
            0.286234415, 0.28814762, 0.289964341, 0.291683063,
0.29330218, 0.294819977,
            0.296234629, 0.297544183, 0.298746545, 0.299839466,
0.30082052, 0.301687084,
            0.302436312, 0.303065105, 0.303570073, 0.303947494,
0.304193262, 0.304302818,
            0.304271081, 0.304092341, 0.303760142, 0.303267124,
0.302604819, 0.301763383,
            0.300731237, 0.299494577, 0.29803667, 0.296336854,
0.294369009, 0.292099171,
            0.289481561, 0.286451524, 0.282911748, 0.278701664,
0.273514604, 0.266576032, 0.25
        }
    Dim vpvf_table() As Double =
        {
            0.0000119644, 0.0000120126, 0.00000642391,
0.00000886689, 0.0000414312, 0.000305257,
            0.000399999, 0.000484565, 0.000562288, 0.000892575,
0.001416869, 0.001856618, 0.002249126,
            0.002609871, 0.004142848, 0.006576156, 0.008616934,
0.010438348, 0.012112253, 0.01922401,
            0.030506712, 0.039962646, 0.048396203, 0.056141295,
0.088979516, 0.140802877, 0.183920865,
            0.222095169, 0.256892593, 0.401156902, 0.426042419,
0.449963901, 0.473013668, 0.495267759,
            0.516789747, 0.537633462, 0.557844989, 0.577464155,
0.596525672, 0.615060009, 0.633094091,
            0.650651846, 0.667754648, 0.684421675, 0.700670211,
0.716515886, 0.731972879, 0.747054097,
            0.761771313, 0.776135294, 0.790155906, 0.803842205,
0.817202514, 0.830244495, 0.842975205,
            0.855401148, 0.867528325, 0.879362268, 0.890908078,
0.902170458, 0.913153734, 0.923861888,
```

```
            0.934298571, 0.944467129, 0.954370612, 0.964011797,
0.973393192, 0.982517056, 0.991385399,
            1, 1.008362405, 1.016473937, 1.024335701,
1.031948585, 1.03931326, 1.046430187, 1.05329961, 1.059921559,
            1.066295844, 1.072422053, 1.078299547, 1.083927451,
1.089304646, 1.09442976, 1.099301157, 1.103916918,
            1.108274828, 1.112372357, 1.116206634, 1.119774425,
1.123072096, 1.126095583, 1.12884035,
            1.131301334, 1.133472895, 1.135348743, 1.136921861,
1.138184406, 1.139127595, 1.139741566, 1.140015205,
            1.139935938, 1.139489467, 1.138659443, 1.137427042,
1.13577042, 1.133663995, 1.131077478, 1.127974554,
            1.124311008, 1.120032019, 1.115068081, 1.109328601,
1.102691258, 1.094983108, 1.085943713, 1.07514334,
            1.061761582, 1.043728143, 1
        }
    Dim qpqf_table() As Double =
        {
            9.96394E-19, 3.1827E-18, 2.10477E-18, 1.48982E-17,
0.0000000000000222344, 0.00000000000146516,
            0.00000000000352708, 0.00000000000657833,
0.0000000000106681, 0.000000000047898, 0.000000000215053,
            0.000000000517696, 0.000000000965545,
0.00000000156582, 0.00000000703008, 0.000000031562,
0.0000000759748,
            0.000000141691, 0.000000229768, 0.00000103131,
0.00000462758, 0.0000111332, 0.0000207517, 0.0000336325,
            0.000150542, 0.00067175, 0.001607086, 0.002978666,
0.004800171, 0.020869418, 0.025488131, 0.030572833,
            0.036120575, 0.042127673, 0.048589791, 0.055502009,
0.062858884, 0.070654494, 0.078882481, 0.087536082,
            0.09660816, 0.106091228, 0.115977471, 0.126258765,
0.136926691, 0.147972554, 0.159387394, 0.171161993,
0.183286893,
            0.195752398, 0.208548584, 0.221665306, 0.235092205,
0.248818712, 0.262834051, 0.277127246, 0.291687124,
0.306502313,
            0.321561251, 0.336852183, 0.352363164, 0.368082058,
0.383996539, 0.400094094, 0.416362015, 0.432787404, 0.44935717,
            0.466058022, 0.482876473, 0.499798831, 0.516811199,
0.533899467, 0.551049307, 0.568246169, 0.585475273, 0.6027216,
            0.619969884, 0.637204602, 0.654409963, 0.671569895,
0.688668033, 0.7056877, 0.722611893, 0.739423264, 0.756104092,
            0.772636267, 0.789001258, 0.805180079, 0.821153262,
0.836900806, 0.852402144, 0.867636077, 0.882580727,
0.897213459, 0.911510804,
```

```
        0.925448364, 0.939000706, 0.952141227, 0.964842005,
0.977073611, 0.988804887, 1.000002673, 1.010631475,
1.020653042, 1.03002584,
        1.038704372, 1.046638298, 1.053771255, 1.06003927,
1.065368534, 1.069672224, 1.072845768, 1.074759505,
1.075246655, 1.074082231,
        1.070942482, 1.06531625, 1.056268887, 1.04154236,
0.999597663
    }

    Private Sub Form1_Load(ByVal sender As System.Object,
       ByVal e As System.EventArgs) Handles MyBase.Load
        Label1.Text = "م-المجرور قطر"
        Label2.Text = "المجرور ميل"
        Label3.Text = "ث/3م-الجزئي الدفق"
        Label4.Text = "ماننج ثابت"
        Label5.Text = "م-الجزئي الدفق عمق"
        Label6.Text = "م-الهيدروليكي القطر نصف"
        Label7.Text = "ث/م-الجزئية السرعة"
        Button1.Text = "الدفق احسب"
        Me.Text = "مثال 3-6"
        Me.FormBorderStyle =
          Windows.Forms.FormBorderStyle.FixedSingle
    End Sub

    Private Sub Button1_Click(ByVal sender As System.Object,
       ByVal e As System.EventArgs) Handles Button1.Click
        Dim D, s, Qp, n As Double
        Dim vf, rH, Q As Double
        Dim QpQf As Double
        D = Val(TextBox1.Text)
        s = Val(TextBox2.Text)
        Qp = Val(TextBox3.Text)
        n = Val(TextBox4.Text)
        rH = D / 4
        vf = (1 / n) * Math.Pow(rH, (2 / 3)) * Math.Sqrt(s)
        Q = (Math.PI / 4) * (D ^ 2) * vf
        Q *= 60
        QpQf = (Qp * 60) / Q
        'We will look into the Qp/Qf table to find the value
        'nearest to our QpQf above. The index of this value
        'in the table is used to access the other tables.
        'We do this to avoid the need to refer back to the
        'Graph in the book.
        Dim index As Integer
        'We wrote the function find_index() so that it can
        'find the index from any of the tables, not only
        'the Qp/Qf table as in Example 3-6 of the book.
```

```
        index = find_index(qpqf_table, QpQf)
        Dim dp, rHp, vp As Double
        dp = dD_table(index) * D
        rHp = rhD_table(index) * D
        vp = (1 / n) * Math.Pow(rHp, (2 / 3)) * Math.Sqrt(s)
        'Another way to calculate vp
        'vp = vpvf_table(index) * vf
        TextBox5.Text = FormatNumber(dp, 3)
        TextBox6.Text = FormatNumber(rHp, 4)
        TextBox7.Text = FormatNumber(vp, 2)
    End Sub

    Private Function find_index(ByRef table() As Double,
       ByVal val As Double) As Integer
        Dim i As Integer
        Dim count As Integer = table.Length
        For i = 0 To count - 1
            'Found an exact match?
            If table(i) = val Then Return i
            'Nope? find nearest value
            If table(i) < val Then
                If i = count - 1 Then Return i
                If table(i + 1) < val Then Continue For
                Dim a, b As Double
                a = Math.Abs(table(i) - val)
                b = Math.Abs(table(i + 1) - val)
                If a <= b Then
                    Return i
                Else
                    Return i + 1
                End If
            End If
        Next
        Return count - 1
    End Function
End Class
```

أما السرعة اللازمة للنظافة الذاتية للمجرور، ولمنع ترسيب المواد الصلبة فيه، وحملها عبر الأنبوب فيمكن إيجادها من المعادلة 3-53.

$$v_{sc} = \frac{rH^{1/6}}{n}\sqrt{B(s.g-1)d} = \sqrt{\frac{8Bg(s.g-1)d}{f}} \qquad 3\text{-}53$$

حيث:

v_{sc} = سرعة النظافة الذاتية (م/ ث)

r_H = نصف القطر الهيدروليكي (م)

B = ثابت يعتمد على خواص جرف المترسبات (لا بعدي)

s.g. = الكثافة النوعية (لا بعدي)

d = مقاس الحبيبات المترسبة (م)

n = ثابت الاحتكاك (ثابتماننج وكتر) (م$^{1\div6}$)

f = معامل احتكاك دارسي ويسباش (لا بعدي)

عادة يكون الثابت (B) في حدود 0.04 إلى 0.06. ويكون معامل الاحتكاك (f) في حدود 0.02 إلي 0.03.

أما بالنسبة لأقل سرعة لتصميم المجرور فلا تقل السرعة عن 0.61 م/ ث بالنسبة للمجرور الصحي، وبالنسبة لمجرور السيل والأمطار لا تقل السرعة عن 0.75 م/ ث أو 0.91 م/ ث. ومن المستحسن أن تكون السرعة في حدود 0.91 م/ ث أو أكثر حيثما تيسر ذلك. وعليه فتكون أقل سرعة في الحدود المدرجة في المعادلة 3–54 لأقصى دفق {2}.

0.6 م/ث < أقل سرعة تصميمية < 3.5 م/ث (3–54)

يجب مراعاة النقاط التالية عند تصميم المجرور:

- عدم فقدان الطاقة دون حاجة خاصة في المناطق المسطحة والمستوية، أي بمعنى أهمية تفادي الدفق المضطرب وإيجاد دفق انسيابي stream lined في غرف التفتيش والمنحنيات، وتفادي غرف التفتيش الهابطة drop manholes.
- ينبغي متابعة نظام التصريف الطبيعي. وينصح بالعمل ابتداءً من الخطة العامة للتفاصيل، فيبدأ بتوضيح حدود المنطقة الواجب عمل المجاري لها، والمناطق الجابية للمياه، والهضاب على الخريطة، ثم يتفكر في وضع المجاري بأفضل السبل الاقتصادية التي تتبع لنظام التصريف الطبيعي.

وتوضح النقاط التالية ملخص لتصميم المجرور:

1- يتم تحديد حدود المنطقة الجابية لكل مقطع من خطوط المجاري.

2- يتم حساب المساحة السطحية للمنطقة الجابية باستخدام الممساح أو أي وسيلة مناسبة.

3- يتم حساب المساحة الجابية الرافدة الداخلة في التصميم بضرب المساحة في معامل الدفق (السيل).

4- يتم تقدير السكان في المنطقة الجابية بضرب مساحة المنطقة الرافدة في الكثافة السكانية.

5- يتم تقدير زمن التركيز للقطاع قيد التقدير ثم يتم حساب دفق السيل (الأمطار).
6- يتم تقدير أعلى دفق موحد.
7- يتم حساب الارتفاعات وميل الأنبوب وقطره، وسعة الدفق وسرعته. ويمكن أن تؤخذ أقطار المجرور الممتلئ على النحو التالي:

- يؤخذ قطر 150 ملم لتوصيلات المنازل
- يؤخذ قطر 200 ملم للمجاري الصحية
- يؤخذ قطر 250 إلى 300 ملم لمجاري السيل والأمطار

8- يتم حساب بيانات الدفق لمراجعة زمن التركيز المقدر (المفترض) ويعدل الزمن إن اقتضى الحال.
9- يتم تصميم وحساب المنشآت الأخرى مثل الفائض (الطفح) overflows ومحطات الضخ وأحواض المكث وغيرها.
10- يتم إنشاء المجاري بعمق مناسب تحت سطح الأرض لتستقبل الفضلات السائلة من المنطقة الرافدة.
11- يتم تحديد فاقد الطاقة[1] لأقل قيمة ممكنة لضمان العمل الجيد للمجاري.
12- عندما لا تسمح الارتفاعات بالانسياب تحت قوى الجاذبية (الانسياب بالراحة) يلجأ إلى الضخ.
13- يعمل على أن يكون حجم وميل المجاري مناسب لتحمل الدفق بسرعة مناسبة تمنع تسرب المواد الصلبة، وتقوم بالنظافة الذاتية. وبالنسبة لتوصيلات المنازل يؤخذ الميل ليساوى 2 بالمائة، وأقل ميل يؤخذ يساوي واحد بالمائة.
14- لا يوضع المجرور الصحي في نفس الأخدود مع أنابيب المياه للمحافظة على الصحة العامة. ويتم اختيار المجرور في الشارع بناءاً على نوع المجرور وعرض الشارع.
15- يوضع المجرور عادة بالقرب من منتصف الشارع أو الطريق لكي يخدم مجرور واحد المنازل الواقعة على جانبيه، عدا في الشوارع العريضة.
16- توضع المجاري في الشوارع العريضة خارج حافة الرصيف أي بين حافة الرصيف والممر الجانبي، أو تحت الممر الجانبي.
17- تمنع زراعة الأشجار والشجيرات وإقامة الأسوار والجدران الساندة وغيرها من العوائق الأرضية والتي يمكن أن تتداخل مع منفذ خط المجاري.
18- التهوية القسرية للمجرور تعد عملاً خاصاً يستخدم لحل مشكلة معينة.
19- يستخدم عمق المجرور المناسب ليخدم الدفق القادم من المنطقة الرافدة، وليمنع رجوع الفضلات السائلة من خلال نقاط الارتباط. ويعمل على ألا يقل أعلى المجرور عن المتر أدنى أرضية الطابق السفلي (العنبر أو البدروم) الذي يخدمه.

[1] من السقوط الحر والثنيات والإنحناءات أو الدفق المضطرب في نقاط الملتقى

20- تصمم المجاري ذات القطر 375 ملم للدفق الكامل (ممتلئة)، وتصمم المجاري الكبيرة القطر للدفق الجزئي لتكون ممتلئة إلى ثلاث أرباعها.

21- يجب ألا يمر مجرور تحت مبنى.

22- يجب تفادي التقاطع مع السكة الحديد والقنوات والأنهار وما شاكلها.

23- لا يتجاوز قطر الانحناء radius of curvature 60 متراً للمجرور المنحنى المستخدم في الشوارع الملتوية والضيقة.

24- يمكن انحناء المجرور الكبير والذي يسهل الدخول إليه وتوضع غرفة التفتيش على بعد 100 إلى 200 متر.

13-3 تشييد المجاري Sewer construction

يمكن إيجاز أنواع تشييد المجاري في التالي:

أ. المجاري المكشوفة: تستخدم هذه المجاري لتصريف مياه الأمطار والسيول، ويتم تقدير الأحجام على أساس أنها قنوات مكشوفة ويتم تشييدها بنفس الأسلوب وربما تم تبطينها اعتماداً على سرعة الدفق ونوع التربة.

ب. الأنابيب المغلقة: وتكون عادة تحت الأرض وربما ظهرت إلى السطح في حالات معينة.

ويمكن التفرقة بين نظم التشييد التالية:

- شق الأنفاق: فقط للمجرور الكبير العميق.
- دفع المجرور بمعاونة حافة قطع أفقية مناسبة عبر كتلة التربة: وهذه الطريقة مفيدة للمرور عبر الشوارع وردميات السكة الحديد والقنوات وغيرها من المنشآت التي لا يرغب في تقاطعها، غير أنها مكلفة.
- شق الأخدود trench اعتماداً على نوع التربة، ثم توضع الأنابيب (أو تصنع في المنطقة) فوق مسند من الرمل أو الخشب أو الخرسانة، وربما استدعى الحال دعم المسند (المفرش) بدعامة.

عامة يفضل أن تصمم المجاري بمقطع دائري للمحاسن المتمثلة في التالي:

- يعطي الشكل أقصى مساحة مقطع لكمية مواد جدار المجرور،
- سهولة تشييد الروابط والأنبوب الأسمنتي،
- يتميز الشكل بالمواصفات الهيدروليكية المناسبة،
- إعطاء اتزان مناسب في الموضع.

ويتطلب مثل هذا المجرور العمل على الحفر حسب تشكيل مقطع الأنبوب أو وضع مفرش مناسب بدلاً عن الحفر.

وقد شاع قديماً استخدام المجاري ذات المقطع في شكل البيضة خاصة لأنابيب المصارف الموحدة ومن محاسنها التالي:

- لها سرعة أعلى للدفق القليل مقارنة بالأنابيب الدائرية لنفس السعة.
- يمكن بناؤها بمواد محلية مثل الطوب والخرسانة.

غير أن بناءها يشكل صعوبة نسبة لأن الجزء الأصغر من شكل البيضة لأسفل مما يجعلها غير متزنة نسبياً.

تستخدم المجاري المستطيلة لمجرور السيل لدفق متوسط أو عالٍ، ومن محاسنها:

- سهولة التصميم والتشييد،
- ذات خواص هيدروليكية مناسبة.

ومن الملاحظ أن نصف القطر الهيدروليكي يقل كثيراً عندما يزيد الدفق من شبه ممتلئ إلى ممتلئ كلياً (دفق كامل) لأن سقف المجرور يمثل جزء من المحيط المبتل، ويقلل هذا الوضع من الدفق إلى ثلث الدفق الأقصى. وقد يقتضي الحال تقويس قعر المجرور لتركيز الدفق القليل جداً.

ومن الأشكال الأخرى المستخدمة للمجاري: الشكل الشبه بيضاوي، وحدوة الحصان، وغيرها طبقاً لسهولة الإنشاء والتشييد أو للنواحي الاقتصادية والفنية.

14-3 المواد المستخدمة في إنشاء المجرور

لاختيار مواد إنشاء المجرور ينبغي الأخذ في الحسبان تكلفة الأنبوب والترحيل والتشييد والوضع، ومشاكل التحات والتآكل من جراء التربة أو الفضلات، ومناعة الأنبوب وقوته، وسُهولة الحصول على الأنبوب محلياً، والزمن اللازم لإحضاره، والمكون الأجنبي.

يجب أن تحوي الأنابيب المستخدمة لإنشاء المجرور الصفات التالية:

(أ) الاستمرارية لتحمل القوى الخارجية

(ب)سهولة التحريك وخفة الوزن وأن تكون ذات قصافة brittle

(ج)من مادة زهيدة الثمن لاقتصادية نظام المجاري

(د) من مادة يسهل صنع وصلات لها.

ويمكن استخدام مواد مختلفة لصنع المجرور في الموقع مثل الخرسانة، والخرسانة المسلحة، والحديد، والحديد الزهر، والحديد الزهر المبطن بالقطران أو البتيومين، والحديد الزهر المشفهة flanged cast iron، والحديد المطيلي، والطوب، والحجارة واللدائن (البلاستيك) والأسمنت.

ولتشييد أنابيب مصنعة يمكن استخدام الاسبستس الأسمنتي Asbestos cement والطين المزجج vitrified clay. ويمكن تقسيم أنابيب المجاري إلى:

i) أنابيب صلبة Rigid pipes مثل الأسبستس، والأسبستس الأسمنتي، والحديد، والحديد الزهر، والحديد الزهر المبطن بالقطران أو البتيومين، والحديد الزهر المشفهة، والخرسانة، والخرسانة المسلحة، والطين المزجج والحجارة.

ii) أنابيب مرنة Flexible pipes مثل الحديد المطيلي Ductile iron ، والفولاذ.

iii) أنابيب اللدائن الحرارية Thermoplastic pipes وهى مصنعة من مواد بلاستيكية كرر تليينها وتقويتها بالتبريد عبر مدى حراري معين لكل نوع من البلاستيك مثل متعدد الأثيلين Polyethylene، والكلوريد متعدد الفينيل Polyvinyl chloride .

iv) أنابيب بلاستيكية صلدة بالحرارة Thermoset plastic pipes مثل المونة البلاستيكية المسلحة Reinforced plastic mortar ، والراتينج المسلح الصلد بالحرارة.

وعادة تستخدم الأنابيب المصنعة من مواد قليلة الثمن مثل: الطين والخرسانة واللدائن اعتماداً على نوع الاستخدام. ويلجأ إلي استخدام أنابيب الحديد الزهر أو الحديد عند ظروف الأحمال الاستثنائية للأنبوب الرئيس الذي يحمل فضلات سائلة تحت الضغط. ومن أكثر المواد استخداماً في المجاري الصحية: الاسبستس الأسمنتي والطين المزجج وكلوريد البوليفينيل. ويبين الجدول 3-12 بعض خواص هذه المواد.

جدول (3-12) خواص بعض الأنابيب المستخدمة للمجرور {15}

المادة	المحاسن	المساوئ	القطر
الخرسانة والخرسانة البسيطة والخرسانة المسلحة	-تستخدم لمجاري الأمطار الصغيرة وللمجاري الصحية في المناطق التي يقل فيها التآكل والتحات بفعل الميول والحرارة أو صفات الفضلات السائلة-مدى قص وضغط كبيرين - أقطار كبيرة - أطوال مختلفة - تكلفتها مناسبة	لا تستخدم في مناطق الحرارة الشديدة وللمجاري ذات الميول المستوية - الإئتكال والتحات عند حمل الفضلات الخام -الخرسانة المسلحة قابلة للإئتكال التاجي - عالية الوزن - القص والكسر عند الطمر غير الجيد	100 - 4570 ملم (4-180 بوصة)
لدائن	- مسيكة ضد الماء -يمكنها تحمل الهبوط المتفاوت دون انهيار -تعيش لمدة أطول - تقاوم الائتكال والتحات-تدوم طويلا- تتحمل الضغط الداخلي- سهلة التحريك		100 - 380 ملم (4-15 بوصة)
كلوريد البولفنيل والبولي اثلين والألياف الزجاجية واللدائن المسلحة	خفيفة الوزن-يسهل حملها-مقاومة للإئتكال-تتواجد في أطوال كبيرة وتقل الوصلات بها (تسرب أقل)- متانة للصدمات - سهولة القطع في الحقل- مسيكة- منتظمة	الوصلات تتلف بالانكماش لأن PVC له تمدد طولي كبير-عالية الثمن - تقل المتانة ضد الشد - الأطوال الموجودة محدودة - قابلة للتشقق والثني والانجراف- قابلة للائتكال الكيميائي -	0.4

		تتأثر بالأشعة فوق البنفسجية	
ألياف البتيومين bituminized fiber	تستخدم لمصرف المنزل		أقطار صغيرة
معدن مموج corrugated metal	تستخدم أحياناً في أنابيب السيل أو في مصارف الطرق		عدة أقطار
الحديد-الحديد الزهر-الحديد المطيلي	تستخدم لأغراض محددة مثل السيفون والتقاطع مع الأنهار وفي الأنبوب الرئيس وخطوط التخلص النهائي الصغيرة وعند استخدام مصارف فوق سطح الأرض وفي محطات المعالجة- تتحمل الضغط العالي - سعة تحميلية عالية	ثقيلة (وزنها كبير)-عالية الثمن-يجب حمايتها من التآكل	
الاسبستس الأسمنتي asbestos cement (CA)	الطول يصل إلى 6 أمتار -جيدة التحكم ضد تسرب الماء-خفيفة الوزن-قليلة خشونة الجدار-زهيدة الثمن-سهلة الوضع بعامل غير ماهر-يمكن الحصول عليها بطريقة خارجية من الإسفلت أو الورنيش أو طلاء الأبوكسي-تصاحبها عدة أنواع من التركيبات -تدوم طويلا -تتحمل الضغط الداخلي -سهلة القطع والتشكيل	الملحقات (الإنحناءات والوصلات Tees) من الحديد الزهر- صعوبة توصيلات المنزل للربط مع المجرور عدا عند الوصل لغرفة التفتيش أو wyes- مقاومة ضد التلف الميكانيكي-الائتكال والتحات	102 - 914 ملم (4-36 بوصة)
الطين وأعمال الحجر والطين المزجج	زهيد الثمن-جيد المقاومة الإئيكال والتحات-أملس (ناعم جداً)-الملحقات من نفس المادة-نسبة لأنه هش نسبياً- يسهل توصيل المنزل لمجرور مستقيم بواسطة وصلات على شكل T أو Y- تدوم طويلاً-سهلة التواجد- أداؤها جيد- شديد الصلابة والكثافة - لا يتأثر بالمعادن والتحات البكتيري	تسرب الماء من خلال الوصلات -يصعب تشكيل وتزجج الانابيب الكبيرة الحجم -وزنها كبير -صعبة التحريك والنقل - قليلة المتانة	100 - 1070 ملم (4-42 بوصة)

غرفة التفتيش

لقد كثر استخدام غرف التفتيش مع المجرور الموحد لتسهيل إزالة المواد غير العضوية، وتتيح غرفة التفتيش الدخول إلى نظام التصريف وصيانته وتشيد لدواعي المراقبة. وتراعى النقاط التالية في تصميمها:

- توضع غرف التفتيش في كل التقاطعات، وعلى نقاط التغير في الميل أو الاتجاه عدا عند المناطق المنحنية، أو عند تغير مستوى قعر المجرور (بالنسبة لـغرفة تفتيش الهبوط drop manhole) أو عند تغير القطر، وفي الجزء الأعلى من المجرور المستعرض، وعلى مناطق تسهل عملية النظافة والصيانة عند الطوارئ، أو ربما يحتاج إليها في بعض التوصيلات المنزلية أو للدخول العام للمجرور.
- لا توضع غرف التفتيش في المناطق المنخفضة وتصمم بحيث لا تسمح بنفاذ المياه السطحية

- لا تتجاوز أكبر مسافة بين غرف التفتيش 35 إلى 50 متراً عن بعضها البعض حسب حجم المجرور (المصرف)، عدا عند استخدام نظام هيدروليكي لنظافة وغسيل النظام عند الصيانة وعندها يمكن مضاعفة المسافة.
- توضع غرف التفتيش على مسافات 90 إلى 150 متراً، ولمسافات 150 إلى 300 متر للمجاري الكبيرة.
- يجب أن يكون المجرور مستقيماً بين غرف التفتيش
- تعمل غرف التفتيش على تفتيش المجرور لمعرفة الإنسدادات،
- تبيح غرف التفتيش إمكانية إدخال جهاز النظافة (الجردل وكابل الحديد) من خلالها.
- تصمم غرف التفتيش لتسمح بالنفاذ إلى المجرور للمراقبة وإجراء أعمال الصيانة. ويعمل على أن تحدث أقل تداخل مع هيدروليك المجرور، وأن تدوم طويلاً، وعادة تكون غير نافذة للماء وتتحمل الضغط والأحمال.
- عادة تكون غرف التفتيش دائرية الشكل، والأبعاد الداخلية كافية لممارسة التفتيش والنظافة دون صعوبة. عادة لا يقل القطر الداخلي عن 1 إلى 1.2 متر للمجاري الصغيرة للمقطع الدائري أو المربع.
- يصنع غطاء غرفة التفتيش من الحديد الزهر أو الحديد الزهر المطيلي عادة بفتحة 600 إلى 900 ملم، وتتحمل المركبات ذات الوزن 75 إلى 200 كيلو جرام. ويجب أن يكون الغطاء محكم الغلق على هيكله لمنع حدوث صليل عند مرور المركبات فوقه ولتقليل أي مخاطر صحية، ولا ينصح بغطاء خرسانة مسلحة: لثقلها، ولصعوبة تحريكها، ولسهولة تلفها أثناء عمليات الصيانة.
- يصمم سلم أو درجات جيدة يسهل الوقوف عليها، أو تشيد إحدى الجدران رأسية وتوضع بها درجات من الحديد الزهر لتسهيل دخول عامل النظافة والمراقبة.
- تصنع الغرفة من مواد جيدة لتعيش أطول مدة ممكنة، خاصة في هذه الظروف الصعبة المتواجدة داخل المجرور، ويمكن أن يستخدم في إنشاء غرف التفتيش المواد المحلية مثل الطوب، الطابوق، الخرسانة، الخرسانة المسلحة، الحجارة، ، كتل (قوالب) الأسمنت، والألياف الزجاجية المسلحة باللدائن وغيرها.
- أنبوب توصيل المنزل للمجرور بالشارع لها قطر 0.15 متر وميل على الأقل 1% (أي واحد سنتمتر على المتر).

عند الاختيار والمفاضلة بين الأنابيب التي تصلح للمجاري ينبغي موازنة الفوائد والقيود والمحدات. ومن أهم العوامل التي تحكم عملية الاختيار والمفاضلة بين المواد المصنع منها الأنابيب التالي:

- نوع الاستخدام المتوقع
- خواص الفضلات السائلة

- حالات الجرف والتحات والائتكال الكيميائي والحيوي
- متطلبات التشييد
- خواص الأنابيب وأحجامها وأوزانها
- متطلبات الدفق: من سرعة الدفق، وحجم الأنبوب وميله، وقوة الاحتكاك
- التسرب أو التخلخل لداخل المجرور
- العوامل الاقتصادية: من سعر التكلفة والتشييد والصيانة وغيرها

وللتحكم في تسرب المياه الجوفية وتخلخل الفضلات السائلة إلى داخل المجاري فلا بد من استخدام أربطة محكمة وأنابيب جيدة تقاوم الجذور، ومرنة، وتدوم طويلاً. كما ولا بد من الصيانة الدورية للمجاري لضمان التشغيل الجيد لها، إذ أن سعة المجرور صممت لنقل أكبر دفق ممكن. غير أن هذه السعة يمكن أن تقل جزئياً أو كلياً من جراء تراكم المترسبات والشحوم والدهون وغيرها من المواد، أو من تغلغل الجذور أو التربة خلال التشققات في المفاصل. و تواكب قلة السعة مشاكل طفح الفضلات خارج المجاري مما قد يؤثر على الصحة العامة. ومن الأهداف العامة للصيانة: منع تقليل السعة، وتقليل حدوث الأعطال، وزيادة عمر النظام، وجمع المعلومات المفيدة للتصميمات المستقبلة.

في كثير من البلدان النامية تعطى الأولوية لإمداد الماء أكثر من الإصحاح وكمثال لهذا فقد قدرت منظمة الصحة العالمية في 1985 أن 66 بالمائة من سكان المدن في البلدان النامية يسهل عليهم الحصول على الماء غير أن 35 بالمائة منهم لهم خدمات إصحاح {43}. ويستدعي هذا الوضع المعالجة والتقويم لما فيه المصلحة العامة.

تختلف المحاكم كثيراً في الأحكام المتعلقة بالأضرار الناتجة من تشييد وإنشاء محطات معالجة الفضلات السائلة فيما يتعلق بالصحة أو الضرر على الممتلكات من جراء التصميم الخاطئ للمجاري وغيرها من المنشآت ذات الصلة، أو بسبب غياب الصيانة أو تدنيها أو تجاهلها، أو رداءة التشغيل، أو من تلوث مصادر المياه المحيطة. ويمكن مساءلة البلدية أو المدينة في حالات محدودة خاصة عند البلاغ عن الكسر أو التسرب للمجرور ويتم تجاهل البلاغ أو التلكؤ في إجراء العمل اللازم بغية تقليل الضرر المتوقع {15}.

15-3 الإنتكال في المصارف الصحية

تعد البيئة داخل المجرور بيئة إئتكال عندما يتم إنتاج غاز كبريتيد الهيدروجين. ومن أهم الآثار الضارة وغير المستحبة لكبريتيد الهيدروجين التالي {34،13،2}:

- إنتاج الروائح الكريهة
- مخاطر لعمال النظافة والصيانة والترميم
- تآكل المجاري غير المحمية والمصنعة من مواد أسمنتية أو مواد معدنية
- ضرر بالمعالجة إذ أنه يؤثر على الحمأة النشطة ويزيد من متطلبات الكلور.
- شكوى الجمهور من الإنتاج الزائد للغاز في محطات المعالجة المجاورة لهم.
- غاز كبريتيد الهيدروجين غاز سام.

تقوم البكتريا اللاهوائية باختزال الكبريتات الموجودة في الفضلات السائلة داخل المجرور إلى الكبريتيد طبقا للمعادلة التالية:

كبريتات + مواد عضوية ←(بكتريا لاهوائية)— كبريتيد + ماء + ثاني أكسيد الكربون

$$SO_4^{=} + \text{organic matter} \xrightarrow{\text{anaerobic bacteria}} S^{=} + H_2O + CO_2$$

$$S^{=} + 2H^{+} \longrightarrow H_2S$$

وإنتاج الكبريتيد داخل طبقة النمو الحيوي الموجودة داخل جدار أنبوب المجرور الصحي يتم في غياب الأكسجين أو عند وجود كمية غير كافية في الفضلات السائلة. ويوجد جزء من الكبريتيد في الحمأة المنزلية في صورة غير ذائبة لكبريتيد عدد من المعادن بتركيز قليل. عادة يحجز الجزء الأكبر من الكبريتيد في المحلول كخليط من كبريتيد الهيدروجين وأيون HS^- ، ويسمى هذا الخليط بالكبريتيد الذائب. وعندما يكون الرقم الهيدروجيني للفضلات السائلة المحتوية على كبريتيد في حدود 7 ، فإن 50 % من الكبريتيد الذائب يكون كبريتيد الهيدروجين والباقي أيون HS^- . ويمثل شكل 3-13 إنتاج الكبريتيد في المجرور الصحي.

شكل 3-13 إنتاج الكبريتيد في المجرور الصحي

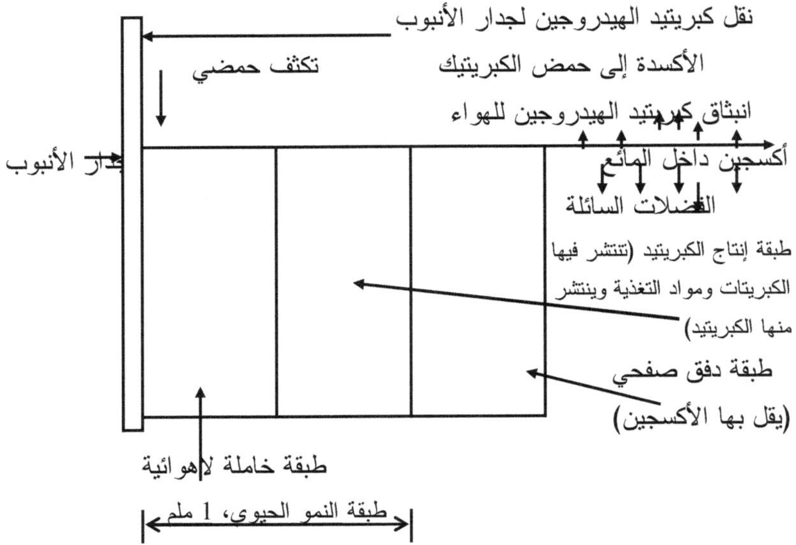

يعتمد إنتاج الكبريتيد في المجرور الصحي على عدة عوامل مؤثرة تضم:

- درجة حرارة الفضلات السائلة: إذ كلما زادت درجة الحرارة كلما زاد إنتاج الكبريتيد
- نقصان التخفيف: مثلاً عندما لا يوجد تخلخل وتسرب للمياه الجوفية فإن هذا الوضع يقود إلى زيادة الحاجة الحيا كيميائية للأكسجين
- حالة الدفق الهيدروليكية من ميل الأنبوب ، وسرعة الدفق، وحجم الفضلات السائلة
- تقليب المواد الصلبة المترسبة

هنالك بعض المؤشرات المستخدمة لتحديد احتمال تكوين الكبريتيد في مجرور صغير نسبياً[1] ينساب الدفق خلاله تحت تأثير قوى الجاذبية الأرضية (بالراحة)، ومن هذه المؤشرات صيغة زيتا {2،25،34} الموضحة في المعادلة 3-55.

$$Z = \frac{BOD_e * w_p}{\sqrt{S\grave{o}} * Q^{0.33} * B} \qquad 3\text{-}55$$

حيث:

Z = دالة زيتا.

BOD_e = الحاجة الحيا كيميائية للأكسجين الفعالة.

[1]لا يزيد قطره عن 600 ملم

w_p = المحيط المبتل (قدم)

S = الميل الهيدروليكي.

Q = معدل الدفق (قدم^3/ ث)

B = عرض السطح (قدم)

يبين الجدول (3-13) حالة الكبريتيد لقيم مختلفة من دالة زيتا

جدول (3-13) حالة الكبريتيد لقيم مختلفة من دالة زيتا {2،25،34}

قيمة زيتا	حالة الكبريتيد
أقل من 5000	يندر إنتاج كبريتيد
10000 > Z > 5000	حالة إنتاج هامشي للكبريتيد
Z أكبر من 10000	إنتاج عادي للكبريتيد

مثال 3-7

صمم مصرف صحي لنقل فضلات سائلة بمعدل دفق 1.2 قدماً مكعباً على الثانية، ووضع المصرف على ميل 0.003. بين حالة إنتاج الكبريتيد في المصرف عندما يكون المحيط المبتل يساوى 1.97 قدماً (0.6 م)، وعرض دفق يساوى 1.31 قدماً (0.4 م)، وأن الحاجة الحيا كيميائية للأكسجين تساوى 260 ملجم/ لتر.

الحل:

1- المعطيات: Q = 1.2 قدم^3/ ث، s = 0.003، w_p = 1.97 قدم، B = 1.31 قدم، BOD_e = 260 (ملجم/ لتر)

2- جد دالة زيتا من المعادلة

$$Z = \frac{BOD_e * w_p}{\sqrt{S} * Q^{0.33} * B} = \frac{260 * 1.97}{\sqrt{0.003} * 1.2^{0.33} * 1.31} = 6722$$

3- وبمقارنة رقم دالة زيتا مع جدول (3-13) يمكن القول بأن حالة إنتاج الكبريتيد في هذا المجرور هامشية.

برنامج 3-7:

```
Public Class Form1

    Private Sub Form1_Load(ByVal sender As System.Object,
       ByVal e As System.EventArgs) Handles MyBase.Load
        Label1.Text = "معدل الدفق-قدم3/ث"
        Label2.Text = "ميل المصرف الصحي"
        Label3.Text = "المحيط المبتل-قدم"
        Label4.Text = "عرض الدفق-قدم"
        Label5.Text = "الحاجة الحياكيميائية-ملجم/لتر"
        Label6.Text = "قيمة دالة زيتا"
        Label7.Text = "حالة الكبريتيد"
        Button1.Text = "احسب دالة زيتا"
        Me.Text = "مثال 3-7"
        Me.FormBorderStyle =
          Windows.Forms.FormBorderStyle.FixedSingle
    End Sub

    Private Sub Button1_Click(ByVal sender As System.Object,
       ByVal e As System.EventArgs) Handles Button1.Click
        Dim Z, Q, s, wp, B, BODe As Double
        Q = Val(TextBox1.Text)
        s = Val(TextBox2.Text)
        wp = Val(TextBox3.Text)
        B = Val(TextBox4.Text)
        BODe = Val(TextBox5.Text)
        Dim Z1, Z2 As Double
        Dim Zstr As String
        Z1 = BODe * wp
        Z2 = Math.Sqrt(s) * Math.Pow(Q, 0.33) * B
        Z = Z1 / Z2
        If Z < 5000 Then
            Zstr = "الكبريتيد يندر إنتاج"
        ElseIf Z > 10000 Then
            Zstr = "للكبريتيد عادي إنتاج"
        Else
            Zstr = "للكبريتيد هامشي إنتاج حالة"
        End If
        TextBox6.Text = FormatNumber(Z, 0)
        TextBox7.Text = Zstr
    End Sub
End Class
```

استخدمت عدة طرق للتحكم في الكبريتيد والسيطرة على إنتاجه في المجاري، ومن هذه الطرق:

1- العمل على إيجاد سرعة دفق تضمن كفاءة نقل المواد الصلبة ومنع ترسبها.

2- المعالجة الكيميائية والتي تتم باستخدام:

- الكلورة (إضافة غاز الكلور أو مشتقاته)
- إضافة أملاح معدنية مثل كبريتات الحديد
- إضافة بيروكسيد (فوق أكسيد) الهيدروجين H_2O_2

3- إذابة الهواء أو الأكسجين في مسار الفضلات السائلة

- إضافة هيدروكسيد الصوديوم NaOH
- الحقن بالهواء في المجرور الرئيس

4- تهوية المصرف الصحي.

5- التبطين بمواد خاملة مثل الطين المزجج والمواد البلاستيكية ومركبات الإسفلت.

يعتمد تآكل المصرف الصحي المصنع من المواد الأسمنتية على نوع الأنبوب، والمواد المصنع منها، ومعدل إنتاج كبريتيد الهيدروجين من الفضلات السائلة. ويمكن تقدير متوسط فيض كبريتيد الهيدروجين إلى جدار الأنبوب {34} من المعادلة 3-56

$$\varphi = \frac{0.45a}{w_p'} S_d B(SV)^{0.375} \qquad 3\text{-}56$$

حيث:

Φ = فيض كبريتيد الهيدروجين المتبقي لجدار الأنبوب على درجة حرارة 20°م (جم/ م^2×ساعة)

a = ثابت يعتمد على كمية الكبريتيد المذاب (في صورة كبريتيد الهيدروجين) إلى رقم الهيدروجين للفضلات السائلة

w_p' = المحيط المبتل أعلى سطح السائل لجزء الأنبوب المعرض للهواء (قدم)

S_d = تركيز الكبريتيد الذائب في الفضلات السائلة (ملجم/ لتر)

B = عرض السطح للانسياب البطيء (قدم)

S = ميل خط الطاقة للسائل (ميل الأنبوب للدفق المنتظم المستقر) (لا بعدي)

v = سرعة الدفق (قدم/ ث)

من البكتريا المهمة في موضوع تآكل المجرور بالكبريتيد البكتريا المؤكسدة التيوعصوية *Thiobacillus thio-oxidants* (أنظر شكل 3-14)، وبكتريا تيونيبوليتانس *T. neapolitans*، وبكتريا الخرسانة تيوكونكريتوفورس *T. concretovorous*، والبكتريا التيوعصوية

Thiobacillus من نوع البكتريا المؤكسدة للكبريت (وهى بكتريا هوائية)، والبكتريا ذاتية التغذية بالجمادات[1] *Lithotrophic autotroph*

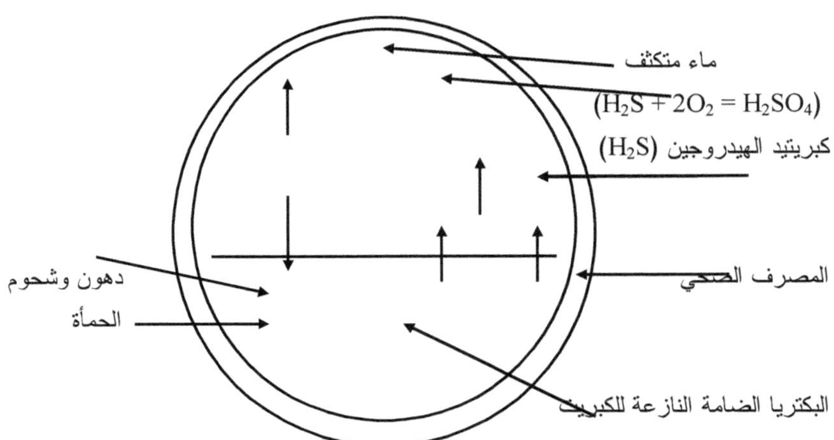

شكل 3-14 رسم تخطيطي لتآكل المصرف الصحي

تقوم الأحياء المجهرية بتفسخ المواد العضوية المترسبة في المجاري ذات الدفق البطيء. ويكون التفسخ الحيوي مصحوباً باختزال الكبريتات الموجودة في الفضلات السائلة بواسطة البكتريا. ويصاحب عملية الأكسدة اللاهوائية للمواد العضوية تكوين أحماض دهنية ذات سلسلة قصيرة، والتي قد تعمل على نقصان الرقم الهيدروجيني. وتنتج محصلة إنتاج الكبريتات وتقليل الرقم الهيدروجيني، كبريتيد الهيدروجين ليشغل حيز الغلاف الهوائي في المجرور. وربما حدثت إعادة إذابة لكبريتيد الهيدروجين في أعلى قمة المجرور بواسطة الماء المكثف، لتقوم البكتريا الثيوعصوية *Thiobacillus* بإعادة أكسدته إلى حمض الكبريتيك Sulfuric acid. ويقلل تكوين الحمض الرقم الهيدروجيني إلى ما يقارب 3، ومن ثم تقوم بكتريا الخرسانة *T. concretovorous* بالنمو والتكاثر لتقلل الرقم الهيدروجيني بدورها إلى 1. ومن المعلوم أن هذه البكتريا لا تعيش في رقم هيدروجيني يربو على 4.

ويقود إنتاج الحمض في الأنابيب المصنوعة من الخرسانة أو الحديد أو الفولاذ إلى تآكلها خاصة في المناطق الدافئة المناخ، وفى المجاري الموضوعة على ميل مستو مما ينتج عنه سرعة قليلة وزمن مكث أكبر. غير أن المجاري التي تنقل دفقاً كاملاً (ممتلئة) لا توجد بها بيئة مناسبة لتآكل قمة المجرور.

[1] بعضاً منها يمكن أن يكون غيري الإغتذاء *Heterotrophs*

وعادة توجد في الحمأة والقاذورات النتنة البكتريا الضامة النازعة للكبريت *Desulphovibrio desulphuricans* وهى بكتريا لا هوائية تقوم باختزال الكبريتات لتكون الكبريتيد وهى غيرية الإغتذاء *Heterotrophic* وتقوم بأكسدة الكربون العضوي أثناء اختزال الكبريتات.

ويبين الجدول 3-14 أثر بعض الملوثات في المصارف الصحية.

جدول (3-14) أثر بعض الملوثات في المصارف الصحية

الملوث	المشاكل والآثار المترتبة على وجوده في المجاري	العلاج المقترح
الدهون والشحوم والزيوت	تغطية-انسداد-تقليل سعة المجرور عند تراكمها	المعالجة المسبقة-نظافة المجرور
المواد الملتهبة والمواد المتفجرة	حرائق-انفجار-أبخرة مقيتة-مشاكل صحية لعمال النظافة	منع الصرف في المجرور-الرصد والمراقبة-استخدام الملابس والأجهزة الواقية
المواد القلوية	تآكل معدن المجرور- احتمال ترسيب	معادلة- موازنة
المواد الحمضية	تآكل وتفتيت لأنابيب الخرسانة والحديد	معادلة- موازنة
المواد الصلبة العالقة الخشنة	انسداد الأنبوب	المعالجة المسبقة-تصفية-إزالة المواد غير العضوية-نظافة المجرور
المواد غير العضوية	تآكل كبير لمحطات الضخ-تراكم-انسداد الأنبوب	المعالجة المسبقة-نظافة المجرور
المعادن الثقيلة والمواد السامة	انبثاق غازات سامة عند زيادة الحمضية أو القلوية	المعالجة المسبقة
الأحماض العضوية الزائدة	تكوين القاذورات النتنة في خط المجاري مما ينتج معه غاز كبريتيد الهيدروجين الذي يقوم بتآكل الخرسانة والمنشآت كما وأنه سام	المعالجة المسبقة-محاولة إيجاد بيئة هوائية داخل المجرور-الكلورة عند محطات الضخ
أمونيا	مهيج للعيون والجهاز التنفسي-سام على درجة تركيز 0.01%	معالجة مسبقة-تهوية
كبريتيد الهيدروجين	يضر حاسة الشم بسرعة عند زيادة التركيز-قاتل خلال دقائق على تركيز 0.2%-التعرض لتركيز 0.07% إلى 0.1% يسبب تسمم سريع-يشل مركز الجهاز التنفسي	معالجة مسبقة-تهوية

من الملاحظ أن خدمات الإصحاح باستخدام شبكة المجاري تعاني من تمويل المشروع لبناء الأنابيب وغرف التفتيش ومحطات الضخ لضمان سريان الفضلات بالراحة؛ مما استدعى معه العمل على استخدام أقطار كبيرة، وميول عالية، تتطلب الكثير من أعمال الحفر مما يفاقم من تكلفة الإنشاء والتشييد. وهذا الحال استدعى النظر في تقانات مستدامة مثل مرحاض الحفرة المهواة المحسن VIP وغيرها من نظم الإصحاح في الموقع، لضمان جودة الخدمة بأنسب التكاليف. غير أن الكثافة السكانية العالية بالمنزل، والتربة المسيكة، وازدياد معدلات استهلاك الماء، جعلت من نظم التخلص بالموقع غير عملية. مما يستدعي معه النظر في تقليل التكلفة لأكثر العناصر تأثيراً عليها مثل: أقطار الأنابيب، وأعماق المجاري، وميل المجرور بالنسبة لطبغرافية الأرض، وعدد غرف التفتيش وأعماقها، وأطوال المجاري، والكثافة السكانية وغيرها من العوامل المؤثرة. أي ينبغي التفكر في تغيرات تقانة أو تغيرات في التشريعات والموجهات التصميمية، ومن أمثلة تغيرات التقانة {44}:

(أ) المجرور الخالي من المواد الصلبة (Solids free sewer): تتم إضافة حوض لحجز المواد الصلبة بين مجرور المنزل والمجرور العارض بغرض حجز المواد الصلبة الداخلة إليه، ولتنظيم الدفق، ولتسهيل انسياب الأوساخ المترسبة بالراحة (تحت الجاذبية) مما يقلل من الاحتياج إلى سرعة التنظيف الذاتية؛ ويمكن معه استخدام ميول أقل وأعماق ضحلة وأقطار أصغر.

(ب) مجاري ضخ السائل الخارج من حوض التحليل اللاهوائي Septic tank effluent pump (STEP) : ويقوم بنفس وظيفة حوض الحجز أعلاه غير أن سائل المواد الصلبة المترسبة يتم ضخه في شبكة المجاري، مما يقلل من أقطار الأنابيب وميولها.

(ج) مضخة الأوساخ المطحونة Grinder Pump Sewerage : وفيها يتم طحن الفضلات السائلة ثم تضخ إلى نظام المجاري.

(د) نظام المجاري بالتفريغ Vacuum sewerage system .

وتعتمد كل هذه النظم على العوامل الاجتماعية والكثافة السكانية (لا تزيد عن عشرة آلاف فرد) ووجود الموارد والصيانة.

أما التغيرات في تشريعات وموجهات التصميم فتعتمد على نظريات الهيدروليك والتقدم في التقانة والخبرة المقبولة والخطر المقبول acceptable risk ومن أمثلتها {44}:

(أ) المجاري على الميل المسطح Flat grade sewerage مما يقلل من تكلفة الإنشاء وحفر المجرور وغرف التفتيش ونزح الماء أثناء التشييد وتكلفة التشغيل للضخ والصيانة.

(ب) تخفيض احتياجات أقل تغطية Reduction of minimum cover requirements : وهذه تتم باستخدام أنابيب كلوريد البولفنيل PVC ، واستخدام مجرور بقطر 100 ملم،

ومراجعة أبعاد الخندق للأعماق الضحلة، وزيادة المسافات بين غرف التفتيش وزيادة واستخدام أجهزة الكشف inspection shafts.

(ج) المجرور البسيط Simplified Sewers: وتعمل المجاري البسيطة كنظم المجاري التقليدية مع بعض التحسينات إذ يتم خفض أقل قطر وأقل تغطية وحسب الميل باستخدام قوة الجر tractive force concept بدلاً من طريقة أقل سرعة، ويوضع المجرور تحت طريق المشاة side walk بعيداً عن حركة المرور ما أمكن، ويتم حذف كثير من غرف التفتيش الفادحة الثمن أو استبدالها بأخرى تقل تكلفة نظم النظافة فيها. وبدلاً من أخذ أقل سرعة (0.6 متر على الثانية) كما في تصميم ظاهرة شبكة المجاري التقليدية، يعتمد تصميم المجرور البسيط على المحافظة على جهد قص طرفي في حدود 0.1 كجم/م^2 وهذا كفيل بإعادة علوق حبيبة رمل قطرها 1 ملم. ولأقل جهد القص المذكور يمكن جعل الأنابيب الأقل من 1050 ملم أكثر استواء منها عند التصميم اعتماداً على أسلوب أقل سرعة، كما وأن الأنابيب الأكبر من 1050 ملم تُجعل أكثر ميلاً للحفاظ على النظافة الذاتية {44}.

تعتمد المعادلات المستخدمة في تصميم القنوات المكشوفة وطريقة المجرور البسيط لإيجاد أقل ميل على قوة الجر. وتبنى على استخدام أقل قوة مطلوبة لتحريك حبيبة مترسبة معلومة الحجم. وتبين معادلة 3-57 المقاومة أو جهد القص المحيط.

$$\tau = \gamma * rH * S \qquad 3\text{-}57$$

حيث:

τ = جهد القص المحيط

γ = الوزن النوعي للماء

rH = نصف القطر الهيدروليكي

S = ميل القناة

ويوجد أقل ميل تصميمي بتعويض معادلة 3-40 في معادلة ماننغ (3-22 و 3-25) وبافتراض أن عمق أقل دفق يساوي عشري قطر المجرور. ومن النسب الهيدروليكية يتبين أن الزاوية ϕ = 106.26 درجة لنسبة عمق (d/D) تساوي 0.2. وعليه فان مساحة المقطع يمكن إيجادها من المعادلة 3-58.

$$A = \frac{D^2}{4}\left(\frac{\pi\phi}{360} - \sin\frac{\phi}{2}\right) = 0.1118\ D^2 \qquad 3\text{-}58$$

أما نصف القطر الهيدروليكي فيوجد من المعادلة 3-59.

$$rH = \frac{D}{4}\left(1 - \frac{360\sin\phi}{2\pi\phi}\right) = 0.1206D \qquad 3\text{-}59$$

وبتعويض المعادلة 3-59 في المعادلة 3-57 يمكن إيجاد القطر كما مبين في المعادلة 3-60.

$$D = \frac{\tau}{0.1206\gamma S} \qquad 3\text{-}60$$

وباستخدام معادلات مساحة المقطع ونصف القطر الهيدروليكي في معادلة الدفق حسب معادلةماننغ بأخذ γ = 1000 كيلوجرام على المتر المكعب و τ = 0.1 كيلوجرام على المتر المربع و n = 0.013 يمكن إيجاد الانسياب (باللتر على الثانية) حسب المعادلة 3-61.

$$S_{min} = 0.0055\, Q_i^{-0.47} \qquad 3\text{-}61$$

حيث:

S_{min} = أقل ميل للمجرور

Q_i = الدفق الابتدائي (الجاري) (لتر/ث)

وباستخدام الدفق المتوقع لنهاية الزمن التصميمي يمكن تصميم قطر المجرور، ويجب التأكد من أن سرعة الدفق الكلي v_f أقل من 5 أمتار على الثانية، والتي يجب أن تقل عن السرعة الحرجة v_c (أنظر معادلة 3-62) لضمان وجود التهوية المناسبة في المجرور {44}.

$$v_c = 6\sqrt{g.\,rH} \qquad 3\text{-}62$$

حيث:

v_c = السرعة الحرجة

rH = نصف القطر الهيدروليكي

g = عجلة الجاذبية الأرضية

أما بالنسبة لتوزيع خطوط وشبكات الخدمات العامة في الطرق فربما لُجئ إلى استخدام التوزيع الأفقي أو الرأسي. وتحكم التوزيع الأفقي عوامل منها: سعة الرصيف (2 إلى 6 أمتار)، والتوصيلات المنزلية للخدمات، والخلوص الأفقي بين الشبكات لتفادي التلف أو الانفجار وإجراء الصيانة اللازمة. وتحكم التوزيع الرأسي عوامل منها: الميل المطلوب للصرف بالراحة للمياه والفضلات السائلة والأمطار، والغطاء الترابي اللازم لحماية الأنبوب تحت الأحمال الحية والميتة، والخلوص بين الشبكات للسلامة والحماية بما لا يقل عن 12 بوصة (30 سم) بين شبكات الماء والصرف الصحي والأمطار {45}. وتعتبر التعارضات العمودية من أهمها عند تقاطع الشبكات فوق بعضها البعض مما يستدعي معه التصميم الجيد المتكامل بين الوحدات الهندسية المختلفة القائمة بأمر كل منها لتثبيت الأبعاد والالتزام بالمواصفات والمعايير والخطط الهندسية المجازة، ووضع علامات تحذيرية وبيانية لكل نوع من الخدمات بالطريق {45}.

16-3 تمارين عامة:

1-16-3 تمارين نظرية:

1) ما معنى فضلات لغة واصطلاحاً؟
2) لماذا يتم جمع الفضلات السائلة؟
3) أذكر أهم طرق جمع الفضلات ونقلها.
4) ما معنى "مجرى" لغة واصطلاحاً؟
5) ما أهم أهداف تشييد شبكة المجاري؟
6) ما الفرق بين أنواع المجرور التالي: صحي، وسيل، ومنزل، وعرضي، وعام؟
7) اذكر أهم نظم المجاري.
8) ما الفوائد الدينية من الجمع الصحي للفضلات السائلة؟
9) بين نظم المجاري المتبعة في منطقتك. وما أهم الفروق بينها؟ وضح أهم الطرق الكفيلة بتقويم وضعها وتطويرها بوساطة البلدية أو الجهات الصحية التي نيط بها الأمر.
10) تحدث بإيجاز عن تاريخ استخدام المصارف الصحية. وكيف يمكن استخدام التاريخ للنظرة المستقبلة.
11) كيف يتم تقدير دفق الفضلات السائلة للمناطق الجديدة؟
12) ما أهم النقاط الواجب أخذها في الحسبان عند المفاضلة بين نظم المجاري؟
13) فيم تفيد تقديرات معدل الدفق في المجاري؟
14) ما الفرق بين الفضلات المنزلية والصناعية والزراعية؟
15) ما العوامل المؤثرة في دفق الفضلات السائلة؟
16) ما المقصود بانسياب موسم الجفاف؟ وفيم يستخدم؟
17) ما أهم مزايا المكافئ السكاني؟
18) بيّن التغيرات في دفق الفضلات السائلة المنسابة لشبكة المجاري.
19) بين الطرق المناسبة لقياس دفق الفضلات السائلة في منطقتك موضحاً محاسن وعيوب كل طريقة..
20) ما فائدة معرفة تصريف الذروة؟
21) ما العوامل المؤثرة في كميات مياه الأمطار والسيول والمياه السطحية؟
22) عرف الآتي: كثافة انهمار الأمطار، وزمن تركيز الأمطار، والمنطقة الرافدة، وثابت السيل.
23) ما أهم الافتراضات الموضوعة في الصيغة العقلية؟
24) ما العوامل المؤثرة في زمن تركيز دخول الأمطار للمجرور؟
25) بين العوامل المؤثرة على معادلة كريج؟
26) وضح أهم الافتراضات في هيدروليك المجاري.
27) بين فيم تستخدم صيغة سترايكلر؛ ومعادلات: هيزن–وليام، وجيزي، ودارسي–ريسباش.

28) ما العوامل المؤثرة على معامل دي جيزي؟
29) اذكر أهم المراحل التي ينبغي أن يمر بها مشروع الصرف الصحي؟
30) "ينبغي معالجة الفضلات الصناعية قبل إجازة تصريفها في نظام المجاري الصحية العمومية" ناقش هذه العبارة.
31) ما الفرق بين النمط المتعامد والقطري لشبكة المجاري؟
32) أذكر أهم النقاط المؤثرة على تصميم المجرور.
33) أذكر العوامل المؤثرة على السرعة اللازمة للنظافة الذاتية للمجاري.
34) ما أهم المواد المستخدمة في تصميم المجرور؟
35) ما أهم أنواع تشييد المجرور؟
36) أي المواد التالية أفضل لأنابيب الصرف الصحي في الخرطوم: كلوريد البوليفينيل، أم الأسبستس الأسمنتي أم الحديد الزهر؟ ولماذا؟
37) وضح المنهاج المتبع عند اختيار شبكة الصرف الصحي لقبول الفضلات السائلة الناتجة من مدبغة.
38) ما دواعي استخدام غرف التفتيش؟
39) كيف يمكن التحكم في تسرب الماء الجوفي للمجرور؟
40) أذكر الآثار الضارة لكبريتيد الهيدروجين، وكيف يمكن تقليل إنتاجه؟
41) اذكر العوامل المؤثرة في إنتاج الكبريتيد الذائب في المجرور الصحي.
42) اذكر البكتريا المؤثرة في عمليات الائتكال في المجرور.
43) ما المخاطر التي يمكن أن تتأتى من جراء زيادة تركيز كل من المواد الآتية في شبكة المجاري: أكسجين، وأمونيا، وكبريتيد الهيدروجين، ودهون، وبكتريا تيوعصوية؟
44) كيف يمكن تقليل تكلفة تصميم شبكة المجاري وإنشاؤها وصيانتها لمدينة في دولة نامية في ظل تحديات عولمة الألفية الثالثة؟
45) ما رأيك في خصخصة نظم معالجة الفضلات السائلة والتخلص منها في بلدتك؟
46) أذكر أهم القوانين والتشريعات السودانية المتعلقة بالصرف الصحي. ما ملاحظاتك العامة عن أوجه تكامل أو قصور هذه القوانين؟ وماذا تقترح لتطويرها وتحديثها في إطار العالمية والعولمة واتفاقية التجارة الدولية؟
47) ما رأي المذاهب المختلفة في جمع الفضلات السائلة ونقلها وكيفية التعامل معها وإعادة استخدامها من مناطق إنتاجها لنقاط التخلص النهائي؟

3-16-2 تمارين عملية:

معدل انسياب الجفاف

1) ما مقدار معدل انسياب الجفاف على حسب البيانات المبينة في الجدول التالي:

المنشط	القيمة
المتوسط اليومي لاستهلاك المياه	275 لتر/الفرد/اليوم
متوسط التسرب اليومي الداخل لماسورة التصريف	40 متراً مكعباً لكل كيلومتر طولي للماسورة
عدد السكان داخل شبكة المجارى	5000
الطول الكلى للمجرور	10 كلم

(بكالوريوس أم درمان الإسلامية 1998).

2) جد معدل الدفق (الأقصى اليومي، والمتوسط اليومي، والأعلى اليومي، وأقل دفق يومي) للفضلات السائلة لمجموعة 40000 من السكان علماً بأن معدل استهلاك الماء 175 لتر للفرد على اليوم، وانسياب موسم الجفاف DWF ثمانين بالمائة من الاستهلاك، وأقل دفق 40 بالمائة من الدفق المتوسط (بكالوريوس الإمارات العربية المتحدة 1989) الإجابة: 245، 357، 392، 56 لتراً على الفرد.

المكافئ السكاني

3) جد معيار المكافئ السكاني لمصنع ينتج فضلات سائلة يومية بمعدل دفق 6200 متر مكعب علما بأن درجة تركيز الأكسجين الحيا-كيميائي لمدة خمسة أيام بهذه الفضلات 355 ملجم/لتر (بكالوريوس أم درمان الإسلامية 1997) الإجابة: 1775 م^3/يوم.

4) جد المكافئ السكاني لمصنع معين ينتج $1.5x10^6$ لتر من الفضلات السائلة في اليوم علماً بأن قيمة الأكسجين الحيا-كيميائي لمدة خمسة أيام تبلغ 250 ملجم/لتر وأن الفرد المتوسط ينتج حمل أكسجين حيا-كيميائي = 0.06 كجم/يوم (بكالوريوس السودان للعلوم والتكنولوجيا 1998) الإجابة: 5000

نقل الفضلات السائلة

5) جد أقصى معدل دفق من مجرور قطره 600 ملم موضوع على ميل 0.1 في المائة (ثابتماننج يساوي 0.013).

6) جد أقصى عدد من السكان يمكن أن يخدمهم مجرور قطره 305 ملم عند وضعه على أقل ميل ممكن علما بأن معدل دفق الفضلات السائلة يعادل 60 بالمائة من الماء المستخدم، وأن استخدام الماء لكل فرد في حدود 275 لتر في اليوم، وأن أقصى سرعة مسموح بها في المجرور يجب ألا تتجاوز 0.75 م في الثانية.

7) يخدم مجرور دائري منطقة جابية تساوى 40 هكتاراً، وقد وضع على ميل يساوى 1 في 3000. إذا كان زمن التركيز يساوى 20 دقيقة وأن ثابت السيل يساوى 0.4 جد قطر المجرور.

8) جد قطر أنبوب ليسمح بمرور دفق يعادل 250 متر مكعب في الدقيقة مستخدماً ميلاً يقارب 1.8 متر لكل كيلومتر.

9) مستخدماً بياني المعادلة المبنى على صيغةماننج جد مقدار الدفق وسرعة الدفق لأنبوب قطره "ق" وموضوع على ميل 0.003، علما بأن ثابت ماننج يساوى 0.03

10) صمم مصرف صحي دائري ليعطى سرعة دفق 0.75 متر على الثانية ومعدل دفق 9 أمتار مكعبة على الدقيقة. جد سرعة الدفق، ومعدل الدفق عندما ينساب الدفق على عمق 40% من العمق الكلي.

11) مجرور قطره 685 ملم عندما ينساب الدفق الكامل بمعدل يساوى 5 أمتار مكعبة في الدقيقة يكون أقل دفق يعادل 0.2 من أقصى دفق. جد العمق وسرعة الدفق لأقل دفق.

12) وضع أنبوب صرف صحي قطره 750 ملم على ميل 4 ملم/م. بافتراض n = 0.013 جد: عمق الدفق لسرعة 0.6 م/ث. إذا كان عمق الدفق 450 ملم فما مقدار السرعة ومعدل الدفق؟ (بكالوريوس الإمارات العربية المتحدة 1989) الإجابة: 75 ملم، 1.71 م/ث، 0.47 $م^3$/ث.

13) مجرور دائري قطره 1.83 متر ينساب خلاله دفق بمعدل 80 متراً مكعباً في الدقيقة عندما يكون الدفق كاملاً، إذ تم تبطين الجدار الداخلي بخرسانة جيدة. جد الميل الذي يجب أن يوضع عليه المجرور لضمان دفق منتظم. ثابت ماننج = 0.016

14) وضع خط صرف صحي لخدمة 200 شخص على الهكتار في حي مساحته 20 هكتاراً. المعدل المتوسط لاستهلاك الماء في الحي 175 لتر/الفرد/اليوم، والميل الفعلي للمجرور 1 في 60، جد القطر المناسب للمصرف الذي يحمل الدفق الأقصى عند السريان النصفي عبر مقطع المجرور مستخدماً معادلة ماننج بافتراض أن n = 0.013 (بكالوريوس الإمارات العربية المتحدة 1991) الإجابة: 140 ملم

15) وضع مجرور قطره 1520 ملم (60 بوصة) على ميل 0.00036. جد سرعة الدفق وعمق الدفق عند حدوث أقل دفق 1020 $م^3$/ساعة (10 $قدم^3$/ث) (بكالوريوس الإمارات العربية المتحدة 1990). الإجابة: 0.766 م/ث، 532 ملم.

16) جد عدد السكان التصميمي الذين يمكن خدمتهم بمجرور صحي قطره 200 ملم موضوع على ميل 0.4 بالمائة بافتراض أن الدفق التصميمي لكل شخص 0.017 لتر/ث (1500 لتر/فرد/يوم) (بكالوريوس الإمارات العربية المتحدة 1990). الإجابة: 1236

17) استخدم مجرور قطره 200 ملم تنساب خلاله فضلات لعمق 35 بالمائة على ميل يسمح بالنظافة الذاتية مماثلة لمجرور ممتلئ الدفق على سرعة 0.8 م/ث.

- جد الميل المطلوب

- ما مقدار سرعة الدفق؟
- كم يبلغ الدفق الذي ينساب على عمق كامل، والدفق على عمق 35 بالمائة من العمق الكلي (افترض معامل الخشونة يساوي 0.013) (بكالوريوس جامعة أم درمان الإسلامية 1999)

18) مجرور قطره 2 متر وضع على ميل 0.0008 م/م. إذا كانت n = 0.013 لكل أعماق الدفق جد:

- الدفق Q والسرعة v عند الدفق الكامل (الممتلئ).
- الدفق Q والسرعة v عند الدفق لعمق 0.3 متر.
- الدفق Q والسرعة v عند دفق 0.6 من سعة المجرور.
- السرعة v وعمق الدفق d عندما يكون الدفق 1 م^3/ث (الإجابة: 1.37 م/ث، 258.4 م^3/دقيقة؛ 0.31 م^3/ث، 0.562 م/ث؛ 1.234 م/ث، 2.59 م^3/ث؛ 0.93 م/ث، 0.76 متر).

19) مجرور سيل دائري قطره 1500 ملم يخدم مساحة 30 هكتاراً وموضوع على ميل 1 في 5000. إذا كان C = 0.45، جد زمن التركيز علماً بأن شدة الأمطار $I = \frac{750}{t+10}$ ملم/ساعة (بكالوريوس الإمارات العربية المتحدة 1989) الإجابة: 18 دقيقة.

20) استخدم مجرور دائري لتصريف سيل لمساحة 600 هكتار وميل الأرض الطبيعي 1 في 2500. باستخدام طريقة لويد وديفيد جد حجم المجرور في نقطة المصب علماً بأن C = 0.44 وزمن التركيز 20 دقيقة و $I = \frac{750}{t+10}$ (بكالوريوس الإمارات العربية المتحدة 1989) الإجابة: 3.96 متر.

21) وضع مجرور قطره 685 ملم على ميلان 1 في 500 جد عمق الدفق المناظر لسرعة 0.55 م/ث بافتراض أن n = 0.013 (بكالوريوس الإمارات العربية المتحدة 1989) الإجابة: 103 ملم.

22) مجرور قطره 530 ملم عند الدفق الممتلئ يحمل 390 م^3 في الساعة وأقل دفق يعادل ثلث أقصى دفق. جد العمق وسرعة الدفق لأقل دفق. علماً بأن معامل الخشونة 0.013 (بكالوريوس الإمارات العربية المتحدة 1989) الإجابة: 207 ملم، 0.44 م/ث.

23) مجرور 400 ملم موضوع على ميل 2 وحدة لكل 1000 وحدة. جد سرعة الدفق ومعدله إذا كان المجرور نصف ممتلئ بافتراض أن n تساوي 0.013 (بكالوريوس الإمارات العربية المتحدة 1989) الإجابة: 0.74 م/ث، 0.05 م^3/ث.

<u>الانتكال في المصرف</u>

24) مجرور صحي قطره 600 ملم (24 بوصة) صُمم ليحمل 0.02 م^3/ث على ميل 0.1 بالمائة. المحيط المبتل 1.99 قدم (0.6 متر) وعرض سطح الدفق 1.79 قدم (0.54 متر). ما احتمال زيادة الكبريتيد في المجرور علماً بأن الأكسجين الحيا-كيميائي الفعال 460 ملجم/لتر؟ (بكالوريوس الإمارات العربية المتحدة 1990).

17-3 المراجع والمصادر

1) ابن منظور، لسان العرب، مؤسسة التاريخ العربي، دار إحياء التراث العربي، بيروت، 1993.

2) عصام محمد عبد الماجد، الهندسة البيئية، دار المستقبل للنشر والتوزيع، عمان، الأردن، 1995

3) عصام محمد عبد الماجد، التلوث: المخاطر والحلول، المنظمة العربية للتربية والثقافة والعلوم، القباضة الأصلية، تونس (تحت الطبع).

4) Rowe, D. R., and Abdel-Magid, I. M., Handbook of wastewater reclamation and reuse, CRC Press\Lewis Publishers, Boca Raton, FL, 1995

5) Metcalf & Eddy Inc. and George Tchobanoglous, Wastewater Engineering: Treatment and Resource Rec overy, McGraw Hill Higher Education; 5th International edition edi., 2013

6) Water Environment Federation, Wastewater Collection Systems Management MOP 7, McGraw-Hill Education; 6 edi (Water Resources and Environmental Engineering Series), 2009

7) الشيخ قاسم الشماعي الرفاعي، صحيح البخاري، دار القلم، بيروت، لبنان، الطبعة الأولى 1987.

8) AL Agib, A. R. Municipal engineering in the Sudan, pp. 108 - 134, unpublished document.

9) Major Stanton R. A., Khartoum and the Sudan, February 1910, unpublished document.

10) جودة الله عثمان سليمان، ورقة البنيات التحتية، ورشة عمل حول خطة تطوير مركز العاصمة القومية، قاعة الصداقة 6 إلى 7 سبتمبر 1999، الخرطوم، السودان.

11) عبد الرحمن أحمد العاقب، ورقة الحماية، ورشة عمل حول خطة تطوير مركز العاصمة القومية، قاعة الصداقة 6 إلى 7 سبتمبر 1999، الخرطوم، السودان.

12) محمد علي علي فرح، الهندسة الصحية: إمداد المدن بالمياه-هندسة الصرف الصحي، منشأة أنوار المعرفة، الإسكندرية، الطبعة الخامسة 1978.

13) Abdel-Magid, I. M., Hago, A., and Rowe, D. R., Modeling methods for environmental engineers, CRC Press\Lewis Publishers, Boca Raton, FL, 1997

14) Peavy, H. S.; Rowe, D. R.; and Tchobanoglous, G., Environmental engineering, McGraw-Hill Book Co., New York, 1985.

15) McGhee, T. J., and Steel, E. W., Water supply and sewerage, 6th Ed., McGraw- Hill, New York 1991.

16) عمر منصور وعبد القادر الطاهر التلب، أعمال الصرف الصحي بولاية الخرطوم، ندوة لقاء عمل حول البيئة، قاعة الشارقة بالخرطوم، 15 سبتمبر 1998، الجمعية الهندسية السودانية بالتعاون والتنسيق مع وزارة الشئون الهندسية بولاية الخرطوم.

17) Masters, G. M. and Wendell, P. Ela, Introduction to Environmental Engineering and Science, Prentice Hall; 3rd Edi., 2007
18) Hammer, M. J. Sr. and Hammer M. J. Jr, Water and Wastewater Technology, 7th Edi., Prentice Hall; 2011
19) أحمد علي العريان المدخل إلى الهندسة، عالم الكتب، القاهرة، الطبعة الأولى، 1972
20) Viessman, W. Jr. and. Lewis, G. L., Introduction to Hydrology, 5th Edi., Prentice Hall; 2002.
21) Kreissl, J., United States experience with alternative sewers, United States Environmental Protection Agency, 1987.
22) Shammas, N. K. and Wang, L. K., Fair, Geyer, and Okun's, Water and Wastewater Engineering: Water Supply and Wastewater Removal, Wiley; 3 edi., 2010
23) Wilson, F., Design calculations in wastewater treatment, Spon Ltd., London, 1981.
24) عصام محمد عبد الماجد، مسائل مختارة على هامش الهندسة البيئية، دار جامعة الخرطوم للنشر، الخرطوم، 1998.
25) American Society for Civil Engineers, Sulfide in Wastewater Collection and Treatment Systems, ASCE Manuals and reports on Engineering Practice, No. 69., ASCE, New York, 1989.
26) Haestad methods engineering staff, Meadows, M. E. and Walski, T. M., Computer applications in hydraulic engineering, Haestad Methods Inc., Waterbury, CT., 1997
27) Ricketts, J. and Loftin, M. Standard Handbook for Civil Engineers, McGraw-Hill Education; 5 edi., 2004
28) عصام محمد عبد الماجد، والطاهر محمد الدرديري، الماء، آفاق للطباعة والنشر، الخرطوم، 1999
29) Singh, V., Chow's Handbook of Applied Hydrology, McGraw-Hill Education; 2 Edi., 2016
30) M. DePaz, The Properties & structure of water, International Center of Hydrology, Padova University, 1972
31) Viessman, W. and Hammer, M. J., Water Supply and Pollution Control, Prentice Hall; 8 edi., 2008.
32) Nathanson, J. A. and Schneider, R. A., Basic Environmental Technology: Water Supply, Waste Management and Pollution Control Prentice Hall; 6 Edi., 2014
33) Al-Agib Group and Howard Humphereys Joint Venture, Rain water drainage system, part II- Khartoum and Omdurman, A preliminary engineering design, overall cost estimate and phase program for implementation of the main drainage scheme, January 1992, unpublished report to the Ministry of Housing and Public Utilities, Khartoum, Sudan.
34) Joint Task force of the American Society of Civil Engineers and Water Pollution Control Federation, Gravity sanitary sewer design

and construction, ASCE Manuals and reports on Engineering Practice number 60, ASCE, WPCF, New York, 1982.

35) Husain, S, K., Textbook of Water Supply and Sanitary Engineering, 2nd Edi., Oxford and IBH Publications, New Delhi, 1981.

36) Gulf Eternet Industries S A, Eternit Fibrecement Pressure Pipes, T. I. P. P401/79, Dubai, United Arab Emirates.

37) Merritt, F. S., Standard Handbook for Civil Engineers, McGraw-Hill Book Co., New York 1976.

38) Vesilind, P. A. Morgan, S. M. and Heine, L. G., Introduction to Environmental Engineering, CL Engineering; 3 edi., 2009

39) Green, D. and Perry, R., Perry's Chemical Engineers' Handbook, McGraw-Hill Education, 8th Edi., 2007

40) Barnes, D.; Bliss, P. J.; Gould, B. W. and Vallentine, H. R., Water and wastewater engineering systems, Pitman International, Bath 1981.

41) Houghtalen, R. J., Akan, A. O. and Hwang, N. H. C. Fundamentals of Hydraulic Engineering Systems, Prentice Hall; 4th Edi., 2009

42) Douglas, J. F., Jasiorek, J. M., and Swaffield, J. A., Fluid Mechanics, Longman Scientific and Technical Co-published with John Wiley and Sons, New York, 1985.

43) WHO, The International Drinking Water & Sanitation Decade, Review of Decade Progress, Geneva, 1988

44) Bakalian, A., Wright, A., Otis, R. & Netto, J. A., Simplified sewerage: Design guidelines, UNDP-World Bank, Water and Sanitation Program, Water & Sanitation Report no. 7, WB, Washington, DC., 1994.

45) علي، ع. أ.، دراسة في تعارضات شبكات الخدمة العامة في الطرق، ندوة لقاء عمل حول البيئة، قاعة الشارقة بالخرطوم، 15 سبتمبر 1998، الجمعية الهندسية السودانية بالتعاون والتنسيق مع وزارة الشئون الهندسية بولاية الخرطوم.

46) علي، ج. وعبد الله، م. ع.، الافتتاح الرسمي لمشروع إعادة تأهيل مجاري الخرطوم، ولاية الخرطوم، الإدارة العامة للهندسة الصحية، 13 مارس 1992 (تقرير غير منشور).

الفصل الرابع: معالجة الفضلات السائلة

4-1 مقدمة

الفَضْلَةُ لغةً: البَقيَّةُ من الشيءِ كالطَّعام وغيرهِ إذا تُرِكَ منه شئ، ومنه قولهم لبَقِيَّة الماء في المَزادَة ولبقيَّة الشَّراب في الإناء فَضْلَة، ومنه قول العامة: الفَضلَةُ للفَضيلِ، كالفَضلِ، بالفتح، والفُضَالَةُ بالضَّمِّ {1}.

ويقصد بالفضلات السائلة اصطلاحاً : خليط السوائل والماء المحمل بالأوساخ التي تم صرفها[1] مع أيٍّ مياه جوفية وسطحية ومياه أمطار ربما اتحدت بها {2–8}. وقد تقود هذه السوائل لتلوث البيئة المحيطة مما ينبغي معه العمل على جمعها ومعالجتها ثم التخلص السليم منها للحيلولة دون حدوث أي مخاطر صحية أو اجتماعية أو اقتصادية منظورة أو مستترة محتملة. ويمكن إيجاز المخاطر المتعلقة بالفضلات السائلة في مجمل النقاط التالية {2–9}:

1- نفور لعدم الاستساغة: يشار بها لتلوث المياه الطبعية بملوثات تعمل على تغير الطعم والرائحة واللون، وانبثاق غازات ملوثة مثل: ثاني أكسيد الكربون وكبريتيد الهيدروجين والميثان.

2- ضرر صحي وفزيولوجي: يتعلق باحتواء الفضلات على أحياء مجهرية جرثومية ممرضة، بالإضافة إلى احتمال إضافة مركبات كيميائية عضوية سامة أو خطرة على الصحة العمومية على المدى الطويل. ويبين شكل 4–1 أساليب انتقال الملوثات الصحية للمجموعات السكانية عبر أكثر الطرق احتمالاً، وأثر نظم الإصحاح البيئي لحماية البيئة المحلية.

3- آثار بيئية: مثلاً:

- تصريف نهائي: لتصريف الحمأة المحتوية على كميات كبيرة من المواد الصلبة في المسطحات المائية مما يؤثر سلباً على نوع الماء فيها،
- تأثير الزيوت والشحوم (الموجودة في بعض المخلفات السائلة) على المناظر الطبعية (خاصة في المناطق السياحية ومناطق الترفيه) ومنعها للاستخدام الأمثل لمناطق السياحة والاستجمام والترفيه، وتأثيرها السلبي على وحدات المعالجة الحيوية.
- مخاطر التخمة Eutrophication في البحيرات والمسطحات المائية من جراء تصريف الحمأة ومياه المجاري وذلك بزيادتها لتركيز مواد التغذية النباتية في هذه المسطحات.

4- رأي ديني أو عقائدي: فمثلاً ذكر سيد سابق {10} أن النجاسة المغيرة لطعم أو لون أو رائحة الماء تمنع التطهر به إجماعاً، نقل ذلك ابن المنذر وابن الملقن. والنجاسة هي القذارة التي يجب على

[1] من المنازل والمؤسسات والمناطق التجارية والصناعية وغيرها من أوجه الصرف

المسلم أن يتنزه عنها ويغسل ما أصابه منها {10}. وقال الحق جل وعلا في محكم التنزيل "**يأيُّها الذَّينَ امنُوا لا تقربوا الصَّلاةَ وأنتمْ سُكارى حتَّى تعلموا ما تقولونَ ولا جُنباً إلا عابرى سبيلٍ حتَّى تغتسلوا وإن كنتم مرضى أو على سفرٍ أو جآءَ أحدٌ منكم منَ الغآئطِ أو لامستمُ النَّسآءَ فلم تجدوا مآءً فتيمموا صعيداً طيَّباً فامسحوا بوجوهكم وأيدِيكمْ إنَّ اللَّهَ كانَ عفوّاً غفوراً**" النَّساء: 43. وقد ذكر سيد سابق أن النهى قد ورد عن ركوب الجلالة[1] وأكل لحمها وشرب لبنها، فقد ورد في سنن الترمذي[2] وسنن النسائي[3] ومسند أحمد[4] "**أن النبي صلى الله عليه وسلم نهى عن المُجَثَّمَةِ ولبنِ الجلالة وعن الشربِ من في السِّقَاءِ**. وفى رواية أبي داود: حدثنا مُسَدَّدٌ حدثنا عبد الوارث عن أيوب عن نافع عن ابن عمر قال **نُهِيَ عن ركوبِ الجلالة**[5]. "**أن رسول الله صلى الله عليه وسلم نهى يوم خيبرَ عن لُحُوم الحُمُر الأهليَّة وعن الجلالة وعن ركوبها وعن أكل لحمها**" رواه أحمد والنسائي وأبو داود[6]. وجاء في سنن الترمذي[7] حدثنا هَنَّادٌ حدثنا عَبْدَةُ عن محمد بن اسحق عن محمد بن جعفر بن الزبير عن عُبيد الله بن عَبد الله بن عمر عن ابن عمر قال سمعت رسول الله صلى الله عليه وسلم وهو يُسأَلُ عن الماءِ يَكُونُ في الفَلاةِ من الأرضِ وما يَنُوبُهُ عن السِّباع[8] والدَّوابِّ قال فقال رسول الله صلى الله عليه وسلم: **إذا كان الماءُ قُلَّتَيْنِ لم يَحْمِلِ الخَبثَ**[9] قال عَبْدَةُ قال محمد بن اسحق هي الجِرَارُ والقُلَّةُ[10] التي يُسْتَقَى فيها قال أبو عيسى وهو قول الشافعي وأحمد واسحق قالوا إذا كان الماءُ قُلتينِ لم يُنَجِّسْهُ شيٌ ما لم يتغير ريحُهُ أو طعمُهُ وقالوا يكُونُ نحواً من خمسِ قِرَبٍ[11] . وورد أيضاً في سنن ابن ماجة[12] حدثنا محمود بن خالد والعباس بن الوليد الدِّمشقِيَّانِ قالا حدثنا بن محمد حدثنا رِشدِين أنبأنا معاوية بن صالح عن راشد بن سعد عن أبي أمامة الباهلِّي قال قال رسول الله صلى الله عليه وسلم **إنَّ الماءَ لا يُنَجِّسُهُ شيءٌ إلا مَا غَلَبَ على ريحهِ وطعمهِ ولونهِ** {11}.

[1] والجلالة: هي التي تأكل العذرة، من الإبل والبقر والغنم والدجاج والأوز وغيرها، حتى يتغير ريحها. فإن حبست بعيدة عن العذرة زمناً، وعلفت طاهراً فطاب لحمها وذهب اسم الجلالة عنها حُلت، لأن علة النهى والتغيير قد زالت {10}

[2] كتاب الأطعمة، حديث 1748

[3] كتاب الضحايا، حديث 4372

[4] مسند بني هاشم، حديث 2797

[5] سنن أبي داود - كتاب الجهاد - حديث 2194

[6] مسند المكثرين من الصحابة حديث رقم 6742، سنن النسائي كتاب الضحايا حديث رقم 4371، ومسند أبي داود كتاب الأطعمة حديث رقم 3316

[7] كتاب الطهارة الحديث 62

[8] السبع: المفترس من الحيوان

[9] الخبث: الوسخ والقذر

[10] القلة: الجرة الكبيرة

[11] القربة: وعاء من جلد لحفظ الماء

[12] كتاب الطهارة وسننها، حديث رقم 514

يحدد جدول 4-1 مثالاً وأنموذجاً إيضاحياً لمحتويات الفضلات المنزلية السائلة من المواد الصلبة الكلية، والمواد الصلبة العالقة، والأكسجين الحيا-كيميائي، والشحوم والدهون، ومواد التغذية من نتروجين وفسفور.

جدول 4-1: مكونات الفضلات المنزلية السائلة {3،2}

المكون	درجة التركيز (ملجم/لتر)
المواد الصلبة الكلية	300 إلى 1200
المواد الصلبة العالقة	100 إلى 300
الأكسجين الحيا-كيميائي (BOD_5^{20})	100 إلى 400
النتروجين (N)	20 إلى 90
الفسفور (P)	5 إلى 15
الشحوم والدهون	50 إلى 200

4-2 أهداف معالجة الفضلات السائلة

من الأهداف العامة لمعالجة الفضلات السائلة التالي:

- تلافي التلوث والحد من دخول الملوثات للسلسلة الغذائية،
- تقليل احتمال حدوث الأوبئة والمخاطر الصحية،
- استخدام نظام بديل للوسائل التقليدية المتبعة للتخلص من الفضلات السائلة،
- الحد من تلوث البيئة المحيطة (الماء والهواء والتربة)،
- معالجة المواد الملوثة وتحويلها إلى مواد أخرى ثابتة غير ضارة،
- إعادة دوران واستخدام الماء المعالج،
- إعادة استخدام الحمأة سماداً طبعياً أو محسناً للتربة،
- مواكبة معالجة المخلفات الناتجة عن التوسع في التنمية الزراعية والصناعية،
- تطبيق التشريع والأحكام والقوانين المجازة بالجهات ذات الصلة.

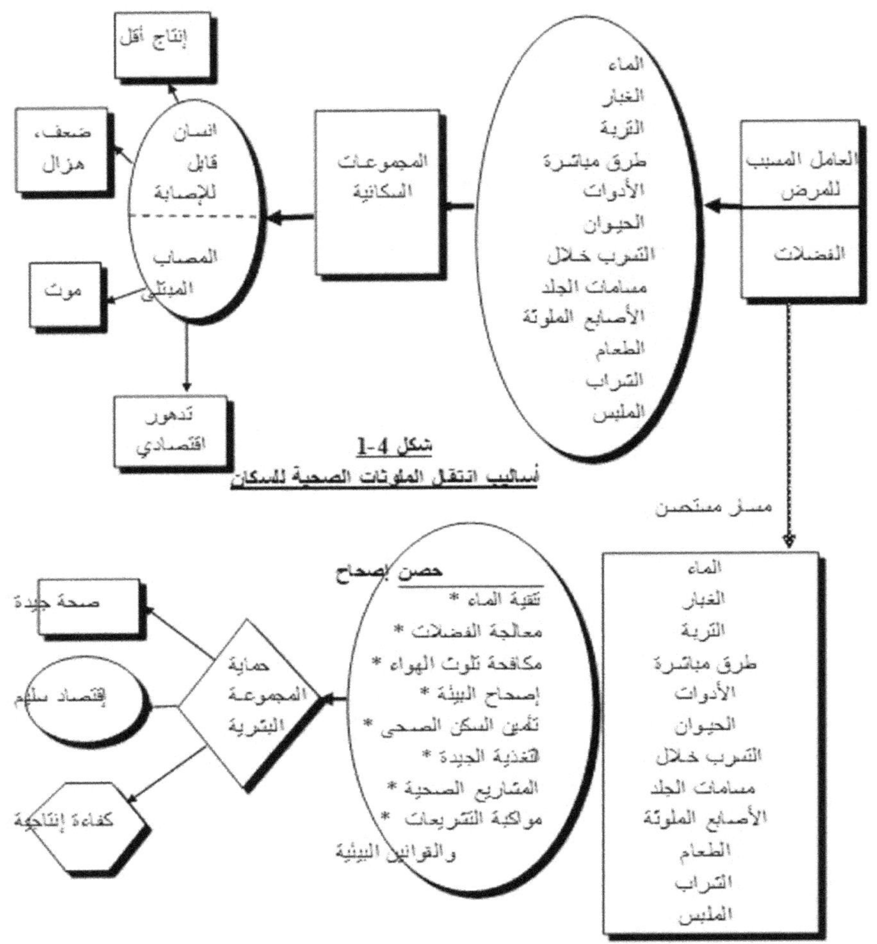

شكل 1-4
أساليب انتقال الملوثات الصحية للسكان

3-4 طرق المعالجة

تنقسم طرق معالجة الفضلات السائلة حسب الحجم إلى الوحدات التالية:

1. الوحدات ذات الحجم الصغير: تستخدم هذه الوحدات لمعالجة الفضلات السائلة الناتجة من المنشآت والمنازل الفردية، أو الفضلات المنبثقة من مجموعة سكانية صغيرة، ولفضلات المناطق الريفية والقرى والدساكر، وذلك بغرض التخلص النهائي منها. ويتم وضع الوحدات في موقع إنتاج المخلفات. ومن أمثلة هذه الوحدات: حوض التحليل اللاهوائي، وحوض أمهوف، ومرحاض الحفرة المهواة المحسن.

2. الوحدات ذات الحجم الكبير: تقوم هذه الوحدات بمعالجة الفضلات السائلة الناتجة من مجموعات سكانية كبيرة. وللتخلص منها يتم جمع الفضلات من مناطق إنتاجها لترسل إلى محطة المعالجة الرئيسة خاصة في المدن والحضر. وتقسم هذه الوحدات طبقاً لنوع المعالجة: من ابتدائية –أولية – مثل المصافي وإزالة الرواسب غير العضوية؛ ومعالجة أساسية مثل الترسيب الابتدائي والطفو؛ ومعالجة ثنائية – ثانوية – مثل الحمأة النشطة وبرك الموازنة والترسيب الثانوي وأخاديد الأكسدة؛ ومعالجة متقدمة – نهائية – مثل الامتزاز والتحلية وإزالة الفسفور والنتروجين.

كما يمكن تقسيم وحدات المعالجة حسب القوى المؤثرة في المعالجة إلى التالي:

1. عمليات موحدة Unit Operations وتحكمها القوى الطبعية،
2. معالجات موحدة Unit Processes وتحكمها التفاعلات الحيوية والكيميائية.

أو يمكن تقسيم طرق المعالجة إلى طرق طبعية وكيميائية وحيوية.

1. الطرق الطبعية: Physical treatment units تستخدم في هذه الطرق القوى الطبعية لفصل الملوثات ومن هذه القوى قوى الجاذبية الأرضية. وكمثال لهذه الطرق: المزج والطفو والترسيب والترشيح.
2. الطرق الكيميائية: Chemical treatment units يتم في الطرق الكيميائية إعداد الملوثات وتهيئتها ليسهل إزالتها. وعليه تتم بإضافة بعض المواد والمركبات الكيميائية لتتفاعل منتجة مواد ثانوية ثابتة أو خاملة وغازات. ومن أمثلة هذه الطرق: انتشار الغازات، والتخثر، والامتصاص، والتطهير، والأكسدة الكيميائية.
3. طرق حيوية: Biological treatment units تعمل هذه الطرق على إزالة الملوثات والمواد العضوية الغروية والمواد الذائبة القابلة للتفسخ، باستخدام التفاعلات الحيوية لتحويل هذه المواد إلى مواد أخرى ثابتة. وعادة ينتج من هذا التفسخ غازات وخلايا حية (يمكن إزالتها بالترسيب) ومواد صلبة عالقة من جراء عمليات التلبد ووجود الإنزيمات المفرزة بواسطة الأحياء المجهرية. أما الغازات الناتجة فيمكن تخفيفها بالانتشار في الغلاف الجوى، ويعمل الترسيب على إزالة كل من الخلايا الحية والمواد الصلبة العالقة المنتجة. ومن أمثلة هذه الطرق: الحمأة النشطة، ومرشح النضيض، وبركة موازنة الحمأة، وأخدود الأكسدة.

يعتمد عدد الوحدات ونوعها بأي محطة معالجة فضلات سائلة على عدة عوامل متداخلة فيما بينها وتضم: معايير التصميم والأسس المجازة، ومتطلبات المعالجة، وضروب إعادة الاستخدام، والتقانة المحلية المتوفرة، ووجود الكوادر المؤهلة والمدربة، والاعتمادات المالية والاقتصادية، والنواحي الاجتماعية والسياسية والدينية والعقائدية والثقافية، والتشريعات والمعايير المحلية المتعلقة بتصريف السائل النهائي المنتج. هنالك كثير من البرامح الحسوبية الجاهزة التي يمكن الحصول عليها للمساعدة في تصميم المحطات ومن أمثلتها برنامج STOAT (Sewage Treatment Operation and Analysis over

Time) الذي يمكن الحصول عليه من مركز WRc للابداع والنمو من موقعه http://www.wrcplc.co.uk/stoat.aspx. ويعد برنامج استوات حزمة للنمذجة الجيدة والديناميكية لتصميم وعمل وحدات محطات معالجة المياه العادمة والصرف الصحي.

4-4 وحدات المعالجة الابتدائية (الأولية) Preliminary treatment units

تضم وحدات المعالجة الابتدائية وحدات طبعية أو ميكانيكية بهدف تقليل كمية المواد التي تعيق أداء الوحدات التالية لها ولتخفيف الحمل منها، ومن أمثلتها : المصفاة وحجرة إزالة الرمل.

(أ) المصفاة Screen

المِصْفَاةُ لغة: ما يصفَّى به. و-: اسم آلة لكل ما يُصفَّى به الشراب وغيرُه. (ج) مصافٍ {17}. الصَّفْوُ والصَّفَاءُ: نقيض الكدر، صَفَا الشيء والشراب يصفو صَفَاءً وصُفُواً، وصَفْوَةُ وصَفْوَتُه وصِفوَتُه وصُفوَتُه: ما صفا منه، وصَفَّيْتُه أنا تصفيةً. والمِصْفَاةُ: الرَّاوُوقُ. والرَّاوُوق: المِصْفَاةُ وناجُود الشَّراب الذي يُرَوَّق به فيُصَفَّى، والشراب يَترَوَّقُ منه من غير عصر. وراق الشراب والماء يَرُوقان رَوْقاً وتَرَوُّقاً: صَفَوا، ورَوَّقه هو تَرْوِيقاً {1}.

والمصفاة (الغربال أو المنخل) اصطلاحاً يقصد بها جهاز من الحديد أو الفولاذ الطري به فتحات منتظمة الأبعاد يوضع لاعتراض دفق الفضلات لحجز المادة الصلبة الخشنة والمواد الطافية. وتصب الفضلات في حجرة المصفاة المصنعة من مواد محلية لحجز المواد منها. توضع المصفاة في محطات المعالجة لعدة أسباب تضم {12،13}:

- تقليل الحمولة على الوحدات التالية،
- إزالة المواد الخشنة والمواد الصلبة العالقة والمواد الطافية المحمولة،
- تقليل قفل وانسداد الأنابيب وتهشيم المضخات وغيرها من الأجزاء الآلية المتحركة،
- تقليل الأحمال العضوية والمائية (الهيدروليكية) من وحدات المعالجة التي تليها.
- إزالة الأوراق والخرق والمخلفات والحجارة وغيرها من الأجسام الكبيرة .

ومن أهم الأمثلة للمصفاة المستخدمة في محطات معالجة الفضلات: مصفاة الحاجز (راك- والمصفاة الثابتة) أو القضبان، ومصفاة الشباك. وتعد مصفاة الحاجز من أبسط الأنواع الأكثر استخداماً، وتتكون من حواجز معدنية متوازية توضع بميل 30 إلى 45° على الأفقي في اتجاه الدفق، وتبعد عن بعضها بمقادير ثابتة حسب نوع المصفاة الخشنة والناعمة. وعادة توضع الأنواع الخشنة قبل الأنواع الناعمة لتفادى دمار نسيج الشباك الناعمة بواسطة المواد الكبيرة الحجم، ولمنع تهشمها من جراء فقد السمت وذلك عندما تعمل المواد المحجوزة على قفل فتحات المصفاة بمرور

الزمن. وعليه يتم صنع المصفاة من مواد ذات متانة عالية، كما ويعمل على استمرارية عمليات النظافة لتقليل المقاومة. أما مصفاة الشبكة فمن شبكة معدنية أو لوح مثقوب.

وللحيلولة دون ترسب المواد العالقة والرمل يجب ألا تقل سرعة دفق الماء الداخل إلى المصفاة عن سرعة النظافة الذاتية لتقع بين 0.3 و0.6 م/ث، كما يجب ألا تزيد السرعة عبر فتحات المصفاة عن حد أقصى بين 0.7 إلى واحد متر في الثانية منعاً لعبور المواد الرخوة عبر فتحات المصفاة.

نسبة لأن المصفاة – في محطات معالجة الفضلات – تقوم بحجز مواد برازية ونفايات وأوراق وشعر وخرق وغيرها من المواد ذات الطبيعة غير المرغوبة فيجب التعامل مع هذه المواد بحذر، والعمل على التخلص السليم منها بأسرع ما يمكن في المناطق المصدق بها من قبل الجهات المختصة بالردم والدفن في الأرض، أو الحرق، أو بالتسميد أو غيرها من الطرق المناسبة.

<u>نقاط عامة لتصميم المصفاة {12}</u>

- تصمم المسافة بين القضبان بين ما 7.5 إلى 15 سم للمصفاة التي تسبق المضخة، ومسافة 1.5 إلى 5 سم للمصفاة التي تسبق جهاز الترسيب.
- سرعة دفق الماء الداخل إلى المصفاة: لا تقل عن 0.3 م/ث للدفق المتوسط، وبين 0.6 إلى 1 م/ث للدفق الأقصى.
- ميل القضبان على الأفقي 30 إلى 60 درجة للنظافة اليدوية، و90 درجة للنظافة الآلية.
- فقد السمت المسموح به 0.3 م.
- طول حجرة المصفاة 3 إلى 4 م.
- عرض حجرة المصفاة = 1.5× قطر أنبوب المجرور الحامل للفضلات السائلة للمحطة.
- مساحة فتحات المصفاة = الدفق المتوسط ÷ سرعة الدفق خلال المصفاة (مثلاً 0.3 م/ث)

(ب) حجرة إزالة الحبيبات الصلبة (أو حجرة إزالة الرمل، أو حجرة إزالة المواد الصلبة غير العضوية) Grit Removal Chamber

يقصد "بالحبيبات الصلبة " الموجودة في الفضلات السائلة تلك الرواسب غير العضوية مثل: الرمل والحصى وقطع العظام والحبوب وبقايا عمل القهوة والشاي؛ ونسبة تتراوح بين 10 إلى 30 بالمائة من المواد العضوية الكبيرة مثل: بقايا الطعام وبعض المواد الصلبة الأخرى التي لها سرعة ترسيب أو كثافة نوعية أكبر من المواد الصلبة العضوية {2،3،6،14}. تختلف الحبيبات الصلبة على حسب حالة نظام التصريف أو المجارير، وحالة الشوارع والمنطقة الجابية، ونوع التربة، وكمية مياه الأمطار وشدتها ونسبة السوائل الصناعية بها، وظروف المناخ، والفضلات الصناعية {12}؛ غير أنها غالباً تكون قليلة المحتوى العضوي، كما وأنها لا تسبب مشاكل في المحطات ذات التصميم الجيد والتشغيل المتقن.

من أهم أسباب إزالة هذه الحبيبات الصلبة التالي:

- قد يسبب دخول هذه الحبيبات الصلبة لوحدات المعالجة الثانوية تآكل كبير لأجزاء الوحدات الميكانيكية،
- تدنى في كفاءة التشغيل أو ربما وقوف العمل،
- الطفح في وحدات المعالجة التي تليها،
- الاحتياج إلى نظافة وحدات هضم الأوساخ وأجهزة الترسيب،
- انسداد أنابيب الأوساخ،
- قد تستقطب هذه الحبيبات الصلبة الحشرات والهوام،
- لهذه الحبيبات الصلبة رائحة نفاذة غير محببة.

يتفاوت حجم الحبيبات الصلبة من 0.2 ملم فما فوق وكثافتها 1400 إلى 1600 كجم/م^3 وكثافتها النوعية في حدود 2.25. يعمل على فصل الحبيبات الصلبة وإزالتها عن بعضها اعتماداً على فرق الكثافة النوعية بين المواد الصلبة العضوية والأخرى غير العضوية. نسبة لاحتواء الأوساخ على عدة مقاسات وأحجام من الحبيبات الصلبة ينبغي تحديد أصغر حبيبة يمكن إزالتها بحجرة الإزالة. ومن ثم تم اختيار الحبيبة التي لها سرعة ترسيب حوالي 0.03 م/ث ليكون مقياساً أدنى. وتعمل غالبية أجهزة إزالة الحبيبات الصلبة لإتمام ترسيب هذه الحبيبة، غير أن للأجهزة سرعة أمامية تمنع ترسب المواد العضوية وهذه السرعة الأمامية (أو سرعة دفق السائل في الجهاز) تساوى 0.3 م/ث.

إن أحواض إزالة الحبيبات الصلبة تعتمد على فرق الكثافة النوعية بين المواد العضوية الصلبة وغير العضوية لضمان فصلهما. ويفترض أن تترسب كل الحبيبات طبقاً لقانون نيوتن كما مبين في المعادلة 4-1.

$$v = \sqrt{\frac{4}{3}\left(\rho_s - \rho\right)\frac{gd}{3C_D}} \qquad 4\text{-}1$$

حيث:

v = سرعة الترسيب (م/ث)

ρ_s = كثافة الحبيبات الصلبة (كجم/م^3)

ρ = كثافة السائل (كجم/م^3)

g = عجلة الجاذبية الأرضية (م/ث^2)

d = قطر الحبيبة (م)

C_D = معامل الجذب (لا بعدي)

$$C_D = \frac{24}{Re} + \frac{3}{\sqrt{Re}} + 0.34 \qquad 4\text{-}2$$

حيث:

Re = رقم رينولد (لا بعدي)

يعد الجرف من قعر الحجرة من أهم العوامل المؤثرة في كفاءة عملها. ويمكن إيجاد السرعة الحرجة التي يبدأ معها جرف الحبيبات الصلبة – ذات قطر وكثافة نوعية معلومتين – من داخل جهاز إزالتها كما موضح في المعادلة 4–3 {2،7،15}.

$$v_s = \sqrt{\frac{8b}{a} g(s.g.-1)d} \qquad 4\text{-}3$$

حيث:

v_s = سرعة الدفق الأفقية (سرعة الجرف) (م/ث)

b = ثابت (لا بعدي)، يتراوح بين 0.04 إلى 0.06 {15}

a = ثابت دارسي ويسباش (لا بعدي)، يتفاوت بين 0.02 إلى 0.03 {15}

تتراوح هذه السرعة بين 15 إلى 30 سم/ث اعتماداً على الكثافة النوعية للحبيبات الصلبة وقطرها. وينبغي الحفاظ على السرعة المطلوبة لأي تغير في الدفق للإزالة الفاعلة وذلك بوضع أجهزة تحكم في السرعة – على منافذ الخروج من الحجرة – باستخدام الجداول المتوازية، أو القطع المكافئ، أو الهدار النسبي، أو قناة بارشال المعنقة.

أ. الجداول المتوازية: تصمم عدة جداول على التوازي لتعمل على أنها حجرة إزالة حبيبات صلبة لحمل أقصى دفق. وعند تغير الدفق يتم توجيه الفائض إلى الجدول الثاني في الحجرة باستخدام هدار جانبي.

ب. القطع المكافئ: يتم تصميم الحجرة لقطع مكافئ للحفاظ على سرعة ثابتة لكل دفق. ويحسب الدفق خلال القطع المكافئ كما مبين في المعادلة 4–4.

$$q = kbh^{3/2} \qquad 4\text{-}4$$

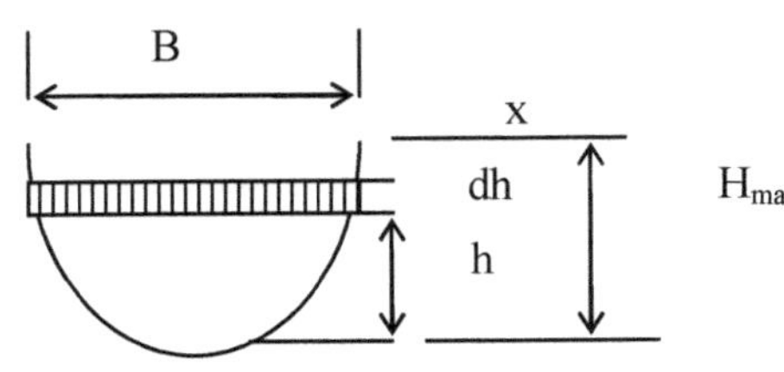

حيث:

q = الدفق خلال عنق فنتشوري

k = ثابت

b = عرض العنق

h = العمق أعلى اتجاه الدفق

شكل 4-2 القطع المكافئ في جهاز إزالة الرمل

بتفاضل المعادلة 4-4 تنتج المعادلة 4-5

$$\frac{dq}{dh} = \frac{3}{2} kb\, h^{1/2} \qquad 4\text{-}5$$

q = الدفق خلال مساحة من الجدول dh وعرضها x = x.v.dh

v = سرعة الدفق

وعليه يمكن تحديد العرض x بدلالة الارتفاع h من المعادلة 4-6.

$$x = \frac{dq}{v.dh} = \frac{\frac{3}{2} kb\sqrt{h}}{v} = \frac{3}{2} k \frac{b}{v} \sqrt{h} \qquad 4\text{-}6$$

ولصعوبة إنشاء الجدول ذي القطع المكافئ يلجأ لاستخدام المقطع شبه المنحرف. وعادة تقرب معادلة الدفق للقطع المكافئ لتقدير الانسياب كما في المعادلة 4-7.

$$Q_{max} = kb\, H^{3/2} \qquad 4\text{-}7$$

h = أقصى عمق للدفق

Q_{max} = أعلى قيمة للدفق (م^3/ث) وعندها عرض الجدول عند قمته يساوي B، ولأخذ سرعة دفق = 0.3 م/ث

$$B = 5kb\sqrt{h} \qquad 4\text{-}8$$

$$\frac{B}{Q_{max}} = \frac{5}{H} \qquad 4\text{-}9$$

ج. هدار الدفق النسبي Proportional Flow Weir : يوضع الهدار النسبي عند مخرج حجرة إزالة الرمال المستطيلة. وهي عبارة عن هدار وفتحة للحفاظ على سرعة ثابتة لأي دفق وذلك بسبب التغير في مساحة المقطع. ويوجد الدفق من المعادلة 4-10.

$$Q = 1570Cb\sqrt{2gh}.h \qquad 4\text{-}10$$

حيث:

Q = الدفق مقدر باللتر/ث

b = عرض الفتحة على عمق h من أسفل الهدار

c = معامل الدفق (= 0.6)

g = عجلة الجاذبية الأرضية = 9.81 م/ث^2

وبتعويض قيم C و g في المعادلة 4-10 تنتج المعادلة 4-11.

$$Q = 4.17b\sqrt{h}.h \qquad 4\text{-}11$$

حيث:

Q = الدفق (م^3/ث)

عادة يتم تشييد جوانب الهدار رأسية لارتفاع 2.5 ملم. ويحافظ على وضع أسفل الهدار sill of weir على بعد 10 إلى 30 سم من قعر الجدول لتسهيل حفظ الرمل المترسب أو لتسهيل أداء كاشط الأوساخ الآلي. ويجب أن يوضع هدار لكل حوض.

د. قناة بارشال المعنقة Parshall flume : قناة بارشال عبارة عن جدول مكشوف محدد يستفاد منه للتحكم في سرعة الدفق أو للقياس، وتصمم حجرة إزالة الرمال بمقطع مستطيل مع قعر شبه منحرف. وللقناة محاسن مقارنة بالهدار النسبي نسبة لصغر فقد السمت بها، ولإمكانية استخدامها في وضع مغمور لحدود معينة، كما ويمكن استخدام مقطع تحكم واحد لاثنين أو ثلاثة جداول من حجرة إزالة الرمل، ويسهل التنظيف الذاتي لها مما يمنع مشاكل الانسداد.

وعند استخدام هدار العنق العمودي Vertical throat يوجد عرض العنق من المعادلة 4-12.

$$y = \frac{2}{3}B \qquad 4\text{-}12$$

حيث:

y = عرض العنق (م)

B = عرض حوض إزالة الحبيبات الصلبة(م)

تصميم حجرة إزالة الحبيبات الصلبة

ينبغي مراعاة النقاط التالية عند تصميم حجرة إزالة الحبيبات الصلبة (الرمل):

- تظل السرعة ثابتة عبر المجرى.
- تعمل الأجهزة بسرعة أمامية (أفقية) تقدر بحوالي 15 إلى 30 سم/ث لتفادى ترسب المواد العضوية.
- يتم تقدير عرض جدول إزالة الحبيبات الصلبة من المعادلة 4-13

$$B = 4.92\frac{Q_{max}}{h_{max}} \qquad 4\text{-}13$$

حيث:

B = عرض جهاز إزالة الحبيبات الصلبة (م)

Q_{max} = أقصى دفق للفضلات السائلة (م^3/ث)

h_{max} = أقصى عمق للدفق داخل الحوض (م)

- للأجهزة نسبة طول إلى ارتفاع تعادل 10 (عملياً تؤخذ نسبة الطول إلى الارتفاع مساوية 25 إلى 30 نسبة للدفق المضطرب عند المدخل والمخرج). ويعمل جهاز ترسيب إزالة الحبيبات الصلبة بكفاءة جيدة لإزالة الرواسب عندما تكون نسبة عمقه إلى طوله في حدود 10، كما مبين في المعادلة 4-14.

$$\frac{L}{h} = 10 \qquad 4\text{-}14$$

حيث:

h = ارتفاع حجرة إزالة الحبيبات الصلبة (م)

L = طول حجرة إزالة الحبيبات الصلبة (م)

أما في الحياة العملية فتؤخذ نسب أكبر لعمق وطول الحوض وذلك لوجود الدفق المضطرب في فتحة الدخول أو الخروج وربما وصلت نسبة العمق إلى الطول إلى 25.

- نسبة طول الحجرة لعرضها = 6 إلى 15
- للأجهزة نسبة عرض إلى ارتفاع تعادل 2
- طول الحجرة = زمن المكث × سرعة الدفق. وفي الحياة العملية ينبغي أخذ الحيطة للدفق المضطرب والتغير في سرعة الترسيب مما يتحتم معه زيادة طول الحجرة. ويوجد طول مجرى حوض إزالة الحبيبات الصلبة من المعادلة 4-15.

$$L = (18\text{-}20)h_{max} \qquad 4\text{-}15$$

حيث:

L = طول مجرى حوض إزالة الحبيبات الصلبة(م)

h_{max} = أقصى ارتفاع للدفق داخل الحوض (م)

- يستخدم زمن مكث مناسب بالقدر الذي يسمح بإزالة الرمل فقط (30 إلى 60 ثانية)
- الفترة من نظافة إلى الأخرى حوالي أسبوع إلى أسبوعين.

مثال 4-1

صمم حجرة إزالة رمل لمدينة ما تعداد سكانها P يستخدمون نظام مجاري لجمع الفضلات السائلة. ومعدل استهلاك الماء بالمدينة q لتر للفرد على اليوم في المتوسط. درجة تركيز الرمل C ملجم / لتر. علماً بأن قطر الحبيبات الصلبة d وكثافتها النسبية .s.g ودرجة الحرارة T درجة مئوية.

الحل

1- جد معدل الدفق المتوسط للفضلات السائلة بالمدينة (م^3/ث)

$$Q_{av} = \frac{Pq}{1000x24x60x60}$$

2- جد أقصى دفق $Q_{max} = 2Q_{av}$

3- جد أقل دفق $Q_{min} = 0.5Q_{av}$

4- جد سرعة الدفق الأفقية لإزالة الحبيبات الصلبة ذات القطر d من المعادلة (سرعة الدفق التفاضلية يجب أن تقل عن سرعة كشط الحبيبات الصلبة) المبسطة التالية:

$$u = 3 \text{ to } 4.5\sqrt{g[s.g - 1]d}$$

وهذه السرعة يجب أن تكون بين 15 إلى 30 سم/ث.

5- جد مساحة الجدول لأقصى دفق $A = Q_{max}/u$

6- افترض زمن المكث بالحوض τ في حدود 30 إلى 60 ثانية

7- جد طول الحوض $L = u\,\tau$ ، وينبغي أن تتم زيادة الطول للاضطرابات في المدخل (مثلاً بزيادة المساحة إلى 20 %)

8- جد سرعة ترسيب الحبيبات ذات القطر d والكثافة النوعية sg لدرجة الحرارة T من المعادلة المطورة لحبيبات قطرها من 0.1 ملم إلى 1 ملم

$$v_s = 60.0(s.g - 1)d\,\frac{(3T + 70)}{100} \qquad 4\text{-}16$$

حيث:

v_s = سرعة الترسيب (سم/ث)

d = قطر الحبيبات (سم)

T = درجة الحرارة (°C)

9- جد عمق الدفق h من المعادلة $h = v_s\,\tau$

10- جد عرض حجرة إزالة الرمل B من المعادلة: $B = \frac{A}{h}$

يمكن أن ننسب الطول إلى العرض $\frac{L}{B} = 6 \text{ to } 15$ والطول إلى عمق الدفق $\frac{L}{h} = 10 \text{ to } 30$

وإذا لم يتم الحصول على النسب المقترحة ينبغي مراجعة التصميم.

11- تأكد من أن الحمل السطحي في ظروف مثالية، بتحويل سرعة الترسيب (سم/ث) إلى حمل (لتر /م^2/يوم)

$$\frac{vs}{100} x60x60x24 \frac{m}{d} x1000$$

غير أن التحميل الفعلي يساوي 80 بالمائة من التحميل المثالي، وبالتالي جد المساحة الفعلية A_a ، $A_a = \frac{Q_{max}}{v_{sa}}$ وقارن هذه مع المساحة المتاحة بالتصميم $A = L\,B$

12- جد حجم الرمل V (كجم/يوم)

$$V = \frac{C}{1000}\frac{kg}{m^3}\frac{Pq}{1000}\frac{m^3}{d}$$

افترض محتوى الرطوبة .m.c (بالمائة) وعليه جد حجم الرواسب في اليوم ($م^3$)

$$V \text{ per day} = Vx\frac{100}{m.c}x\frac{1}{24}x\gamma$$

ثم جد عمق المترسبات (بقسمة الحجم على المساحة LB)

13- وللحفاظ على سرعة ثابتة للدفق المتغير ينبغي وضع جهاز تحكم سرعة مثل الهدار النسبي. وعليه يمكن إيجاد عرض الهدار b عن مستوى القمة من معادلة الهدار

$$b = \frac{Q_{max}}{4.17\sqrt{h^3}}$$

حيث:

Q_{max} الدفق ($م^3$/ث)

h = أقصى عمق للدفق (م)

14- يوضع أسفل الهدار على بعد 30 سم أعلى قعر الجدول. وتعمل جوانب الهدار قائمة لارتفاع 2.5 سم أعلى مستوى قعره، وبارتفاع عن مستوى السائل في حدود 15 سم.

برنامج 4-1:

```
Public Class Form1
    Const g = 9.81

    Private Sub Form1_Load(ByVal sender As System.Object,
       ByVal e As System.EventArgs) Handles MyBase.Load
        Label1.Text = "السكان تعداد"
        Label2.Text = "يوم/ل-للفرد الماء استهلاك"
        Label3.Text = "ل/مج-الرمل تركيز"
        Label4.Text = "الصلبة الحبيبات قطر"
        Label5.Text = "النسبية كثافتها"
        Label6.Text = "مئوية-الحرارة درجة"
        Label7.Text = "ث-بالحوض المكث زمن"
        Label8.Text = ":اختر رقماً بين 3 و4.5"
        Label9.Text = "u ="
        Label10.Text = "Sqrt(sg - 1) * d"
        Label11.Text = "الرطوبة محتوى-%"
        Button1.Text = "الحجرة صمم"
        Me.Text = "مثال 4-1"
        TextBox7.Text = "30"
        TextBox8.Text = "3"
        Me.FormBorderStyle =
          Windows.Forms.FormBorderStyle.FixedDialog
        Me.MaximizeBox = False
        TextBox10.Multiline = True
```

```
        TextBox10.Height = 110
    End Sub

    Private Sub Button1_Click(ByVal sender As System.Object,
       ByVal e As System.EventArgs) Handles Button1.Click
        Dim P, q, C, d, sg, T As Double
        Dim tau, uf As Double
        Dim Qav, Qmax, Qmin, u, A As Double
        Dim L, B, h, vs As Double
        Dim bh, load, Aa, V, Vpd, mc As Double
        P = Val(TextBox1.Text)
        q = Val(TextBox2.Text)
        C = Val(TextBox3.Text)
        d = Val(TextBox4.Text)
        sg = Val(TextBox5.Text)
        T = Val(TextBox6.Text)
        tau = Val(TextBox7.Text)
        uf = Val(TextBox8.Text)
        mc = Val(TextBox9.Text)
        Qav = (P * q) / (1000 * 24 * 60 * 60)
        Qmax = 2 * Qav
        Qmin = 0.5 * Qav
        u = uf * Math.Sqrt(g * (sg - 1) * d)
        A = Qmax / u
        L = u * tau
        vs = 60 * (sg - 1) * d * ((3 * T + 70) / 100)
        h = vs * tau
        B = A / h
        load = vs * 60 * 60 * 24 * 1000 / 100
        Aa = Qmax / vs
        V = (C * P * q) / (1000 * 1000)
        Vpd = (V * 100 * sg) / (mc * 24)
        bh = Qmax / (4.17 * Math.Sqrt(h ^ 3))
        'Now output
        TextBox10.Clear()
        TextBox10.Text = "***********************************" +
vbCrLf
        TextBox10.Text += "Chamber Removal Design" + vbCrLf
        TextBox10.Text += "Please refer to Example 4.1" +
vbCrLf
        TextBox10.Text += "*********************************"
+ vbCrLf
        TextBox10.Text += "Qav = " + Qav.ToString + vbCrLf
        TextBox10.Text += "Qmax = " + Qmax.ToString + vbCrLf
        TextBox10.Text += "Qmin = " + Qmin.ToString + vbCrLf
        TextBox10.Text += "u = " + u.ToString + vbCrLf
        TextBox10.Text += "A = " + A.ToString + vbCrLf
        TextBox10.Text += "L = " + L.ToString + vbCrLf
```

```
        TextBox10.Text += "vs = " + vs.ToString + vbCrLf
        TextBox10.Text += "h = " + h.ToString + vbCrLf
        TextBox10.Text += "B = " + B.ToString + vbCrLf
        TextBox10.Text += "Load = " + load.ToString + vbCrLf
        TextBox10.Text += "Aa = " + Aa.ToString + vbCrLf
        TextBox10.Text += "V = " + V.ToString + vbCrLf
        TextBox10.Text += "V per day = " + Vpd.ToString +
vbCrLf
        TextBox10.Text += "b = " + bh.ToString + vbCrLf
        TextBox10.Text += "***********************************"
    End Sub
End Class
```

من الأنواع الأخرى المستخدمة لحجرة إزالة الرمل، الحجرة المهواة Aerated Grit Chamber والتي يتم استخدامها لعدة أسباب منها:

- تقليل الإئتكال الكبير في الأجهزة.
- الاستغناء عن استخدام نظام مفرد لغسل أجهزة إزالة الرمل ذات الدفق الأفقي.

ويماثل جهاز الحفرة المهواة وحدة الحمأة النشطة، وله قادوس لتجميع المترسبات. أما دفق السائل فيحدث في شكل حلزوني helical ويتم إدخال الهواء للحصول على حركة أمامية ذات طبيعة لولبية spiral وللتحكم في سرعة حجم المترسبات المزالة velocity of roll . وتقود الزيادة الكبيرة في السرعة إلى نقل المترسبات خارج الجهاز، كما تؤدي قلة السرعة إلى ترسيب المواد العضوية. ويمكن أن تتم إزالة المترسبات بطرق آلية من حوض الإزالة. ويبين جدول 4-2 معايير عامة لتصميم جهاز إزالة الرمال المهواة.

جدول 4-2 معايير تصميم جهاز إزالة الرمال المهواة {16}

زمن المكث لأقصى معدل دفق	3 إلى 4 دقائق
ارتفاع الحوض	2.5 إلى 4 أمتار
طول الحوض	10 إلى 20 متراً
عرض الحوض	3 إلى 6 أمتار
احتياجات الهواء	0.02 إلى 0.04 م^3/دقيقة لكل متر من طول الحوض
متوسط حجم الرمل المزال	0.025 إلى 0.075 م^3 لكل 1000 م^3 من الأوساخ

يتم عادة استخدام الحبيبات الصلبة النظيفة لأعمال الردم؛ أما الرواسب الملوثة فيتم التخلص منها بالردم أو بالحرق الصحي في بقعة مناسبة وبشروط ملائمة وتحت إشراف الوحدات المسئولة.

ويبين جدول 4-3 المعايير الأساسية المستخدمة لتصميم جهاز إزالة الحبيبات الصلبة.

جدول 4-3 معايير عامة لتصميم أحواض إزالة الحبيبات الصلبة {7،3،2-17،9}

المنشط	القيمة
زمن المكث (ثانية)	60
سرعة التصميم الأفقية (سم/ث)	30
القطر المكافئ للحبيبة المزالة (ملم)	0.2
الكثافة النوعية للحبيبات المترسبة	2.65

4-5 المعالجة الأساسية للفضلات السائلة

يقصد بالمعالجة الأساسية للفضلات السائلة تلك التي تلي وحدات المعالجة الابتدائية ومن أمثلتها الترسيب والطفو.

الرُسُوب: الذَّهاب في الماء سُفْلاً. رَسَبَ الشيء في الماء يَرْسُب رُسُوباً. ورَسُبَ: ذَهَبَ سُفْلاً. ورَسَبت عيناه: غَارَتا {18}. طفا الشيء فوق الماء – طَفْواً: علا ولم يرسُب.

تستخدم أجهزة الترسيب في محطات الفضلات السائلة بعد المصفاة أو حجرة إزالة الرمل لعدة أسباب منها {2-16،13،12،5}:

1- إزالة المواد العضوية العالقة المترسبة بالجاذبية الأرضية، لاسيما وقد تمت إزالة معظم المواد غير العضوية في جهاز إزالة الرمل،
2- منع تلوث ضفاف الموارد المائية المستقبلة للفضلات (إن أباحت التشريعات المحلية تصريفها)،
3- تخفيض الحمل العضوي على مزارع الفضلات عند استخدام السائل المعالج للري،
4- تخفيض الحمل على أجهزة ووحدات المعالجة الثانوية التي تليها،
5- إزالة النمو الحيوي المجهري بعد المعالجة الثانوية في محطات معالجة الفضلات السائلة، وتغليظ المواد الصلبة في مغلظ الحمأة،
6- إزالة المواد الصلبة وتقليل درجات تركيزها،
7- إزالة الملبودات الكيميائية.

ومن العوامل المؤثرة على عملية الترسيب: عوامل تتعلق بالحبيبة المراد ترسيبها (الحجم والمقاس والثقل النوعي والكمية والنوع ودرجة التركيز والشكل)، وعوامل التصميم (زمن مكث الحبيبات المترسبة داخل حوض الترسيب، وسرعة دفق الماء عبر الحوض، وسرعة ترسيب الحبيبات وتركيز المواد الصلبة)، وخواص الفضلات السائلة (مثل: درجة الحرارة ودرجة اللزوجة،

وشدة التلوث مقاسة بالأكسجين الحيا-كيميائي ... الخ، والتفاعلات والتغيرات الكيميائية والحيوية التي تحدث بين الحبيبات المترسبة والوسط الذي يتم فيه الترسيب، والظروف المحيطة بعملية الترسيب).

ويمكن تقسيم الترسيب إلى نوعين رئيسين يضمان: الترسيب الابتدائي والترسيب النهائي (أو الثانوي). يستخدم النوع الأول من الترسيب (الابتدائي) بعد التصفية وإزالة المواد غير العضوية، أما النوع الثاني من الترسيب (الثانوي أو النهائي) فيستخدم للسائل المتدفق من وحدات المعالجة الحيوية.

تقسم أحواض الترسيب إلى: أحواض الترسيب المستمرة (الدائمة) التشغيل وأحواض الترسيب المتقطعة العمل، والأحواض ذات الدفق الأفقي وتلك ذات الدفق القطري وأخرى ذات دفق رأسي.

تدقسم عملية الترسيب إلى عدة أنواع اعتماداً على نوع وشكل وحجم وكثافة الحبيبات المترسبة، وخواص السائل الذي يتم فيه الترسيب. ومن هذه الأنواع: الترسيب المتفرد والمعاق، والملبود والمنضغط.

الترسيب المتفرد (المتقطع)

عندما تترسب حبيبة صلبة في سائل أقل منها كثافة فإنها تهبط بعجلة تسارعية إلى أن تبلغ سرعة منتظمة. عند هذه السرعة المنتظمة يتساوى الوزن المغمور مع قوى الإعاقة الاحتكاكية كما موضح في المعادلة 4-17

الوزن المغمور (وزن الحبيبة - قوى الدفع) = قوى الإعاقة الاحتكاكية

$$V \times g \times (\rho_s - \rho) = \rho \times C_D \times A \times \left(\frac{v^2}{2}\right) \qquad 4\text{-}17$$

حيث:

V = حجم الحبيبة الصلبة المترسبة ($م^3$)

g = عجلة الجاذبية الأرضية ($م/ث^2$)

ρ_S = كثافة الحبيبة المترسبة ($كجم/م^3$)

ρ = كثافة سائل الترسيب ($كجم/م^3$)

A = مساحة مقطع الحبيبة المترسبة ($م^2$)

v = سرعة الترسيب المنتظمة للحبيبة (م/ث)

C_D = معامل الإعاقة الاحتكاكية (معامل السحب). ويعتمد هذا المعامل على رقم رينولد ومقاس الحبيبة المترسبة ونوع الدفق (مضطرب وصفحي وانتقالي). ويمكن إيجاد معامل الإعاقة الاحتكاكية بالنسبة للدفق الصفحي من المعادلة 4-18

$$C_D = \frac{24}{Re} \qquad 4\text{-}18$$

حيث:

Re = رقم رينولد، أنظر المعادلة 4-19

$$Re = \frac{\rho \times v \times d}{\mu} \qquad 4\text{-}19$$

ρ = كثافة سائل الترسيب (كجم/م^3)

v = سرعة الترسيب (م/ث)

d = قطر الحبيبة المترسبة (م)

μ = درجة اللزوجة المطلقة لسائل الترسيب (نيوتن×ث/م^2)

وبافتراض ترسب الحبيبة كروية الشكل تحت ظروف دفق صفحي يمكن إيجاد سرعة الترسيب من قانون ستوك الموضح في المعادلة 4-20

$$v = \frac{g \times d^2 (s.g - 1)}{18\upsilon} \qquad 4\text{-}20$$

حيث:

v = سرعة الترسيب المنتظمة للحبيبة المترسبة (م/ث)

g = عجلة الجاذبية الأرضية (م/ث^2)

d = قطر الحبيبة الكروية الشكل (م)

s.g. = الكثافة النوعية للحبيبة

ν = درجة اللزوجة الحركية (الكينامتكية) (م^2/ث)

أما في حالة ترسيب الحبيبة تحت ظروف دفق انتقالي فإن قيم رقم رينولد تعادل $0.5 < Re < 10^4$ ومن ثم يمكن إيجاد معامل الإعاقة الاحتكاكية من المعادلة 4-21

$$C_D = \frac{24}{Re} + \frac{3}{\sqrt{Re}} + 0.34 \qquad 4\text{-}21$$

حيث:

C_D = معامل الإعاقة الاحتكاكية

Re = رقم رينولد

وفى هذه الحالة يمكن إيجاد سرعة الترسيب كما موضح في المعادلة 4-22

$$v = \sqrt{\left[\frac{4g \times d(s.g - 1)}{3\ C_D}\right]} \qquad 4\text{-}22$$

أما بالنسبة للدفق المضطرب فيكون رقم رينولد أكبر من 10 ألف $10^4 < Re < 500$

وفى حالة الدفق المضطرب يؤخذ معامل الإعاقة الاحتكاكية ليساوى 0.4 ، وعليه يمكن إيجاد سرعة الترسيب بالنسبة للدفق المضطرب من المعادلة 4-23

$$v = \sqrt{\left[3.3g \times d\left(s.g - 1\right)\right]} \qquad 4\text{-}23$$

يختلف الترسيب في محطات الفضلات السائلة عنه في محطات تنقية الماء الخام لأن معظم الفضلات تحوي مواد عضوية كثافتها النوعية بين 1.01 إلى 1.2. وخواص الترسيب لهذه المواد العضوية عبارة عن ترسيب لبود. وتؤثر كثيراً على هذا النظام من الترسيب: مساحة السطح، وارتفاع الحوض، وزمن الترسيب، والماء الخام به، والمواد الصلبة غير العضوية مثل الطين والرمل والغرين والتي لها كثافة نوعية 1.2 إلى 2.65 وهي مترسبات منفردة.

ومن أهم النقاط الواجب أخذها في الحسبان عند تصميم حوض الترسيب:

- يتم تصميم الحوض لظروف الدفق المتوسط. وإذا كان هنالك تغير كبير في دفق الساعة فيمكن إضافة حوض موازنة قبل حوض الترسيب.
- يبين جدول 4-4 معدل الدفق السطحي (سرعة الترسيب) لبعض أنواع أحواض الترسيب {12}.

جدول4-4 معدل الدفق السطحي (سرعة الترسيب) لبعض أنواع أحواض الترسيب {12}

نوع الحوض	**الدفق المتوسط (ألف لتر/ يوم/ متر^2)**	**الدفق الأقصى (ألف لتر/ يوم/ م^2)**
ترسيب ابتدائي فقط	25 إلى 30	50 إلى 60
ترسيب ابتدائي يتبعه معالجة ثانوية	35 إلى 50	80 إلى 125
ترسيب ابتدائي مع عائد حمأة نشطة	25 إلى 30	50 إلى 60
ترسيب ثانوي لمرشح نضيض	10 إلى 25	40 إلى 50
ترسيب ثانوي مع حمأة نشطة	15 إلى 35	40 إلى 50
ترسيب مع تهوية متقدمة	8 إلى 15	35

- زمن المكث

بالنسبة لأحواض الترسيب الابتدائي من 2 إلى 3 ساعات.

بالنسبة لأحواض الترسيب الثانوي من 1.5 ساعة إلى ساعتين

* ارتفاع الحوض

⇒ 3 إلى 3.5 أمتار لأحواض ترسيب ابتدائي وأفقية الدفق.

⇐ 3.5 إلى 4.5 أمتار لأحواض ترسيب ابتدائي، وأحواض ترسيب ثانوي تتبع مرشح نضيض؛ وأحواض ترسيب ابتدائي أفقي الدفق مع عائد حمأة نشطة؛ وأحواض ترسيب ثانوي بعد الحمأة النشطة.

⇐ 2 متر لأحواض ترسيب رأسية الدفق (من غير القادوس).

- يحافظ على سرعة الدفق في الدفق الأفقي بين 0.3 إلى 0.6 متر على الدقيقة.
- قطر الأحواض الدائرية بين 10 إلى 30 متراً اعتماداً على وجود جهاز الكشط للأوساخ واتزانه.
- عرض الأحواض الأفقية الدفق 10 إلى 30 متراً.
- نسبة الطول للعرض 2 إلى 5 .
- نسبة الطول إلى الارتفاع 5 إلى 10.
- ميل القعر 1 في المائة في اتجاه مدخل الحوض.
- حمل الهدار weir loading لأحواض الترسيب الابتدائية والثانوية (عدا تلك التي تلي وحدة الحمأة النشطة) تصل إلى 0.1 مللتر على اليوم على كل متر طولي للدفق المتوسط. وحمل الهدار للترسيب الثانوي الذي يلي وحدة الحمأة النشطة يصل إلى 0.15 مللتر على اليوم على كل متر طولي
- كفاءة إزالة الشوائب في جهاز الترسيب كما مبينة بجدول 4-5.

جدول 4-5 كفاءة إزالة الشوائب في جهاز الترسيب

	إزالة المواد الصلبة العالقة (%)	إزالة BOD_5 (%)	إزالة البكتريا (%)
الترسيب الابتدائي	30 إلى 60	25 إلى40	25 إلى 60
الترسيب الثانوي	70 إلى 95	80 إلى 95	90 إلى 98

6-4 المعالجة الثانوية للفضلات السائلة

يقصد بالمعالجة الثانوية للفضلات السائلة تلك التي تلي وحدات المعالجة الأساسية. ومن أهم الأهداف العامة لهذا النوع من أنواع المعالجة التالي {2،3،6،7}

- تخثر وإزالة المواد الغروية الصلبة غير المترسبة،
- موازنة المواد العضوية،
- تقليل نسب المواد العضوية الموجودة في الفضلات الخام،
- تخفيض مواد التغذية (مثل النتروجين والفسفور) الموجود في الحمأة،
- تهيئة الحمأة والأوساخ للمعالجة والتخلص النهائي.

يتم تفسخ المواد العضوية[1] بوساطة الأحياء المجهرية – عبر خليط غير متجانس من البكتريا وأحياء أخرى – إما في بيئة هوائية أو لا هوائية أو اختيارية. وتؤخذ المواد العضوية بواسطة الأحياء المجهرية الهوائية (بكتريا) بوصفها مصدراً للطاقة ومصدراً ممولاً للكربون للتكاثر وإنتاج الخلية الحية على النحو التالي:

مادة عضوية + أكسجين ⇐ إنتاج خلايا جديدة + طاقة حركية + نواتج ثانوية (ثاني أكسيد الكربون، وماء، وكبريتات، وفوسفات، ونترات، ونتريت).

تعتمد طرق المعالجة الحيوية الهوائية لإزالة المواد العضوية من الفضلات السائلة على فيزيولوجية الأحياء المجهرية غيري الإغتذاء Heterotrophic. وتستخدم هذه الكائنات (في وجود الأكسجين) المواد العضوية الموجودة بالفضلات السائلة مصدراً لعنصر الكربون – اللازم لتكاثر الخلايا – ومصدراً للطاقة. ويمكن لكثير من هذه الأنواع الهوائية من الأحياء المجهرية الاستفادة من الأكسجين المتحد مع المركبات (مثل ذلك الذي يوجد في النترات والكبريتات) لإتمام الأكسدة وبناء الخلايا عند غياب الأكسجين الحر.

لمستعمرات البكتريا الهوائية مقدرة على تحويل نتروجين الأمونيا لنتريت ومن ثم لنترات النتروجين. كما وأن النترتة تحدث أيضا بفعل أحياء مجهرية أخرى ذاتي التغذية Autotrophic. وعند ملامسة الأحياء المجهرية للفضلات السائلة وفى وجود الأكسجين فإنها تقوم بامتصاص المواد العالقة والغروانية (وبدرجة أقل المواد العضوية الذائبة). وفى ذات الفترة فإن النشاط الحيوي يقوم بتحويل بعض المواد العضوية في الفضلات السائلة لغذاء احتياطي داخل خلايا الأحياء المجهرية. وبهذه الطريقة يتم النقصان السريع لحاجة الأكسجين الحيا-كيميائي في بداية مرحلة المعالجة. كما وأن التهوية المستمرة تساعد على إزالة المواد العضوية. ومن العوامل المؤثرة في معدل هذه الإزالة: كمية الحاجة الحيا-كيميائية للأكسجين المتبقية ودرجة تركيز الأحياء المجهرية في الحمأة النشطة.

أما التفسخ الحيوي اللاهوائي للمواد العضوية فيتم بفعل بكتريا الأحماض (مكونات الأحماض) بالاستفادة من الأكسجين المتحد مع المركبات (مثل النتريت والنترات والكبريتات) طبقاً للتفاعل التالي:

مواد عضوية ⇐ إنتاج خلايا جديدة + طاقة + أحماض عضوية + كحول

ويقود إنتاج الأحماض العضوية إلى تقليل الرقم الهيدروجيني، مما يؤدي إلى هلاك بكتريا الأحماض، لتحل محلها بكتريا الميثان (مكونات الميثان). وتعمل هذه البكتريا على تكوين خلايا جديدة على النحو التالي:

الكحول ⇐ إنتاج خلايا جديدة + نواتج ثانوية (ميثان، وكبريتيد هيدروجين، وثاني أكسيد الكربون، وماء).

[1] مكونة من كربون، هيدروجين، أكسجين، نتروجين، كبريت

تقوم بعض أنواع البكتريا المنترة Nitrosomonas بتحويل الأمونيا إلى نتريت. ومن ثم تعمل البكتريا المنترة Nitrobacter على أكسدة النتريت المتكون إلى نترات على النحو التالي:

$$2NH_4 + 3O_2 \ (Nitrosomonas) \Rightarrow \ 2NO^-_2 + 2H_2O + 4H^+$$

$$2NO^-_2 + O_2 \ (Nitrobacter) \Rightarrow \ 2NO^-_3$$

<u>طرق المعالجة الثانوية:</u>

تنقسم الطرق المستخدمة في المعالجة الثانوية بصورة عامة إلى طرق النمو العالق Suspended Growth وطرق النمو المرتبط Attached Growth {2،3،6،7،19}.

تكون للأحياء المجهرية حرية الحركة في طرق النمو العالق داخل المفاعل، مما يعنى أن الأحياء المجهرية تبحث لوحدها عن غذائها، ومن أمثلة هذه الطرق الحمأة النشطة، وأخدود الأكسدة، وبرك الموازنة، والهضم الهوائي.

أما طرق النمو المرتبط فتحتوي على مجموعة من أنماط المعالجة الثانوية. وفى هذا النوع من طرق المعالجة ترتبط الأحياء المجهرية وتثبت بسطح أو وسط صلب، مما يعنى أن الأحياء المجهرية تتم تغذيتها. وتعمل عدة عوامل لتسهيل تلامس المواد العضوية بالأحياء المجهرية. ومن أمثلة طرق النمو المرتبط مرشح النضيض والأقراص الملامسة الدوارة.

1-6-4 طرق المعالجة بالنمو العالق

أولاً: الحمأة النشطة Activated Sludge

من الأهداف العامة للحمأة النشطة:

1. المعالجة الحيوية الهوائية للفضلات السائلة بطريقة مستمرة أو شبه مستمرة،
2. أكسدة المواد الكربوهيدراتية،
3. إتمام عملية النترتة.

ومن أهم محاسن الحمأة النشطة:

- إنتاج سائل نهائي صافٍ وغير منفر،
- خلو النظام من الروائح الكريهة أثناء التشغيل،
- عدم الاحتياج إلى مساحات كبيرة،
- إمكانية تسويق الأوساخ الناتجة (الحمأة).

ومن العيوب الأساسية لهذه الطريقة:

- احتياجها إلى مراقبة تصميم وإنشاء،
- احتياجها إلى عمالة ماهرة للتشغيل والصيانة،
- نتائجها متدنية للأحمال الصدمية والمفاجئة والتغيرات في الدفق،
- تنتج حجماً كبيراً من الحمأة (الأوساخ) مما يزيد من مشاكل إزالة الماء من الحمأة،
- ذات تكلفة إنشاء أولية عالية.

لقد استخدمت طريقة الحمأة النشطة لمعالجة عدد من الفضلات السائلة والتخلص منها مثل: المركبات العضوية الذائبة أو الغروانية القابلة للتفتيت، والمواد الصلبة العالقة وتلك غير المترسبة، وبعض المواد الغذائية مثل الفسفور ومركبات النتروجين، وبعض المواد العضوية المطهرة، وبعض المركبات والمكونات الأخرى التي يمكن أن تمتص أو تمتز بهذه الطريقة.

تعتمد طريقة الحمأة النشطة على تهوية الفضلات السائلة بتلبد النمو الحيوي، ثم يتم فصل المياه المعالجة من النمو الحيوي. وتخرج بعض الأحياء المجهرية المتكاثرة في الحمأة النشطة فضلات مع التصريف المنبثق من الجهاز.

تعمل الأحياء المجهرية الهوائية في حوض التهوية على امتزاز المواد الصلبة العالقة والغروية ونسبة من المواد العضوية الذائبة عن سطح متلبدات الحمأة النشطة. وفى ذات الوقت يعمل النمو الحيوي الكبير على تحويل جزء من المواد العضوية الموجودة في الفضلات إلى غذاء احتياطي داخل خلايا الأحياء المجهرية. وبفضل هذا النشاط تتم الإزالة الابتدائية السريعة للحاجة الحيا-كيمائية للأكسجين في المفاعل. يقود نمو الأحياء المجهرية الهوائية وتزايدها داخل حوض التهوية إلى تكون كتلة حيوية تعرف بالحمأة النشطة. ويطلق على كل من الحمأة النشطة في المفاعل والفضلات السائلة "السائل المختلط"{2،20}.

يعد عنصرا النتروجين والفسفور من أهم المواد الغذائية للأحياء المجهرية داخل مفاعل الحمأة النشطة، نسبة لأن النتروجين يدخل مباشرة في التفاعلات الحيوية وتكاثر الخلايا، أما الفسفور فيدخل في تبادل الطاقة. ويحتاج إلى بعض المعادن الغذائية الأخرى بنسب قليلة، مثل: المغنسيوم والكالسيوم والحديد والمنجنيز والنحاس والكوبالت. وتتراوح نسبة الكربون للنتروجين في الحمأة الجيدة بين 2 إلى 2.5 %، غير أنه عملياً فإن احتياجات التكاثر الحيوي تتطلع إلى نسبة كربون إلى نتروجين تتراوح بين 5 إلى 6. ويجعل هذا الوضع من الأوساخ المنزلية مصدر نتروجين للمعالجة الحيوية، خاصة لتلك الفضلات التي ينعدم أو يقل فيها وجوده، هذا بالإضافة لمساعدة الفضلات المنزلية في الحصول على بعض العناصر الغذائية الأخرى.

تتكون المواد العالقة بالسائل المختلط من أعداد من الأحياء المجهرية النشطة وغير النشطة والمواد العضوية غير القابلة للتفتيت والمواد غير العضوية. وتتطلب درجات التركيز العالية لهذه المواد تركيزاً عالياً من الأكسجين داخل نظام المعالجة، كما تحتاج أيضاً إلى أجهزة ترسيب ثانوية كبيرة. غير أن المواد العالقة بالسائل المختلط تكون صغيرة في الغالب الأعم وتتراوح قيمها بين 2000 إلى 4000 ملجم/لتر. وفى حالة تخفيف الفضلات السائلة فإن التركيز العالي للمواد العضوية (في مياه الصرف الصحي المعالجة) ربما قلل من كفاءة طريقة الحمأة النشطة. عادة يؤخذ تركيز المواد الصلبة العالقة في السائل المختلط MLSS معياراً لكتلة الأحياء المجهرية النشطة في حوض التهوية. وتحوي المواد الصلبة العالقة في السائل المختلط MLSS النمو الحيوي النشط بالإضافة إلى الخلايا الميتة والمواد العضوية الخاملة، والمواد غير العضوية المشتقة من الفضلات الداخلة. وهذا مما استدعى التعامل مع المواد الصلبة العالقة المتطايرة في السائل المختلط MLVSS، والمواد الصلبة العالقة المتطايرة للخليط السائل.

يصعب التكهن بأثر بيئة المفاعل عليه نسبة للتأثر المتغير للأحياء المجهرية بكمية المواد الغذائية ونوعها، ومكونات الفضلات السائلة الداخلة للمفاعل، وبعض العوامل المفروضة على النظام مثل: درجة تركيز الأملاح غير العضوية، والرقم الهيدروجيني، ودرجة الحرارة، ووجود الأحياء المجهرية الأخرى المنافسة. وتعد طريقة الحمأة النشطة طريقة معقدة تشارك فيها أنواع مختلفة من الحُمات والبكتريا والحيوانات الأولي وغيرها من الأحياء المجهرية القابلة للتعايش في هذه البيئة. وتتواجد هذه الكائنات إما منفردة أو مع بعضها متداخلة مع الملوثات العضوية والخلايا الميتة وغيرها من مكونات الفضلات. وفى بداية مرحلة المعالجة تزدهر السوطيات Flagellates والأوليات الأميبية، والتي لا تلبث أن تحل محلها الأهداب الحرة السابحة Free-swimming ciliates ، لتسود بعدها الأهداب ذات الجذع Stalked ciliates والتي تدل على جودة عملية المعالجة على درجات التحميل العادية. أما الحيوانات الدوارة (الروتيفرات Rotifers) فتتواجد في الحمأة النشطة عند علو درجة التهوية أو عند تدني التحميل في المفاعل.

يتم فصل المواد العالقة من الفضلات السائلة في المفاعل بعد مدة المكث (6 إلى 12 ساعة) وعند وجود كمية مناسبة من الحمأة المعادة، لتظل درجة تركيز الأكسجين المذاب في حدود 2 ملجم/لتر. ثم تصرف مكونات حوض التهوية لأحواض الترسيب الثانوية التالية له، حيث يتم ترسب المتلبدات لمدة تتراوح بين 2 إلى 4 ساعات ثم يخرج السائل المعالج. يعاد جزء من المواد الصلبة لحوض التهوية، ويتم التخلص من الجزء المتبقي (بعد أكسدته هوائياً) بواسطة أجهزة التخلص من الأوساخ. ونسبة لأهمية نوع وخصائص مكونات حوض التهوية فيتم التحكم فيها عن طريق عوامل المعامل الحجمي ومعامل الكثافة وعمر الأوساخ.

من أهم الطرق المستخدمة لإضافة الهواء أو الأكسجين للمفاعل: التهوية الفقاعية، والتهوية السطحية {2،7}:

(I) التهوية الفقاعية أو التهوية بالانتشار Bubble or Diffused Aeration تتم إضافة أكسجين الهواء بهذه الطريقة عن طريق آلة هواء ضاغطة، حيث يدخل الهواء تحت ضغط عالٍ إلى قعر الحوض عن طريق أنبوب رئيس يتفرع إلى أنابيب جانبية بها فتحات دقيقة. ومن ثم يتسرب الهواء تحت الضغط العالي على شكل فقاقيع هوائية صغيرة مما يساعد الأحياء المجهرية على امتصاص الأكسجين. وتعمل هذه الفقاقيع على خلط مكونات حوض التهوية حيث تمنع ترسيب المواد العالقة في قعره.

(II) التهوية السطحية Surface Aeration تعرض المخلفات السائلة للهواء (في أحواض التهوية السطحية والميكانيكية) على شكل صفائح أو شرائح رقيقة لامتصاص الأكسجين. وتغيير الصفائح المعرضة للهواء تباعاً عن طريق فرش دوارة أو آلات خلط.

أنواع نظم الحمأة النشطة

تختلف نظم الحمأة النشطة في أدائها حسب عدة متغيرات منها: وضع النظم، وطريقة إدخال الهواء والفضلات للمفاعل، وزمن التهوية، وتركيز النمو الحيوي النشط، وحجم المفاعل، ودرجة المزج. ومن هذه النظم:

(أ) النظام التقليدي Conventional activated sludge: وهو من أكثر النظم استخداماً، ويتكون من حوض للتهوية، وحوض ترسيب ثانوي، وخط إعادة الحمأة، وخط الحمأة الزائدة.

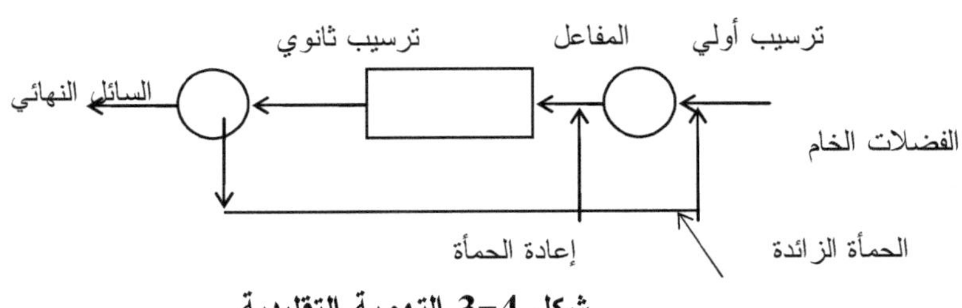

شكل 4-3 التهوية التقليدية

(ب) النظام المخروطي Tapered aerator: يتم فيه إدخال هواء مضغوط بمعدل عالٍ بالقرب من مدخل المفاعل لمواكبة احتياج الأكسجين العالي، ويتناقص تدريجياً بالقرب من المخرج نسبة لقلة احتياج الأكسجين، مما يمكن المفاعل من إعطاء أفضل استخدام للهواء.

(ج) النظام المدرج Step aerator: يتم إضافة الحمأة المترسبة عند أكثر من نقطة خلال طول مفاعل التهوية وتتم إضافة الأوساخ في بداية المفاعل لموازنة نسبة الغذاء والأحياء المجهرية للمحافظة على انتظام الاحتياج للأكسجين.

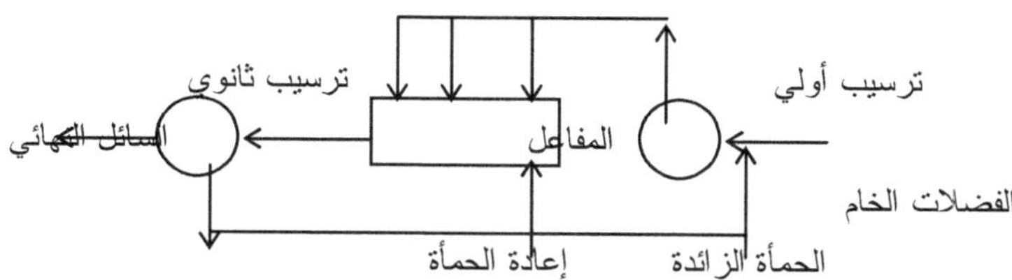

شكل 4-4 التهوية المدرجة

(د) نظام التوازن بالتلامس Contact stabilization or biosorption: يتم مزج الأوساخ وتهويتها مع الحمأة النشطة لفترة زمنية بسيطة (من 0.5 إلى 1.5 ساعة)، ثم يمر السائل المختلط لحوض ترسيب لفصل السائل النهائي والحمأة بالجاذبية. وتتم إعادة تهوية الحمأة المترسبة في جهاز تهوية آخر (حوض موازنة) لفترة 3-6 ساعات لإزالة المواد الغروانية والمواد العالقة دون إزالة المواد الذائبة العضوية.

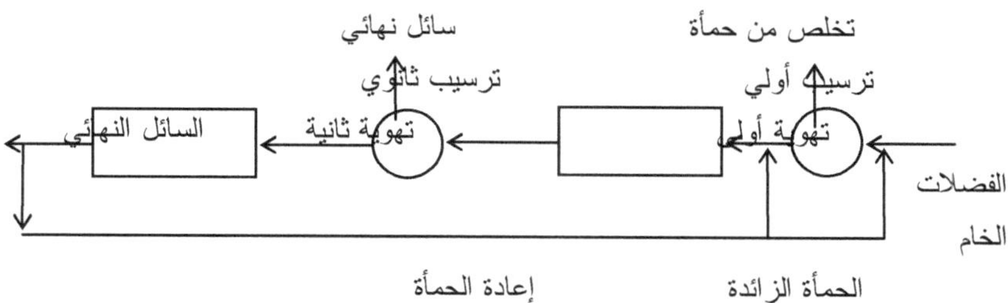

شكل 4-5 تهوية التوازن بالتلامس

(ه) تهوية عالية المعدل (تهوية تامة الخلط) High rate or Complete mixing aerator تماثل هذه التهوية تلك التهوية التقليدية فيما عدا ظروف التحميل. والغرض منها تخفيض تكلفة الإنشاء بزيادة تحميل الأكسجين الحيا-كيميائي BOD لكل حجم مفاعل، ولتقليل زمن التهوية. وهذه تتم بتشغيل المفاعل على نسبة عالية من الأحياء المجهرية للغذاء $\frac{F}{M}$ والحفاظ على تركيز MLSS في حدود 5000 إلى 4000 ملجم/لتر.

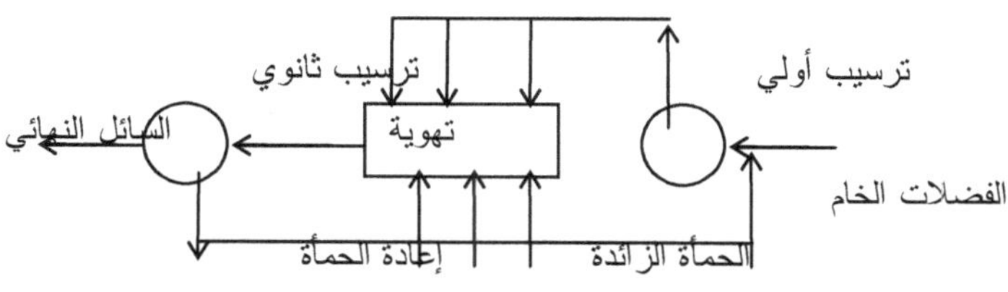

شكل 4-6 التهوية عالية المعدل

(و) التهوية الممتدة Extended aeration: تعمل التهوية الممتدة على مرحلة نمو داخلي. وعادة لا يحدث هدر للحمأة النشطة الزائدة. ويزيد السائل المختلط تركيز MLSS عبر فترة عدة أشهر ليتم صرفها مباشرة من المفاعل. وتتفاوت MLSS بين 1000 إلى 10000 ملجم/لتر، وزمن التهوية 24 ساعة أو يزيد، وللمفاعل كفاءة عالية لإزالة الأكسجين الحيا-كيميائي BOD نسبة لصغر تحميل BOD وقلة نسبة $\frac{F}{M}$ وطول زمن المكث.

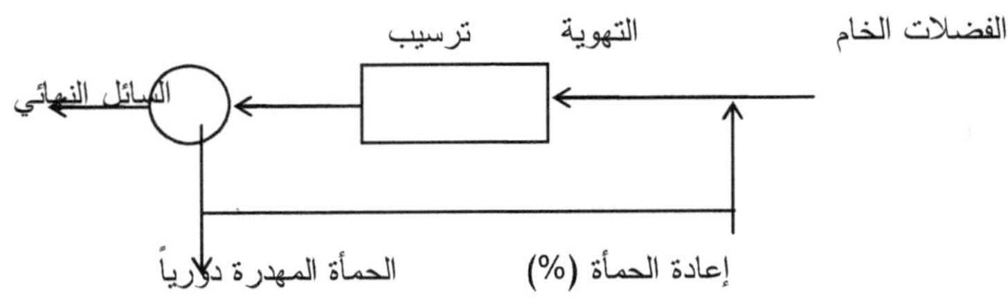

شكل 4-7 التهوية الممتدة

جدول 4-6 خواص نظم الحمأة النشطة {12}

النظام	نوع الدفق	MLSS (mg/l)	F/M	الحمل الحجمي kg BOD/m^3	SRT (يوم)	R= QL/Q	إزالة BOD (%)	احتياجات الهواء لكل كجم BOD/م^3
تقليدية	كتلي plug	1500 إلى 3000	0.4-0.2	0.3-0.7	5-15	-0.5 0.25	-95 85	-100 40
مخروطية	كتلي	1500 إلى 3000	0.4-0.2	0.3-0.8	5-15	-0.5 0.25	-95 85	50-75
مدرجة	كتلي	2000 إلى 3000	0.4-0.2	0.7-1	5-15	-0.75 0.25	-95 85	50-75
توازن بالتلامس	كتلي	1000 إلى 6000	0.5-0.2	1-1.2	5-15	-1 0.25	-95 85	50-75
مزج كامل	خلط تام	3000 إلى 6000	0.6-0.2	0.8-2	5-15	-1 0.25	-95 85	50-75
معدلة	كتلي	300 إلى 800	0.5-1.5	1.2-2.4	0.2-0.5	-0.15 0.05	-75 65	25-50

ممتدة	خلط تام	3000 إلى 8000	-0.05 0.15	0.2-0.4	20-30	-1.5 0.35	-98 90	-135 100

أداء مفاعل الحمأة النشطة

تمثل معادلة مونود Monod equation العلاقة بين استخدام مواد التغذية والنمو الحيوي في مفاعل الحمأة النشطة. وتفترض هذه المعادلة تناسب معدل النمو الحيوي مع تركيز المواد كما مبين في المعادلة 4-24.

$$\mu = \mu_{max} \frac{S^*}{\left(k_S + S^*\right)} \qquad 4\text{-}24$$

حيث :

μ = معدل نمو الأحياء المجهرية (على اليوم)

μ_{max} = أقصى معدل لنمو الأحياء المجهرية (على اليوم)

k_S = ثابت منتصف السرعة أو درجة تركيز المواد (ملجم/لتر) عند منتصف أقصى معدل النمو

S^* = حد النمو لتركيز المواد في المحلول (ملجم/لتر)

من أهم العوامل المؤثرة على أداء طريقة الحمأة النشطة:

- الفضلات السائلة من حيث: الكمية والنوع، وحجم الحمأة، والتحميل العضوي والهيدروليكي، والمواد العالقة بالسائل المختلط، وتأثير درجة حرارة الفضلات السائلة، وتأثير درجة تركيز الفضلات السائلة. يمكن التحكم الجزئي في مواصفات الحمأة والفضلات السائلة ونوعها وكميتها عن طريق تصميم محطات التجميع وتشغيلها. كما وتستخدم أيضاً وحدات موازنة منفصلة لبعض الفضلات السائلة. أما تأثير درجة حرارة الفضلات السائلة فمعقد بعض الشيء، إذ أن الزيادة في درجة الحرارة يعادلها انخفاض في درجة اللزوجة والتوتر السطحي؛ وهذا يقود إلى تحسن في المزج والانتشار الجزئي للمواد ومعدلات التفاعلات الحيوية والكيميائية.
- خواص المفاعل مثل: زمن مكث الفضلات السائلة به، وكمية الأكسجين المذاب، وعمر الحمأة، وتأثير معامل حجم الحمأة، ومعامل كثافة الحمأة، والمزج والدفق المضطرب. ومن المستحسن أن يطول زمن المكث الهيدروليكي لزيادة كفاءة النظام عند الحمولة الفجائية، ويفضل أن يكون زمن المكث ما بين 4 إلى 8 ساعات. وتتراوح كمية الأكسجين المذاب اللازمة لإكمال المعالجة داخل أجهزة التهوية ما بين 1 إلى 2 ملجم/لتر. يحدث المزج والدفق المضطرب داخل المفاعل بحركة فقاقيع الهواء المضغوط عبر طبقات متعددة، أو بتشغيل أجهزة ميكانيكية مختلفة. ويؤثر الدفق المضطرب العالي في المفاعل عكسياً على درجات التلبد في الأوساخ النشطة.

(أ) عمر الحمأة: Sludge age, Mean cell residence time, solids retention time, cell age

يعبر عمر الحمأة عن معيار لنسبة كتلة المواد الصلبة في الحمأة بحوض التهوية إلى كتلة المواد الصلبة الخارجة. ويعتمد المعيار على حجم المفاعل ونوعه (أنظر جدول 4-7)، وتدفق الفضلات السائلة الداخلة والخارجة، وكمية المواد العالقة داخل المفاعل والمعادة له والمتبقية في التصريف الخارجي. ويمكن إيجاد عمر الحمأة من المعادلة 4-25

عمر الحمأة = [كتلة المواد الصلبة في الحمأة بحوض التهوية (كجم)]÷[كتلة المواد الصلبة الخارجة(كجم/يوم)]

$$SA = \frac{V * MLSS}{q_w * SS} \qquad 4\text{-}25$$

حيث:

SA = عمر الحمأة (يوم)

V = حجم حوض التهوية ($م^3$)

q_w = دفق الحمأة الخارج ($م^3$/يوم)

SS = تركيز المواد الصلبة العالقة في الحمأة الخارجة (ملجم/لتر)

جدول 4-7 عمر الحمأة لعدد من طرق الحمأة النشطة {6،3،2-9}

الطريقة	عمر الحمأة (يوم)
توازن ملامسة	5 إلى 15
حمأة نشطة تقليدية	5 إلى 15
تهوية ممتدة	20 إلى 30
تهوية عالية المعدل	5 إلى 10
تهوية معدلة	0.2 إلى 0.5
تهوية مدرجة	5 إلى 15

(ب) معامل حجم الحمأة أو معامل موهلمان: Sludge volume index or Mohlman Index

يفيد معامل حجم الحمأة في تقدير درجة ترسيب الحمأة النشطة ورصد أداء عمل حوض التهوية وكفاءته. ويعبر معامل حجم الحمأة عن "الحجم (مللتر) الذي يشغله جرام واحد من تركيز المواد الصلبة للسائل المختلط في الحمأة النشطة بعد ترسيبه لمدة 30 دقيقة في أسطوانة مدرجة حجمها لتر واحد". وتبين المعادلة 4-26 علاقة المعامل مع الحجم المترسب (أنظر جدول 4-8).

$$SVI = \frac{V_s * 1000}{MLSS} \qquad 4\text{-}26$$

حيث:

SVI = معامل حجم الحمأة (مللتر/جم)

V_S = حجم الحمأة المترسبة في 1000 مللتر من أسطوانة مدرجة في 30 دقيقة

1000 = ملجم/جرام

MLSS = تركيز المواد الصلبة العالقة في السائل المختلط (ملجم/لتر)

جدول 4-8 تقسيم الحمأة على حسب معدل حجم الحمأة {9-2،3،6}

المنشط	القيمة (مللتر/جم)
خواص ترسيب ممتازة	أقل من 40
خواص ترسيب جيدة	40 إلى 75
خواص ترسيب حسنة	76 إلى 120
خواص ترسيب ضعيفة	120 إلى 200
حمأة خفيفة[1]	أكثر من 200

مثال 4-2

يبلغ تركيز المواد الصلبة العالقة في السائل المختلط في حوض تهوية 2400 مليجرام على اللتر. أبانت التجارب المخبرية أن حجم الحمأة المترسبة بعد نصف ساعة في أسطوانة مدرجة حجمها لتر هو 275 مللتر. جد معامل حجم الحمأة لهذه العينة.

الحل

1- المعطيات: V_S = 275 مللتر، MLSS = 2400 ملجم/لتر

2- جد معدل حجم الحمأة من المعادلة $SVI = V_S*1000/MLSS$:

3- معدل حجم الحمأة = 275×1000÷2400 = 115 مللتر/جم

4- وبالمقارنة مع الجدول 4-8 يتضح أن معدل حجم الحمأة قيد الذكر لها خواص ترسيب حسنة إذ أن مقدارها يقع بين 76 و120 مللتر/جم.

[1] تنجم الحمأة الخفيفة نتيجة لبكتريا سفاروتيلس ناتانس *Sphaerotilus natans* المتواجدة في النباتات مع الفضلات السائلة السهلة التحلل، والتي تقل فيها درجة تركيز النتروجين والأكسجين في السائل المختلط. تنمو هذه البكتريا وتتكاثر بصورة كبيرة في حوض التهوية مما يجعل الحمأة خفيفة ومخفوقة fluffy . وتقلل هذه الحالة من درجة الترسيب ومن شفافية الماء الخارج من حوض الترسيب الثانوي، مما يقود إلى تصريف الحمأة مع السائل الخارج. ويمكن التحكم في الحمأة الخفيفة أو تخفيضها: بالتحكم الجيد في تركيز المواد الصلبة العالقة في السائل المختلط، أو تعديل نسبة الغذاء إلى الأحياء المجهرية بتنظيم دفق الحمأة المعادة من وحدة الترسيب النهائي، أو تنظيم التهوية في الحوض، أو التحكم في الرقم الهيدروجيني للسائل المختلط وتنظيمه {2،3،7،20}

برنامج 4-2:

```
Public Class Form1

    Private Sub Form1_Load(ByVal sender As System.Object,
       ByVal e As System.EventArgs) Handles MyBase.Load
        Label1.Text = "مللتر-المترسبة الحمأة حجم"
        Label2.Text = "لتر/مج-العالقة الصلبة المواد تركيز"
        Label3.Text = "جم/مللتر-الحمأة حجم معدل"
        Label4.Text = "الحمأة خواص"
        Button1.Text = "الحجم معدل احسب"
        Me.Text = "مثال 4-2"
    End Sub

    Private Sub Button1_Click(ByVal sender As System.Object,
       ByVal e As System.EventArgs) Handles Button1.Click
        Dim Vs, MLSS, SVI As Double
        Vs = Val(TextBox1.Text)
        MLSS = Val(TextBox2.Text)
        SVI = Vs * 1000 / MLSS
        Dim SVIstr As String
        If SVI < 40 Then
            SVIstr = "ممتازة ترسيب خواص"
        ElseIf SVI < 76 Then
            SVIstr = "جيدة ترسيب خواص"
        ElseIf SVI < 121 Then
            SVIstr = "حسنة ترسيب خواص"
        ElseIf SVI < 201 Then
            SVIstr = "ضعيفة ترسيب خواص"
        Else
            SVIstr = "خفيفة حمأة"
        End If
        TextBox3.Text = FormatNumber(SVI, 0)
        TextBox4.Text = SVIstr
    End Sub
End Class
```

(ج) معامل كثافة الحمأة أو معامل دونالدسون

Sludge Density Index (SDI) or Donaldson Index (DI)

معامل كثافة الحمأة يعبر عن مقلوب معامل حجم الحمأة مضروب في 100 كما مبين في المعادلة 4-27.

$$SDI = \frac{100}{SVI} \qquad 4\text{-}27$$

حيث:

SDI = معامل كثافة الحمأة (جرام/مللتر)، يقع بين 2 لحمأة جيدة إلى 0.3 لحمأة ضعيفة

SVI = معامل حجم الحمأة (مللتر/جرام)

(د) معدل تحميل الحمأة (نسبة الغذاء إلى عدد الأحياء المجهرية)

Food-to-microorganisms ratio (F/M), Sludge loading rate (SLR), Substrate loading (SL)

يعبر حجم تحميل الحمأة عن نسبة الغذاء إلى عدد الأحياء المجهرية الموجودة، أو نسبة كتلة الحاجة الحيا-كيميائية للأكسجين الداخل إلى حوض التهوئة إلى المواد الصلبة العالقة في السائل المختلط حسب المعادلة 4-28.

$$\frac{F}{M} = SLR = \frac{W}{MLSS * V} = \frac{L_i}{MLSS * \tau} \qquad 4\text{-}28$$

حيث:

F = الغذاء

M = كتلة الأحياء المجهرية

SLR = معدل تحميل الحمأة (على اليوم) (أنظر جدول 4-9)

W = تحميل الحاجة الحيا-كيميائية للأكسجين (كجم/يوم) ($W = L_i * Q$)

Q = مقدار دفق الفضلات السائلة (م^3/ث)

L_i = حاجة الحيا-كيميائية للأكسجين الداخل إلى حوض التهوئة (ملجم/لتر)

MLSS = تركيز المواد الصلبة العالقة في السائل المختلط (ملجم/لتر)

V = حجم حوض التهوية (م^3)

يقود تشغيل حوض التهوئة على درجات عالية من نسبة الغذاء إلى الكائنات إلى{2،3،6،7،21}:

* تحلل غير كامل للمواد العضوية،
* إزالة ضعيفة للحاجة الحيا-كيميائية للأكسجين،

* ترسيب ضعيف للمتلبدات الحيوية.

غير أن التشغيل لدرجات قليلة من نسبة الغذاء إلى الكائنات ينتج عنها {2،3،6،7،21}:

* كفاءة عالية لإزالة المواد العضوية،
* ترسيب جيد للحمأة النشطة،
* كفاءة عالية لإزالة الحاجة الحيا-كيميائية للأكسجين.

(هـ) معدل التحميل الحجمي للمواد العضوية Volumetric Organic Loading Rate (VOL)

يمثل معدل التحميل الحجمي للمواد العضوية نسبة التحميل العضوي إلى الحجم كما مبين في المعادلة 4-29.

$$VOL = \frac{Q * L_i}{V} \qquad 4\text{-}29$$

حيث:

VOL = معدل التحميل الحجمي للمواد العضوية

Q = مقدار دفق الفضلات السائلة ($م^3$/ث)

L_i = حاجة الحيا-كيميائية للأكسجين الداخل إلى حوض التهوئة (ملجم/لتر)

V = حجم حوض التهوية ($م^3$)

جدول 4-9 معدل تحميل الحمأة لبعض نظم معالجة الحمأة النشطة {2،3،8،9،17}

الوحدة	معدل تحميل الحمأة (/يوم)
محطات تقليدية	0.3 إلى 0.35
تهوية ممتدة	0.05 إلى 0.2
تهوية مدرجة	0.02 إلى 0.5

مثال 4-3

استخدم حوض حمأة نشطة في محطة معالجة تستقبل حمأة مترسبة بمعدل دفق يساوى 60 متراً مكعباً في الساعة. يتكون جهاز التهوية من حوضين أبعاد كل منهما 2.5×4×15 متراً، والحاجة حيا-كيميائية للأكسجين للتصريف الداخل لجهاز التهوية يعادل 140 ملجم/لتر، كما وأن تركيز المواد الصلبة العالقة في السائل المختلط تساوى 2100 ملجم/لتر. جد:

(i) زمن المكث في حوض الحمأة النشطة.

(ii) معدل التحميل الحجمي للمواد العضوية.

(iii) معدل تحميل الحمأة.

الحل

1- المعطيات Q = 60 م^3/ساعة = 60×24 = 1440 م^3/يوم، Li = 140 ملجم/لتر، V = 2.5×4×15 م^3 لكل حوض، MLSS = 2100 ملجم/لتر، عدد الأحواض n = 2 .

2- -جد حجم حوض التهوية الكلى = حجم كل حوض× عدد الأحواض = 2×2.5×4×15 = 300 م^3.

3- -جد زمن المكث t = V ÷ Q = 300 ÷ 1440 = 0.21 day =5 hr

4- -جد معدل التحميل الحجمي للمواد العضوية VOL = Q*Li ÷ V

VOL = 1440*140/300 = 672 g/m^3.d

5- جد معدل تحميل الحمأة SLR = Q*Li/MLSS*V

SLR = 1440*140/(2100*300) = 0.32 d^{-1}

برنامج 4-3:

```
Public Class Form1

    Private Sub Form1_Load(ByVal sender As System.Object,
       ByVal e As System.EventArgs) Handles MyBase.Load
        Label1.Text = "معدل الدفق-م3/س"
        Label2.Text = "عدد الأحواض"
        Label3.Text = "طول الحوض-م"
        Label4.Text = "عرض الحوض-م"
        Label5.Text = "ارتفاع الحوض-م"
        Label6.Text = "الحاجة الحياكيميائية-مج/لتر"
        Label7.Text = "تركيز المواد الصلبة العالقة-مج/لتر"
        Label8.Text = "زمن المكث-س"
        Label9.Text = "معدل التحميل الحجمي-جم/م3.يوم"
        Label10.Text = "معدل تحميل الحمأة-على يوم"
        Button1.Text = "احسب"
        Me.Text = "مثال 4-3"
    End Sub

    Private Sub Button1_Click(ByVal sender As System.Object,
       ByVal e As System.EventArgs) Handles Button1.Click
        Dim Q, Li, V, n, MLSS As Double
        Dim t, VOL, SLR As Double
        Dim L, D, h As Double
        Dim totV As Double
        Q = Val(TextBox1.Text) * 24
        n = Val(TextBox2.Text)
        L = Val(TextBox3.Text)
        D = Val(TextBox4.Text)
        h = Val(TextBox5.Text)
        V = L * D * h
        totV = V * n
```

```
        Li = Val(TextBox6.Text)
        MLSS = Val(TextBox7.Text)
        t = totV / Q * 24
        VOL = Q * Li / totV
        SLR = (Q * Li) / (MLSS * totV)
        TextBox8.Text = FormatNumber(t, 0)
        TextBox9.Text = FormatNumber(VOL, 0)
        TextBox10.Text = FormatNumber(SLR, 2)
    End Sub
End Class
```

من أهم العوامل التي قد تحد من استعمال طريقة الحمأة النشطة أو تؤثر كثيراً في اختيارها وحدة معالجة رئيسة التالي {2،3،7}:

- تحديد الحاجة الحيا-كيميائية للأكسجين،
- ضعف انتشار الكتلة العضوية،
- احتياج الطريقة لزمن تهوية معين،
- تدنى الكفاءة عند التغيير الكبير في حجم وتركيز المواد العضوية أو عند وجود سموم،
- احتياج طريقة التشغيل لعمالة ماهرة،
- تكلفة التشغيل العالية،
- الاحتياج إلى استخدام الطاقة،
- متطلبات صيانة وتصليح أجهزة الانتشار،
- التأثير البيئي عند التخلص من الفضلات والروائح واستهلاك للطاقة وغيرها من العوامل المؤثرة.

جدول 4-10 معايير عامة لتصميم حوض وحدة الحمأة النشطة {6،3،2-22،21،9}

المنشط	المعدل
التحميل العضوي الحجمي	500 إلى 700 (جم/ Li م^3/يوم)
زمن المكث للتهوية	4 إلى 8 ساعة (طبقاً لمتوسط الدفق اليومي)
المواد الصلبة العالقة المذابة	1500 إلى 3000 (ملجم/لتر)
المواد الصلبة العالقة في السائل المختلط MLSS	2000 إلى 3000 (ملجم/لتر)
نسبة المواد الغذائية إلى الأحياء المجهرية	0.1 إلى 0.6 (جم/BODجم/MLSS يوم)
زمن المكث	5 إلى 10 (أيام)
عمر الأوساخ	3 إلى 4 (أيام)
الرقم الهيدروجيني الأمثل لنمو البكتريا	6.5 إلى 7.5

الهوائية	
كفاءة إزالة الحاجة الحيا-كيميائية للأكسجين	85 إلى 95 (%)
ارتفاع حوض التهوية	3 (م)
عرض الحوض	30 إلى 100 (م)
عمق الحوض	5 إلى 10 (م)
سرعة الدفق الأفقية	1.5 (م/دقيقة)
السرعة عند قناة المدخل والمخرج للحوض	0.3 (م/ث)
كمية الهواء المطلوب	40 إلى 125 م^3 هواء لكل كجم BOD مزال (عادة تؤخذ 65)

ثانياً: أخدود الأكسدة Pasveer ditch or Oxidation ditch

أخدود الأكسدة عبارة عن نظام مطور للتهوية الممتدة للحمأة النشطة. ويتكون الأخدود من مجرى طويل مستمر على شكل بيضة للمنظر العلوي، وعمقه يتراوح ما بين متر و 1.5 متر، عادة توضع أعضاء دوارة سطحية عبر المجرى لتهوية الفضلات السائلة وللمحافظة على سرعة بين 0.3 إلى 0.4 متر/ث للمساعدة في أن تظل المواد الصلبة الحيوية عالقة.

فوائد الأخدود: تضم فوائد الأخدود التالي:

- مناسب للمجتمعات والصناعات الصغيرة،
- مناسب للتغيرات في كم الدفق ونوعه،
- لا يحتاج إلى ترسيب ابتدائي ومعالجة حمأة،
- قليل تكلفة الإنشاء والتشغيل والصيانة،

من أهم معايير تصميم أخدود الأكسدة النقاط التالية:

- يمكن تقدير حجم الأخدود من المعادلة 4-30

$$V = \frac{\tau Y(L_i - L_e)Q}{MLSS(1 + b\tau)} \quad (4\text{-}30)$$

حيث:

V = حجم الأخدود (م^3)

τ = زمن المكث

Y = معامل الإنتاج

L_i = الحاجة الحيا كيميائية BOD الابتدائية للفضلات (ملجم/لتر)

L_e = الحاجة الحيا كيميائية BOD النهائي للسائل المعالج (ملجم/لتر)

Q = الدفق ($م^3$/يوم)

MLSS = تركيز المواد الصلبة العالقة في الخليط السائل في المجرى (ملجم/لتر)

b = معامل التلاشي (/يوم)

- مطلوبات التهوية 1.5 إلى 2 كجم O_2/(كجم BOD مستخدم)،
- زمن المكث الهيدروليكي 12 إلى 36 ساعة،
- زمن مكث المواد الصلبة 30 إلى 50 يوماً،
- معامل تحميل الحمأة 0.1 إلى 0.3 /يوم،
- تركيز MLSS في القناة 4000 إلى 5000 ملجم/لتر،
- عرض المجرى 1.8 متراً،
- ارتفاع المجرى 1 إلى 1.5 متراً،
- متطلبات الطاقة لكل كجم BOD مزال 1.2 كيلو وات-ساعة،
- إنتاج الحمأة الزائد 5 إلى 10 جرام/فرد/يوم،
- المساحة المطلوبة للحمأة 0.025 $م^2$/فرد.

2-6-4 طرق المعالجة بالنمو المرتبط أو المتصل

يتم إدخال الفضلات السائلة لتلامس الأحياء المجهرية المرتبطة على أسطح الوسط الترشيحي لمفاعلات النمو المرتبط، أي أن الأحياء المجهرية يأتي إليها الغذاء في مكان إقامتها دون مشقة {2،3،19}. ومن أهم أمثلة النمو المرتبط مرشح النضيض والأقراص الدوارة الحيوية.

(أ) مرشح النضيض Trickling Filter

يتكون مرشح النضيض من ثلاثة أجزاء رئيسة تضم نظام التفريغ التحتي، والوسط الترشيحي المشيد من الصخور أو اللدائن، وموزع الفضلات على سطح الوسط الترشيحي (أنظر شكل 4-8). توضع فتحات على جوانب المرشح لإدخال الهواء للوسط الترشيحي.

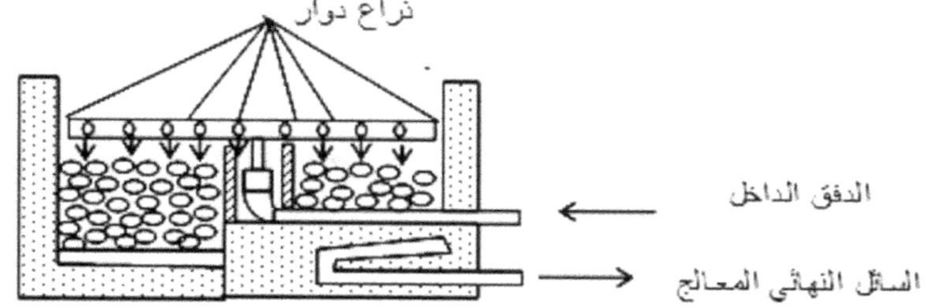

شكل 4-8 مخطط لمرشح التضيض {17}

تضم مزايا مرشح النضيض التالي:

- إنتاج سائل معالج جيد النوع تحت ظروف دفق متغير.
- تتم نظافته ذاتياً.
- بساطة التشغيل،
- قلة تكاليف التشغيل نسبياً.
- إمكانية العمل تحت ظروف طقس حرجة خاصة في المناطق الباردة.
- إعطاء كفاءة مناسبة لتخفيف الأكسجين الحيا-كيميائي BOD والمواد الصلبة العالقة SS من الفضلات الخام غير المرغوبة.

أما مساوئ مرشح النضيض فتنحصر في التالي:

- كبر فقد السمت خلال المرشح (قد تصل إلى 1.5 وإلى 3 أمتار بالإضافة إلى ارتفاع المرشح).
- انبثاق الروائح الكريهة،
- إزعاج ذباب المرشح *Psychoda alternata*،
- الاحتياج إلى مساحة كبيرة،
- عدم تناسب المساحات الموجودة فعلاً،
- الاحتياج إلى معالجة ابتدائية تسبق المرشح.

من أهم الصفات المطلوبة لوسط الترشيح الجيد:

- الخمول الكيميائي للمواد المنتقاة لوسط الترشيح،
- كبر مساحة السطح مقارنة بقياس مواد وسط الترشيح،
- النظافة،
- التواجد المحلي،
- الثمن الزهيد والتكاليف المناسبة.

ومن أمثلة المواد المستخدمة في وسط الترشيح لهذه المرشحات: الحجارة الحقلية، والحصى، والحجارة المكسرة، والخبث، وفحم الأنثراسايت، واللدائن المصنعة .... الخ.

من أهم وظائف نظام التصريف التحتي التالي:

- جمع المياه المعالجة،
- جمع المواد العضوية الصلبة التي تلتصق بالوسط الترشيحي،
- يعمل بصفته منطقة تجميع،
- السماح بمرور الهواء خلاله نسبة لكبر المسامية به،
- العمل بصفته دعامة لتحمل ثقل الوسط الترشيحي فوقه.

كيفية أداء مرشح النضيض:

يستخدم المرشح الطرق الحيوية للتخلص من مكونات الحمأة العضوية بالاستفادة من الأحياء المجهرية الهوائية المرتبطة بالوسط الترشيحي، الذي يتكون من طبقة ذات مسامية عالية تتساب خلالها الفضلات السائلة المراد معالجتها. تبدأ الأحياء المجهرية بامتصاص المواد العضوية من السائل الحاوي لها في طبقة الوحل أو الغشاء الحيوي. ثم يتم التحطيم الحيوي الهوائي للمركبات العضوية في الأجزاء الخارجية من الغشاء. ويزيد تكاثر الأحياء المجهرية من سمك طبقة الوحل مما يعوق انتشار الأكسجين خلالها، الشيء الذي يقود إلى تكون بيئة لاهوائية بالقرب من الوسط الترشيحي (أنظر شكل 4-9).

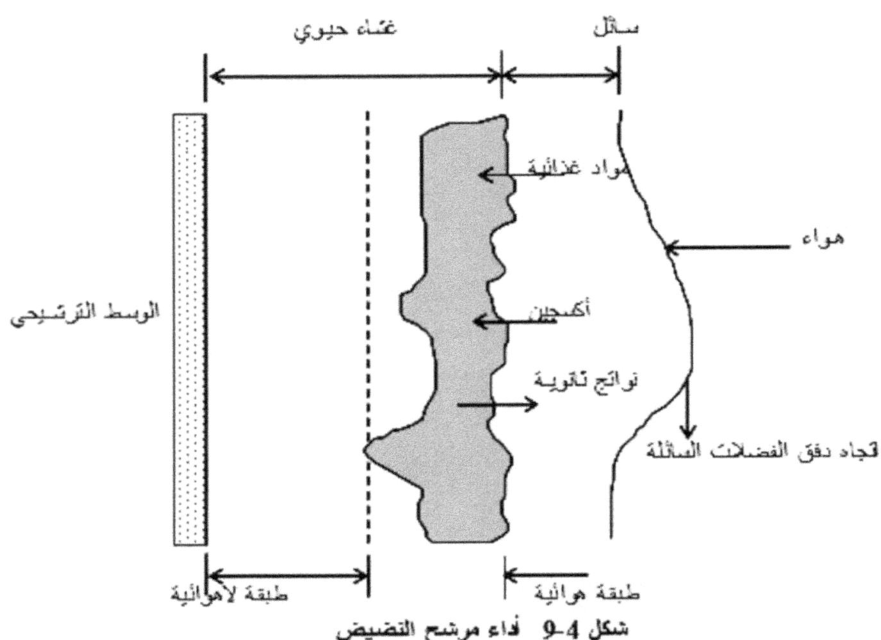

شكل 4-9 أداء مرشح النضيض

يقود زيادة طبقة الوحل والغشاء الحيوي إلى تحطيم المواد العضوية الممتصة قبل أن تصل إلى طبقة الأحياء المجهرية القريبة من الوسط الترشيحي أو الملتصقة به، الشيء الذي يؤدى إلى ندرة في مواد التغذية العضوية المطلوبة بواسطة الأحياء المجهرية لتكوين الخلايا. يدخل هذا الوضع الأحياء المجهرية في مرحلة نمو داخلي يفقدها القدرة على الالتصاق بالوسط الترشيحي، ومن ثم تقوم الفضلات السائلة الداخلة بتنظيف طبقة الوحل من على الوسط الترشيحي لبداية مرحلة جديدة، وتسمى هذه العملية الانسلاخ Sloughing . يعتمد الانسلاخ على عدة عوامل منها:

- التحميل العضوي والذي يؤثر على معدل التفاعلات الحيوية، ويوجد الحمل العضوي كما مبين في المعادلة 4-31.

$$OL = \frac{MLSS}{V} \qquad 4\text{-}31$$

حيث:

OL = التحميل العضوي (كجم/م3/يوم)

MLSS = وزن المواد العضوية المستهلكة (كجم/يوم)

V = حجم المرشح (م3)

- التحميل الهيدروليكي الذي يؤثر على سرعة القص داخل المرشح. ويحسب معدل الحمل الهيدروليكي من المعادلة 4-32.

$$HL = \frac{Q}{A} \qquad 4\text{-}32$$

حيث:

HL = معدل الحمل الهيدروليكي (م^3/م^2/يوم)

Q = حجم الدفق (م3/يوم)

A = المساحة (م2)

أما السوائل المعالجة المارة عبر نظام التصريف التحتي فتجد طريقها إلى جهاز ترسيب ثانوي، حيث يتم فصل المواد الصلبة العالقة. ويعاد جزء من السائل المعالج الخارج من المرشح، أو من أجهزة ترسيب الفضلات الخام الداخلة للمرشح للتخفيف أو الموازنة (معادلة 4-33). وهذه الإعادة لجزء التصريف الخارج إلى المرشح مرة أخرى تتم لأسباب عدة منها:

- زيادة تركيز المواد الصلبة الحيوية في النظام،
- ضمان استمرار زراعة الأحياء المجهرية عند إعادة دوران المواد الصلبة المنسلخة من المرشح،
- المساعدة في المحافظة على حمل هيدروليكي منتظم من خلال المرشح،
- المحافظة على حمل عضوي منتظم،
- ضمان استمرار دوران ذراع توزيع المرشح حتى خلال فترات الدفق القليل،
- تخفيف الدفق الداخل للمرشح لتحسين مواصفات التصريف الخارج،

- ترقيق طبقة النمو الحيوي،
- تحسين كفاءة إزالة الملوثات من وحدة مرشح النضيض.

تقع نسبة إعادة الدوران بين 50 إلى 1000 بالمائة من دفق الفضلات السائلة الخام، وعادة تكون بين 50 إلى 300 بالمائة {2،3،4،6،7،15}.

$$R = \frac{Q_R}{Q} \qquad 4\text{-}33$$

حيث:

R = نسبة إعادة الدوران (لا بعدي)

Q_R = الدفق المعاد للمرشح (م^3/يوم)

Q = الدفق الكلى للفضلات (م^3/يوم)

أقسام مرشحات النضيض:

تتقسم مرشحات النضيض إلى نوعين بناء على شكل المرشح، أو اعتماداً على درجة التحميل العضوي به. فبالنسبة للتقسيم حسب الشكل: يوجد النوع الدائري (يستخدم للمرشحات صغيرة السطح) والنوع المستطيل (يستخدم للمرشحات كبيرة السطح). وبالنسبة للتقسيم حسب التحميل العضوي أو الهيدروليكي فتتقسم المرشحات إلى مرشح المعدل المنخفض ومرشح المعدل العالي (أنظر شكل 4–10). ويعد المرشح ذو المعدل المنخفض أبسط من المرشح ذي المعدل العالي لعدة أسباب منها:

- عدم إعادة جزء من السائل المعالج (الخارج من المرشح) إلى المرشح،
- عدم حوجة المرشح إلى فصل أو موازنة للأوساخ،
- له كفاءة عالية،
- إنتاج أوساخ قليلة ذات تركيز عالٍ من المواد الصلبة.

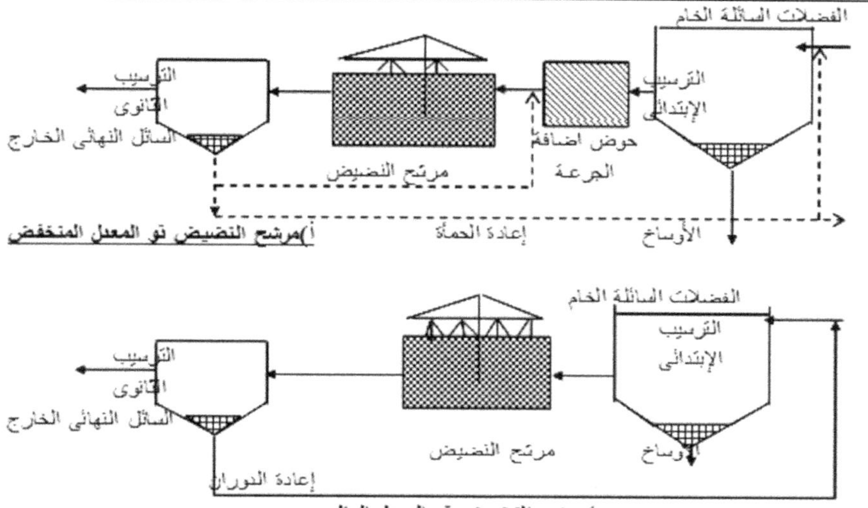

شكل 4-10 مرشحات النضيض ذات المعدل العالى والمعدل المنخفض

أما أهم مساوئ المرشح ذي المعدل المنخفض فتضم:

- الحجم الكبير المطلوب للمرشح،
- الاحتياج لحوض للجرعة Dosing tank ،
- زيادة مشاكل الروائح الكريهة، وتوالد الذباب به.

كفاءة مرشح النضيض لإزالة الحاجة حيا-كيميائية للأكسجين:

تعتمد طرق تقدير كفاءة مرشح النضيض لإزالة الحاجة حيا-كيميائية للأكسجين على النماذج الحسابية أو الصيغ التجريبية. يفترض في النماذج الحسابية وجود طبقة حيوية وحمل عضوي منتظمين ليتم توزيع السائل خلال الوسط الترشيحي. غير أن النماذج الحسابية تعد غير عملية لتصميم مرشح النضيض من منطلق التشغيل ومن منظور التجربة. أما الصيغ التجريبية فتعتمد على بيانات التشغيل التي جمعت من محطات معالجة فعلية، ومن ثم تحلل البيانات المجمعة لاستنباط صيغة عملية يمكن استخدامها في تصميم المرشح. ومن أمثلة هذه الصيغ التجريبية: صيغة مجلس الأبحاث القومي الأمريكي، وصيغة فيلز، وصيغة رانكن، وصيغة رمبف.

تضم أهم العوامل المؤثرة على كفاءة وعمل مرشح النضيض: التحميل العضوي، ومعدل الدفق الهيدروليكي، وخواص الفضلات السائلة، ومعدل انتشار الغذاء والهواء للنمو الحيوي، ونوع وتكاثر الأحياء المجهرية.

(أ) صيغة مجلس الأبحاث القومي الأمريكي National Research Council (NRC)

أعدت صيغة مجلس الأبحاث القومي الأمريكي بناءً على بيانات مجمعة من محطات معالجة الفضلات السائلة لوحدات معالجة مقامة في مناطق عسكرية بالولايات المتحدة الأمريكية. وتستخدم الصيغة لكل من المرشح ذي المعدل المنخفض والمرشح ذي المعدل العالي. وقد تم تطوير الصيغة اعتماداً على الافتراضات التالية:

- اعتماد الأكسجين معياراً يحد أداء المرشح للحاجة الحيا-كيميائية للأكسجين الزائدة عن 40 ملجم/لتر،
- الفضلات السائلة غير مخففة لدرجة قصوى،
- يلي وحدة مرشح النضيض جهاز ترسيب ثانوي أو جهاز مروق،
- تعالج مرشحات النضيض فضلات سائلة منزلية مترسبة وعلى درجة حرارة 20°م، ويتم تصحيح أي درجة حرارة مغايرة لهذه الدرجة {2،24} (أنظر شكل 4-11 لتصليح كفاءة إزالة الحاجة حيا-كيميائية للأكسجين من درجة حرارة 20°م إلى درجات أخرى تقع بين 12 إلى 28°م)

يمكن كتابة معادلة صيغة مجلس الأبحاث القومي بالنسبة لمرشح نضيض وحيد المرحلة كما مبين في المعادلة 4-34.

$$E_1 = \left[\frac{L_e - L_i}{L_i}\right]_1 = \frac{100}{1+0.44\sqrt{\dfrac{W_1}{V_1 F_1}}} \qquad 4\text{-}34$$

حيث:

E_1 = كفاءة مرشح النضيض للمرحلة الأولى (%)

$(L_i)_1$ = الحاجة الحيا-كيميائية للأكسجين الداخل للمرحلة الأولى (ملجم/لتر)

$(L_e)_1$ = الحاجة الحيا-كيميائية للأكسجين الخارج من المرحلة الأولى (ملجم/لتر)

W_1 = تحميل الحاجة الحيا-كيميائية للأكسجين للمرحلة الأولى (كجم/يوم) من المعادلة 4-35

$$W_1 = (L_i * Q)_1 \qquad 4\text{-}35$$

V_1 = حجم مرشح النضيض للمرحلة الأولى (م^3)

Q_1 = معدل دفق الفضلات السائلة للمرحلة الأولى (م^3/ث)

F_1 = ثابت إعادة دوران المرشح للمرحلة الأولى (لا بعدي)، يمكن إيجاد الثابت من المعادلة 4-36

$$F_1 = \frac{1+r_1}{(1+0.1r_1)^2} \qquad 4\text{-}36$$

حيث:

$$r = \frac{Q_r}{Q} \qquad 4\text{-}33$$

حيث:

r = نسبة إعادة الدوران (لا بعدي)

Q_r = الدفق المعاد للمرشح (م3/ث)

Q = معدل دفق الفضلات السائلة للمرشح (م^3/ث)

أما بالنسبة لمرشح النضيض ذي المرحلتين فيمكن تقدير قيمة كفاءة التشغيل له من المعادلة 37-4

$$E_2 = \left(\frac{L_i - L_e}{L_i}\right)_2 = \frac{100}{1 + \frac{0.44\sqrt{\frac{W_2}{V_2 F_2}}}{1 - E_1}} \qquad 4\text{-}37$$

حيث:

E_2 = كفاءة مرشح النضيض للمرحلة الثانية (%)

$(Li)_2$ = الحاجة الحيا-كيميائية للأكسجين الداخل للمرحلة الثانية (ملجم/لتر)

$(Le)_2$ = الحاجة الحيا-كيميائية للأكسجين الخارج من المرحلة الثانية (ملجم/لتر

W2 = تحميل الحاجة الحيا-كيميائية للأكسجين للمرحلة الثانية (كجم/يوم)، $W2 = (Li*Q)_2$

V_2 = حجم مرشح النضيض للمرحلة الثانية (م^3)

F_2 = ثابت إعادة دوران المرشح للمرحلة الثانية (لا بعدي)

تضم صيغة مجلس الأبحاث القومي أثر الترسيب الثانوي في معالج الفضلات وتخفيض الحاجة الحيا-كيميائية للأكسجين. وأن أقصى قيمة يمكن تقديرها لإعادة الدوران بهذه الصيغة تبلغ 800 بالمائة (15،7،6،3،2}

أما الكفاءة الكلية لمحطة معالجة بها مرشح نضيض ذو مرحلتين فيمكن إيجادها من المعادلة 38-4

$$E_T = 100 - 100*[(1 - E_S)(1 - E_1)(1 - E_2)] \qquad 4\text{-}38$$

حيث:

E_T = الكفاءة الكلية للمحطة (%)

E_S = كفاءة حوض الترسيب الابتدائي لإزالة الحاجة الحيا-كيميائية للأكسجين (عادة في حدود 35 %)

E_1 = كفاءة إزالة الحاجة الحيا-كيميائية للأكسجين في المرحلة الأولى والترسيب الوسيط بعد تصحيحها لدرجة الحرارة المناسبة (%)

E_2 = كفاءة إزالة الحاجة الحيا-كيميائية للأكسجين في المرحلة الثانية والترسيب الثانوي بعد تصحيحها لدرجة الحرارة المناسبة (%)

تصليح الكفاءة لدرجة الحرارة السارية يمكن إيجاده من شكل 4-11 أو من المعادلة 4-39

$$E_T = E_{20}(\phi)^{T-20} \qquad 4\text{-}39$$

E_T = الكفاءة الكلية عند درجة الحرارة T °م (%)

E_{20} = الكفاءة الكلية عند درجة الحرارة 20 °م (%)

ϕ = ثابت تصحيح الحرارة (عادة يساوى 1.035)

(ب) صيغة فيلز Velz Formula

تصلح صيغة فيلز لتقدير كفاءة حاجة حيا-كيميائية للأكسجين في حدود 90 بالمائة أو أقل. ويمكن وضعها في الصورة المدرجة في المعادلة 4-40.

$$L_e = \frac{\left(L_i + r * L_e\right)e^{-kh}}{1+r} \qquad 4\text{-}40$$

حيث:

L_e = الحاجة الحيا-كيميائية للأكسجين الخارج (ملجم/لتر)

L_i = الحاجة الحيا-كيميائية للأكسجين الداخل (ملجم/لتر)

r = نسبة إعادة الدوران = نسبة الدفق المعاد إلى الدفق الكلى

k = حد ثابت يساوي 0.49 للمرشح ذي المعدل العالي ، ويعادل 0.57 للمرشح ذي المعدل المنخفض

h = ارتفاع مرشح النضيض (م)

(ج) صيغة رانكن Rankin Formula

تستخدم صيغة رانكن في تصميم مرشحات النضيض وحيدة المرحلة، وللمرشح ذي المعدل المرتفع كما مبين في المعادلة 4-41.

$$L_e = \frac{L_i}{3+2r} \qquad 4\text{-}41$$

حيث:

L_e = الحاجة الحيا-كيميائية للأكسجين الخارج من مرشح النضيض (ملجم/لتر)

L_i = الحاجة الحيا-كيميائية للأكسجين الداخل إلى مرشح النضيض (ملجم/لتر)

r = نسبة إعادة الدوران

يمكن أن يتم تطبيق صيغة رانكن لكل محطات المعالجة الحاوية على وحدة ترسيب ابتدائي، ومرشح نضيض ذي معدل عادى، وترسيب ثانوي لتحميل الحاجة الحيا-كيميائية للأكسجين الذي لا يتجاوز 0.7 كجم/م^3/يوم، وعندما يأتي تطبيق إعادة الدوران بمعدل جرعة في حدود 93 إلى 244×10^3 م^3/هكتار/يوم {2،3،25}.

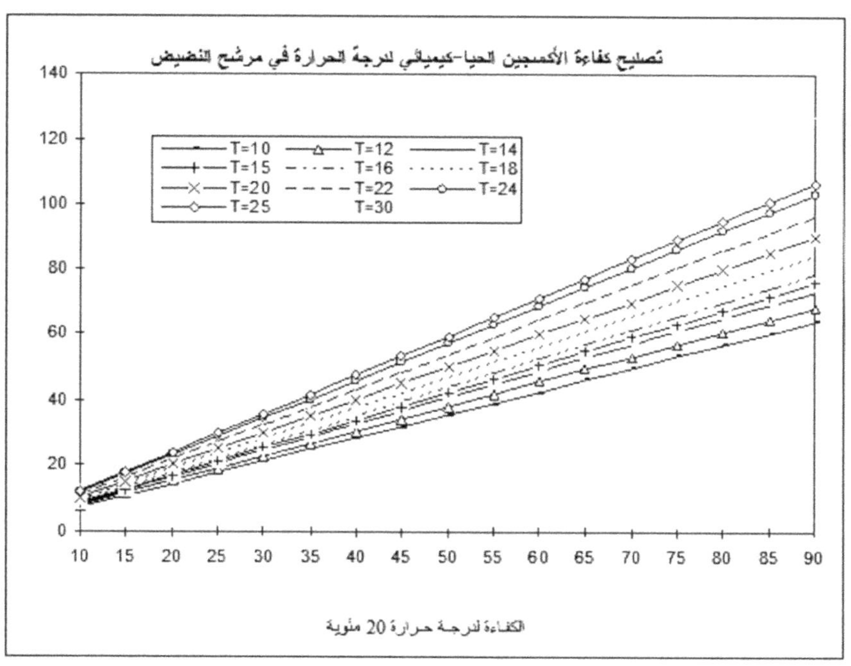

(د) صيغة رمبف Rumpf Formula

تستخدم صيغة رمبف لإيجاد كفاءة مرشح النضيض كما مبين في المعادلة 4-42.

$$E = 93 - \frac{0.017W}{V} \qquad 4\text{-}42$$

حيث:

E = كفاءة مرشح النضيض (%)

W = تحميل الحاجة الحيا-كيميائية للأكسجين في مرشح النضيض (جم/BOD يوم)

V = حجم الوسط الترشيحي (م^3)

(هـ) معادلة اكنفلدر Eckenfelder equation

$$\frac{L_i}{L_e} = \frac{1}{\left(1+\frac{18.6h^{0.67}}{\sqrt{\frac{Q}{A_s}}}\right)} \qquad 4\text{-}43$$

حيث:

L_i = BOD بالدفق الداخل بما فيه إعادة الدفق (ملجم/ لتر)

L_e =BOD للدفق غير المترسب للمرشح (ملجم/ لتر)

h = ارتفاع المرشح (م)

Q = الدفق الداخل (مللتر/يوم)

A_s = المساحة (هكتار)

(و) معادلة جالا وجوتاس Galler & Gotaas equation

تم استنباط معادلة لتصميم مرشح النضيض اعتماداً على التحليل المتكرر التراجعي multiple regression analysis للبيانات من محطات موجودة، آخذة في الحسبان إعادة الدوران والحمل الهيدروليكي وارتفاع المرشح ودرجة حرارة الفضلات السائلة على النحو المبين في المعادلة 4-44

$$L_e = \frac{0.182K\left[Q_i * L_i + Q_r * L_e\right]^{1.19}}{(1+r)^{0.78} * (h+0.305)^{0.67}\left(\frac{d}{2}\right)^{0.25}} \qquad 4\text{-}44$$

حيث:

L_e = BOD للسائل غير المترسب من المرشح (ملجم/ لتر)

K = ثابت يمكن إيجاده من المعادلة 4-45

Q_i = الدفق الداخل (مللتر/ يوم)

L_i = BOD للسائل الداخل للمرشح (ملجم/ لتر)

Q_r = الدفق المعاد (مللتر/ يوم)

r = نسبة إعادة الدوران

h = ارتفاع المرشح (م)

$\frac{d}{2}$= نصف قطر المرشح (م)

$$K = \frac{9.731}{Q_i^{0.28} T^{0.15}} \qquad 4\text{-}45$$

حيث:

T = درجة الحرارة للفضلات السائلة (°C)

وتقترح المعادلة أن إعادة الدوران تساعد في رفع أداء وكفاءة المرشح، غير أن أعلى نسبة عملية لإعادة الدوران تبلغ 4 إلى 1.

من أهم المشاكل المتوقعة في مرشحات النضيض: ركود الدفق، وذباب المرشح، والروائح الكريهة.

(أ) ركود الدفق: قد يتسبب فائض الحمل العضوي عند الدفق الهيدروليكي غير الكافي وحجم الطبقة غير المناسب في قفل مسارات الهواء. ونسبة لكبر تركيز المواد العضوية substrate يزيد معدل التفتيت لينتج زيادة في النمو الحيوي. وعندما يحتل النمو الحيوي الزائد الفراغات بين الطبقة الترشيحية يحدث انسداد للمرشح مما يسبب ركود الدفق على سطح المرشح (ponding of filter) ويتسبب هذا الأمر في تقليل كفاءة المعالجة ووجود ظروف لا هوائية تنتج روائح كريهة مما يجب معه نظافة المرشح للحفاظ على المسارات الفراغية للفضلات السائلة والهواء. ويمكن إزالة مشاكل ركود الدفق على المرشح بالتالي:

- غسل الطبقة الترشيحية بماء يتدفق بسرعة عالية،
- تجفيف الطبقة الترشيحية لمدة 15 إلى 48 ساعة بتعريضها للشمس وإزالة المواد التي تؤدي إلى الانسداد،
- إضافة جرعة كبيرة من الكلور لمتبقي يصل إلى 5 ملجم/لتر في السائل النهائي لمدة ساعتين إلى ست ساعات، بعد يومين أو ثلاثة أيام، وينبغي إعادة دوران السائل النهائي المكلور لنظافة الفراغات في المرشح.

(ب) ذباب المرشح: يتكاثر ذباب صغير *Psychoda alternata* رمادي اللون في مرشح النضيض أثناء الفصل الدافئ على حجارته وداخل الجدران الداعمة مما يعمل على تكوين غشاء جلاتيني على الطبقة الترشيحية بيرقات الذباب. وقد يتزايد سطح الأعداد مما يعمل على انسداد كل المسافات الفراغية في المرشح. ونسبة لصغر حجم الذبابة يمكنها الدخول في فم وأنف وأذن وعين العاملين بالمحطة. لا يتجاوز عمر الذبابة في المتوسط 7 إلى 20 يوماً على درجة حرارة 15 إلى 30 درجة مئوية على الترتيب. وتتكاثر بصورة كبيرة في المرشحات ذات المعدل المنخفض مقارنة بمرشحات المعدل المرتفع. وللتحكم في الذباب يمكن عمل التالي:

1- غمر طبقة المرشح لمدة 24 ساعة كل أسبوع أو أسبوعين لصرف اليرقات.

2- استخدام مبيد حشري على جدران المرشح الداخلية وسطحه في كل فترة أربعة إلى ستة أسابيع.

(ج) الروائح: أما الروائح الكريهة الناتجة من التفتيت اللاهوائي والنمو الحيوي غير المرغوب فيمكن التحكم فيها بإعادة الدفق للسائل المعالج والمحافظة على تهوية جيدة للمرشح.

مثال 4-4

تضم محطة معالجة فضلات سائلة حوض ترسيب ابتدائي، ومرشح نضيض، وحوض ترسيب نهائي. تستقبل المحطة متوسط معدل دفق الفضلات السائلة 15 لتراً/الساعة/الفرد لعدد أفراد يبلغ 4000 فرد. علماً بأن كفاءة حوض الترسيب الابتدائي 35 %، وقيمة الحاجة الحيا-كيميائية للأكسجين في 5 أيام 165 ملجم/لتر، وكفاءة مرشح النضيض 70 %، ونسبة إعادة الدوران 5 إلى 1، وارتفاع المرشح 1.2 متر. مستخدماً معادلة مجلس الأبحاث القومي جد قطر المرشح، وكفاءة المحطة لتقليل الحاجة الحيا-كيميائية للأكسجين.

الحل

1. المعطيات: $Q = 15$ لتر/الساعة/الفرد، $P = 4000$ فرد، $E_S = 35\%$ ، L_i لحوض الترسيب = 165 ملجم/لتر، $E = 70\%$ ، ، $r = 5 \div 1$، $h = 1.2$
2. جد ثابت إعادة الدوران من المعادلة:

$$F = (1 + 5) \div (1 + 0.1 \times 5)^2 = 2.67$$

3. جد دفق الفضلات السائلة:

$$Q = 15 \times 10^{-3} \times 4000 \times 24 = 1440 \text{ m}^3/\text{d}$$

4. جد الحاجة الحيا-كيميائية للأكسجين الخارج من حوض الترسيب والداخل إلى مرشح النضيض من المعادلة:

$$L_i = (L_e)_s(1 - E_s) = 165*(1-0.35) = 107.25 \text{ mg/l}$$

5. جد تحميل الحاجة الحيا-كيميائية للأكسجين الداخل للمرشح من المعادلة:

$$W = Q*L_i = 1440x107.25 \times 10^{-3} = 154.44 \text{ kg/d}$$

6. استخدم معادلة مجلس الأبحاث القومي لإيجاد حجم المرشح:

$$E = 70 = 100 \div [1 + 0.44 \times (154.44 \div V \times 2.67)^{0.5}$$

ومنها يمكن إيجاد حجم الرشح $V = 60.97$ م^3

7. جد مساحة سطح مرشح النضيض من المعادلة:

$$A = V/h = 60.97 \div 1.2 = 50.8 \text{ m}^2$$

8. جد قطر مرشح النضيض من المعادلة $A = \pi d^2/4$:

$$d = (4x50.8/\pi)^{0.5} = 8 \text{ m}$$

9. جد الكفاءة الكلية للمحطة باستخدام المعادلة $E_T = 100 - 100*[(1 - E_S)(1 - E_1)$:

$$E_T = 100 - 100 \times (1 - 0.35) \times (1 - 0.7) = 80.5 \%$$

برنامج 4-4:

```
Public Class Form1
    Private Sub Form1_Load(ByVal sender As System.Object,
       ByVal e As System.EventArgs) Handles MyBase.Load
        Label1.Text = "فرد/س/لتر-الفضلات دفق معدل"
        Label2.Text = "الأفراد عدد"
        Label3.Text = "%-الترسيب حوض كفاءة"
        Label4.Text = "لتر/مج-أيام لخمسة حياكيميائية الحاجة"
        Label5.Text = "%-النضيض مرشح كفاءة"
        Label6.Text = "الدوران إعادة نسبة"
        Label7.Text = "م-المرشح ارتفاع"
        Label8.Text = "م-المرشح قطر"
        Label9.Text = "%-للمحطة الكلية الكفاءة"
        Button1.Text = "والكفاءة القطر احسب"
        Me.Text = "مثال 4-4"
    End Sub

    Private Sub Button1_Click(ByVal sender As System.Object,
       ByVal e As System.EventArgs) Handles Button1.Click
        Dim Q, P, Es, Ee As Double
        Dim Le, Li, r, h As Double
        Dim F, totQ, W, V As Double
        Dim A, d, ET As Double
        Q = Val(TextBox1.Text)
        P = Val(TextBox2.Text)
        Es = Val(TextBox3.Text) / 100
        Le = Val(TextBox4.Text)
        Ee = Val(TextBox5.Text)
        r = Val(TextBox6.Text)
        h = Val(TextBox7.Text)
        F = (1 + r) / ((1 + (0.1 * r)) ^ 2)
        totQ = Q * P * 24 / 1000
        Li = Le * (1 - Es)
        W = totQ * Li / 1000
        Dim V1, V2 As Double
        V1 = W / F
        V2 = (((100 / Ee) - 1) / 0.44) ^ 2
        V = V1 / V2
        A = V / h
        d = (4 * A / Math.PI) ^ 0.5
        ET = 100 - (100 * ((1 - Es) * (1 - (Ee / 100))))
        TextBox8.Text = FormatNumber(d, 0)
        TextBox9.Text = FormatNumber(ET, 0)
    End Sub
End Class
```

الترسيب الثانوي التالي لمرشحات النضيض

ينبغي إضافة حوضي ترسيب ابتدائي وثانوي لمحطات المعالجة التي تضم مرشحات نضيض، وذلك لإزالة الجسيمات الكبيرة من النمو الحيوي المنسلخ من المرشح ومن الدبال.

يفضل أخذ النقاط التالية في الحسبان عند تصميم أجهزة الترسيب الثانوي {15،7،6،3،2}:

1. لا يفترض في الترسيب الثانوي وجود ترسيب تثخين وترسيب معاق،
2. تعتمد معايير تصميم الترسيب على مقاس الحبيبات وكثافتها،
3. تفترض سرعة الدفق بين 25 إلى 33 متر/يوم بالنسبة للدفق المتوسط، وتزيد السرعة عن 50 متر/يوم لأقصى دفق،
4. يؤخذ معدل تحميل الهدارات في حدود 120 إلى 370 م^3/يوم/متر من طول الهدار عند أقصى دفق.

يوضح الجدول 4-11 بعض المعايير العامة المتبعة لتصميم مرشح النضيض.

جدول 4-11 **بعض المعايير المتبعة لتصميم مرشحات النضيض** {2-6،4-،27،26}

المنشط	المرشح ذو المعدل المنخفض	المرشح ذو المعدل العالي
التحميل الهيدروليكي (م^3/م^2/يوم)	1 إلى 4	10 إلى 40
التحميل العضوي (كجم/م^3/يوم)	0.08 إلى 0.32	0.32 إلى 1
ارتفاع المرشح (م)	1.5 إلى 3	1 إلى 2
نسبة إعادة الدوران	صفر	1 إلى 3 (2 إلى 1)
الوسط الترشيحي	صخور مكسرة أو خبث أو مواد مصنعة	صخور مكسرة أو خبث أو مواد مصنعة
الطاقة المطلوبة (كيلووات/1000م^3)	2 إلى 4	6 إلى 10
ذباب المرشح	كثير	قليل (غالباً تجرف اليرقات
الإنسلاخ	متقطع	متواصل
فترة الجرعة	أقل من 5 دقائق (غالبا متقطعة)	أقل من 15 ثانية (متواصلة)
النترتة	نترتة كلية	نترتة لتحميل قليل
كفاءة التشغيل (نسبة الإزالة)	75 إلى 90 % BOD 10 إلى 30 % فسفور 20 إلى 40 % أمونيا 75 إلى 90 % مواد عالقة	60 إلى 80 % BOD 10 إلى 30 % فسفور 20 إلى 30 % أمونيا 60 إلى 80 % مواد عالقة
المواد الكيميائية المستخدمة		لا توجد
الحدود المقيدة	تتأثر بالطقس ودرجة الحرارة الدنيا ويتولد الذباب والروائح الكريهة، وتقل الكفاءة عند المعالجة للتركيز العالي للمواد العضوية الذائبة	تنشأ روائح كريهة عند التشغيل القاصر، تقل الكفاءة عند المعالجة للتركيز العالي للمواد العضوية الذائبة.

يعقد جدول 4-12 مقارنة بين مرشحات النضيض وأحواض الحمأة النشطة فيما يتعلق بتكلفة التشغيل، ونوع المخلفات التي يمكن معالجتها، وفقد السمت، والمساحة المطلوبة، ومشاكل التشغيل.

جدول 4-12 مقارنة بين مرشحات النضيض والحمأة النشطة {2،4،12}

المنشط	الحمأة النشطة	مرشح النضيض
إمداد الهواء	تحتاج إلى إمداد صحي	يتم الإمداد بالتيار الطبيعي
المساحة المطلوبة	قليلة	كبيرة
الروائح	لا توجد	كثيرة
الذباب	لا يوجد	يكثر توالد الذباب
التكلفة الأساسية	عالية الثمن	زهيدة نسبياً
تكلفة التشغيل	عالية	قليلة نسبياً
العمالة	ماهرة للتشغيل	غير ماهرة للتشغيل
فقد السمت	قليل	كبير
السائل النهائي	به مواد عالقة قليلة	تكثر المواد العالقة فيه

(ب) الأقراص الدوارة الحيوية (RBC) Rotating Biological Discs (RBD) or Contactors

تمثل الأقراص الدوارة الحيوية نوعاً من أحدث وحدات معالجة الفضلات السائلة بالنمو المرتبط، ويشابه هذا النظام من المعالجة نظام مرشحات النضيض. تتكون وحدة المعالجة من مجموعة من الأقراص المغمورة جزئياً في السائل المراد معالجته (أنظر شكل 4-12). تدور الأقراص بوساطة عمود متصل بمحرك بسرعة دوران في حدود 1 إلى 3 دورات في الدقيقة. تتكون المادة الحيوية على سطح القرص الدوار بحيث تكون تارة مغمورة في السائل وطوراً معرضة للهواء.

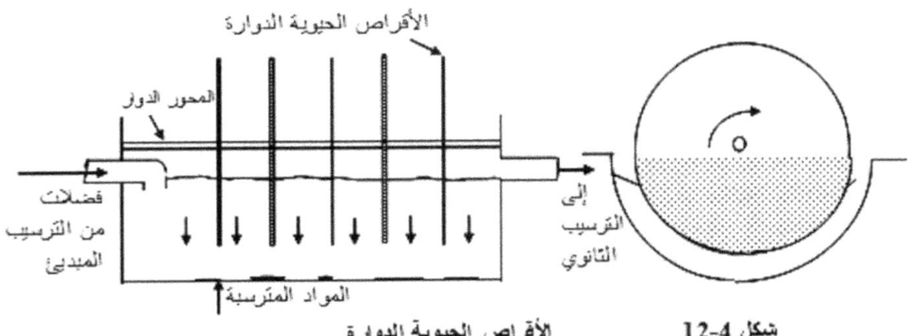

شكل 4-12 الأقراص الحيوية الدوارة

من أهم مزايا محاسن الأقراص الدوارة الحيوية التالي:

- استغلالها لمساحة أصغر من تلك المستغلة بمرشحات النضيض،
- فقد السمت أقل من ذلك في حالة مرشحات النضيض،
- استهلاك أقل للطاقة من تلك المستغلة في النظم المستخدمة للحمأة النشطة.

3-6-4 طرق المعالجة بالنمو العالق والنمو المرتبط

برك موازنة الأوساخ (برك التثبيت) Waste Stabilization Ponds

تنشأ بركة موازنة الأوساخ على شكل تجويف كبير أو خندق ضحل (طبعي أو صناعي) لتستقبل الفضلات والحمأة لمعالجتها حيوياً مما يؤدى إلى موازنتها وقتل معظم الجراثيم المسببة للأمراض {2،3،4}.

محاسن ومساوئ برك موازنة الحمأة

إن برك الموازنة عادة ما تصلح للاستخدام في المدن الصغيرة ذات الأعداد السكانية التي تصل إلى 10.000 أو تقل عن ذلك، ولا يتوقع أن تزداد بها الصناعات. ومن المفضل أن تكون الأرض ذات جغرافية مناسبة، ويفترض وجود الموقع المناسب للبركة.

محاسن برك الموازنة: تضم مزايا البركة التالي:

- ذات تكلفة إنشاء وتشغيل قليلة مقارنة بتلك المطلوبة لمحطة تستخدم نظاماً آلياً،
- قلة تكاليف التشغيل والصيانة،
- مواكبة للتحميل العضوي والهيدروليكي المفاجئ،
- سهولة إعادة تصميمها وإعادة إنشائها لأي تغيرات في المعالجة،
- إمكانية تنظيم التصريف الخارج من البركة ومواكبته للتشريعات في الأوقات الحرجة من العام،
- عدم تأثر نظام المعالجة كثيرا بتصميم شبكة المجارى.

عيوب برك الموازنة: تضم عيوب البركة التالي:

- الاحتياج إلى مساحة كبيرة لإنشاء وتشييد البركة،
- صعوبة مواكبة تشريع ومواصفات المواد الصلبة العالقة (مثلاً في حدود 30 ملجم/لتر في السائل المعالج النهائي)،
- احتمال زيادة المدينة وتوسعها في اتجاه البركة.
- التحلل الحيوي غير الجيد لبعض المخلفات الصناعية مثل تلك الناتجة من صناعة الألبان والقشدة والزبد والمسلخ.
- مشاكل الرائحة الناجمة من جراء زيادة الأحمال أو من طبيعة الفضلات اللازم معالجتها.

يمكن تقسيم بركة موازنة الأوساخ حسب نوع النشاط الحيوي بداخلها إلى: برك لاهوائية، وبرك اختيارية، وبرك نضوج (برك هوائية).

(I) **بركة لاهوائية Anaerobic Ponds** : تستقبل هذه البرك فضلات سائلة وحمأة ذات تحميل أكبر من المواد العضوية، أو تلك الفضلات التي تحتوي على كمية كبيرة من المواد الصلبة، مما يؤشر إلى أن الحمأة الداخلة إلى البركة لم تتلق أي معالجة ابتدائية (مثل الترسيب الأولي). تساعد هذه البرك على ترسيب المواد الصلبة، وتقوم بمعالجة الحمأة جزئياً بوساطة الأحياء المجهرية اللاهوائية. ثم يتم تصريف السائل الخارج من البركة اللاهوائية إلى بركة أخرى اختيارية. عادة يتراوح عمق هذه الأنواع من البرك ما بين 2 إلى 4 أمتار، لتمكث فيها الحمأة لمدة تتراوح بين 8 إلى 20 يوماً.

(أ) **بركة اختيارية Facultative Ponds** : . يغلب استعمال هذا النوع من البرك في محطات معالجة الفضلات السائلة. وتستقبل البركة الحمأة من المجاري أو من تصريف البرك اللاهوائية، لزمن مكث لا يقل عن 10 أيام، وتتم فيها معالجة المواد العضوية بالأحياء المجهرية الاختيارية[1]. ثم يجد السائل المعالج طريقه لحوض تبخر أو لبركة نضج. يتراوح عمق البركة الاختيارية بين 1 إلى 1.5 متر.

(ج) **بركة النضوج (بركة هوائية) Maturation or Polishing Ponds** تستقبل هذه البرك التصريف المعالج من البرك الاختيارية، ليمكث بها لمدة تتراوح ما بين 5 إلى 10 أيام بغرض تجويد صفاته بتفتيت المواد العضوية بالأحياء المجهرية الهوائية. ثم يتم سحب الحمأة المعالجة من البركة لحوض تبخر، أو ربما أمكن استخدامها للأغراض الزراعية، أو لتربية الأسماك والطيور. تصمم هذه الأنواع من البرك بعمق لا يتجاوز المتر.

أسلوب عمل البركة الاختيارية (أنظر شكل 4-13):

يمكن تبسيط عمل البركة الاختيارية بالنظر إلى طبقات النشاط الحيوي بها. حيث تكون الطبقة العليا للبركة ذات بيئة هوائية بفضل الأكسجين الناتج من الطحالب، ولدرجة أقل بفضل أكسجين الهواء الجوى المحيط بها. أما في قعر البركة فتتكون منطقة لاهوائية نسبة لثبات الحمأة فيها. يعتمد عمق كل من المنطقتين (الهوائية واللاهوائية) على عدة عوامل منها: شروط المزج بالبركة، والرياح السائدة، وتغلغل أشعة الشمس، وطول فترة النهار.

[1] هوائية ولاهوائية على حد سواء.

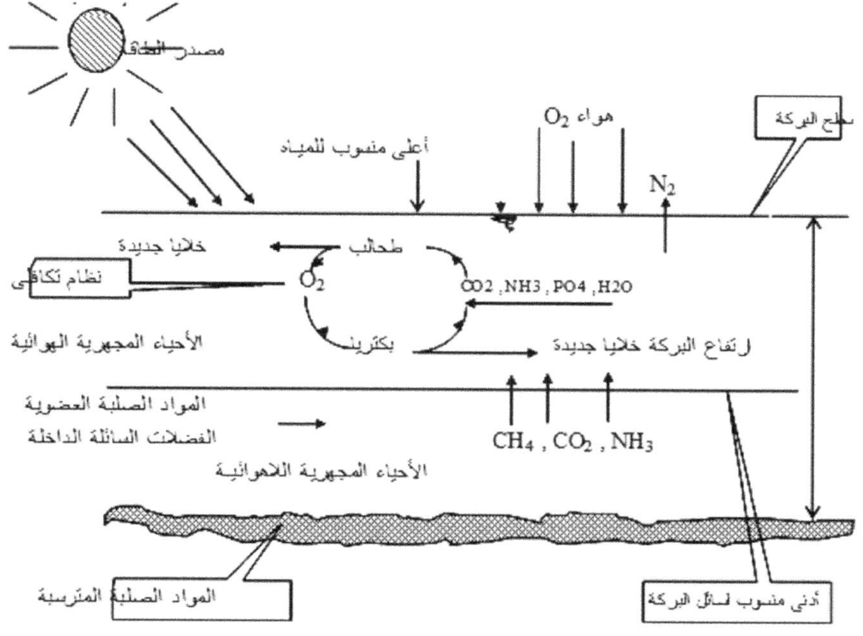

شكل 4-13 بركة موازنة اختيارية

تقوم البكتريا والطحالب بتفتيت المواد العضوية في الطبقات الهوائية للبركة الاختيارية. تستخدم البكتريا الأكسجين لأكسدة المواد العضوية وتخليق الخلايا الجديدة وإنتاج نواتج ثانوية ثابتة (مثل ثاني أكسيد الكربون والنترات والفوسفات). وتقوم الطحالب (في وجود ضوء الشمس) باستهلاك هذه المواد المنتجة بواسطة البكتريا لتنتج خلايا جديدة ونواتج ثانوية مثل الأكسجين الذي يفيد البكتريا الموجودة، مما يؤدى إلى تبادل المنفعة بينهن (العلاقة التكافلية Symbiotic Relationship). تترسب المواد الصلبة الحيوية والمواد الصلبة الثقيلة (الناتجة في الطبقة الهوائية) في طبقة البركة اللاهوائية. وتغطي هذه المواد الصلبة احتياجات الغذاء اللازم للأحياء المجهرية اللاهوائية في طبقة الوحل أسفل البركة، والتي تعمل على تحلل المواد العضوية إلى أحماض عضوية وغازات ذائبة تستخدم بواسطة الأحياء المجهرية الموجودة في الطبقة الهوائية.

تصميم البركة:

يمكن وضع الافتراضات التالية عند تصميم البركة:

1- تعمل كل البركة نظاماً تام المزج،

2- يتبع تفتيت المواد العضوية تفاعل من الدرجة الأولى،

3- يمكن تجاهل البخر والترسب من البركة.

وعليه يمكن اختيار أحد الطرق التالية لتصميم البركة:

الطريقة الأولى:

بافتراض وجود مزج كامل داخل البركة، ودون إعادة دوران المواد الصلبة في البرك الاختيارية ينتج عن اتزان الكتل للحاجة الحيا-كيميائية للأكسجين الداخل للبركة:

كتلة المواد العضوية الداخلة للبركة = كتلة المواد العضوية الخارجة منها + كتلة المواد العضوية المزالة والمحمولة للخلايا حسب المعادلتين 4-46، و4-47.

$$W_i = W_e + W_c \qquad 4\text{-}46$$

حيث:

W_i = تحميل الحاجة الحيا-كيميائية للأكسجين الداخل إلى البركة (كجم/يوم)

W_e = تحميل الحاجة الحيا-كيميائية للأكسجين الخارج من البركة (كجم/يوم)

W_c = تحميل الحاجة الحيا-كيميائية للأكسجين المستهلك (كجم/يوم)

$$Q L_i = Q L_e + \frac{dc}{dt} V = Q L_e + k_n L_e V \qquad 4\text{-}47$$

حيث:

Q = معدل دفق الفضلات السائلة للبركة ($م^3$/ث)

L_i = الحاجة الحيا-كيميائية للأكسجين الداخل إلى البركة (ملجم/لتر)

L_e = الحاجة الحيا-كيميائية للأكسجين الخارج من البركة (ملجم/لتر)

V = حجم البركة ($م^3$)

$\frac{dC}{dt}$ = معدل إزالة BOD حسب تفاعل الدرجة الأولى ($\frac{dC}{dt} = k_n L_e$)

k_n = ثابت معدل الإزالة لبركة الموازنة (/يوم)

t = زمن المكث الهيدروليكي

ويمكن ايجاد زمن المكث حسب المعادلة 4-48.

$$t = \frac{V}{Q} = \frac{LBH}{Q} = \frac{A.H}{Q} \qquad 4.48$$

حيث:

L = طول البركة (م)

B = عرض البركة (م)

H = ارتفاع (عمق) البركة (م)

A = مساحة البركة ($م^2$)

وبالتعويض عن زمن المكث t كما في المعادلة 4-48 في المعادلة 4-47 تنتج المعادلة 4-49.

$$\frac{Le}{Li} = \frac{1}{1+k_n t} \qquad 4\text{-}49$$

ومن ثم يمكن تقدير مساحة البركة A على النحو المبين في المعادلة 4-50.

$$A = \frac{Q}{k_n H}\left(\frac{Li}{Le} - 1\right) \qquad 4\text{-}50$$

عند توصيل البرك على التوالي يمثل التصريف الخارج من أحد البرك التصريف الداخل للبركة التالية، وعليه فإن اتزان النمو لمجموعة برك عددها (n) يمكن تمثيله كما مبين في المعادلة 4-51.

$$\frac{L_e}{L_i} = \frac{1}{\left(1+\frac{k_n t}{n}\right)^n} \qquad 4\text{-}51$$

الطريقة الثانية

تستخدم هذه الطريقة لتصميم برك الموازنة الهوائية، ولا ينبغي أن يزيد أقصى تحميل عضوي عن الأكسجين المنتج في البركة. وأهم مصدر للأكسجين في البركة هو التمثيل الضوئي والذي يعتمد على الطاقة الشمسية التي تتغير بتغير فصول السنة وخط عرض منطقة البركة. ويمثل جدول 4-13 إنتاج الأكسجين بالتمثيل الضوئي في خطوط عرض مختلفة.

جدول 4-13 إنتاج الأكسجين بالتمثيل الضوئي في خطوط عرض مختلفة {12}

خط العرض °N	أكسجين التمثيل الضوئي (kg/ha/d)
8	325
12	300
16	275
20	250
24	225
28	200
32	175
36	150

أما علاقة التحميل العضوي (OL) Organic Load بالدفق فتوجد من المعادلة 4-52

$$OL = \frac{Q\,Li}{A} \qquad 4\text{-}52$$

حيث:

OL = التحميل العضوي kg/ha/d

Q = الدفق m^3/d الذي يؤدي لتقدير المساحة حسب المعادلة 4-53

$$Q = \frac{V}{t} = \frac{AH}{t} \qquad 4\text{-}53$$

حيث:

L_i = BOD الداخل للبركة (ملجم/لتر)

A = مساحة سطح البركة ($م^2$)

H = ارتفاع البركة (م)

t = زمن المكث الهيدروليكي (يوم)

ويمكن إيجاد زمن المكث عبر معادلة التحميل العضوي لإنتاج الأكسجين وبافتراض ارتفاع مناسب للبركة.

وقد تقدر أقل مساحة مطلوبة لبركة الموازنة باستخدام المعادلة 4-54

$$A = L * \frac{Q}{L_{max}} \qquad 4\text{-}54$$

حيث:

A = أقل مساحة مطلوبة للبركة الاختيارية ($م^2$)

L = التحميل العضوي للفضلات السائلة (جم/لتر)

Q = مقدار الدفق اليومي للفضلات السائلة الداخلة للبركة (لتر/يوم)

L_{max} = أقصى تحميل عضوي مسموح به (جم/$م^2$/يوم)، والذي يمكن إيجاده من المعادلة 4-55

$$L_{max} = 2T - 12 \qquad 4\text{-}55$$

حيث:

T = متوسط درجة الماء السنوية (°م)

مثال 4-5

جد مساحة بركة موازنة الأوساخ لمعالجة فضلات سائلة حسب البيانات التالية:

الحاجة الحيا-كيميائية للأكسجين لمدة خمسة أيام للفضلات الداخلة البركة = 180 ملجم/لتر،

معدل دفق الفضلات السائلة للبركة = 50 متراً مكعباً في الساعة،

أقل درجة حرارة = 14°م،

ثابت معدل الإزالة للبركة = 0.22 /يوم لدرجة حرارة 20°م،

ثابت تصحيح درجة الحرارة = 1.035

الحاجة الحيا-كيميائية للأكسجين الخارج من البركة = 40 ملجم/لتر،

ارتفاع البركة = 1.3 م.

الحل:

1. المعطيات: L_i = 180 ملجم/لتر، Q = 50 م^3/ساعة، أقل درجة حرارة = 14°م، $\phi = 1.035$ ، $(k_n)20 = 0.22$ / يوم، $Le = 40$ ملجم/لتر، $h = 1.3$ م

2. جد ثابت معدل الإزالة للبركة على درجة حرارة 14°م من المعادلة $(k_n)25 = (k_n)20*(\phi)^{T-20}$:

$$(k_n)25 = 0.22\times(1.035)^{14-20} = 0.179\ /d$$

3. استخدم معادلة البركة لإيجاد زمن المكث: $\frac{Le}{Li} = \frac{1}{1+k_n t}$

$$\frac{40}{180} = \frac{1}{1+0.179t}$$

ومنها: t تساوي 19.56 يوماً.

4. جد حجم البركة من المعادلة: V = Q*t

$$V = 50\times19.56\times24 = 23467\ m^3$$

5. جد مساحة سطح البركة من المعادلة: A = V/h

$$A = 23467/1.3 = 18052\ m^2$$

برنامج 4-5:

```
Public Class Form1

    Private Sub Form1_Load(ByVal sender As System.Object,
       ByVal e As System.EventArgs) Handles MyBase.Load
        Label1.Text = "لتر/مج-أيام لخمسة حياكيميائية الحاجة"
        Label2.Text = "س/3م-الفضلات دفق معدل"
        Label3.Text = "مئوية-حرارة درجة أقل"
        Label4.Text = "الحرارة تصحيح ثابت"
        Label5.Text = "يوم على للبركة الإزالة معدل"
        Label6.Text = "لتر/مج-للخارج حياكيميائية الحاجة"
        Label7.Text = "م-البركة ارتفاع"
        Label8.Text = "2م-البركة مساحة"
        Button1.Text = "المساحة احسب"
        Me.Text = "مثال 4-5"
        Me.FormBorderStyle =
           Windows.Forms.FormBorderStyle.FixedSingle
    End Sub
```

```
    Private Sub Button1_Click(ByVal sender As System.Object,
       ByVal e As System.EventArgs) Handles Button1.Click
        Dim Li, Q, T, phi As Double
        Dim kn20, kn25, Le, h As Double
        Dim time, V, A As Double
        Li = Val(TextBox1.Text)
        Q = Val(TextBox2.Text)
        T = Val(TextBox3.Text)
        phi = Val(TextBox4.Text)
        kn20 = Val(TextBox5.Text)
        Le = Val(TextBox6.Text)
        h = Val(TextBox7.Text)
        kn25 = kn20 * (phi ^ (T - 20))
        time = ((Li / Le) - 1) / kn25
        V = Q * time * 24
        A = V / h
        TextBox8.Text = FormatNumber(A, 0)
    End Sub
End Class
```

معلومات عامة لتصميم برك موازنة الأوساخ:

ينبغي مراعاة النقاط التالية عند تصميم برك موازنة الأوساخ {2،3،6،7،28،29}:

- اختيار المكان المناسب لتشييد البركة من حيث:

(i) الارتفاع: يحبذ الموضع المنخفض في ارتفاعه عن شبكات المجارى لتسهيل الانسياب الذاتي للأوساخ والحمأة الداخلة البركة. وفى حالة عدم وجود مكان بهذه المواصفات فلا بد من ضخ الفضلات الشيء الذي يؤدى إلى زيادة في تكاليف ثمن الأجهزة اللازمة، واستخدام طاقة أكثر، والاحتياج إلى ترميم أكبر.

(ii) التربة: إذ تفضل التربة التي تتحمل وزن البركة، وتلك المكونة من رمال أو تربة مفتتة أو من حصى مما يؤدى معه إلى المساهمة في معالجة المياه الملوثة عبرها. ومن الأفضل أيضاً أن تكون التربة سهلة الحفر، وأن تتواجد بالمنطقة كمية كافية من المواد الملائمة لبناء الجدران الداعمة للبركة،

(iii) التسرب: من الأفضل أن يكون نظام التسرب جيد لتسهيل تسرب السائل المعالج،

(iv) الحماية من الفيضان: يجب عدم وضع البركة في منطقة تتعرض للفيضان أو السيول في زمن الأمطار،

(v) الحجم: كبير نسبياً ليتناسب وسعة البركة،

(vi) المسافة: يفضل أن تزيد المسافة بين المنطقة السكنية والبركة عن 200 متر (تفضل مسافة 1.5 كيلومتر)،

(vii)اتجاه الرياح: يجب أن توضع البركة في اتجاه الرياح بعد المنازل السكنية لتفادى تعرض السكان للروائح الكريهة وغيرها من المخاطر الصحية.

- يحسب حجم البركة طبقاً للآتي:

1) حساب الدفق اليومي من الفضلات السائلة المتوقع دخولها للبركة.

2) إيجاد متوسط درجة حرارة الماء السنوية في المنطقة، إذ ينبغي اعتبار أقل فترة حجز لكل فترة الطقس البارد، وتعتمد درجة الحرارة المتوسطة لفصل الشتاء لبيانات التصميم.

3) تقدير أقل مساحة مطلوبة للبركة.

- لا يقل ارتفاع السائل في البركة عن 60 سم، ويفضل 1 متر، ولا يزيد عن 2.4 متر.
- ينبغي أن تكون الأيام المشمسة في السنة حوالي 200 يوم،
- يفضل ألا يقل زمن المكث عن 20 يوماً، ويمكن وضع البركة على التوالي أو على التوازي بزمن مكث متساوٍ لكل البرك.
- يقدر معدل التحميل في المناطق المدارية بحوالي 250 إلى 330 كجم BOD/هكتار/يوم.
- مساحة البركة لكل 1000 شخص تقدر بحوالي 0.2 إلى 0.4 هكتار ولا تزيد مساحة البركة الواحدة عن 40 هكتاراً،
- معدل تراكم الحمأة 0.07 م^3/شخص/سنة، وفترة إزالة الحمأة 6 إلى 12 سنة.
- يفضل استخدام البرك المستطيلة الشكل، ويؤخذ طول البركة مساوياً ضعف أو ثلاثة أضعاف عرضها. أما العمق فيتغير طبقاً لنوع الفضلات السائلة، وتحميل الحمأة وعوامل المناخ السائدة بالمنطقة.

أما توصيل البرك فيمكن أن توصل مع بعضها البعض على التوالي أو على التوازي (أنظر جدول 4-14). ومن أهم مزايا التوصيل على التوالي:

- إتمام معالجة الحمأة في البركة الأولى،
- تحسين نوع التصريف الخارج من كل بركة للتي تليها.
- استقبال الحمأة غير المرسبة.

في حالة توصيل البرك على التوازي توضع البرك بجانب بعضها البعض لتستقبل نفس الفضلات السائلة من نفس المصدر، كما وأن التصريف الخارج من كل بركة يجد طريقه لمخرج واحد أو لحوض واحد. ومن محاسن نظام التوصيل على التوازي:

- تماثل نوعية التصريف الخارج من البرك.
- لا يؤثر أي عطل أو عدم تشغيل إحدى البرك على البرك الأخرى، وكما لا يعوق الأداء.

يمكن تقدير معدل موت الجراثيم البرازية في بركة نضوج واحدة من المعادلة 4-56

$$\frac{N_e}{N_i} = \frac{1}{1 + k't} \qquad 4\text{-}56$$

حيث:

N_e = عدد البكتريا الخارجة من البركة (عدد/100 مللتر)

N_i = عدد البكتريا الداخلة للبركة (عدد/100 مللتر)

k' = معدل موت البكتريا (/يوم)

t = زمن المكث (يوم)

يمكن أن تأتى برك النضوج بتصريف جيد من النواحي البكتريولوجية، ويمكن تقدير معدل موت الجراثيم البرازية في بركة واحدة من المعادلة 4-57

$$\frac{N_e}{N_i} = \frac{1}{(1 + k't)^n} \qquad 4\text{-}57$$

حيث:

N_e = عدد البكتريا الخارجة من البركة (عدد/100 مللتر)

N_i = عدد البكتريا الداخلة للبركة (عدد/100 مللتر)

k' = معدل موت البكتريا (/يوم)

n = عدد برك الموازنة الموصلة على التوالي

مثال 4-6

تستقبل بركة نضوج فضلات سائلة بمتوسط معدل دفق 0.4 متر مكعب على الساعة. وتقوم البركة بتقليل أعداد البكتريا بنسبة 97 % بمعدل موت لها يساوى 0.4 على اليوم.

(أ) جد زمن المكث.

(ب) حجم البركة.

الحل

1- المعطيات: Q = 0.4 م^3/ساعة، $N_e/N_i = (100 - 97) \div 100 = 0.03$، $k_n = 0.4$ /يوم.

2- جد زمن المكث بالبركة باستخدام معادلة معدل موت الجراثيم البرازية لبركة واحدة:

$N_e/N_i = 1/(1 + k_n*t) = 0.03 = 1 \div (1 + 0.4\times t)$

ومنها t تساوي 80.8 يوم

3- جد حجم البركة من المعادلة: $V = Q*t$

$V = 80.8\times0.4\times24 = 776\ m^3$

برنامج 4-6:

```
Public Class Form1

    Private Sub Form1_Load(ByVal sender As System.Object,
       ByVal e As System.EventArgs) Handles MyBase.Load
        Label1.Text = "معدل دفق الفضلات-م3/س"
        Label2.Text = "نسبة تقليل البكتريا-%"
        Label3.Text = "معدل موت البكتريا على يوم"
        Label4.Text = "زمن المكث-يوم"
        Label5.Text = "حجم البركة-م3"
        Button1.Text = "احسب"
        Me.Text = "مثال 4-6"
        Me.FormBorderStyle =
          Windows.Forms.FormBorderStyle.FixedSingle
    End Sub

    Private Sub Button1_Click(ByVal sender As System.Object,
       ByVal e As System.EventArgs) Handles Button1.Click
        Dim Q, Ne, NeNi, kn As Double
        Dim t, V As Double
        Q = Val(TextBox1.Text)
        Ne = Val(TextBox2.Text)
        kn = Val(TextBox3.Text)
        NeNi = (100 - Ne) / 100
        t = ((1 / NeNi) - 1) / kn
        V = Q * t * 24
        TextBox4.Text = FormatNumber(t, 2)
        TextBox5.Text = FormatNumber(V, 0)
    End Sub
End Class
```

جدول 4-14 معايير اختيار نوع برك الموازنة {28ب}

المنشط	النوع
عندما تستقبل البركة حمأة أو مياه مجارى	بركة لاهوائية تتبعها على التوالي بركة اختيارية
عندما تستقبل البركة تصريف معالج	بركة اختيارية (يفضل اثنتان على التوازي)
عندما تستقبل البركة تصريف معالج يستخدم لتربية الأسماك أو يستغل للزراعة	بركة اختيارية (يفضل اثنتان) تتبعها بركة نضج
عندما تستقبل البركة حمأة أو مياه مجارى ويستخدم التصريف المعالج لتربية الأسماك أو يستغل للزراعة	بركة لاهوائية (أو اثنتان) تتبعها بركة اختيارية تليهما بركة نضج

ولا بد من التشغيل الجيد للبركة وإجراء الإصلاح المناسب والصيانة الدورية لتفادى انبعاث الروائح الكريهة، وتوالد الذباب والبعوض، مما يؤدى لزيادة تكاليف الصيانة (أنظر جدول 4-15).

جدول 4-15 نقاط المراقبة لصيانة بركة موازنة الأوساخ {28و}

الموقع	الحالة أو المشاكل	الحلول العملية
المساحة حول موقع البركة	أشجار أو شجيرات جديدة	القطع والإزالة
المساحة حول موقع البركة	دفق مياه سطحية	الإزاحة بواسطة خنادق أو مجارى أو سدود صغيرة
الميل الخارجي وأعلى الجدران الداعمة	حشائش طويلة وأعشاب	إزالة الحشائش وقطع الأعشاب وإزالة ناتج الإزالة والقطع
الميل الخارجي وأعلى الجدران الداعمة	تعرية بالرياح أو الأمطار	ملء بالتربة وزراعة بعض الحشائش
داخل الجدران الداعمة وشاطئ البركة	تعرية	تغيير الحجارة
شاطئ البركة	أعشاب	القطع والإزالة
مخرج البركة	أوساخ حول المصفاة	إزاحة المترسبات ونظافة المصفاة
سطح البركة	بعوض	الرش بالزيوت أو المكافحة الحيوية

توجد عدة عوامل تؤدى إلى تكاثر الطحالب وتكوين طبقات الزبد والأوساخ والحمأة على سطح البركة منها: تغير حالة الطقس، وحجم الدفق اليومي، ودرجة الحرارة، والرياح. ولكل من هذه الأشياء عيوبها فمثلا تكاثر الطحالب يحجب ضوء الشمس مما يؤثر على كفاءة البركة كما وأنها تنتج روائح كريهة عند موتها. وتنتج طبقات الزبد روائح كريهة كما وتساعد على تكاثر ونمو الحشرات (أنظر جدول 4-16).

جدول 4-16 حالة السطح لبرك موازنة الحمأة {28د}

الحالة	المخاطر المحتملة	الحلول
توالد الطحالب الكثير	روائح كريهة وتقليل في كفاءة أداء البركة	إزاحة المستوطنات
طبقة الزبد	روائح وتكاثر الحشرات	إزاحة الطبقات
حمأة طافية	روائح كريهة جداً	إزاحة الحمأة
مواد طافية	تؤثر على نظام المخرج وتؤثر سلبا على عملية المعالجة	إزاحة المواد

ينبغي إجراء المراقبة الدورية للون البركة إذ يدل التغير في لون البركة على التغيير في الدفق الداخل لها، ربما من جراء زيادة الفضلات السائلة المختلفة أو الأصباغ أو مياه الأمطار أو المياه السطحية الداخلة مع المجارى أو الزيوت أو المواد الكيميائية أو دماء الحيوانات الداخلة مع الحمأة (أنظر جدول 4-17). تعمل البكتريا المتكاثرة في سائل البركة على تفتيت المواد، وتقوم الطحالب بالاستفادة من هذه المفتتات (مستخدمة الطاقة الشمسية والتمثيل الضوئي) لإنتاج خلايا جديدة وأكسجين، مما يساعد في تمكين التعايش التكافلي بينهما. أما الأحياء المجهرية اللاهوائية فتكثر في قعر البركة في طبقة الأوساخ المتراكمة، وتساعد كثيراً في رفع كفاءة عمل معظم البرك. وعليه يترسب جزء من الفضلات الداخلة إلى قعر البركة، ويتم تفتيت البعض الآخر حيوياً والبعض الثالث يتم تصريفه عبر منفذ الخروج (غالباً يتم تصريف الطحالب).

جدول 4-17 لون البرك {24و}

نوع البركة	اللون المميز
لاهوائية	أسود رمادي
اختيارية	أخضر أو أخضر بنى
نضوج	أخضر

تقل كفاءة البركة عندما يصل ارتفاع الأوساخ داخلها إلى أكثر من ثلث العمق التصميمي، وربما أدت الحمأة المتراكمة إلى انسداد المخرج، الشيء الذي يتطلب معه تفريغ البركة وإزالة ما بها من

حمأة وأوساخ. وتعتمد عملية نظافة البركة على الظروف المحلية وعوامل المناخ ونوع البركة. ويبين الجدول 4-18 فترة إزاحة الأوساخ من البركة.

جدول 4-18 الفترة المتوقعة لإزالة الأوساخ من البركة {24و}

نوع البركة	فترة إزالة الأوساخ
لاهوائية	2 إلى 12 سنة
اختيارية	8 إلى 20 سنة
نضوج	غالباً لا تحتاج

يبين جدول 4-19 أدناه معلومات عامة لتصميم برك الموازنة.

جدول 4-19 معلومات عامة لتصميم برك الموازنة {2-7،4-28،26،9}

المنشط	برك لاهوائية	برك اختيارية	برك هوائية
التصريف الداخل	حمأة بها مواد عضوية ومواد صلبة عالية	حمأة من شبكة المجارى أو من برك لا هوائية	حمأة من برك اختيارية
المعالجة	جزئية	جزئية	جزئية
التصريف النهائي	لبركة اختيارية	لبركة نضوج	للزراعة أو تربية الأسماك والطيور المائية
عمق البركة (م)	2 إلى 4	1 إلى 1.5	أقل من 1
زمن المكث (يوم)	8 إلى 20	20 إلى 180	5 إلى 10
عمل النمو الحيوي	أحياء مجهرية لا تحتاج إلى الأكسجين للنمو والتكاثر	أحياء مجهرية هوائية ولاهوائية	أحياء مجهرية
التشغيل	على التوالي أو التوازي	أقلها 3 برك على التوالي	بركة أو أكثر من بركة على التوالي أو التوازي مفيد للبرك الكبيرة
اللون	أسود داكن	أخضر أو أخضر بني	أخضر
فترة نظافة الوحل (سنة)	2 إلى 12	8 إلى 20	ربما لا تحتاج أبداً
درجة الحرارة الأمثل (° م)	30	20	20
احتياجات الأكسجين	-	-	(0.7 إلى 1.4) في حاجة الحيا-كيميائية للأكسجين المزال OD(0.7 to 1.4)xB
الرقم الهيدروجيني	6.8 إلى 7.2	6.5 إلى 9	6.5 إلى 8
المواد الكيميائية المطلوبة	المواد الغذائية الناقصة، لا تحتاج إلى مواد كيميائية أخرى.	المواد الغذائية الناقصة، لا تحتاج إلى مواد كيميائية أخرى.	
المشاكل المتوقعة	روائح، تحتاج إلى أرض واسعة، تلوث مياه جوفية	روائح عند التحميل العالي، تلوث مياه جوفية، نقصان في النشاط الحيوي في المناخ البارد	نقصان في النمو الحيوي

4-6-4 مصيدة الشحوم والدهون Grease trap

تستخدم مصيدة الشحوم والدهون (أنظر شكل 4-14) في المؤسسات التي تنتج فضلات بها مكون شحوم ودهون (مثل: المطاعم وأماكن إصلاح السيارات ومصانع الزيوت ونحوها) قبيل إدخال الفضلات للمجرور لمنع انسداد وقفل المجرور. ويمكن أن تصنع المصيدة الصغيرة من الحديد الزهر، والمصايد الكبيرة من الخرسانة أو أي مواد مناسبة. ويعمل على أن يحوي المخرج سيفون لمنع دخول الغازات المتطايرة أو المتفجرة. وللتأكد من العمل الجيد يجب نظافة المصيدة على الأقل كل أسبوع. ويمكن للمصيدة الجيدة التصميم حجز أكثر من 90 بالمائة من الشحوم والدهون.

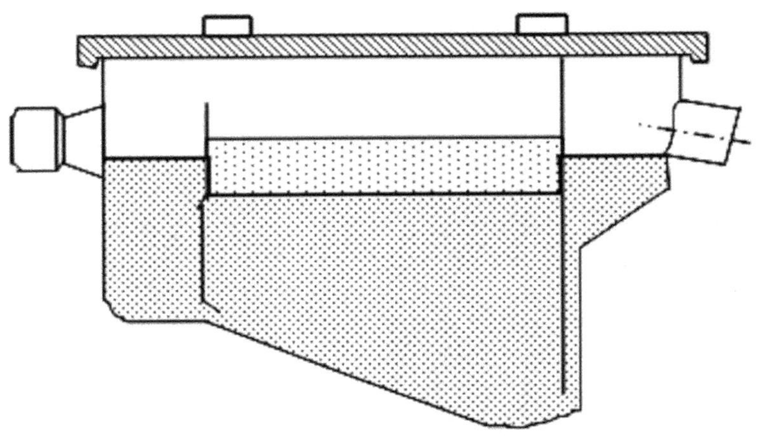

شكل 4-14 مصيدة الشحوم والدهون

ويمكن استخدام المعايير التالية لتصميم البركة:

- نسبة الطول للعرض يمكن إيجادها من المعادلة 4-58

$$\frac{L}{B} = 1 \text{ to } 2 \qquad 4\text{-}58$$

حيث:

L = طول المصيدة،

B = عرض المصيدة.

- ميل القعر أكثر من 0.1 لكل لتر في الثانية من دفق الفضلات.
- حجم تخزين الشحوم والدهون 40 لتراً.
- مساحة سطح الماء 0.25 متراً مربعاً.
- زمن المكث (لأقصى دفق بين 2 إلى 9 لتر/ثانية) 3 دقائق

(لأقصى دفق بين 10 إلى 19 لتر/ثانية) 4 دقائق

(لأقصى دفق أكبر من 20 لتر/ثانية) 5 دقائق

7-4 وحدات المعالجة الصغيرة

تعتمد خيارات محطات معالجة الفضلات من الوحدات المنزلية على عدة عوامل من أهمها:

1. خواص الفضلات الواجب معالجتها،
2. نظم المعالجة إما لمعالجة هذه الفضلات أو ضمها للفضلات السائلة من مناطق أخرى،
3. الإدارة المشرفة على التشغيل والصيانة،
4. وجود الطاقة والخبرة المؤهلة،
5. النواحي الاقتصادية والفنية،
6. احتياجات الأرض لتشييد المحطة وموقعها،
7. مركزية المعالجة أو لا مركزيتها،
8. مسافة نقل الفضلات من مصادرها إلى محطة المعالجة وفترات النقل.

قد لا يكون في مستطاع الدولة أو المجتمع المعين اللجوء إلى استخدام شبكة المجاري للتخلص من الفضلات السائلة نسبة للنواحي الاقتصادية أو الفنية المصاحبة لها. وعليه تعول كثير من الدول – خاصة غير الصناعية منها – على استخدام أنظمة منزلية (أو لمجموعة قليلة منها) للتخلص من الفضلات البرازية. ومن هذه الأنظمة الحمام المائي وأحواض التحليل اللاهوائي ومرحاض الحفرة المهواة المحسن. وفي كثير من المناطق يتم التخلص من الحمأة الناتجة من هذه النظم بدون معالجة لغياب خيارات المعالجة من نوع المرجو المتاح.

ومن الأهمية بمكان أخذ النقاط التالية في الحسبان عند اختيار مثل هذه السبل المنزلية لمعالجة الفضلات البرازية:

- التحكم في جمع الحمأة من أنظمة المنازل ومعالجتها قُبيل إعادة الاستخدام أو التخلص النهائي لتقويم الصحة والإصحاح ومواكبة تشريعات التخلص منها.
- لهذه الفضلات خواص تربو على عشر إلى مائة ضعف درجة تلوث الفضلات المنزلية السائلة المتصلة بشبكة الصرف الصحي للبلديات، مما يعني صعوبة التعامل معها ومعالجتها.
- ينبغي مراعاة تكلفة الصيانة والتشغيل لوحدات المعالجة المختارة لمثل هذه الفضلات.
- قد تقود مثل هذه النظم إلى تلوث البيئة المحيطة، وتراكم الفضلات والحمأة، وتلوث المياه الجوفية، وتؤثر على أساسات المباني والبُنى التحتية والإنشاءات، وتفاقم من انتشار الأمراض ذات الصحة، وانبثاق روائح ومناظر غير مرغوبة.
- صنع القرار السياسي، وإمكانية تطبيق القرارات، ووجود العمالة الماهرة والخبرة لتصميم وإنشاء وصيانة وحدات المعالجة لتتماشى مع التشريع المجاز.

ولا ينبغي أن يعول كثيراً على مثل هذه النظم للتخلص النهائي من الفضلات السائلة إذ تمثل مرحلة جمع ومعالجة ابتدائية تستدعي إيجاد سبل أفضل للتخلص النهائي بأحسن الطرق وأيسرها وأفضلها من النواحي الهندسية والاقتصادية والاجتماعية والدينية والبيئية.

حوض التحليل اللاهوائي (حوض التعفن، أو حوض التخزين) Septic Tank

يتكون حوض التحليل اللاهوائي (أنظر شكل 4-15 وشكل 4-16) من صندوق (أو غرفة) مستطيل الشكل (أو أسطواني أو خلافه) يوضع تحت الأرض بحيث يكون مسيك للماء والهواء. عموماً يفضل الحوض المستطيل الشكل لسهولة الإنشاء والتشييد وللملاءمة الوظيفية، ويعد الحوض الدائري أرخص تكلفة من المستطيل وتقل به جيوب ركود الفضلات غير أنها تكثر بها مشاكل دارة القصر. يعد حوض التحليل اللاهوائي جهاز ترسيب يستقبل الفضلات المنزلية السائلة بانسياب أفقي مستمر ليتم حفظها لمدة من الزمن يسهل معها فصل المواد الصلبة وترسيبها وهضمها بوساطة الأحياء المجهرية اللاهوائية. ومن أهم مزايا حوض التحليل التالي:

- سهولة الاستخدام والمراقبة والصيانة،
- مرونة الأداء والملاءمة لاستقبال فضلات متنوعة،
- عدم احتوائه على أجزاء متحركة مما يقلل من الصيانة الميكانيكية،
- النظافة الجيدة،
- انعدام مشاكل الروائح والذباب.

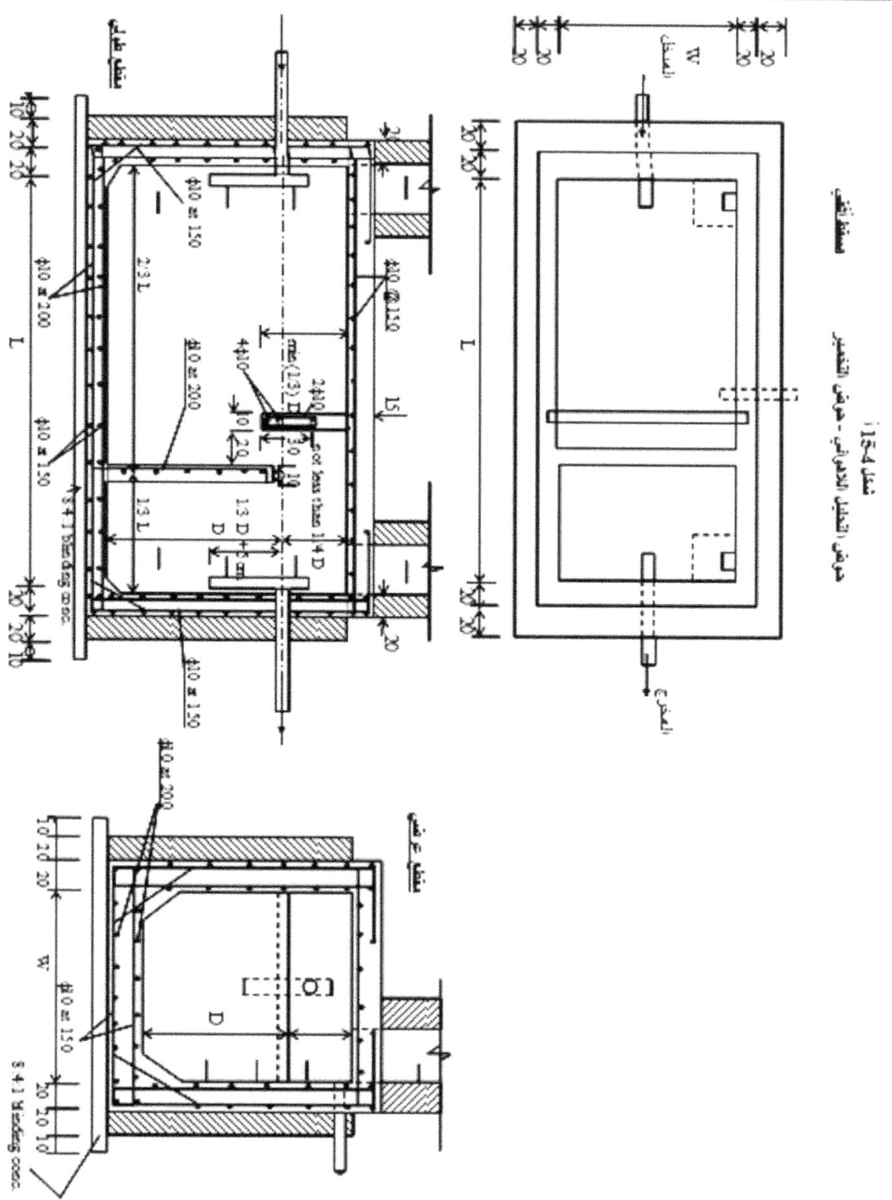

شكل 4-15أ حوض التحليل اللاهوائي - حوض التخمير

يمكن تقسيم حوض التحليل إلى ثلاث طبقات تضم:

- طبقة الأوساخ الطافية على سطح الحوض والتي تعمل على المحافظة على البيئة اللاهوائية به. وتتكون هذه الطبقة الطافية من الدهون والشحوم وبعض الفضلات، والتي تخضع بدورها لتفتيت حيوي مكونة قشرة المواد الطافية ذات اللون الأبيض البني،
- طبقة السائل العالق والتي تبدأ فيها عمليات الترسيب وانتشار المواد الذائبة للطبقة التي تليها لتكون قشرة على سطح الحوض، ليتكون سائل أخضر اللون (الحمأة المعالجة) له رائحة، ويحوي مواد صلبة دقيقة ليجد طريقه لحقول الامتصاص،
- طبقة الأوساخ المترسبة والمهضومة، حيث تخضع المواد المترسبة لبعض صور الهضم والتفسخ الحيوي اللاهوائي لتنتج الحمأة ذات اللون الأسود.

لإتمام المعالجة يترك السائل بالحوض لزمن مكث مناسب من أجل:

- زيادة عمليات ترسيب وهضم المواد الصلبة،
- تقليل تكلفة الإنشاء،
- تقليل فترات النظافة،
- زيادة عمر حقول الامتصاص.

ويمكن تعريف زمن المكث بحوض التحليل اللاهوائي على أنه تلك الفترة الزمنية اللازمة ليتحرك خلالها جزيء من الماء من مدخل الحوض إلى مخرجه. ويتراوح زمن المكث ما بين يوم إلى يومين عند أخذ متوسط الدفق اليومي في الحسبان، وهذا يخفض من التكلفة بالنسبة للأحواض الصغيرة. كما ويمكن أخذ زمن المكث بحوض التحليل مساوياً ثلاثة أيام بالنسبة للأحواض الكبيرة. وخلال هذه المدة تخضع الأوساخ المترسبة لتفاعلات حيوية. ثم تزاح المترسبات على فترات منتظمة تتراوح ما بين العام والخمسة أعوام أو كلما اقتضى الحال ذلك.

عند تصميم حوض التحليل اللاهوائي ينبغي مراعاة النقاط التالية:

الموقع: ينبغي اختيار الموقع الجيد للجهاز لتفادى أي نتائج سلبية، فمثلاً يجب أن يوضع الحوض:

- على تربة وموقع يسمح بالتخلص من السائل النهائي،
- في غير مهب الريح،
- على بعد أقله 3 أمتار من الجيران،
- في منطقة غير منخفضة لتجنب تجمع المياه فوقه أو من حوله أو غمره،
- في منطقة بعيدة عن طريق مرور المركبات والسيارات،
- في منطقة يسهل نظافته فيها.

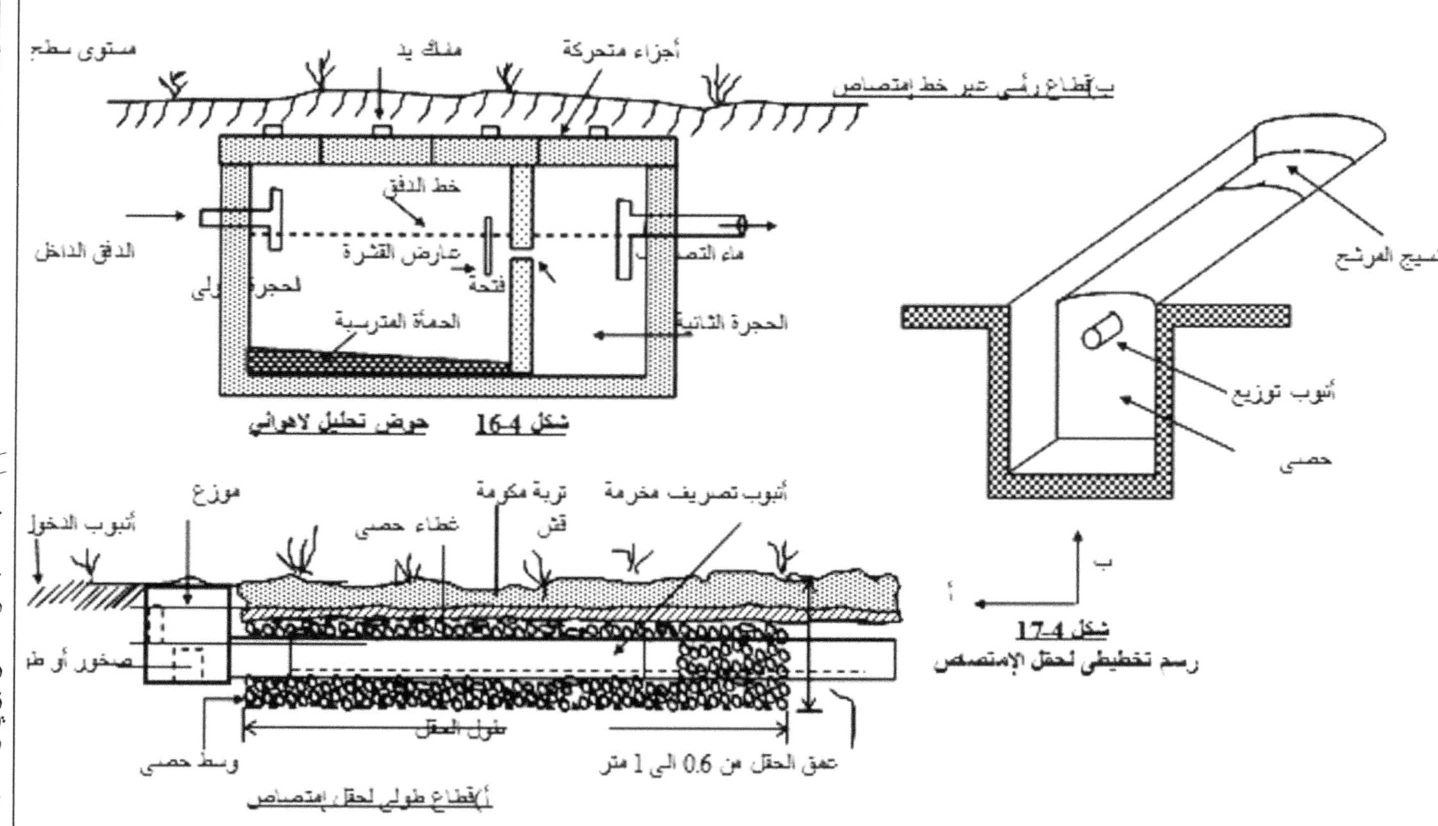

شكل 4-16 حوض تحليل لاهوائي

شكل 4-17 رسم تخطيطي لحقل الإمتصاص

الحجم:

- ينبغي إدخال كل المخلفات والفضلات السائلة اليومية (الناتجة في البناية أو منطقة الحوض) للمعالجة. وهذه المخلفات تشمل الفضلات السائلة المنزلية ولكنها تستبعد مياه الأمطار والصرف السطحي،
- يتم حساب حجم الحوض بالمقارنة مع الدفق الداخل وزمن المكث كما مبين في المعادلة 4-59

$$V = Q*t \qquad 4\text{-}59$$

حيث:

V = حجم الحوض (م^3)

Q = دفق الفضلات السائلة للحوض (م^3/يوم)

t = زمن المكث بالحوض (يوم)

- كما يمكن تقدير حجم حوض التحليل اللاهوائي من المعادلة 4-60 {3،4،29}

$$V = 180*P + 2000 \qquad 4\text{-}60$$

حيث:

V = أقل حجم لحوض التحليل اللاهوائي (لتر)

P = عدد الأفراد المستخدمين للحوض (فرد)

- عند استخدام قاطعات النفايات Garbage grinders فيمكن تقدير حجم حوض التحليل اللاهوائي من المعادلة 4-61 {3،4،29}

$$V = 250*P + 2000 \qquad 4\text{-}61$$

- عند استخدام حوض التحليل اللاهوائي للمدارس وما ماثلها فيمكن تقدير حجم الحوض من المعادلة 4-62 {3،4،29}

$$V = 90*P + 2000 \qquad 4\text{-}62$$

- عادة يؤخذ حجم الحوض ليساوى ضعفين إلى ثلاثة أضعاف حجم الدفق اليومي لتصميمي.

أبعاد الحوض:

- لتحديد أبعاد الحوض يمكن اللجوء إلى جداول معدة مسبقاً أو بأخذ المعادلات التجريبية. يغطى السائل في الحوض 80 بالمائة من الارتفاع الكلى للحوض وتترك 20 بالمائة من الحجم أعلى مستوى سطح السائل لتعطى المسافة المطلوبة لتراكم القشرة الطافية. ويبين جدول 4-20 أبعاد مقترحة لحوض التحليل اللاهوائي في قراءة مع شكل 4-15.

جدول 4-20 أبعاد مقترحة لحوض التحليل اللاهوائي

عدد الأفراد	الطول الداخلي L (م)	العرض الداخلي B (م)	عمق السائل D (م)	السعة ($م^3$)
6	2.5	0.8	1.2	2.4
9	3	1	1.2	3.6
12	3.5	1.2	1.2	5
18	4	1.4	1.4	7.8
24	5	1.4	1.5	10.5
30	5	1.6	1.5	12
36	6.2	1.6	1.5	14.9

- يمكن أخذ طول الحوض ليساوى 2 أو 3 أضعاف عرضه، كما موضح في المعادلة 4-63

$$L = (2 \text{ or } 3)*B \qquad 4\text{-}63$$

حيث:

L = الطول الداخلي لحوض التحليل اللاهوائي (م)

B = العرض الداخلي لحوض التحليل اللاهوائي (م)

- عند تصميم الحوض من غرفتين تؤخذ سعة الغرفة بالقرب من مدخل الفضلات السائلة ضعف سعة الغرفة الثانية. وعليه يكون طول الغرفة الأولى كما موضح في المعادلة 4-64

$$L1 = \frac{2}{3} L \qquad 4\text{-}64$$

حيث:

L_1 = الطول الداخلي للغرفة الأولى (أقرب للمدخل) (م)

L = الطول الداخلي للحوض (م)

- يؤخذ عمق السائل بالحوض في حدود 1.1 أو 1.2 متر، كما ويمكن أخذ عمق أكبر قد يصل إلى 1.8 م.

إنشاء الحوض:

- عادة تصمم أحواض التحليل اللاهوائي بغرفتين، حجم إحداهما ضعف الأخرى. يتم في الحجرة الأولى ترسيب معظم المواد الصلبة، كما تتم فيها معظم عمليات التفسخ الحيوي. أما الحجرة الثانية فتعمل على أنها جهاز ترسيب نهائي، يتم فيها حجز المواد الصلبة المتبقية وترسيب بعض الحبيبات الدقيقة والخفيفة. وفي هذه النظم للمعالجة فإن الأوساخ المترسبة ربما جرفت إلى الأعلى بواسطة الغازات الناتجة من التفتيت الحيوي للمواد العضوية مما يبين أهمية الغرفة الثانية.
- يمكن أن تصمم أحواض التحليل اللاهوائي من حوض واحد أو عدة أحواض متصلة على التوالي. وأبسط أنواع الأحواض تكون مستطيلة أو دائرية الشكل. ولا تصمم مصافٍ بالأحواض بغية تقليل الترميم والإصلاح.

- من أمثلة المواد المستخدمة لتشييد الحوض: الخرسانة، والخرسانة المسلحة، والخرسانة المخرمة، والقوالب الخرسانية، والطابوق، والطوب، والآجر، والحجارة، والألياف الزجاجية، والمواد متعددة الأثيلين (بولي اثيلين)، والحديد المطلي، والحديد المجلفن.
- تصنع جدران الحوض من الخرسانة أو غيرها من المواد المناسبة الموجودة محلياً. ويجب أن تكون هذه الجدران غير مسامية لمنع نفاذ الماء. ولتحقيق هذا الأمر يمكن تغطية جدران وأرضية الحوض بطبقة من الأسمنت سمكها 25 ملم تشيد على مرحلتين.
- تشييد قاعدة الحوض من الخرسانة المسلحة بسمك 100 إلى 150 ملم. ويتم وضع هذه القاعدة على طبقة من الزلط أو الحجارة المكسرة أو الرمل يبلغ سمكها حوالي 75 ملم.
- إنشاء سقف غير مسامي للحوض من الخرسانة المسلحة. ويمكن تصميم السقف في شكل قطع عرض كل منها 300 ملم بعرض الحوض. وتوجد بكل من هذه القطع روافع على الأطراف تساعد رفعها وإزاحتها للولوج إلى الحوض للتنظيف وإجراء أعمال الترميم والصيانة. ويمكن وضع غرفة تفتيش في قطعة أو اثنتين من هذه القطع السقفية. وعند تنظيف الحوض يمكن إزالة واحدة من قطع السقف أو كلها متى ما اقتضى الحال ذلك.
- من الأنسب أن يطلى الحوض الخرساني بطبقة عازلة من البيوتمين مثلاً وذلك بغرض حماية الخرسانة ومنع تفتيتها بخليط الحمأة الحارق.
- تستخدم مواسير مبسطة أو هدارات صغيرة (تعمل لمنع تعلق المواد بعد ترسيبها، وتحول دون اضطراب المواد الطافية) على كل من مدخل ومخرج الحوض.
- تصمم الأحواض ليكون بها فراغ كافٍ لتخزين الأوساخ لعدة أشهر.
- لابد أن يحتوى حوض التحليل اللاهوائي على فتحات تهوية أو منافس Vents قطرها 10 سم ولا يقل طولها عن مترين ويوضع أعلاها سلطانية لمنع الطيور من بناء أعشاش. ومن أهم أهداف المنافس التالي:

i. منع دفق الحمأة من الحوض إلى المنازل،

ii. تسهيل خروج غاز الميثان والذي ربما سبب الانفجار،

iii. تسهيل خروج الغازات ذات الرائحة الكريهة المنبثقة من داخل الحوض، وتنتج هذه الغازات عندما تقوم البكتريا الاختيارية بتفسخ بعض مكونات الحمأة. ويمكن أن تتحرك هذه الغازات من أعلى سطح سائل الحوض عبر فتحة التهوية إلى المصرف الصحي المنزلي المتصل بالحوض، ومن ثم إلى سطح المنزل عبر أنابيب التهوية المتصلة بالمصرف.

<u>زيادة كفاءة أداء الحوض:</u> ينبغي مراعاة النقاط التالية عند تشغيل الحوض للحصول على أكبر كفاءة:

- أقل عمق من منسوب الماء الجوفي يجب أن يزيد عن 1.2 متر.
- عدم استخدام مبيدات البكتريا والحشرات والهوام والنواقل داخل الحوض بدون التأكد من وجود درجات التخفيف اللازمة.

- عدم التخلص من المطهرات داخل الحوض، إذ أنها تقلل من كفاءة الحوض لإزالة المواد الصلبة العضوية.
- عدم إزالة الطبقة الطافية (عند تفريغ الحوض والتخلص من مكوناته) لاسيما وتكوينها يحتاج إلى مدة طويلة (ربما أكثر من عام)، ويستحسن تجنب النظافة اليدوية للحوض.

مثال 4-7

صمم حوض تحليل لاهوائي ليخدم أسرة تتكون من 10 أشخاص.

الحل

1) المعطيات: $P = 10$ فرد.

2) جد حجم الحوض باستخدام المعادلة: $V = 180*P + 2000$

$V = 10\times180 + 2000 = 3800$ litre

3) -يمكن أخذ ارتفاع السائل بالقرب من المخرج مساويا 1.2 م.

4) يمكن أخذ نسبة الطول إلى العرض كما في المعادلة: $L = 2.5*B$

وعليه يمكن إيجاد مساحة الحوض من المعادلة: $A = V/h$

$A = 3800\times10^{-3} \div 1.2 = 3.17\ m^2 = 2.5B^2$ or $B = 1.13$ m

$L = 2.5\times1.13 = 2.81$ m

5) جد ارتفاع السائل عند المدخل بافتراض أن ميل أرضية الحوض تساوى 0.1

ارتفاع السائل عند المدخل = الميل × طول الحوض + ارتفاع السائل بالقرب من المخرج

$h = 0.1\times2.81 + 1.2 = 1.48$ m

6) جد الارتفاع الكلى للحوض = ارتفاع السائل عند المدخل + مسافة قعر أنبوب المدخل من سطح سائل الحوض + المسافة بين أنبوب المدخل وغطاء الحوض = 1.48 + 0.075 + 0.3 = 1.86 م

7) جد مسافة قعر كوع الأنبوب الداخل من قمة الحوض = 0.3 + 0.075 + 20 بالمائة من ارتفاع السائل = 0.3 + 0.075 + 1.2×0.2 = 0.62 م

8) جد مسافة قعر كوع الأنبوب الخارج من قمة الحوض = 0.3 + 0.075 + 40 بالمائة من ارتفاع السائل = 0.3 + 0.075 + 1.2×0.4 = 0.86 م

9) عند استعمال غرفتين للحوض يمكن إيجاد طول الغرفة الأولى من المعادلة: $L_1 = 2L/3$

$L_1 = 2\times2.81 \div 3 = 1.87$ m

برنامج 4-7:

```
Public Class Form1

    Private Sub Form1_Load(ByVal sender As System.Object,
       ByVal e As System.EventArgs) Handles MyBase.Load
        Label1.Text = "عدد الأفراد"
        Label2.Text = "حجم الحوض-لتر"
        Label3.Text = "مساحة الحوض-م2"
        Label4.Text = "ارتفاع السائل عند المدخل-م"
        Label5.Text = "الارتفاع الكلى للحوض-م"
        Label6.Text = "مسافة قعر كوع الأنبوب الداخل من قمة الحوض-م"
        Label7.Text = "مسافة قعر كوع الأنبوب الخارج من قمة الحوض-م"
        Label8.Text = "طول الغرفة الأولى-م"
        Button1.Text = "صمم الحوض"
        Me.Text = "مثال 4-7"
        Me.FormBorderStyle =
          Windows.Forms.FormBorderStyle.FixedSingle
    End Sub

    Private Sub Button1_Click(ByVal sender As System.Object,
       ByVal e As System.EventArgs) Handles Button1.Click
        Dim P As Integer
        Dim V, L, A, B, h As Double
        Dim m, h1, ht As Double
        Dim h2, h3, L1 As Double
        P = Val(TextBox1.Text)
        V = (180 * P) + 2000
        h1 = 1.2
        A = V / (h1 * 1000)
        B = Math.Sqrt(A / 2.5)
        L = 2.5 * B
        m = 0.1
        h = (m * L) + h1
        h2 = 0.075
        h3 = 0.3
        ht = h + h2 + h3
        Dim hin, hout As Double
        hin = h2 + h3 + (0.2 * h1)
        hout = h2 + h3 + (0.4 * h1)
        L1 = 2 * L / 3
        TextBox2.Text = FormatNumber(V, 2)
        TextBox3.Text = FormatNumber(A, 2)
        TextBox4.Text = FormatNumber(h, 2)
        TextBox5.Text = FormatNumber(ht, 2)
        TextBox6.Text = FormatNumber(hin, 2)
        TextBox7.Text = FormatNumber(hout, 2)
```

```
        TextBox8.Text = FormatNumber(L1, 2)
    End Sub
End Class
```

تشغيل الحوض و نظافته:

- ينبغي إضافة بضعة جرادل من حمأة جيدة الهضم (مأخوذة من حوض قديم أو من هاضم أو من فضلات وروث أبقار أو جاموس أو خلافه) للحوض الجديد الإنشاء ثم يملأ بالماء لارتفاع 30 سم ليبدأ العمل.
- قد يؤدى عدم التنظيف الجيد للحوض إلى طفح الحمأة والمواد الطافية وتراكمها، مما يؤدى إلى انسداد مخرج الحوض، وتأثر البناية بالفضلات غير المعالجة، أو غمر حقول الامتصاص وانسداد مسامات التربة، أو زيادة النمو الحيوي والذي يؤدى بدوره إلى انسداد المسامات وتقليل التخلخل،
- لابد من مراقبة أداء حوض التحليل والعمل على صيانته. ويجب العمل على ترميم الحوض على مدار العام لضمان استمرار كفاءة التشغيل، وإطالة عمر الحوض، وتفادى تدهوره وانهياره. وعادة فإن الحوض ذا الترميم والصيانة الجيدة يعيش لمدة 20 عاماً أو أكثر. وعند مراقبة الحوض فإنه غالباً يحتاج إلى نظافة:

I. عندما يصل عمق الأوساخ إلى ثلث عمق السائل الموجود بداخله أو يزيد.

II. عندما تكون الطبقة الطافية في حدود 75 ملم أدنى أنبوب مخرج الحوض.

التخلص من السائل النهائي بالحوض: يتم نزح الأوساخ أو الحمأة من حوض التحليل اللاهوائي وتؤخذ إلى أقرب محطة معالجة أوساخ لإتمام معالجتها، أو ربما أمكن التخلص منها بالدفن في الأرض. وعند اللجوء إلى طريقة الدفن لابد من توخى الحيطة وأخذ الحذر لتلافى أي تلوث للمياه الجوفية بالمنطقة وللحد من انبثاق أي مشاكل أخرى ضارة كانت أو منفرة {2،3}.

من الطرق المتبعة للتخلص من السائل المعالج بحوض التحليل اللاهوائي: نظم الامتصاص بالتربة، والمرشحات الحيوية، والمرشحات اللاهوائية ذات الدفق إلى أعلى. وتضم نظم الامتصاص بالتربة: حقول الامتصاص، وآبار الامتصاص، وروابي البخر والنتح، و أحواض البخر، أو يتم تمرير السائل إلى مرشحات رملية للمعالجة. كما ويمكن استخدام السائل المعالج بحوض التحليل اللاهوائي لري نباتات معينة.

يعد السائل المعالج الناتج عن حوض التحليل اللاهوائي خطراً إذ تعلو فيه قيمة الحاجة الحيا- كيميائية للأكسجين لمدة خمسة أيام (120 إلى 270 ملجم/لتر) والقيمة المتوسطة للمواد الصلبة العالقة (44 إلى 69 ملجم/لتر في المتوسط) {6}. كما وقد وجدت بالسائل ملوثات مختلفة تضم مواداً كيميائية مثل: أملاح الكلوريد والنترات والفوسفات وبقايا الزيوت وزيت المحرك وبعض المواد الكربوهيدراتية والجازولين بالإضافة إلى جراثيم الأمراض من بكتريا وحيوانات أوالى وحمات وديدان وبيض.

يبين جدول 4-21 المسافات المناسبة لحوض التحليل وحقول الامتصاص بعيدا عن المباني (لكيلا تتأثر الأثاثات) ومصادر المياه (لمنع تلوثها).

جدول 4-21 المسافات المطلوبة لحوض التحليل اللاهوائي والمنشآت ذات الصلة {2،3،30،31}

المنطقة المطلوب حمايتها	أقل مسافة مطلوبة (متر)	
	حوض التحليل اللاهوائي	حقل الامتصاص
المباني	1.5	3
الآبار المنزلية وخطوط السحب	15	30
الآبار العامة وخطوط السحب	30	60
خطوط المياه تحت الضغط	3	3
مصادر المياه	15	30
البحيرات	15	30

حقول الامتصاص (خنادق التشرب) Absorption fields

عند التخلص من السائل بالتسرب إلى باطن الأرض ينبغي تجنب تلوث المياه الجوفية. ويمكن حساب مساحة حقول الامتصاص من المعادلة 4-65

$$Q = 204\sqrt{t} \qquad 4\text{-}65$$

حيث:

Q = حجم دفق السائل لحقول الامتصاص (لتر/يوم/م^2)

t = الزمن اللازم ليهبط سطح السائل مسافة 25 ملليمتر عند إجراء اختبار التخلخل Percolation test (دقيقة)

عادة يتم إجراء اختبار التخلخل لتحديد صلاحية التربة وإمكانية استخدامها حقل امتصاص وتشرُّب للسائل المنبثق من حوض التحليل اللاهوائي. وتجيء طريقة إجراء الاختبار على النحو التالي :{6،17}

- يتم حفر حفرة قطرها 100 ملم (4 بوصة) أو أكبر لعمق حقل الامتصاص المقترح،
- يتم كشط حواف الحفرة ويزال التراب،
- يتم وضع حصى دقيق 50 ملم (بوصتين) أو رمل خشن في قعر الحفرة،
- يتم ملء الحفرة بالماء لعمق 300 ملم وتترك ساكنة إلى الصباح التالي (على الأقل 4 ساعات)،
- تملأ الحفرة في اليوم التالي لعمق 150 ملم (6 بوصة) أعلى الحصى، ويحسب الهبوط في منسوب مستوى الماء في زمن 30 دقيقة.

- يحسب زمن التخلخل مقدراً بالملم/دقيقة.
- تستخدم جداول لتقدير مساحة الحقل المطلوبة (أنظر جدول 4-22)، أو يمكن حسابها من المعادلة 4-66

$$Q = 204\, t_{25} \qquad 4\text{-}66$$

حيث:

Q = الدفق المستخدم لوحدة المساحة (لتر/م^2.يوم)

t_{25} = الزمن المطلوب ليهبط سطح الماء 25 ملم (= 25 ÷ زمن الهبوط) (دقيقة)

جدول 4-22 مساحة حقل الامتصاص المطلوبة للمساكن الخاصة {17،32}

معدل التخلخل (ملم/دقيقة)	مساحة حقل الامتصاص المطلوبة للغرفة (م^2)
أكبر من 25 (1 بوصة)	6.5 (70 قدم^2)
من 13 إلى 25 (0.5 إلى 1 بوصة)	8 (85 قدم^2)
من 5 إلى 13 (0.2 إلى 0.5 بوصة)	11.6(125 قدم^2)
من 2 إلى 5 (0.07 إلى 0.2 بوصة)	17.7(190 قدم^2)
من 1 إلى 2 (0.03 إلى 0.07 بوصة)	23.2 (250 قدم^2)
أقل من 1 (0.03 بوصة)	أرض غير صالحة

من الشكاوى المتوقعة من أداء عمل حقول الامتصاص ما يلي {33،31،30،3،2-35}:

i. إعاقة أداء المضخات،

ii. إنتاج روائح كريهة،

iii. انسداد مدخل الحقل (ومخرج حوض التحليل اللاهوائي) ربما بسبب علو درجة تركيز المواد الصلبة أو لزيادة الأحمال أو لعدم التخلص من الحمأة،

iv. منع التخلخل إما بسبب تشييد الحقول في تربة قليلة النفاذية ومعيقة للتسرب، أو لارتفاع منسوب المياه الجوفية، أو لقصور الأحمال العضوية والهيدروليكية، أو لعدم النظافة الجيدة لحوض التحليل،

v. تلوث المياه الجوفية خاصة في التربة ذات التسرب العالي، وفي تلك التربة التي تضمحل فيها سعة الامتصاص للمواد الملوثة،

vi. انتشار الأمراض والأوبئة بالمنطقة،

vii. زيادة درجات تركيز المواد المطهرة والأيونات بالتربة.

من أهم الأنواع من حقول الامتصاص: خط الامتصاص، ومفرش الامتصاص، وحفرة الامتصاص.

خط الامتصاص: (أنظر شكل 4-17) عبارة عن أخدود أو خندق تحت سطح الأرض يملأ بالحصى وتوضع الخنادق مصفوفة الواحدة تلو الأخرى مع وجود فرجات بينها لينساب إليها السائل الخارج من

وحدة التحليل خلال أنبوب مخرم ومغلق ليجرى خلال طوله عبر غرفة توزيع من الخزان إلى الأنابيب المثقبة في الخندق أو الحقل {2،32}. عادة يتم وضع الأنبوب بسطح مستو ونهاية مغلقة ليتسنى انسياب السائل بسهولة عبر كل فتحات الأنبوب. ويحدث التسرب عن طريق الفتحات القليلة الأولى في الأنابيب الأفقية. غير أنه في كثير من الحالات ينثني الأنبوب مرتخياً ويحدث معظم التسرب في أدنى نقطة من الأنبوب، وعليه يتم انتشار السائل على طول باطن خط الامتصاص. وتتكون عبر الزمن طبقة حيوية في التربة اللينة تكثر فيها النشاطات الحيوية التي تعمل على تفسخ المواد العضوية القابلة للتفتيت، وتنقية السائل المتدفق خلالها، كما ويتخلص فيها من بعض الجراثيم والأحياء المجهرية الضارة، وتقوم بتوصيل السائل للتربة بدفق مناسب يحد من تشبع التربة المحيطة.

ويمكن تقدير طول حقل الامتصاص من المعادلة 4-67

$$L = \frac{P*Q}{2h*i} \qquad (4\text{-}67)$$

حيث:

L = طول حقل الامتصاص (م)

P = عدد المستخدمين (فرد)

Q = دفق الفضلات السائلة (لتر/فرد/يوم)

h = العمق الفعال لحقل الامتصاص (م)

i = معدل التسرب التصميمي (لتر/م^2/يوم) (عادة يساوى 10 لتر/م^2/يوم)

من أهم العوامل المؤثرة على كفاءة حقول الامتصاص:

- كمية السائل الخارج من حوض التحليل وتردده،
- خواص السائل ومكوناته،
- نوع التربة الماصة ومكوناتها،
- النباتات المزروعة،
- المناخ السائد بالمنطقة،
- كيفية الإنشاء والتشغيل والصيانة،
- عوامل الزمن،
- المناحي الاجتماعية والاقتصادية والبيئية والتقاليد.

مفرش الامتصاص: يمثل مفرش الامتصاص نوعاً آخراً من أساليب امتصاص السائل عبر التربة. ويتكون من خط امتصاص عريض توضع عبر طوله عدة أنابيب مثقوبة.

حفرة الامتصاص (بيارة التشرب): (أنظر شكل 4-18) تعمل الحفرة بوصفها خط امتصاص رأسي في الأرض، يتراوح قطرها بين 2 إلى 3.5 أمتار وعمقها بين 3 إلى 6 أمتار، ويؤخذ أقل قطر أو عرض

0.9 متراً ولا يقل العمق عن المتر أدنى قعر أنبوب الدخول. وتشيد الحفرة من أسطوانة خرسانية أو طابوق أو أي مواد محلية مماثلة، وتحيط بها طبقة من الحصى لحجز التربة المحيطة لا يقل مقاسها عن 75 ملم. وبعد مضى عدة سنوات تتحرك الطبقة الإنسدادية رأسياً إلى الأعلى على طول الجدران المحيطة بالحفرة، مما يجعل السائل متراكماً ويرتفع بارتفاع الحفرة، ويتم تسرب السائل عبر جدران الحفرة. كما ويساعد الضغط الهيدروستاتيكي في دفع السائل عبر الطبقة الإنسدادية من باطن الحفرة وجوانبها {2،36}.

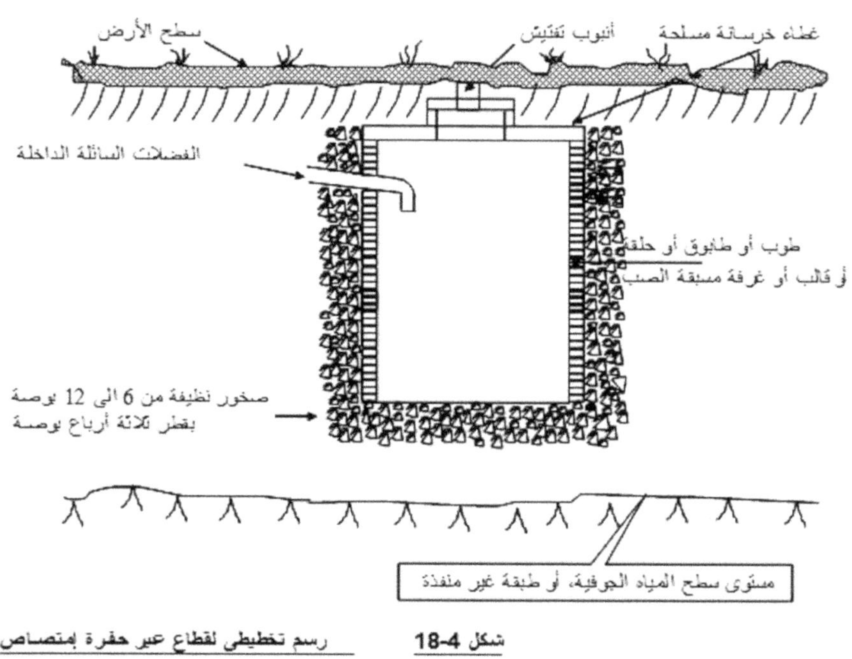

شكل 18-4 رسم تخطيطي لقطاع عبر حفرة إمتصاص

أما محاسن خط الامتصاص مقارنة بحفرة الامتصاص فتضم {2،36،3}

- إمكانية تركيب الخط عند تواجد مياه جوفية ضحلة نسبياً،
- وجود الخبرة المتعلقة بمتطلبات خطوط الامتصاص،
- سهولة التركيب والتشييد،
- سهولة وإمكانية إعادة تشييد الخط عند حدوث انسداد،
- تمثل طريقة مأمونة ولا تشكل مخاطر للمستخدم (مثلاً لا يقع أحدهم في الخط المهجور)،
- ازدياد درجات التفتت الهوائي للمواد العضوية،
- قلة تكلفة الإنشاء.

من أهم محاسن حفر الامتصاص مقارنة بخط الامتصاص ما يلي {36،3،2}

- احتياج الحفرة إلى مسافة أفقية قليلة مقارنة بخط الامتصاص،
- إمكانية وصول الحفرة إلى الطبقات المسامية العميقة داخل التربة،
- تتأثر الحفرة بدرجة أقل بالأمطار أو بري المنطقة المحيطة أو بالنباتات أو بحركة مرور المركبات فوقها،
- ازدياد عمر الحفرة بالتغيرات في مناسيب السائل بداخلها.

روابي البخر والنتح: (أنظر شكل 4-19) تستخدم روابي البخر والنتح في المناطق التي يكون مستوى الماء الجوفي بها قريباً من سطح الأرض، أو في المناطق التي لا تسمح مسامية التربة فيها باستخدام الأنماط الأخرى. ويجب وضع الرابية (أو حوض البخر) في مناطق لا تتعرض للفيضان، ويسهل تصريفها بالجاذبية الأرضية. ومن العوامل المؤثرة في هذه الطريقة: عوامل المناخ، وجيولوجية وطبغرافية المنطقة والغطاء النباتي.

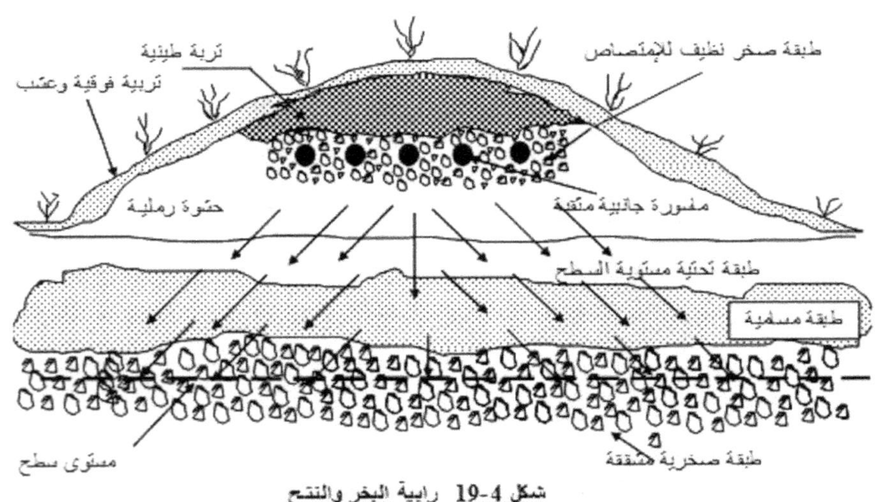

شكل 4-19 رابية البخر والنتح

8-4 التلوث بالنفط

من أهم مصادر الفضلات السائلة والملوثات عند استخراج النفط وتكريره التالي:

- التنظيف بالماء مما ينتج فضلات سائلة بها زيت وفينول وأملاح غير عضوية تضم كبريتيد،
- تبريد البخار المار عبر أبراج التقطير المساعدة لفصل الأجزاء، وتحمل الفضلات كبريتيد وأمونيا وفينول مع تراكيز قليلة من الهيدروكربونات والميركبتان والثيوفينول،
- تنظيف نواتج النفط بالصودا الكاوية لتنتج فضلات قاعدية تحوي كبريتيد،
- فضلات حمضية ناتجة عن عمليات التكرير.

أثناء التنقيب عن النفط وإنتاجه ونقله يمكن أن يحدث تلوث من نوع أو آخر عند حدوث انفجار blow out أو كوارث أو إصابات قد ينجم عنها:

- تلوث البيئة البحرية وشواطئها،
- هلاك الطيور،
- تأثير على الثروة السمكية والأحياء المائية،
- توالد روائح لمواخر البحار،
- فساد شباك الصيد وتلفها،
- نفث الهيدروكربونات وأكاسيد الكبريت SO_X من محطات التكرير مما قد يسبب حمضية للموارد المائية ،ومشاكل للجهاز التنفسي للإنسان،
- نفث كبريتيد الهيدروجين الشديد السمية والكريه الرائحة،
- نفث ثاني أكسيد الكربون الذي يؤدي إلى تفاقم ظاهرة الاحتباس الحراري،
- نفث أكاسيد النيتروجين NO_X والتي قد تسبب الضباب الكيميائي الضوئي، والحمضية، وبعض مشاكل الرائحة،
- تدهور البيئة المحلية المحيطة بمناطق إنتاج النفط من جراء المواد الكيميائية المستخدمة والطين ومحلول الملح،
- تلوث من جراء حوادث ناقلات النفط من البواخر والسيارات والناقلات والأنابيب مما قد يسبب تدهور الأرض الزراعية وتدني الإنتاج،
- مشاكل صحية من جراء نفث الهيدروكربونات وأكاسيد الكبريت والنتروجين والكربون، والهيدروكربونات الأروماتية متعددة النوى مثل بنزبايرين benzopyrenes المسرطنة.

يمكن فصل الزيت بعدة طرق منها {38}

- فصل بالراحة Gravity separation

⇐ في أحواض دفق أفقي بها عوارض وكاشطات سطحية لإزالة حبيبات قطرها أكبر من 150 μ.

⇐ عبر ألواح متوازية مستعرضة في أحواض دفق أفقي بعدة عوارض مائلة طولياً لإزالة حبيبات قطرها أكبر من 60 ميكرون، ونسبة من تلك الحبيبات التي يبلغ قطرها حوالي 30 μ، وربما تم إضافة مواد كيميائية، مثل حمض الكبريتيك والشب وكلوريد الكالسيوم، لبعض مستحلبات الزيت قبل عملية فصلها.

- الطفو وربما أفاد إضافة بوليميرات أو غيرها من المروبات لمساعدة هذه الطريقة.
- الترويب بالتمرير خلال عمود من مواد حبيبية.
- الترشيح عبر طبقة من الفحم في قش أو الصوف أو عبر مواد مازة للزيت.

9-4 وحدات المعالجة المتقدمة

1-9-4 إزالة الفوسفات

لا يعد الفسفور مادة ملوثة للموارد المائية، وهو غير سام للحيوان والنبات، ولا يؤدي إلى تغير غير مرغوب في صفات الماء. والفوسفور المائي لا طعم له ولا لون، ويحتاج إليه لنمو جميع الأحياء العضوية .

تأتي المشاكل من جراء زيادة كميات الفوسفات في موارد مائية معينة مثل البحيرات قليلة النمو oligotrophic وتلك متوسطة التخمة mesotrophic إذ يسارع من نمو الطحالب والنباتات المائية لدرجة غير مرغوبة، مما يفاقم من مشاكل تخمة البحيرات والموارد المائية.

يأتي الفسفور في الماء من جراء:

- صرف الفضلات في الموارد المائية: إذ أن معظم الفوسفات من فضلات الإنسان وفضلات الطعام، ويأتي الفسفور في الفضلات السائلة المنزلية من البراز وفضلات الطعام والمنظفات. وتتأثر درجة تركيزه بالحمية الغذائية وطبيعة المعيشة وأنماط استخدام الماء في المنطقة،
- دفق السيل الأرضي،
- إضافات من مصادر مختلفة non point في الصرف السطحي،
- الصرف الزراعي،
- الاستخدام المكثف لمحسنات التربة والمخصبات الصناعية والأسمدة وظروف المحافظة على التربة،
- التربة على حسب طبغرافية المنطقة،
- استخدام المنظفات الحاوية على الفسفور.

تدخل الفضلات السائلة كفوسفات عضوية بشكل أو آخر ومنها الفوسفات البسيطة والمركبة ومتعددة الفوسفات. من أكثر أنواع الفسفور وجوداً النوع العضوي منه والأورثوفوسفات $H_2PO_4^-$, HPO_4^{--}, and PO_4^{---} ومتعدد الفوسفات مثل سداسي متافوسفات الصوديوم $Na_3(PO_3)_6$ وثلاثي متعدد

فوسفات الصوديوم $Na_5P_3O_{10}$ ورباعي بايروفسفات الصوديوم $Na_4P_2O_7$، وعادة تحدث حلمأة متدرجة لمتعدد الفوسفات في محلول مائي إلى صورة الأورثو. تحوي الفضلات السائلة المنزلية حوالي عشرة ملجم/لتر فسفور كلي إلى 70 بالمائة منها في صورة ذائبة. وتخضع الفوسفات العضوية وغير العضوية لمعادلات مختلفة من الحلمأة اعتماداً على الترابط والتكوين ودفق الفضلات السائلة. وعادة يتم جزء مقدر من الحلمأة للفوسفات البسيطة بعد المعالجة الابتدائية والثانوية. للفوسفات عامة والفوسفات المتعددة خاصة قابلية كبيرة لتكوين مركبات مع أيونات المعادن متعددة التكافؤ؛ وهذا مما يساعد الفوسفات المتعددة على جعل الماء يسراً دون استخدام أي عمليات ترسيب، وهو السبب المباشر لاستخدامها في تكوين المنظفات. ومن أهم التفاعلات التي يدخل فيها الفسفور في عمليات التمثيل الضوئي:

$$Photosynthesis = Carbon\ Dioxide + Water \xrightarrow[Sunlight]{Chlorophyll} Oxygen + Carbohydrates$$

$$PO_4 + NH_3 + CO_2 \xrightarrow[\text{}]{\substack{Phosphate\ energy \\ photosynthesis}} green\ plants$$

تفتيت ثابت وحلمأة للفوسفات المعقدة إلى أورثو فوسفات

$$organic\ P \xrightarrow{\text{حلمأة}} PO_4$$

$$Polyphosphates \longrightarrow PO_4$$

ترسيب الأورثو فوسفات بالترويب الكيميائي

فوسفات PO_4 + أيونات معدنية متعددة التكافؤ ←ترويب← مترسبات غير ذائبة.

وتضم أساليب إزالة الفوسفات من الفضلات السائلة الطرق التالية:

<u>أولاً: طرق كيميائية</u>

تستخدم الطرق الكيميائية لترسيب وإزالة الفوسفات إما بعد المعالجة الثانوية والترسيب، أو بعد الترسيب الابتدائي وقبل المعالجة الحيوية أو أثنائها أو بعدها، أو مع الفضلات السائلة الخام قبل الترسيب الابتدائي (مثلاً مع إزالة الرمل). يتم استخدام المروبات في قطار المعالجة الحيوي لترسيب الفوسفات بإضافة كميات كبيرة من مروبات الحلمأة مثل أملاح الألمونيوم Al^{+++}، والحديدوز Fe^{++}، والحديديك Fe^{+++}، والكالسيوم (الجير) Ca^{++} . ويستخدم الترويب والترسيب وربما الترشيح لإزالة الفوسفات. كما يمكن استخدام الترسيب بعد المعالجة الحيوية الثانوية (مثلاً بإضافة مادة لحوض الحمأة النشطة) أو قبلها (مثلاً إضافة المادة الكيميائية قبل جهاز إزالة الرمل أو للفضلات الخام الداخلة). ويتم الترويب بأملاح الألمونيوم والحديد في رقم هيدروجيني متعادل، غير أن عيوب هذه الطريقة تحوي زيادة تركيز الكبريتات في السائل النهائي المعالج، وكبر حجم الأوساخ والحمأة الناتجة. وتتم إضافة الجير عند رقم

هيدروجيني 10.5 إلى 11 لترسيب الفوسفات كمركب carbonato-apatite على سطح كربونات الكالسيوم المترسبة.

ومن أهم محددات الترسيب الكيميائي:

1. حدود الذوبانية.
2. التأثير المباشر على الفوسفات غير العضوية والبسيطة الذائبة في المحلول.
3. تقل كفاءة إزالة الفوسفات عند إضافة مادة الترسيب قبل إتمام حلمأة الفوسفات العضوية ومتعددة الفوسفات.

من أمثلة أملاح الألمونيوم المستخدمة لإزالة الفسفور:

1. ألمونيوم الترشيح filter aluminum $Al_2(SO_4)_3.16H_2O$ والذي يحول حوالي 9% من الألمونيوم Al. ويمكن تمثيل التفاعل الكيميائي النظري بين الألمونيوم والفسفور حسب المعادلات التالية والتي تؤدي إلى تقليل القلوية والرقم الهيدروجيني

$$Al_2\left(SO_4\right)_3.14.3H_2O + 2PO_4^{---} \rightarrow 2AlPO_4 \downarrow + 3SO_4^{--} + 14.3H_2O$$

$$Al_2(SO_4)_3 + 2H_2PO_4^- + 4HCO_3^- \rightarrow 2AlPO_4 \downarrow + 3SO_4^= + 4H_2CO_3$$

أو

$$Al^{+++} + H_2PO_4^- + 2HCO_3^- \rightarrow AlPO_4 \downarrow + 2H_2CO_3$$

ويلاحظ أن ألمونيوم الترشيح يتفاعل ليقلل القلوية والرقم الهيدروجيني ويضيف أيون كبريتات للملوحة.

2. ألمونات الصوديوم NaAlO2 والتي تحوي تجارياً حوالي Al 22%. ويمكن تمثيل التفاعلات الحادثة على النحو التالي:

$$NaAlO_2 + H_2PO_4^- + 2HCO_3^- \rightarrow AlPO_4 \downarrow + Na^+ + 2CO_3^= + 2H_2O$$

أو

$$AlO_2^- + H_2PO_4^- + 2HCO_3^- \rightarrow AlPO_4 \downarrow + 2CO_3^= + 2H_2O$$

ويزيد هذا التفاعل من القلوية والرقم الهيدروجيني وأيونات الصوديوم للملوحة.

أما أمثلة أملاح الحديد فتضم:

(أ) الكوبراس $FeSO_4.7H_2O$ وتبلغ كمية الحديد به حوالي 20%، ويمكن تمثيل التفاعل الحادث على النحو التالي:

$$4FeSO_4 + O_2 + 4H_2PO_4^- + 4HCO_3^- \rightarrow 4FePO_4 \downarrow + 4SO_4^= + 2H_2O + 4H_2CO_3$$

(ب) متلبد الحديد $Fe_2(SO_4)_3.2H_2O$ والذي يحوي حوالي 25.6% حديد:

$$Fe_2(SO_4)_3 + 2H_2PO_4^- + 4HCO_3^- \rightarrow 2FePO_4 \downarrow + 3SO_4^= + 4H_2CO_3$$

(ج) كلوريد الحديديك $FeCl_3.6H_2O$ والذي يحوي حوالي 20.6% حديد، تفاعل كلوريد الحديديك النظري في مفاعل هوائي يمكن تمثيله على النحو التالي:

$$FeCl_3 + H_2PO_4^- + 2HCO_3^- \rightarrow FePO_4 \downarrow + 3Cl^- + 2H_2CO_3$$

أما التفاعلات الحقيقية في الفضلات السائلة فهي أكثر تعقيداً من التفاعلات المذكورة نسبة للتفاعلات الثانوية مع المواد الصلبة الغروية والقلوية. وفي الحياة العملية لا تحدث التفاعلات الوارد ذكرها بالصورة الكيميائية النسبية إذ يتكون كثير من هيدروكسيد الألمنيوم $Al(OH)_3$ وهيدروكسيد الحديد $Fe(OH)_3$ بالإضافة للفوسفات. و تعمل بعض من هذه المترسبات مروباً للأحياء المجهرية والمواد العضوية الموجودة في الفضلات السائلة.

يتحد الجير مع القلوية حسب التفاعل التالي

$$Ca(HCO_3)_2 + Ca(OH)_2 \rightarrow 2CaCO_3 \downarrow + 2H_2O$$

يتفاعل الجير مع الأورثو فوسفات في المحلول القلوي لتكوين هيدروكسي ابتايت الكالسيوم الجلاتيني calcium hydroxyapatite .

$$5Ca^{++} + 4OH^{-} + 3HPO_4^{--} \rightarrow Ca_5(OH)(PO_4)_3 \downarrow + 3H_2O$$

أما إضافة الجير فتتم قبل الترسيب الابتدائي لتعمل على ترسيب الفسفور وشوارد العسر والمواد العضوية. وتعتمد كمية الجير المضافة على المقدار المطلوب لموازنة المواد الحمضية في الفضلات السائلة بما فيها ثاني أكسيد الكربون CO_2 والأمونيا NH_4^+ والبيكربونات HCO_3^-، بالإضافة إلى رفع الرقم الهيدروجيني لترسيب كربونات الكالسيوم التي تعمل كسطح تنوية nucleating surface لترسيب الهيدروكسي ابتايت $Ca_5(PO_4)_3$-OH hydroxyapatite. ومن التفاعلات الحادثة:

$$Ca(OH)_2 + CO_2 \rightarrow CaCO_3 + H_2O$$

$$Ca(OH)_2 + 2NH_4^{+} \rightarrow Ca^{++} + 2NH_3 + 2H_2O$$

$$Ca(OH)_2 + 2HCO_3^{-} \rightarrow CaCO_3 + CO_3^{--} + 2H_2O$$

$$Ca(OH)_2 + 2H_2PO_4^{-} \rightarrow 2HPO_4^{--} + Ca^{++} + 2H_2O$$

وينبغي الإشارة إلى أن معالجة الفضلات السائلة المنزلية قد تحتاج من 100 إلى 200 ملجم/لتر هيدروكسيد كالسيوم لإتمام إزالة 80% من الفوسفات اعتماداً على تركيز الفوسفات والعسر الموجود. وقد تؤدي زيادة إضافة الجير إلى الترسبات في الأحواض والأنابيب والأجهزة، بالإضافة إلى زيادة كمية الحمأة الناتجة.

ثانياً: طرق حيوية

تعتمد الطرق الحيوية لإزالة الفوسفات من المحلول على التمثيل الضوئي بواسطة الطحالب والتلبد الحيوي بالميكروبات في وحدات المعالجة الثانوية مثل برك الموازنة والحمأة النشطة. وتخضع هذه الطرق لاحتياج نمو الخلايا المجهرية والطحالب وغيرها من النباتات لفسفور في حدود 1 إلى 3 بالمائة من مكونات الخلية اعتماداً على نوع الأحياء المجهرية وظروف النمو والتكاثر. وفي إطار وحدات معالجة الفضلات السائلة:

- تقوم وحدات المعالجة الابتدائية بإزالة 20 إلى 25 بالمائة من الفوسفات الكلية
- تقوم الأحياء المجهرية بتمثيل جزء من الفوسفات في خلاياها في وحدات المعالجة الثانوية (مثل الحمأة النشطة)
- تعمل وحدات الهضم على إطلاق الفوسفات الموجودة في الحمأة مع السائل الفوقي في الهاضم؛ والذي يجد طريقه لوحدات المعالجة الابتدائية أو الثانوية في محطاتها، مما قد يأتي معه بنسب فوسفات تمت إزالتها ابتداءً. وعليه قد يحوي السائل الخارج نفس تركيز السائل الداخل للجهاز. ومن الخيارات الممكنة لمعالجة هذا الوضع: المعالجة الكيميائية لسائل الهاضم لإزالة الفوسفات قبل إعادته لمحطة المعالجة، أو يمكن استخدام السائل الفوقي من الهاضم سماداً سائلاً في مناطق الغابات واستصلاح الأراضي لنباتات لا تؤكل، أو يمكن التفكر في عدم استخدام هاضم في المحطة إذا أمكن ترميد الحمأة أو استخدامها مع مواد التسميد لإنتاج سماد ثري بالفوسفات.

ثالثاً: الامتزاز Adsorption

يمكن تمرير السائل النهائي من وحدات المعالجة الثانوية لإزالة الفوسفات عبر أعمدة بها حبيبات متدرجة من أكسيد الألومونيوم (ألومينا) Al_2O_3 في طريقة مماثلة للكربون النشط. ويمكن التجديد لإعادة الاستخدام بواسطة هيدروكسيد الصوديوم NaOH والذي يتم تجديده بالمعالجة بهيدروكسيد الكالسيوم $Ca(OH)_2$ والجير المطفأ، ليقوم بترسيب الفوسفات الممتزة والكربونات في شكل هيدروكسي ابتايت وكربونات كالسيوم، غير أن هذه الطريقة لا تنافس الترسيب في المعالجة الأولية أو الثانوية، كما ويحتاج إلى سائل معالج جيد لتلافي مشاكل اتساخ عمود الألمونيا أو إفساده.

رابعاً: تبادل الأيونات

يمكن استخدام طريقة تبادل الأيونات لإزالة الفوسفات والنترات من السائل النهائي للفضلات السائلة باستخدام مبادلات راتنجية انيونية في شكل Cl^- أو HCO_3^-. ونسبة للتكلفة العالية ومشاكل الاتساخ للراتينج بالمواد العضوية لم تجد هذه الطريقة رواجاً كبيراً.

خامساً: الأسموزية (التناضح) العكسية

يمكن استخدام التناضح العكسي لإزالة الفوسفات أسوة بتحلية الماء.

2-9-4 إزالة النتروجين

يحتاج إلى إزالة النتروجين للتالي:

- نمو وتكاثر الأحياء النباتية والحيوانية لاسيما ويمثل النتروجين 10 إلى 15 بالمائة من كل البروتين،
- مكون مهم للحمض النووي والهيمي والكلوروفيل،
- زيادة الغذاء للبيئة البحرية والساحلية.

معظم النتروجين في المياه السطحية ينتج من التالي:

- تصريف المنطقة وتصريف الفضلات السائلة،
- عمليات تخفيف السائل النهائي من محطات الفضلات السائلة،
- دفق وحدات إنتاج الغذاء المنزلي.

أما مصادر النتروجين في الفضلات السائلة المنزلية فتضم:

- البول والذي قد يحوي 8 إلى 10 جرام من النتروجين المتحد في اليوم للفرد، والذي غالبه يوريا $CO(NH_2)_2$ وبعض المركبات مثل: كرياتنين creatinine وحمض اليوريا وحمض الهيبيوريك hippuric acid والأمونيا، غير أن اليوريا عادة تتحلل بالماء (حلمأة) بسرعة إلى أيونات الأمونيوم والبيكربونات
- البراز والذي قد يحوي 1 إلى 1.5 جرام في اليوم للفرد والذي عادة يوجد في شكل بروتين
- فضلات الطعام
- المواد المنظفة والتي تضيف كميات كبيرة من الأمونيا الحرة.

من أهم أسباب إزالة النتروجين:

1. تقليل نمو النباتات المائية في مصبات الأنهر والخلجان التي لا يوجد بها انتشار مخفف.
2. أسباب صحية عند إعادة استخدام الماء للإمدادات المنزلية خاصة للأطفال، أو عند استخدام موارد الماء المستقبلة لسائل نهائي معالج يحوي عادة تركيز أعلى من النتروجين، أو عند اتحاد السائل النهائي مع المياه الجوفية المستخدمة لإمدادات الماء.
3. أسباب صحية لاتحاد الأمونيا مع الكلور وتكوين الكلورامين مما يقلل من كفاءة التطهير.

تتأثر إزالة النتروجين بعدة عوامل منها:

- أشكال وجود النتروجين (عضوي، غير عضوي، وغاز نتروجين)،
- تركيز وجود النتروجين في الفضلات السائلة،
- تخليق في الوحدات الهوائية،
- النَتْرَتَة – إزالة النتروجين nitrification-dentrification،
- طرق معالجة الحمأة.

تضم وحدات إزالة الأمونيا وحدات كيميائية وطبعية وحيوية. ومن الطرق المستخدمة لإزالة النتروجين المتحد NH_4^+ و NO_3^- التالي:

أ) وحدات كيميائية وطبعية لإزالة الأمونيا: حيث تتم في أبراج الإزالة باستخدام تلامس الماء والهواء. وتعمل التهوية على تحويل النتروجين المتحد إلى أمونيا طيارة بزيادة الرقم الهيدروجيني ثم استخدام التلامس بين الهواء والماء؛ ورغم أن الأمونيا شديد الذوبان في الماء غير أن التلامس مع حجم كبير من الهواء يسهل نقل معظم الأمونيا إلى حيز الهواء. ويتم رفع الرقم الهيدروجيني إلى ما يربو على 11 بإضافة الجير لأي درجة حرارة هواء أعلى من صفر درجة مئوية. وعادة تخضع الفضلات السائلة لأكسدة حيوية قبل إضافة الجير لكي يتحلل معظم النتروجين المتحد إلى أمونيا دون حدوث نترتة. إن إزالة الأمونيا – N بواسطة التهوية تربو كفاءته على 90 بالمائة في الطقس الدافئ وتتدنى الكفاءة لدرجة الحرارة القليلة. كما وهنالك مشاكل تكوين مترسبات كربونات الكالسيوم في أبراج التهوية وأسطح التلامس مع السائل مما يتطلب النظافة الدورية بالكشط أو المعالجة بالحمض. ولابد من معالجة خليط الماء والجير لتحويل أيونات الهيدروكسيل إلى بيكربونات للتحكم في الترسبات في وحدات المعالجة التالية بإضافة ثاني أكسيد الكربون.

ب) تبادل الأيونات: عادة توجد أيونات الأمونيوم بدرجات تركيز قليلة مقارنة مع الشوارد الموجبة (الكاتيونات) الأخرى في الفضلات السائلة مما يصعب معه إزالتها بطريقة تبادل الأيونات. يمكن استخدام طرق تبادل الأيونات لإزالة أمونيا النتروجين لتبادل أيون NH_4^+ مع وسط مبادل له قابلية للأيون. ومن الزيوليت (الراتنج) الطبيعي الذي له مقدرة اختيار لأيونات الأمونيوم clinoptilolite كلينوبتيلولايت الحبيبي عبر عمود حاوي له ليميز أيونات الأمونيوم بالتفضيل على الكالسيوم والمغنيسيوم والصوديوم عدا البوتاسيوم. ومن العوامل المؤثرة في عملية تبادل الأيونات مع الكلينوبتيلولايت: كمية أيونات الأمونيوم الخام، وتركيز أي كاتيونات منافسة، والحمل الهيدروليكي للمفرش، والرقم الهيدروجيني، وطريقة التجديد. ويندر استخدام هذه الطريقة لصعوبة التعامل مع الزيوليت الذي تم تجديده. ويمكن إتمام التجديد باستخدام كلوريد الصوديوم وهيدروكسيد الكالسيوم المشبع مما يسمح بانطلاق الأمونيوم NH_4^+ من الراتنج بتحويله إلى أمونيا NH_3 نتيجة لقاعدية الجير.

ج) نقطة انفصال الكلورة Breakpoint Chlorination: يمكن إتمام أكسدة الأمونيوم–نتروجين بإضافة الكلور بغية إنتاج غاز النتروجين وأكسيد النتروجين N_2O ونترات–نتريت النتروجين. وتبين المعادلة التالية استخدام الكلورة لأكسدة الأمونيا

$$2NH_4^+ + 3Cl_2 \rightarrow N_2 + 8H^+ + 6Cl^-$$

$$2NH_3 + 3HOCl \rightarrow N_2 + 3H^+ + 3Cl^- + 3H_2O$$

وينبغي إضافة قاعدة مناسبة لتعادل الحمض المتكون، وفي هذا الصدد يمكن استخدام الجير $Ca(OH)_2$ أو رماد الصودا. ونسبة للوصول إلى نقطة انفصال الكلورة بسرعة لدرجات تركيز أمونيا– النتروجين والكلور المائي فلا يستدعي الحال أحواض حفظ كبيرة.

أما محدات العملية فتظهر عند وجود كميات كبيرة من الأمونيا للأكسدة، وأنها تزيد الملوحة والعسر

د) إزالة النتروجين في وحدات معالجة الفضلات السائلة:

- بعض من النتروجين المتحد (عادة بروتين – N) تتم إزالته في أحواض الترسيب الابتدائي. كما يتم تحويل اليوريا إلى أمونيا فيه ويحدث حلمأة للبروتين والأحماض الأمينية
- يعمل الهضم على إعادة ذوبانية الأمونيوم NH_4^+ مما يعني إعادة النتروجين المتحد لوحدات المعالجة إذا تم إعادة دوران السائل الفوقي من الهاضم
- أشكال النتروجين المتحد من أمونيوم NH_4^+ ونترات NO_3^- لا تكون مركبات غير ذائبة تساعد على إزالتها بالترسيب أو الترشيح.

وتضم الطرق المستخدمة لإزالة النتروجين المتحد NO_3^- أو NO_2^- الاختزال إلى غاز النتروجين definitrification بواسطة الأحياء المجهرية اللاهوائية والتي تقوم باستخدام الأكسجين المتحد مع النترات أو النتريت للتمثيل الغذائي نسبة لسهولة الحصول على الأكسجين من النترات والنتريت أكثر من الكبريتات والبيكربونات عند غياب الأكسجين المذاب. ومن أمثلة الأحياء المجهرية التي يمكنها إتمام تفاعلات إزالة النتروجين الأشريكية القولونية *E. coli* والزائفة *Pseudomonas* و *S. marcescens*.

يؤدي التفتيت البكتيري إلى إطلاق الأمونيا من المركبات العضوية النتروجينية

$$\text{نتروجين عضوي} \xrightarrow{\text{تفتيت بالبكتريا}} NH_3$$

وتؤدي الأكسدة الهوائية المستمرة للأمونيا إلى النترتة وتكوين النترات بواسطة البكتريا الذاتية التغذية

$$NH_3 + O_2 \xrightarrow{\text{nitrifying}} NO_3^-$$

ويتكون النتريت كناتج وسيط، وتنتج طاقة للتمثيل الغذائي مثلاً تخليق ثاني أكسيد الكربون لخلايا جديدة. ويتحكم إنتاج النتريت في التفاعل الكلي مما لا يسمح بتراكمه لتركيز عالٍ، و يعتمد هذا النوع من التفاعل على الزمن ولا يعتمد على تركيز الأمونيا والنتروجين zero-order kinetics

$$NH_4^+ + 1.5O_2 \xrightarrow{Nitrosomonos} NO_2^- + 2H^+ + H_2O + energy$$

$$NO_2^- + 0.5O_2 \xrightarrow{Nitrobacter} NO_3^- + energy$$

ويتأثر التفاعل بدرجة الحرارة والرقم الهيدروجيني وتركيز الأكسجين المذاب.

يحوي إزالة النتروجين denitrification تمثيل حيا-كيميائي بواسطة التمثيل الغذائي للأحياء المجهرية غيرية الاغتذاء في بيئة لاهوائية

بكتريا

$$NO_3^-(Nitrate) \rightarrow NO_2^-(Nitrite) \rightarrow$$
$$NO(Nitric\ Oxide) + N_2O(Nitrous\ Oxide) \rightarrow N_2(Nitrogen\ gas)\uparrow$$

يعمل النيتروجين غير العضوي الذائب NH_3, NO_2^-, NO_3^- غذاءً للنبات في عمليات التمثيل الضوئي

نتروجين لا عضوي + CO_2 ←تمثيل— نباتات خضراء

وتتم إزالة الأمونيا بالهواء من المحلول على رقم هيدروجيني عالٍ

$$NH_4OH \xrightarrow{\text{تهوئة}} NH_3\uparrow$$

إزالة الامونيا

لا تعمل النترتة على إزالة الأمونيا غير أنها تحولها إلى نترات مما يعمل على تقليل مشاكل السمية للأسماك، وتقليل احتياج النتروجين للأكسجين في السائل النهائي.

يتم اختزال النتريت والنترات إلى غاز النتروجين بعدة أنواع من الأحياء المجهرية الاختيارية غيرية الاغتذاء في بيئة لاهوائية. ويحتاج إلى مصدر كربون (مثل حمض الخل والأسيتون والايثانول والميثانول والسكر) ليعمل مانحاً للهيدروجين (أو مستقبلاً للأكسجين) ويمد النمو الحيوي بمطلوبات الكربون.

يتأثر اتزان أيون الألمونيوم وغاز الأمونيا الذائب في الماء بدرجة الحرارة والرقم الهيدروجيني، إذ تظهر كل الأمونيا في شكل غاز على رقم هيدروجيني 11، ويتواجد أيون NH_4^+ في المحاليل المتعادلة على درجات الحرارة السائدة.

يمثل جدول 4-23 مقارنة بين بعض وحدات معالجة الفضلات السائلة التي تم عرضها في هذا الفصل.

جدول 4-23 مقارنة بين بعض وحدات معالجة الفضلات السائلة

النظام	النواحي الصحية	تكاليف الإنشاء	تكاليف الصيانة	مصدر الماء	سهولة الإنشاء والتشييد
الجردل	سيئة	منخفضة	عالية	بعيد	سهلة
مرحاض الحفرة	متوسطة	منخفضة	منخفضة	بعيد	سهلة عدا في الأرض الطينية الرطبة، أو في التربة الصخرية
مرحاض المهواة المحسن	متوسطة	متوسطة	منخفضة	قريب	سهلة عدا في الأرض الطينية الرطبة، أو في التربة الصخرية
مرحاض مائي	جيدة	عالية	منخفضة	قريب	تحتاج لبناء ماهر
حوض تحليل لاهوائي	ممتازة	عالية جداً	منخفضة	متصل بأنابيب	تحتاج لبناء ماهر
شبكة الصرف الصحي	ممتازة	عالية جداً	عالية	متصل بأنابيب	تحتاج لمهندس وعمال مهرة

4-10 تمارين عامة

4-10-1 تمارين نظرية

1. ماذا تعني الفضلات الصناعية لغةً وعرفاً؟
2. أذكر المصادر الرئيسة للفضلات السائلة.
3. ما أهم المخاطر المتعلقة بالفضلات السائلة؟
4. عرف التالي: التخمة، والخبث، والماء النجس، والجلالة.
5. بين أهم أهداف معالجة الفضلات السائلة المنزلية والصناعية والزراعية.
6. ما رأى الدين في أطر التخلص من الفضلات السائلة؟
7. ما الفرق بين العمليات الموحدة والمعالجات الموحدة؟ أذكر مثالاً لكل وحدة.
8. ما أهم العوامل المؤثرة في اختيار وحدات معالجة الفضلات السائلة؟
9. عرف كلاً مما يلي: مصفاة، وحمأة نشطة، والقناة المعنقة.
10. عدد أوجه الفرق بين المعالجة الابتدائية والأساسية.
11. ما فوائد المصفاة في قطار معالجة الفضلات السائلة المنزلية بالحضر؟
12. كيف يتم التحكم في السرعة خلال جهاز إزالة الرمل؟

13. ما العوامل المؤثرة في جهاز إزالة الرمل والمترسبات غير العضوية؟
14. لماذا ينبغي تقدير حجم أصغر حبيبة لإخراجها بوساطة جهاز إزالة الرمل؟
15. ما الفرق بين جهاز إزالة الرمل والحجرة المهواة؟
16. اذكر أهم أهداف المعالجة الأساسية للفضلات السائلة.
17. ما الفرق بين الترسيب المتفرد والمعاق؟ مع ذكر الأمثلة العملية لكل منهما.
18. كيف يختلف الترسيب في محطة معالجة الفضلات السائلة عنه في محطة تنقية الماء؟
19. ما الفرق بين الترسيب الابتدائي والثانوي؟
20. بين الفرق بين النمو العالق والمرتبط في وحدات المعالجة الثانوية؛ مع ذكر الأمثلة.
21. تحدث بإيجاز عن الحمأة النشطة.
22. كيف يمكن زيادة التهوية للحمأة النشطة؟
23. اذكر أهم الأحياء المجهرية في مفاعل الحمأة النشطة.
24. أذكر أهم العوامل المؤثرة على طريقة الحمأة النشطة.
25. ما الفرق بين الحمأة النشطة المخروطية والمدرجة؟
26. ما معنى حمأة مخفوقة؟ وكيف يمكن تقليلها؟
27. تحدث بإيجاز عن كل مما يلي:
    - توازن التلامس
    - التهوية تامة الخلط
    - عمر الحمأة.
28. ما العوامل المؤثرة على نسبة الغذاء للأحياء المجهرية؟
29. هل يفضل استخدام وحدة الحمأة النشطة في منطقة ريفية؟ ولماذا؟
30. ما فوائد أخدود الأكسدة؟
31. أي من الوحدات التالية تفضل استخدامها في محطات معالجة الفضلات السائلة لدولة نامية: الحمأة النشطة، أم أخدود الأكسدة أم برك الموازنة؟ ولماذا؟
32. ما معني الانسلاخ في مرشح النضيض؟
33. كيف يعمل مرشح النضيض؟
34. ما صفات الترشيح الجيد في مرشح النضيض؟
35. ما الفرق بين مرشح النضيض ذي المعدل المنخفض ومرشح النضيض ذي المعدل العالي؟ وأي منهما تفضل لمحطة معالجة في مدينة بولايتك؟
36. ما أهم الافتراضات المتخذة في صيغة مجلس الأبحاث القومي الأمريكي لتقدير كفاءة مرشح النضيض؟ وما رأيك فيها؟
37. لماذا توجد عدة صيغ ومعادلات لتقدير كفاءة مرشح النضيض؟

38. عرف كلاً مما يلي: التحميل العضوي، والتحميل الهيدروليكي، وإعادة دوران الدفق لمرشح النضيض.
39. ما أوجه المقارنة بين مرشح النضيض والحمأة النشطة؟
40. متى تستخدم صيغ فيلز، ورانكن، ورمبف، واكنفلدر، وجالا وجوتاس؟
41. كيف يمكن التغلب على ركود الدفق وذباب المرشح والروائح في مرشح النضيض؟
42. ما مزايا الأقراص الحيوية الدوارة؟
43. ما أهم الفروق بين بركة موازنة الأوساخ الهوائية واللاهوائية؟
44. عرف الآتي: العلاقة التكافلية بين البكتريا والطحالب، وبركة النضوج، وتوصيل برك الموازنة.

2-10-4 تمارين عملية

حجرة إزالة الرمل

1) صمم حجرة إزالة رمال مهواة لمحطة معالجة لها متوسط دفق فضلات سائلة في حدود 30 م^3 في الدقيقة.
2) يتكون جهاز إزالة رواسب غير عضوية من حوضين ارتفاع كل منهما 0.5 متراً تستقبل معدل دفق فضلات سائلة يعادل 0.3 متراً مكعباً في الثانية.
   - جد طول وعرض حوض إزالة الرواسب غير العضوية.
   - جد العنق العمودي المطلوب للتحكم في سرعة الدفق.
3) وحدة إزالة المترسبات غير العضوية تتخلص من جسيمات قطرها 0.2 ملم وكثافتها النوعية 2.65
   - جد سرعة ترسيب الحبيبات في الحوض،

ما مقدار سرعة جرف الحبيبات علماً بأن $a = 0.02$، $b = 0.05$، $C_D = 10.$.

الحمأة النشطة

4) تتدفق فضلات سائلة مترسبة بمعدل 2.7 ميقا لتر في اليوم إلى وحدة حمأة نشطة بها حوض تهوية مربع طول ضلعه 15 متراً وارتفاعه 3 أمتار. تركيز المواد الصلبة العالقة في السائل المختلط 2200 ملجم/لتر والحاجة الحيا-كيميائية للأكسجين للحمأة المترسبة 200 ملجم/لتر. جد زمن المكث بالحوض، ومعدل التحميل الحجمي للمواد العضوية (كجم/م^3.يوم)، وما مقدار نسبة الغذاء للأحياء المجهرية؟ (بكالوريوس السلطان قابوس 1991)
5) جد زمن المكث بحوض حمأة نشطة حجمه 60 لتر/الفرد، وتركيز المواد الصلبة العالقة في السائل المختلط = 2100 ملجم/لتر، ودفق الحمأة الخارج 0.04 كجم/فرد/يوم.
6) أخذت عينة من مخرج حوض تهوية وتركت لتترسب لمدة نصف ساعة في أسطوانة مدرجة حجمها لتر. ووجد أن معامل حجم الحمأة 40 مللتر/جم. إذا كان حجم المترسبات بعد فترة الترسيب المشار إليها 0.072 لتر، جد تركيز المواد الصلبة العالقة في السائل المختلط MLSS، وأوجد معامل كثافة الحمأة (بكالوريوس السلطان قابوس 1991)

مرشح النضيض

7) يبلغ معدل دفق الفضلات السائلة لمحطة معالجة 1 متراً مكعباً في الدقيقة، ومتوسط الحاجة الحيا-كيميائية للأكسجين 125 ملجم/لتر. تحوى محطة المعالجة مرشح نضيض وحيد المرحلة ذي معدل مرتفع ارتفاعه 1.8 متراً، وتحميل الحاجة الحيا-كيميائية للأكسجين للمرشح تساوى 0.2 كجم/م^3/دقيقة. بافتراض أن كفاءة إزالة الحاجة الحيا-كيميائية للأكسجين 35 و60 بالمائة لجهاز الترسيب الابتدائي ومرشح النضيض على الترتيب جد:

- حجم وقطر مرشح النضيض باستخدام صيغة مجلس الأبحاث القومي،
- التحميل الهيدروليكي للمرشح،
- التحميل العضوي للمرشح.

8) باستخدام معادلة مجلس الأبحاث القومي جد جودة السائل النهائي من مرشح نضيض ثنائي المرحلة يعالج أوساخ مترسبة بمعدل 180 متراً مكعباً في الساعة لها حاجة حيا-كيميائية للأكسجين لمدة 5 أيام = 150 ملجم/لتر، سعة المرشح وظروف الدفق موضحة في الجدول التالي:

المنشط	المرحلة الأولى	المرحلة الثانية
الحجم (م^3)	800	800
العمق (م)	2	2
إعادة دوران الدفق (م^3/دقيقة)	3.75	3

(بكالوريوس الإمارات العربية المتحدة 1989).

9) جد الحاجة الحيا-كيميائية للأكسجين للسائل النهائي وكفاءة مرشح النضيض باستخدام معادلة مجلس الأبحاث القومي علماً بأن قطر المرشح 12 متراً وارتفاع وسطه الترشيحي 2.1 متراً لانسياب دفق فضلات سائلة 1500 متراً مكعباً في اليوم، والحاجة الحيا-كيميائية للأكسجين للسائل الداخل 130 ملجم/لتر عند استخدام إعادة دفق في حدود 750 متراً مكعباً في اليوم (بكالوريوس الإمارات العربية المتحدة 1991).

10) ما مقدار كفاءة إزالة الحاجة الحيا-كيميائية للأكسجين لمرشح وحيد المرحلة بوسط ترشيحي من صخور مفتتة يعمل على درجة حرارة 16 درجة مئوية، وقيمة r = 0.5 لتحميل حاجة حيا-كيميائية للأكسجين BOD 750 جرام/م^3.يوم (بكالوريوس الإمارات العربية المتحدة 1991).

11) قطر مرشح نضيض 26 متراً وارتفاعه متران يستقبل دفق فضلات سائلة بمعدل 6500 متراً مكعباً في اليوم تحوي 610 كيلوجرام حاجة حيا-كيميائية للأكسجين. (أ) جد الحاجة الحيا-كيميائية للأكسجين بالجرام على المتر المكعب على اليوم، والتحميل الهيدروليكي بالمتر المكعب على المتر المربع على اليوم. (ب) ما مقدار كفاءة مجلس الأبحاث القومي بافتراض

وجود نسبة إعادة دفق 0.5 والحاجة الحيا-كيميائية للأكسجين للسائل النهائي في حدود 30 ملجم/لتر؟ (بكالوريوس السلطان قابوس 1991).

12) استخدم في محطة معالجة فضلات سائلة مرشح نضيض ذي مرحلتين له المواصفات التالية: دفق الفضلات السائلة = 2.5 م3/دقيقة، الحاجة الحيا-كيميائية للأكسجين لمدة 5 أيام = 325 ملجم/لتر، إعادة الدوران للمرحلة الأولى = 200 بالمائة من الدفق، إعادة الدوران للمرحلة الثانية = 150 بالمائة من الدفق، حجم المرحلة الأولى = حجم المرحلة الثانية = 650 متراً مكعباً، ارتفاع المرشح = 1.6 متر. مستخدما معادلة مجلس الأبحاث القومي جد:

- التحميل الهيدروليكي للمرشح،
- التحميل العضوي للمرشح،
- كفاءة المرشح لتخفيف الحاجة الحيا-كيميائية للأكسجين،
- الحاجة الحيا-كيميائية للأكسجين للتصريف الخارج من المرشح،
- كفاءة المرشح لتخفيف الحاجة الحيا-كيميائية للأكسجين إذا كان المرشح يعمل على درجة حرارة 23ه م (بكالوريوس أم درمان الإسلامية 1998).

13) محطة معالجة تستقبل فضلات سائلة منزلية بها حوض ترسيب ابتدائي ومرشح نضيض. أشارت سجلات المحطة إلى البيانات التالية: عدد الأفراد الذين تخدمهم المحطة 6420 فرداً، وكفاءة حوض الترسيب الابتدائي 30 %، ومعدل الدفق للفضلات السائلة 14 لتراً/الفرد في الساعة في المتوسط، وقيمة الحاجة الحيا-كيميائية للأكسجين في 5 أيام = 120 ملجم/لتر، وكفاءة مرشح النضيض = 65 %، ونسبة إعادة الدوران = 3 إلى 1، وارتفاع المرشح 1.4 متراً. جد قطر مرشح النضيض مستخدماً معادلة مجلس الأبحاث القومي، وأوجد كفاءة المحطة الكلية.

14) مرشح وحيد المرحلة يعالج أوساخ مترسبة بمعدل 800 م^3/يوم . مستخدماً معادلة المجلس القومي للبحوث جد حجم وقطر المرشح للحصول على تخفيف BOD 80% علماً بأن قوة الأوساخ 400 ملجم/لتر والدفق المعاد دورانه 400 م^3/يوم وارتفاع المرشح 1.8 م . ما الزيادة في الحجم إذا كانت نسبة إعادة الدوران تساوي الوحدة ؟ (بكالوريوس السودان للعلوم والتكنولوجيا 1998).

15) قطر مرشح نضيض 12 متراً وارتفاعه متران. استخدم المرشح لمعالجة تصريف فضلات سائلة لها معدل دفق 150 م3/ساعة، وحاجة حيا-كيميائية للأكسجين لمدة خمسة أيام تساوى (ص) ملجم/لتر. علما بأن الدفق المعاد دورانه للمرشح يعادل 3125 لتر/دقيقة، جد قيمة (ص) التي تنتج تصريف خارج ذي حاجة حيا-كيميائية للأكسجين لمدة خمسة أيام 30 ملجم/لتر مستخدما صيغة مجلس الأبحاث القومي. (بكالوريوس السلطان قابوس 1991)

16) ارتفاع مرشح نضيض 1.8 متر، ويعمل على درجة حرارة 24ه م. مستخدماً معادلة مجلس الأبحاث القومي جد كفاءة المرشح لتخفيف الحاجة الحيا-كيميائية للأكسجين، وأوجد قيمة الحاجة الحيا-كيميائية للأكسجين للتصريف الخارج من المرشح.

17) دفق أوساخ 20 لتر/ث والحاجة الحيا كيميائية للأكسجين لمدة خمسة أيام له 180 ملجم/لتر، أدخلت هذه الأوساخ لمرشح نضيض وحيد المرحلة ارتفاعه 1.8 م. مستخدماً معادلة المجلس القومي للبحوث جد:

- حجم وسط الترشيح المطلوب لإزالة 80% من الحاجة الحيا-كيميائية للأكسجين الداخل دون إعادة دوران،
- قطر مرشح النضيض المطلوب،
- حمل الحاجة الحيا كيميائية للأكسجين (بكالوريوس أم درمان الإسلامية 1998).

18) استخدم مرشح نضيض ثنائي المرحلة في محطة معالجة فضلات سائلة لدفق 7000 م^3/يوم والقيمة الحيا-كيميائية للأكسجين لمدة خمسة أيام بها 280 ملجم/لتر.

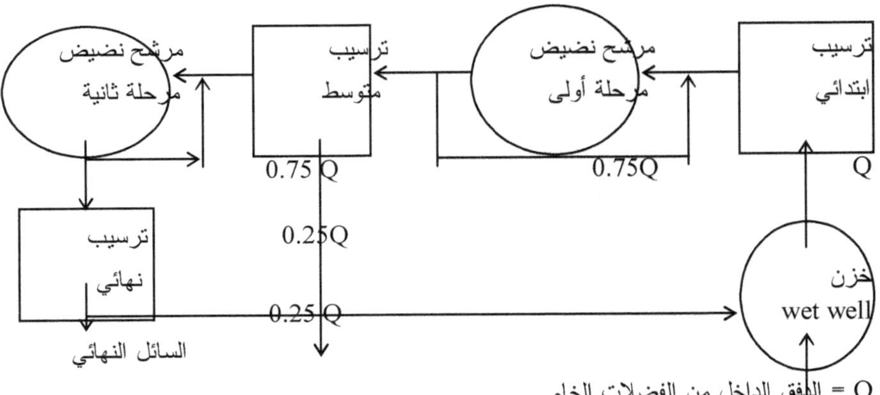

Q = الدفق الداخل من الفضلات الخام

رسم دفق الفضلات في محطة المعالجة

- جد قطر حوض الترسيب الدائري لمعدل دفق سطحي 1.25 م^3/ساعة/م^2 للترسيب الابتدائي، ومعدل دفق سطحي للترسيب المتوسط 1.7 م^3/ساعة/م^2،
- جد قطر مرشح النضيض للمرحلة الأولى علماً بأن كفاءة إزالة حاجة الأكسجين الحيا-كيميائي 70 % وارتفاع المرشح 3 أمتار،
- جد قطر مرشح النضيض للمرحلة الثانية إذا علم أن الحاجة الحيا-كيميائية للأكسجين للسائل النهائي 40 ملجم/لتر، وارتفاع المرشح 1.5 متراً،
- جد تركيز الأكسجين الحيا-كيميائي BOD في السائل النهائي علماً بأن كفاءة الترسيب الابتدائي لإزالة BOD تعادل 30 بالمائة. (بكالوريوس أم درمان الإسلامية 1998).

<u>**بركة الموازنة**</u>

19) تم استخدام بركة تهوية (ذات مزج كلى) للمعالجة الأولية لفضلات سائلة. زمن المكث داخل البركة 15 يوماً وثابت معدل الإزالة للبركة 0.3 /اليوم لدرجة حرارة 20 °م وثابت تصحيح درجة الحرارة 1.035.

- جد التخفيض في الحاجة الحيا-كيميائية للأكسجين لدرجة حرارة 22°م،

• جد زمن المكث المطلوب للحصول على نفس درجة المعالجة للفضلات السائلة.

20) جد مساحة بركة موازنة أوساخ استخدمت لمعالجة فضلات سائلة طبقاً للبيانات التالية: الحاجة الحيا-كيميائية للأكسجين في اليوم الخامس للأوساخ الداخلة البركة 160 ملجم/لتر، ومعدل دفق الفضلات السائلة للبركة 70 متراً مكعباً في الساعة، وأقل درجة حرارة = 15°م، وثابت معدل الإزالة للبركة 0.3 على اليوم لدرجة حرارة 20°م، والحاجة الحيا-كيميائية للأكسجين الخارج من البركة 40 ملجم/لتر، وعمق البركة 1.1 م.

21) تستقبل بركة اختيارية حمأة مترسبة بمتوسط دفق يومي يبلغ 6000 لتر. وتقوم البركة بتقليل أعداد البكتريا بنسبة 99.5% بمعدل موت لها يساوى 0.4 على اليوم. جد: زمن المكث للبركة، وحجم البركة.

22) تستقبل بركة موازنة اختيارية فضلات سائلة بمعدل 3000 متراً مكعباً في الساعة ولها حاجة حيا-كيميائية للأكسجين الذائب لمدة 5 أيام 150 ملجم/لتر. مساحة سطح البركة 20 هكتاراً وعمقها متران ولها معامل معدل تفاعل 0.3 على اليوم. بافتراض ظروف مزج كامل في البركة، جد تركيز الحاجة الحيا -كيميائية للأكسجين المذاب في التصريف الخارج من البركة (بكالوريوس الإمارات العربية المتحدة 1991).

23) صمم بركة هوائية لمعالجة دفق فضلات سائلة لها المواصفات التالية: دفق الفضلات السائلة = 4000 م^3/يوم، الحاجة الحيا كيميائية للأكسجين الداخل = 220 ملجم/لتر، الحاجة الحيا كيميائية للأكسجين الذائب الخارج = 20 ملجم/لتر، ثابت معدل الإزالة لدرجة حرارة 20°م = 2.5 على اليوم، وسيط درجة الحرارة الشهري لأبرد شهر = 10°م (بكالوريوس أم درمان الإسلامية 1998).

24) تستقبل بركة حجمها 2900 م^3 فضلات سائلة معالجة بها مادة مشعة درجة تركيزها 1.5 ملجم/لتر بمعدل دفق 2 م^3/دقيقة. عمر النصف للمادة المشعة 5 أيام. جد درجة تركيز المادة المشعة عند الاتزان داخل البركة.

25) بركة أكسدة عمقها 1.5 متر تعالج حمأة تتدفق إليها بمعدل 150 لتر/الفرد/اليوم، ولها حاجة حيا-كيميائية للأكسجين لمدة 5 أيام تعادل 60 جرام/الفرد/اليوم. معدل تحميل البركة 120 كجم/هكتار/اليوم، ونسبة إزالة الحاجة الحيا-كيميائية للأكسجين 85%. بافتراض أن درجة الحرارة تساوى 14° م: جد ثابت معدل الإزالة للبركة على درجة حرارة 20°م، والحاجة الحيا-كيميائية للأكسجين في التصريف الخارج، وزمن المكث بالبركة (بكالوريوس الإمارات العربية المتحدة 1991).

26) يعالج دفق فضلات سائلة 10.000 متراً مكعباً على اليوم في بركة أكسدة اختيارية ارتفاعها 1.5 متراً ومساحتها السطحية 20 هكتاراً. قيمة الحاجة الحيا-كيميائية للأكسجين المذاب لمدة خمسة أيام في الفضلات السائلة 250 ملجم/لتر، ومعامل معدل التفاعل 0.3على اليوم. جد

الحاجة الحيا-كيميائية للأكسجين المذاب في السائل النهائي بافتراض مزج كامل في المفاعل مع إعادة مواد صلبة خارجة (بكالوريوس السلطان قابوس 1991).

11-4 المراجع والمصادر

1) مرتضى الزبيدي، تاج العروس من جواهر القاموس، دار الفكر للطباعة والنشر والتوزيع، بيروت، لبنان، 1994.

(1) عصام محمد عبد الماجد، التلوث: المخاطر والحلول، المنظمة العربية للتربية والثقافة والعلوم، القباضة الأصلية، تونس (تحت الطبع).

(2) عصام محمد عبد الماجد، الهندسة البيئية، دار المستقبل للطباعة والنشر، عمان، الأردن، 1995.

(3) بشير محمد الحسن وعصام محمد عبد الماجد، الصناعة والبيئة: معالجة المخلفات الصناعية، معهد الدراسات البيئية، جامعة الخرطوم، الخرطوم، السودان، 1986.

1) عصام محمد عبد الماجد، مسائل مختارة على هامش الهندسة البيئية، دار جامعة الخرطوم للنشر، الخرطوم، 1998.

(1) Abdel-Magid, I. M., Hago, A., Rowe, D. R., Modeling Methods for Environmental Engineers, CRC Press\Lewis Publishers, Boca Raton, FL, 1997.

(2) Rowe, D. R. and Abdel-Magid, I. M., Handbook of Wastewater Reclamation and Reuse, CRC Press\Lewis Publishers, Boca Raton, FL, 1995

(3) Metcalf and Eddy Inc. and George Tchobanoglous, Wastewater Engineering: Treatment and Resource Recovery, McGraw-Hill Education; 5 edi., 2013.

(4) Abdel-Magid, I. M., Problem solving in environmental Engineering, Dammam University Press, 2012.

(5) السيد سابق، "فقه السنة"، الفتح للإعلام العربي، القاهرة، الطبعة الخامسة الشرعية، مجلد 1-3، 1992.

(6) موسوعة الحديث الشريف، الإصدار الأول 1.1، شركة صخر لبرامج الحاسوب إحدى شركات مجموعة العالمية، 1996

(7) Davis, M., Water and Wastewater Engineering, McGraw-Hill Education; 1 edi., 2010

(8) عصام محمد عبد الماجد والطاهر محمد الدرديري، الماء، آفاق للطباعة والنشر، الخرطوم، 1999.

(9) Scott, J. S. and Smith, P. G., Dictionary of Waste and Water Treatment, Butterworths, London, 1981.

(10) McGhee, T. J., and Steel, E. W. Water supply and Sewerage, 6th Ed., McGraw-Hill, New York 1991.

(11)Chatterjee, A. K., Water supply, Waste Disposal and Environmental Pollution Engineering (Including odour, noise and air pollution and its control), Khanna Pub., Delhi, 1994.

(12)Vesilind, P. A. and Peirce, J. J., Environmental Pollution and Control, 2n d Ed., Butterworth-Heinemann, London, 1990.

(13) مجمع اللغة العربية، المعجم الوجيز، جمهورية مصر العربية، 1995.

(14)Berger, B. B., Edi., Control of Organic Substances in Water and Wastewater, Noyes Data Co., New Jersey, 1987.

(15)Nathanson, J. A. and Schneider, R. A., Basic Environmental Technology: Water Supply, Waste Management and Pollution Control, Prentice Hall; 6th Edi., 2014

(16)Seviour, R. and Nielsen, P. H. Microbial Ecology of Activated Sludge, IWA Publishing (Intl Water Assoc); 2nd Revised edi., 2007

(17)Barnes, D.; Bliss, P. J.; Gould, B. W. and Vallentine, H. R., Water and Wastewater Engineering Systems, Pitman International, Bath 1981.

(18)Wilson, F., Design Calculations in Wastewater Treatment, E & F N Spon. Ltd., London 1981.

(19)Mark J. Hammer Sr. and Mark J. Hammer Jr., Water and Wastewater Technology, Prentice Hall; 7th Edi., 2011

(20)O`Conner, D. and Dobbins, W., The Mechanism of Reaeration in Natural Streams, J. Sanitary Engineering Division, ASCE, SA6, 1956.

(21)Vernick, A. S. and Walker, E. C., Handbook of Wastewater Treatment Processes, Pollution Engineering and Technology, 19, Marcel Dekker, New York, 1981.

(22)Peavy, H. S.; Rowe, D. R. and Tchobanoglous, G., Environmental Engineering, McGraw-Hill Book Co., New York, 1985.

(23)National Demonstration Water Project, Institute for Rural Water and National Environmental Health Association, Water for the World Series, Agency for International Development, Washington, DC:

- Designing stabilization ponds, Technical Note No., SAN.2.D.5.
- Designing a system of two or three stabilization ponds, Technical Note No., SAN.2.D.6.
- Designing mechanically aerated lagoons, Technical Note No., SAN.2.D.7.
- Constructing mechanically aerated lagoons, Technical Note No., SAN.2.C.7.
- Constructing stabilization ponds, Technical Note No., SAN.2.C.5.
- Operating and maintaining stabilization ponds, Technical Note No., SAN.2.O.5.
- Operating and maintaining mechanically aerated lagoons, Technical Note No., SAN.2.O.7.

(24)USEPA, Evaluation of Land Application Systems, office of Water Program Operations, EPA-430/9-75-001, US Environmental Protection Agency, Washington, DC, 20460, 25, 1975.

(25)Development Information Centre, US Agency for International Development, National Demonstration Water Project, Institute for Rural Water and National Environmental Health Association, Water for the World Series:

- Designing septic tanks, Technical Note No., SAN.2.D.3.

- Designing non-conventional absorption disposal systems, Technical Note No., SAN.2.D.8.
- Constructing, operating and maintaining surface absorption systems, Technical Note No., SAN.2.C.1.
- Constructing, operating and maintaining non-conventional absorption systems, Technical Note No., SAN.2.C.8.
- Operating and maintaining septic tanks, Technical Note No., SAN.2.O.3.

(26)Perkins, R. J., Onsite Wastewater Disposal, Lewis Publishers, Chelsea, Michigan, 1989.

(27) البنك الدولي للإنشاء والتعمير، البنك الدولي، واشنطن DC ، المعلومات والتدريب في مجال إمداد بالمياه والإصحاح المنخفضي التكاليف، مذكرات المشاركين، البنك الدولي وبرنامج الأمم المتحدة الإنمائي، 1986:

- مراحيض الحفرة المحسنة المهواة VIP ، تمت الترجمة بالمكتب الإقليمي لشرق البحر المتوسط
- إصحاح المخلفات المحمولة بالماء

(28)Polprasert, C. and Rajput, V. S., Septic Tank and Septic Systems, Environmental Sanitation Reviews No. 718, Asian Institute of Technology, 1982.

(29)Wagner, E., Lanoix, J., Excreta Disposal for Rural Areas and Small Communities, WHO Monograph No. 39, 1958.

(30)Hunting, K. L. and Gleason, B. L., Essential Case Studies In Public Health: Putting Public Health into Practice (Essential Public Health), Jones & Bartlett Learning; 1 edi., 2011

(31)Kaplan, O. B., Septic Systems Handbook, 2nd Edi., Lewis Publishers, Chelsea, Michigan, 1991.

(32)Heinss, V, Larmie, S.A. & Strauss, M., Solids Separation & Pond Systems for the Treatment of Faecal Sludges in the Tropics: Lessons Learnt & Recommendations for Preliminary Design, 2nd Edi., EAWAG, WRI, SANDEC, Report AV.5/98, 1998.

(33)Downing A.L. Selected Subjects in Waste Treatment, International Institute for Hydraulic and Environmental Engineering, Delft, The Netherlands, 1978

الفصل الخامس: معالجة الأوساخ والتخلص النهائي

5-1 مقدمة

يقصد بالحمأة الأوساخ الصلبة الناتجة من وحدات المعالجة المختلفة من ابتدائية وأساسية وثانوية ونضوج. ونسبة لاحتواء هذه الأوساخ على عناصر ملوثة، رغم قلة تركيز المواد الصلبة بها، فينبغي التفكر في إتمام معالجتها ثم التخلص النهائي منها بأفضل وأنسب السبل. وتضم وحدات معالجة الحمأة الهضم، وإزالة الماء لتجفيف الأوساخ، والتخلص النهائي.

5-2 هضم الحمأة Sludge digestion

يقصد بهضم الحمأة إتمام تفسخ المواد العضوية الموجودة فيها بطريقة متحكم فيها تحت ظروف معينة. وقد تكون هذه العملية هوائية أو لاهوائية. ومن أهم أهداف إضافة وحدة هضم الحمأة في محطة المعالجة التالي:

- تفتيت المواد الصلبة العضوية والحمأة إلى مركبات بسيطة ومواد خاملة،
- تحويل جزء من المواد الصلبة إلى سائل وغاز وتقليل حجم الحمأة السميكة،
- تقليل المواد المتطايرة للحمأة (عادة يتم التقليل بين 55 إلى 75 بالمائة بالوزن)، وتقليل المواد الصلبة العالقة الكلية (عادة يتم التقليل بين 35 إلى 45 بالمائة)،
- إزالة الحمات والأحياء المجهرية الضارة، وتقليل كائنات الكوليفورم (قد يصل التقليل إلى 99.8 بالمائة عند الهضم لمدة 30 يوم وتحت درجة حرارة 95 إلى 100 °F)،
- استخدام الحمأة المهضومة سماداً،
- استخدام غاز الميثان الناتج وقوداً.

أما عيوب وحدة الهضم فهي:

- يصعب إيجاد الحرارة العالية المطلوبة للنشاط الحيوي،
- التكلفة العالية،
- الطريقة حساسة، مما يستدعي الحرص الشديد للمحافظة على الظروف البيئية المثلى،
- تعطي الطريقة موازنة عضوية غير مكتملة لزمن المكث العادي.

تعالج عملية الهضم الهوائي الحمأة والأوساخ الصادرة من وحدات المعالجة الأولية، ووحدات المعالجة الثانوية مثل تلك الناتجة من جهاز ترسيب الحمأة النشطة، أو خليط من هذه الأوساخ. ويتم الهضم في حوض مفتوح لزيادة التهوية، وعليه يمكن اعتماد هذه العملية تحسيناً لعملية الحمأة النشطة {1-5}.

تعد عملية الهضم اللاهوائي عملية تخمير للحمأة تعمل عليها الأحياء المجهرية الاختيارية اللاهوائية. حيث تقوم هذه الكائنات بتفسخ المواد العضوية وتحويلها إلى ثاني أكسيد الكربون وغاز الميثان وبعض العناصر الخاملة، بالإضافة لإنتاج كائنات أخرى من نفس النوع والفصيلة. وتكثر في وحدة الهضم بكتريا الأحماض Acid bacteria وبكتريا الميثان Methanogenic bacteria . ويعتمد اتزان عملية الهضم على الموازنة بين مرحلة تخمير الأحماض ومرحلة تكوين الميثان. أما بكتريا الميثان فهي لا هوائية وحساسة للظروف البيئية المحيطة من: درجة حرارة، ورقم هيدروجيني، وزيادة تراكيز المركبات المؤكسدة، والأحماض الطيارة، والأملاح الذائبة، وشوارد المعادن الموجبة (كاتيونات).

تبدأ المرحلة الأولى من الهضم بتفسخ مواد الحمأة الصلبة بفعل البكتريا الاختيارية والبكتريا اللاهوائية مكونات الأحماض، والتي توجد عادة بكميات كبيرة في الأوساخ وتقوم بتحويل المواد العضوية المعقدة، والشحوم، والبروتين، والكربوهيدرات، إلى أحماض عضوية ذائبة وكحول مثل: حمض بيوتري butyric وحمض الخل acetic وحمض البروبنيك propionic وغيرها من الأحماض الطيارة الناتجة في عملية تخمير الأحماض. كما ينتج من التفتيت الحيوي في مرحلة تخمير الأحماض كربونات الحمض والأحماض العضوية وغازات مثل ثاني أكسيد الكربون وكبريتيد الهيدروجين. وتعمل هذه النواتج على تخفيض الرقم الهيدروجيني في النظام، مما يوقف عملية التحول الحيوي نسبة لهلاك هذه الأنواع من الأحياء المجهرية. وحينذاك تحل محلها أنواع أخرى من البكتريا اللاهوائية تسمى مكونات الميثان Methane Formers لتواصل هذه الكائنات عملية التفتيت الحيوي للمواد التي أنتجتها مكونات الأحماض. تقوم مكونات نشاط الميثان بتعويز Gasification الأحماض والكحول المكونة إلى ثاني أكسيد الكربون وغاز الميثان وآثار من غازات أخرى مثل كبريتيد الهيدروجين. بكتريا الميثان لاهوائية وتعمل على رقم هيدروجيني ضيق يقع بين 6.5 إلى 7.5 وذلك لأن لها حساسية لأي تغيرات في الرقم الهيدروجيني {6،4،1}.

من خواص الحمأة الجيدة الهضم التالي:

- اللون البني إلى بني داكن،
- مظهر المتلبدات،
- الرائحة الفاسدة غير الكريهة،
- صعوبة إزالة الماء منها.

ومن أهم العوامل التي تؤثر في عملية الهضم اللاهوائي {1،8،7،5،4}:

- خواص الأوساخ من: رقم هيدروجيني، ودرجة حرارة، ومواد غذائية، ومواد سامة (مثل المعادن الثقيلة)، وأحماض طيارة، وأمونيا،
- نوع وخواص المواد المتفسخة،
- خواص المفاعل: التحميلات الصدمية، وحالات الخلط، وزمن المكث اللازم لهضم الحمأة، ونوع وعدد الأحياء المجهرية.
- الطاقة: إذ ليس لعملية الهضم الهوائي نفس درجة الحساسية للعوامل البيئية مقارنة بعملية الهضم اللاهوائي، غير أنها تستهلك قدراً أكبر من الطاقة.

يصمم الهاضم Anaerobic Digestor من الخرسانة المسلحة أو الحديد بشكل أسطواني له قادوس في قعره (مخروط هرمي معكوس)، ويغطى إما بغطاء ثابت أو غطاء طاف (عائم) له شكل قبة لتجميع الغاز المنتج وتسرب الهواء (أنظر شكل 5-1). ويتم سحب الحمأة من القعر المخروطي للوعاء، بينما يسمح الغطاء العائم بالتغير في الحجم نسبة لإضافة الحمأة وسحبها. وعملية إضافة الحمأة للهاضم تتم بطريقة متقطعة، ثم يسحب السائل الفوقي ليعاد إلى وحدات المعالجة الثانوية.

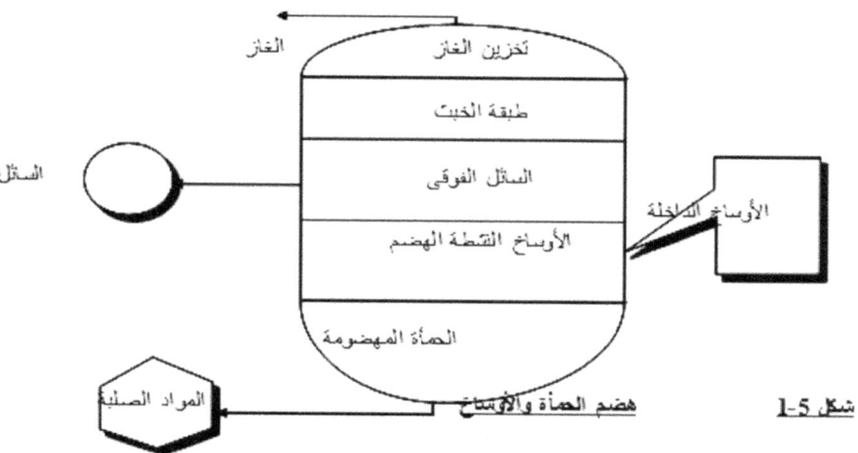

شكل 5-1 هضم الحمأة والأوساخ

لون الحمأة المهضومة لاهوائياً بني ضارب إلى السواد، ويماثل لونها لون القطران الساخن أو المطاط المحروق أو الشمع المانع للتسرب. كما وتحتوى الحمأة المهضومة لاهوائياً على كمية كبيرة من الغاز. وتتراوح درجة تركيز المواد الصلبة بعد عملية الهضم ما بين 6 إلى 7 بالمائة، وربما وصلت من 8 إلى 10 بالمائة عند هضم الحمأة الناتجة من الترسيب الابتدائي. وتعمل طريقة هضم الحمأة على إزالة وتقليل الجراثيم بصورة كبيرة وذلك نسبة للبيئة القلوية السائدة والتي لها أثر كبير في التخلص من البكتريا {1}.

معايير عامة لتصميم حوض الهضم اللاهوائي

1- يصمم الهاضم للمعالجة بسعة قد تصل إلى 4000 م^3/يوم،

2- لا يقل قطر الهاضم عن 6 أمتار، ولا يزيد عن 55 متراً،

3- ارتفاع السائل 4.5 إلى 6 أمتار، ولا يزيد عن 9 أمتار،

4- ميل القطر لا يقل عن 1 على 12،

5- يمكن تقدير سعة الهاضم من العلاقة المبينة في المعادلة 5–1

$$\forall = \left[V_f - \frac{2}{3}\left(V_f - V_d\right)\right]t_1 + V_d t_2 \qquad 5\text{-}1$$

حيث:

$\forall$ = حجم الهاضم (م^3)

V_f = حجم الحمأة الجديدة (الخام) الداخلة للهاضم (م^3/يوم)

V_d = حجم الحمأة المهضومة المجمعة في الهاضم (م^3/يوم)

t_1 = زمن الهضم (يوم)

t_2 = زمن خزن الحمأة المهضومة (يوم)

عادة تتفاوت السعة حسب نوع الحمأة الداخلة للهاضم فمثلاً:

الحمأة الابتدائية: 0.05 إلى 0.075 م^3/فرد

الحمأة الخليط: 0.1 إلى 0.15 م^3/فرد

معامل التحميل: 0.3 إلى 0.75 كجم/م^3/يوم

الإنتاج النوعي- للغاز (Specific Yield) إنتاج الغاز الحجمي (Volumetric Gas Production):

يمكن تقدير كمية إنتاج الغاز الحجمي (أو ما يسمى بالإنتاج النوعي للغاز) من جهاز هضم الحمأة اللاهوائي من المعادلة 5–2. {1،2}

$$V_g = \frac{\left(Y_t * VS\right)}{t}\left[1 - \frac{k_n}{t\,\mu_{max} - 1 + k_n}\right] \qquad 5\text{-}2$$

حيث:

V_g = معدل الإنتاج الحجمي لغاز الميثان = الإنتاج النوعي للغاز (م^3 غاز/م^3 هاضم/يوم)

Y_t = الإنتاج الأقصى للغاز (م^3 غاز ميثان/كجم مواد صلبة طيارة مضافة)

VS = درجة تركيز المواد الصلبة الطيارة للفضلات الداخلة للهاضم (كجم/م^3)

k_n = ثابت تحريكي (لا بعدي)

t = زمن المكث الهيدروليكي (يوم)

μ_{max} = أقصى معدل للنمو النوعي للأحياء المجهرية (على يوم)

ويشير هاشيماتو {9} إلى أن معدل الإنتاج الحجمي لغاز الميثان لكل كيلوجرام مواد صلبة طيارة مضافة للهاضم تتغير مع نوع الفضلات والغذاء وقد طور معادلات لإيجاد قيم k_n حسب نوع الفضلات فمثلاً لفضلات الماشية يمكن استخدام المعادلة 5-3.

$$k_n = 0.8 + 0.001 e^{0.06 VS} \qquad 5\text{-}3$$

أما العلاقة بين معدل نمو الأحياء المجهرية بالهاضم ودرجة الحرارة فيمكن تقديرها من المعادلة 5-4 والتي تشير إلى توقف عملية التخمير اللاهوائي على درجة حرارة 10° م.

$$\mu_{max} = 0.013T - 0.129 \qquad 5\text{-}4$$

حيث:

T = درجة الحرارة (درجة مئوية).

مثال 5-1

جد الإنتاج النوعي للغاز الناتج من هاضم لاهوائي لحمأة علماً بأن درجة تركيز المواد الصلبة الطيارة للفضلات الداخلة للهاضم 80 كجم/م^3، والثابت الحركي 1.1 ، وأقصى معدل للنمو النوعي للأحياء المجهرية 0.1 على اليوم، وزمن المكث الهيدروليكي 20 يوماً، والإنتاج الأقصى لغاز الميثان 0.6 م^3 غاز/ كجم مواد صلبة طيارة مضافة، وحجم الهاضم 15 متراً مكعباً.

الحل

1) المعطيات: VS = 80 كجم/م^3، k_n = 1.1 ، μ_{max} = 0.1 على اليوم، t = 20 يوم، Y_t = 0.6 م^3 غاز/كجم مواد صلبة طيارة مضافة، V = 15 م^3.

2) جد معدل الإنتاج الحجمي للغاز (م^3 غاز/م^3 هاضم/يوم) باستخدام المعادلة:

$$3)\ V_g = \frac{(0.6 \times 80)}{20}\left[1 - \frac{1.1}{20 \times 0.1 - 1 + 1.1}\right] = 1.14$$

4) جد معدل الإنتاج الحجمي اليومي للغاز = 15×1.14 = 17.14 م^3 غاز.

برنامج 5-1:

```
Public Class Form1

    Private Sub Form1_Load(ByVal sender As System.Object,
       ByVal e As System.EventArgs) Handles MyBase.Load
        Label1.Text = "تركيز المواد الصلبة-كجم/م3"
        Label2.Text = "الثابت الحركي"
```

```
        Label3.Text = "يوم على-نمو معدل أقصى"
        Label4.Text = "يوم-الهيدروليكي المكث زمن"
        Label5.Text = "كجم/غاز-للميثان الأقصى الإنتاج"
        Label6.Text = "م3-الهاضم حجم"
        Label7.Text = "يوم/هاضم 3م/غاز 3م-للغاز الحجمي الإنتاج معدل"
        Label8.Text = "غاز 3م-للغاز اليومي الإنتاج معدل"
        Button1.Text = "الإنتاج احسب"
        Me.Text = "مثال 5-1"
        Me.FormBorderStyle =
           Windows.Forms.FormBorderStyle.FixedSingle
    End Sub

    Private Sub Button1_Click(ByVal sender As System.Object,
       ByVal e As System.EventArgs) Handles Button1.Click
        Dim VS, kn, mmax, t As Double
        Dim Yt, V, Vg, Vgday As Double
        VS = Val(TextBox1.Text)
        kn = Val(TextBox2.Text)
        mmax = Val(TextBox3.Text)
        t = Val(TextBox4.Text)
        Yt = Val(TextBox5.Text)
        V = Val(TextBox6.Text)
        Dim V1, V2 As Double
        V1 = Yt * VS / t
        V2 = 1 - (kn / ((t * mmax) - 1 + kn))
        Vg = V1 * V2
        Vgday = Vg * V
        TextBox7.Text = FormatNumber(Vg, 2)
        TextBox8.Text = FormatNumber(Vgday, 2)
    End Sub
End Class
```

يوضح الجدول 5-1 أدناه بعض خصائص ومواصفات المخلفات التي تمت معالجتها بطريقة الهضم اللاهوائي {6،4،1-8}.

جدول 5-1 بعض خواص الحمأة المهضومة {7،1}

المنشط	الحمأة الجيدة الهضم	الحمأة الرديئة الهضم
اللون	أسود	بني أو رمادي
الرائحة	قطرانية	نتنة
الماء الطافي	شبه رائق	عكر جداً
الغازات	كبيرة	خفيفة
الرقم الهيدروجيني	6.6 إلى 7.6	أقل من 6
القلوية لبرتقال المثيل (ملجم/لتر $CaCO_3$)	لا تقل عن 2000	أقل من 1000
الأحماض الطيارة	قليلة	كثيرة

يبين جدول 5-2 أدناه بعض المعلومات العامة لتصميم طريقة الهضم اللاهوائي التقليدية.

جدول 5-2 معلومات لتصميم الهاضم اللاهوائي التقليدي {9،7،4،2،1}

العنصر	المقدار
حمل المواد الصلبة الطيارة (كجم/م^3/يوم)	0.3 إلى 2
تفتت المواد الصلبة الطيارة (%)	40 إلى 50
إنتاج الغاز (م^3 غاز/كجم مواد صلبة طيارة)	0.2 إلى 1.5
المواد الصلبة للحمأة الداخلة (كجم/م^3/يوم)	2 إلى 5
تفكك المواد الصلبة الكلية (%)	30 إلى 40
الرقم الهيدروجيني	6.5 إلى 7.4
درجة القلوية (ملجم لتر)	2000 إلى 3500
زمن مكث المواد الصلبة (يوم)	30 إلى 90
حجم الهاضم (م^3/الفرد)	0.1 إلى 0.17
مكونات الغاز(%)	
ميثان	65 إلى 70
ثاني أكسيد كربون	32 إلى 35
كبريتيد الهيدروجين	آثار قليلة
درجة الحرارة° م	30 إلى 35

5-3 نزح الماء من الحمأة *Sludge dewatering*

نَزَحَ: - نَزْحاً، ونُزُوحاً: بَعُد. و-البئر ونحوها نَزْحاً: فَرَّغَها حتى قَلَّ ماؤها أو نَفِد {10}.

تنحو وحدة نزح الماء من الحمأة إلى تقليل محتوى الرطوبة بها، خاصة وأن الحمأة المنبثقة من وحدات المعالجة تحوي درجات تركيز قليلة من المواد الصلبة والتي تتراوح ما بين 1 إلى 6 بالمائة. ومن الأهداف العامة لعملية نزح الماء من الحمأة {11،8،6،4،1-13}:

- تغليظ الأوساخ لتقليل الحجم مما يساعد في التخلص النهائي،
- تقليل تكاليف الترحيل والنقل،
- إزالة الرائحة الكريهة من الحمأة والأوساخ،
- تقليل ناتج النض من مناطق الردم الصحي،
- زيادة القيمة الحرارية مما يساعد في عمليات حرق وترميد الحمأة،
- استخدام الماء المستخلص بعد إجراء المعالجة اللازمة عليه عند الضرورة،
- استخدام الحمأة المغلظة سماداً لنباتات ومزروعات الزينة وتحسين المناظر الطبيعية.

سبل نزح الماء من الحمأة

تستخدم عدة سبل لنزح الماء من الحمأة تضم: التجفيف بمفرش التجفيف، والضغط بمرشح ضغط المكبس، والتفريغ الهوائي، والطرد المركزي.

(أ) مفرش (حوض) التجفيف Drying Bed (أنظر شكل 5-2)

يستخدم مفرش التجفيف لإزالة الماء من الحمأة المهضومة والمغلظة، لاسيما وأن إنتاج السماد الطبيعي يستدعي درجة رطوبة أقل من 10 بالمائة. ويعتمد على عوامل البخر (التجفيف) أو التسرب أو كليهما لإزالة الماء من الحمأة في مدة قد تصل إلى 20 أو 30 يوماً تحت الظروف الطبيعية للحمأة جيدة الهضم عند بسطها لارتفاع 20 إلى 30 سم؛ وقد يصل زمن التجفيف إلى 6 أشهر حسب طبيعة ونوع الحمأة. تصمم المفارش من طبقات من الرمل الخشن بارتفاع 15 إلى 30 سم موضوعة فوق طبقة من الحصى المدرج بارتفاع 30 إلى 45 سم موضوعة فوق نظام التصريف التحتي. ويمكن استخدام الخرسانة ويستغل الطوب لإنشاء المفرش. وتتم إزالة الحمأة المجففة بواسطة مجرف أو كاشط آلي.

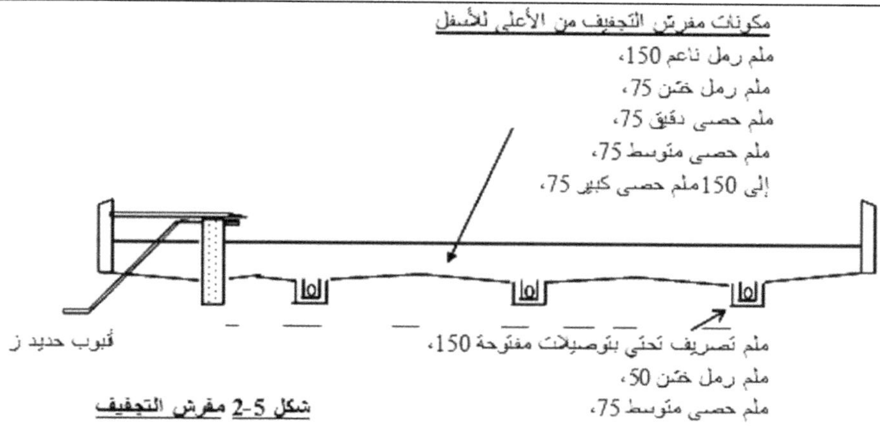

شكل 5-2 مفرش التجفيف

ومن أهم العوامل التي تؤثر على مفارش التجفيف التالي:

- عوامل الطقس والمناخ: من رطوبة، وسرعة رياح، وبخر، وأمطار، وحرارة ..الخ،
- طبغرافية وجيولوجية وهيدرولوجية المنطقة المحيطة،
- خواص المفرش وشكله وتصميمه ووضعه تحت الشمس أو تحت غطاء زجاجي أو غيره،
- طبيعة الأوساخ الداخلة إلى المفرش ومكوناتها.

يمكن تقليل زمن التجفيف بإضافة مروبات مثل أملاح الحديد أو الألمونيوم، ثم تجمع المياه المتسربة لتعاد إلى محطة المعالجة لتجويد النوع وإتمام المعالجة وتفادى أي تلوث قد ينتج منها.

يمكن تصميم المفرش لزراعة نباتات مثل القصب مما يساعد على إزالة الماء بالنتح بالإضافة للبخر والتسرب. وتساعد النباتات أيضاً على المحافظة على النفاذية الجيدة للتربة للنمو الدائم للجذور التي تمنع انسداد التربة والمواد الصلبة العالقة المترشحة. ومن الملاحظ أن نمو القصب يتأثر سلباً بالفضلات والحمأة اللاهوائية التي تؤدي إلى وسط لاهوائي في منطقة الجذور.

(ب) مرشح ضغط المكبس Pressure Filter (أنظر شكل 5-3)

يستخدم مرشح ضغط المكبس لمعظم الحمأة من محطات المعالجة لإنتاج حمأة تحتوى كعكتها على 40 إلى 50 بالمائة مواد صلبة. وتعمل قوى ضاغطة لإزالة الماء من الأوساخ في مرشح المكبس بطريقة غير مستمرة. وتتكون طبقة الترشيح من مجموعة من الألواح، أو من الصفائح، مع بطانة تعمل طبقة ترشيحية. عادة تضاف بعض المواد المنشطة للحمأة لرفع كفاءة العملية الترشيحية، ومن ثم يضخ الخليط لجهاز المرشح لحجز الأوساخ في شكل عجينة يتم التخلص منها بطريقة مثلى

وسليمة. أما السائل الراشح فيجد طريقه عبر الوسط الترشيحي لمنافذ خروجه أو يعاد لمحطة المعالجة مرة أخرى. وتصمم وحدات مرشح ضغط المكبس لتعمل تحت ضغط يتراوح ما بين 345 إلى 1150 كيلو باسكال {14}، كما يتراوح زمن الترشيح ما بين 3 إلى 8 ساعات. وقد يصل محتوى الرطوبة في الحمأة المزال منها الماء إلى 55 أو 60 بالمائة. ومن محاسن هذه الطريقة التالي:

- إنتاج أوساخ تحوي رطوبة قليلة،
- قلة تكلفة الإنشاء،
- احتواء السائل الخارج منها على تركيز قليل من المواد الصلبة العالقة.

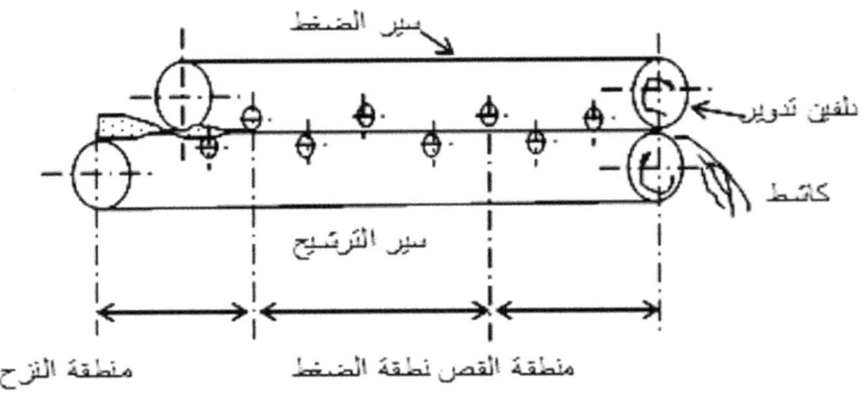

شكل 5-3 مرشح السير الأفقي

(ج) التفريغ الهوائي Vacuum Filtration (أنظر شكل 5-4)

يستخدم التفريغ الهوائي للنزح الآلي للماء من الفضلات الخام وتلك التي تم هضمها. تعتمد هذه الطريقة المستمرة لإزالة الماء من المخلفات، على التفريغ الهوائي لتنتج كعكة تحوي رطوبة قليلة. يتكون جهاز التفريغ من طبل مجوف من المعدن مغطى بقماش معدني (أو معادن مثقبة) مع بطانة من الصوف أو التريليلين أو النيلون. ويعمل التفريغ الهوائي على إزالة الماء من الفضلات عند دوران الجهاز وتنقل الحمأة بسير متحرك ينغمر جزئياً في الحمأة المهيأة. ويستخدم تفريغ 85 كيلو باسكال داخل الطبل لسحب السائل داخله، لتتجمع الكعكة المزال منها الماء خارج الطبل لسمك قد يصل إلى 50 مليمتر. ويتم إزالة الكعكة المتكونة بوساطة كاشط لها. ومن العوامل المؤثرة على كفاءة هذه الطريقة:

- خواص ونوع الأوساخ ومحتوى رطوبتها،
- نوع وكمية المواد المساعدة والمنشطة المستخدمة في العملية الترشيحية (مثل الجير وأملاح الحديد والبوليميرات والرماد)،

- طبيعة طبقة الترشيح ونوعها وخواصها،
- العوامل التشغيلية المؤثرة مثل: سرعة الترشيح، والضغط عبر طبقة الترشيح وغيرها من العوامل ذات الصلة.

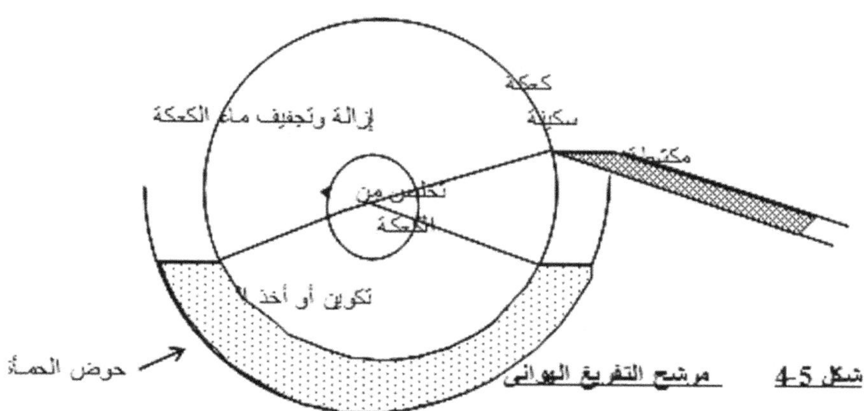

شكل 4-5 مرشح التفريغ الهوائي

من الملاحظ أن محتوى الرطوبة للمخلفات المزال منها الماء بطريقة التفريغ الهوائي أعلى من تلك المزال منها الماء بطريقة الترشيح تحت الضغط (مرشح المكبس).

(د) الطرد المركزي Centrifugation (أنظر شكل 5-5)

تستخدم قوى الطرد المركزية بصفها إحدى طرق إزالة الماء من الحمأة وتغليظها. ومن أهم العوامل المؤثرة على هذه العملية: سرعة الطرد المركزي، ومقاس الحبيبات وكثافتها، ودرجة الحرارة.

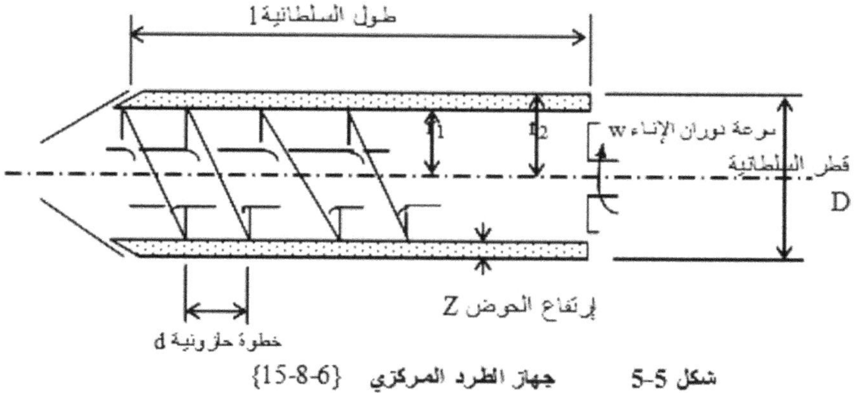

شكل 5-5 جهاز الطرد المركزي {6-8-15}

وما عملية الطرد المركزي إلا عبارة عن إسراع لعملية ترسيب تحت تأثير قوى أكبر من قوى الجاذبية الأرضية للجسيمات الصغيرة العالقة الصعبة الترسيب والتي يسمح حجمها بالانتشار. أما القوى المؤثرة على الجسيمات فتضم قوى الطرد المركزي وقوى احتكاك استوك. ومن العوامل المؤثرة على كفاءة وعاء الطرد المركزي:

- خواص الحمأة: درجة تركيز المواد الصلبة العالقة، وشكل الحبيبات وحجمها، ودرجة اللزوجة، والكثافة النوعية،
- خواص عملية الطرد المركزي: من استحلال، ومعدل دخول الحمأة، والمواد الكيميائية المضافة لزيادة العائد، ودرجة الحرارة، والعوامل الكهروستاتيكية،
- خواص الطارد المركزي: من حجم وسرعة دوران ونظام تصميمه، والمواد المستخدمة له.

منظومة ترشيح الحمأة

يمكن تقدير كفاءة نزح الماء من الحمأة بالترشيح بعدة طرق منها: زمن السحب الشعري Capillary Suction Time (CST) وزمن تشقق الكعكة Cracking time ومعيار المقاومة النوعية Specific resistance to filtration .

(أ) زمن السحب الشعري: هو الزمن اللازم لامتصاص الماء من الحمأة على نشافة أو ورقة ترشيح. ودرجة الترشيح تقدر على أنها الزمن الملاحظ لتبتل خلاله مساحة معينة من ورقة الترشيح. كلما قل زمن السحب الشعري كلما كبرت درجة ترشيح الحمأة. وتعنى الأرقام الكبيرة لزمن السحب الشعري وجود معوقات تحول دون ترشيح الحمأة قيد الاختبار. وهذا الاختبار سريع وسهل وزهيد الزمن وثابت.

(ب)زمن تشقق الكعكة: هو الزمن الذي تأخذه الكعكة لتنهار متفتتة تحت ضغط معين مسلط عليها.

(ج)معيار المقاومة النوعية: هذا المعيار من أفضل المعايير لقياس سهولة أو صعوبة نزح الماء من الحمأة. ويبين الشكل 5-6 رسماً مبسطاً لجهاز قياس المقاومة النوعية. تعرف المقاومة النوعية على أنها "المقاومة اللازمة لإزالة الماء الناتج من كعكة (أو قالب) من الحمأة وزنها وحدة وزن واحدة من المواد الصلبة خلال ترشيحها عبر وحدة مساحة ".

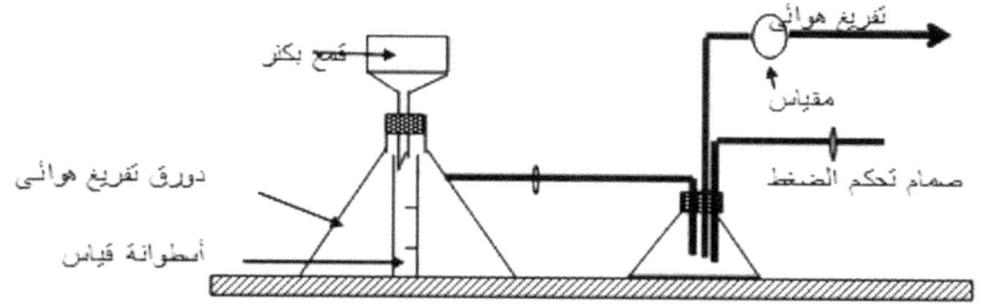

شكل 5-6 جهز قياس معمل المقاومة النوعية

لمعرفة سهولة نزح الماء تستخدم معادلة كارمان وكوكلي Carman and Coackley {12،16،17} الموضحة في المعادلة 5-5.

$$\frac{dV}{dt} = \frac{PA^2}{\left[\mu\left(rCV + R_m A\right)\right]} \qquad 5\text{-}5$$

حيث:

V = حجم الراشح المنبثق من وحدة الترشيح (م^3).

t = زمن دورة الترشيح (ث).

P = الضغط (التفريغ) المستخدم لنزح الماء (نيوتن/م^2، باسكال)

A = مساحة ورقة الترشيح (م^2).

μ = معامل لزوجة الراشح (نيوتن×ث/م^2)

r = معامل المقاومة النوعية (م/كجم).

C = درجة تركيز المواد الصلبة في الحمأة (كجم/م^3).

R_m = المقاومة الابتدائية لطبقة الترشيح (/م)، عادة يمكن تجاهل هذا المقدار لصغره مقارنة بالمقاومة الناتجة من كعكة الترشيح.

تكامل المعادلة 5-5 وإعادة ترتيبها لضغط ثابت ينتج العلاقة الموضحة في المعادلة 5-6

$$\frac{t}{V} = \left(\frac{\mu rC}{2PA^2}\right)V + \frac{\mu R_m}{PA} \qquad 5\text{-}6$$

يمكن وضع المعادلة 5-6 في إطار معادلة خط مستقيم كما مبين في المعادلة 5-7

$$x = b*t + a \qquad 5\text{-}7$$

حيث:

a, b = حدان ثابتان.

وبرسم مقدار $\frac{t}{V}$ مع V للخط المستقيم، يمثل b ميلان الخط المستقيم فيه، ويمثل a مقطع هذا الخط مع المحور الرأسي على حسب ما موضح في المعادلة 5-8 والمعادلة 5-9.

$$b = \frac{\mu r C}{2PA^2} \qquad 5\text{-}8$$

$$a = \frac{\mu R_m}{PA} \qquad 5\text{-}9$$

ومن المعادلة 5-8 يمكن إيجاد المقاومة النوعية كما موضح في المعادلة 5-10

$$r = \frac{2\,b\,P\,A^2}{\mu\,C} \qquad 5\text{-}10$$

ويبين الجدول 5-3 قيم معامل المقاومة النوعية وقابلية الحمأة لنزح الماء منها.

جدول 5-3 خواص الحمأة وعلاقتها بمعامل المقاومة النوعية {1،4،6،9}

معامل المقاومة النوعية (م/كجم)	خواص الحمأة
أقل من 10^{11}	سهلة الترشيح
من 10^{11} إلى 10^{14}	متوسطة الترشيح
أكبر من 10^{14}	صعبة الترشيح

تكون معظم المخلفات السائلة كعكة فيها معدل الترشيح والمقاومة النوعية دالة في فرق الضغط خلالها، مما يعني تغير المقاومة النوعية بتغير الضغط. وتوضح المعادلة 5-11 هذه العلاقة حسب تقديرات كارمان.

$$r = r'{*}P^s \qquad 5\text{-}11$$

حيث:

r = معامل المقاومة النوعية للترشيح تحت الضغط P (م/كجم)

r' = ثابت

P = الضغط المبذول (نيوتن/م^2)

s = معامل الانضغاطية (يتغير بين صفر إلى 1)

يمكن وضع المعادلة 5-11 في صورة معادلة خطية كما مبينة في المعادلة 5-12

$$Log\ r = s*LogP + Logr' \qquad 5\text{-}12$$

وعند رسم Log r كدالة في Log P ينتج خط مستقيم له ميلان s . وكلما كبرت الانضغاطية كلما زادت انضغاطية الحمأة، وعند قيمة s مساوية صفر فان المقاومة النوعية مستقلة عن الضغط وحينئذ تعد الحمأة غير قابلة للانضغاط.

مثال 5-2

تم الحصول على البيانات التالية في تجربة مقاومة نوعية لعينة من أوساخ مهضومة

الزمن (ثانية)	حجم الراشح (مللتر)
120	4.9
180	6.3
240	7.4
300	8.4
420	10.3
600	12.75
780	14.7
1080	17.6
1200	18.8

الضغط الفراغي المستخدم 68.95 كيلو نيوتن/م^2، وحرارة الراشح 20°م، ولزوجة الراشح 1.002×10^{-3} نيوتن ث/م^2، وتركيز المواد الصلبة 21.4 كجم/م^3، ومساحة الترشيح 38.48×10^{-4} م^2، وحجم الأوساخ المستخدم 100 مللتر. ارسم قيم (t/V) بالنسبة إلى (V) ثم جد ميل الخط المستقيم وأحسب المقاومة النوعية للترشيح.

الحل

1. المعطيات: تغير حجم الراشح مع الزمن، P = 68.95 كيلونيوتن/م^2، T = 20°م، μ = 1.002×10^{-3} نيوتن ث/م^2، C = 21.4 كجم/م^3، A = 38.48×10^{-4} م^2، V = 100 مللتر
2. من المعلومات المعطاة يمكن تكوين الجدول التالي:

الزمن (ثانية)	حجم الراشح (مللتر)	الزمن/الحجم
120	4.9	24.49
180	6.3	28.57
240	7.4	32.43

35.71	8.4	300
40.78	10.3	420
47.06	12.75	600
53.06	14.7	780
61.36	17.6	1080
63.83	18.8	1200

3. جد من الرسم البياني لقيم (t/V) بالنسبة إلى (V) ميل الخط المستقيم ليساوي 2.84×10^{12} ث/م^6.

4. أحسب المقاومة النوعية للترشيح من معادلة كارمان وكوكلي: $r=\frac{2bPA^2}{\mu C}$

$$r=\frac{2*2.84*10^{12}*68.95*10^{3}\left(38.48*10^{-4}\right)^{2}}{1.002*10^{-3}*21.4}=27*10^{13}$$

ومنها: $r = 27\times10^{13}$ م/كجم، وبما أن هذا الرقم بين 10^{14} و 10^{15} فتعتبر هذه الحمأة ضعيفة الترشيح

برنامج 5-2:

```
Public Class Form1
    Dim t(), v(), tv() As Double

    Private Function find_b() As Double
        'We need to find line inclination.
        'We divide points into two groups,
        'find a midpoint in each group, then
        'calculate b from these points.
        Dim count, mid, i As Integer
        count = DataGridView1.Rows.Count - 1
        mid = count / 2
        Dim x1, x2, y1, y2 As Double
        Dim b As Double
        x1 = 0
        x2 = 0
        y1 = 0
        y2 = 0
        For i = 0 To mid - 1
            x1 += tv(i)
            y1 += v(i)
        Next
        x1 /= mid
        y1 /= mid
        For i = mid To count - 1
            x2 += tv(i)
            y2 += v(i)
```

```
        Next
        x2 /= (count - mid)
        y2 /= (count - mid)
        b = (x2 - x1) / (y2 - y1)
        Return b
    End Function

    Private Sub Form1_Load(ByVal sender As System.Object,
       ByVal e As System.EventArgs) Handles MyBase.Load
        Label1.Text = "الضغط الفراغي-ك.نيوتن/م2"
        Label2.Text = "حرارة الراشح-مئوية"
        Label3.Text = "لزوجة الراشح-نيوتن.ث/م2"
        Label4.Text = "تركيز المواد الصلبة-كجم/م3"
        Label5.Text = "مساحة الترشيح-م2"
        Label6.Text = "حجم الأوساخ المستخدم-مللتر"
        Label7.Text = "ميل الخط المستقيم-ث/م6"
        Label8.Text = "المقاومة النوعية للترشيح-كجم/م"
        Button1.Text = "احسب"
        Me.Text = "مثال 5-2"
        Me.FormBorderStyle =
            Windows.Forms.FormBorderStyle.FixedSingle
        DataGridView1.Rows.Clear()
        DataGridView1.Columns.Clear()
        DataGridView1.RightToLeft =
            Windows.Forms.RightToLeft.Yes
        DataGridView1.Columns.Add("tCol", "الزمن-ث")
        DataGridView1.Columns.Add("vCol", "حجم الراشح-مل")
    End Sub

    Private Sub Button1_Click(ByVal sender As System.Object,
       ByVal e As System.EventArgs) Handles Button1.Click
        If DataGridView1.Columns.Count < 3 Then
            DataGridView1.Columns.Add("tvCol", "الحجم/الزمن")
        End If

        Dim count, i As Integer
        count = DataGridView1.Rows.Count - 1
        ReDim t(count), v(count), tv(count)
        Dim P, Temp, mu, C, A, Vol, b, r As Double
        P = Val(TextBox1.Text)
        Temp = Val(TextBox2.Text)
        mu = Val(TextBox3.Text)
        C = Val(TextBox4.Text)
        A = Val(TextBox5.Text)
        Vol = Val(TextBox6.Text)

        For i = 0 To count - 1
            t(i) =
```

```
Val(DataGridView1.Rows(i).Cells("tCol").Value)
            v(i) =
Val(DataGridView1.Rows(i).Cells("vCol").Value)
            tv(i) = t(i) / v(i)
            DataGridView1.Rows(i).Cells("tvCol").Value =
                FormatNumber(tv(i), 2)
        Next

        b = find_b()
        r = (2 * b * (10 ^ 12) * P * 1000 * (A ^ 2)) / (mu * C)
        TextBox7.Text = FormatNumber(b, 2)
        TextBox8.Text = FormatNumber(r, 2)
    End Sub
End Class
```

مثال 5-3

تبين البيانات التالية لعينة من الأوساخ المهضومة تغير المقاومة النوعية مع الضغط المستخدم

الضغط المستخدم (كيلو نيوتن/م^2)	المقاومة النوعية ($r\times10^{-13}$ (م/كجم))
293.04	52.95
586.075	84.52
1172.15	158.85
1758.225	210.78
2344.3	276.97

استخدم البيانات المعطاة لحساب معامل انضغاطية هذه العينة .

الحل

1. المعطيات: تغير المقاومة النوعية r مع الضغط الفراغي P
2. من البيانات المعطاة كون الجدول التالي:

الضغط المستخدم (كيلو نيوتن/م^2)	المقاومة النوعية ($r\times10^{-13}$ (م/كجم))	Log P	Log r
293.04	52.95	2.4669	14.7239
586.075	84.52	2.7680	14.9270
1172.15	158.85	3.0690	15.2010
1758.225	210.78	3.2451	15.3238
2344.3	276.97	3.3700	15.4424

3. جد معامل الانضغاطية للعينة من معادلة كارمان: $r=r'P^S$

وبرسم Log r كدالة في Log p يمكن رسم خط مستقيم يمثل ميله معامل الانضغاطية ومن الرسم S = 0.8

برنامج 5-3:

```
Public Class Form1
    Dim logR(), logP() As Double

    Private Function find_s() As Double
        Dim S As Double
        Dim count As Integer = DataGridView1.Rows.Count - 1
        Dim mid As Integer = count / 2
        Dim x1, x2, y1, y2 As Double
        x1 = 0
        x2 = 0
        y1 = 0
        y2 = 0
        Dim i As Integer
        For i = 0 To mid - 1
            x1 += logP(i)
            y1 += logR(i)
        Next
        x1 /= mid
        y1 /= mid
        For i = mid To count - 1
            x2 += logP(i)
            y2 += logR(i)
        Next
        x2 /= (count - mid)
        y2 /= (count - mid)
        S = (y2 - y1) / (x2 - x1)
        Return S
    End Function

    Private Sub Form1_Load(ByVal sender As System.Object,
       ByVal e As System.EventArgs) Handles MyBase.Load
        Label1.Text = "الانضغاطية معامل"
        Me.Text = "مثال 5-3"
        Button1.Text = "المعامل احسب"
        Me.FormBorderStyle =
           Windows.Forms.FormBorderStyle.FixedSingle
        DataGridView1.Columns.Clear()
        DataGridView1.Rows.Clear()
        DataGridView1.RightToLeft =
            Windows.Forms.RightToLeft.Yes
        DataGridView1.Columns.Add("PCol", "الضغط-ك.نيوتن/م2")
```

```
        DataGridView1.Columns.Add("rCol", "النوعية المقاومة ×10-
3م/كجم")
    End Sub

    Private Sub Button1_Click(ByVal sender As System.Object,
       ByVal e As System.EventArgs) Handles Button1.Click
        Dim count As Integer = DataGridView1.Rows.Count - 1
        If DataGridView1.Columns.Count < 3 Then
            DataGridView1.Columns.Add("logPCol", "Log P")
            DataGridView1.Columns.Add("logrCol", "Log r")
        End If

        ReDim logR(count), logP(count)
        Dim r(count), P(count) As Double
        Dim S As Double
        Dim i As Integer
        For i = 0 To count - 1
            P(i) =
       Val(DataGridView1.Rows(i).Cells("PCol").Value)
            r(i) =
Val(DataGridView1.Rows(i).Cells("rCol").Value) / (10 ^ (-13))
            logP(i) = Math.Log10(P(i))
            logR(i) = Math.Log10(r(i))
            DataGridView1.Rows(i).Cells("logPCol").Value =
                FormatNumber(logP(i), 2)
            DataGridView1.Rows(i).Cells("logrCol").Value =
                FormatNumber(logR(i), 2)
        Next
        S = find_s()
        TextBox1.Text = FormatNumber(S, 2)
    End Sub
End Class
```

الإنتاج النظري للمرشحات الدوارة

يمكن إيجاد إنتاج المواد الصلبة العالقة الجافة من المرشح الفراغي باستخدام المعادلة 5-13

$$Y=\frac{F_c\sqrt{(2PC_1F_f)}}{\mu r\theta} \qquad 5\text{-}13$$

حيث :

Y = إنتاج المواد الصلبة العالقة الجافة (كجم/م²/ث)

F_c = عامل تصليح الكعكة

P = فرق الضغط عبر الكعكة (نيوتن/م²)

C_1 = كتلة المواد الصلبة العالقة الجافة ÷ وحدة الحجم للسائل في الأوساخ (كجم/م³)

F_f = جزء مساحة المرشح المستخدمة لإنتاج الكعكة (المساحة تحت سطح الأوساخ) (م^2)

μ = لزوجة الراشح (نيوتن ث/م^2)

r = المقاومة النوعية للضغط P (م/كجم)

θ = زمن دورة واحدة للمرشح (ث)

قوى الطرد المركزية Centrifugation

هنالك عدة نماذج لتقويم كفاءة جهاز الطرد المركزي ومقارنة عمله بأجهزة أخرى. ومن هذه النماذج معادلات سقما وبيتا. تستخدم هذه المعادلات لمقارنة جهازي طرد مركزيين لهما تماثل هندسي. وتبين المعادلة 5-14 معادلة سقما المستخدمة لتقدير ترسب المواد الصلبة داخل جهاز الطرد المركزي {6،8،15}.

$$\frac{Q_1}{\Sigma_1}=\frac{Q_2}{\Sigma_2} \qquad 5\text{-}14$$

حيث:

Q_1 = دفق السائل داخل جهاز الطرد المركزي الأول (م^3/ث)

Σ_1 = معيار ينسب إلى خواص جهاز الطرد المركزي الأول

Q_2 = دفق السائل داخل جهاز الطرد المركزي الثاني (م^3/ث)

Σ_2 = معيار ينسب إلى خواص جهاز الطرد المركزي الثاني

يقدر المعيار Σ من المعادلة 5-15

$$\Sigma=\frac{v^2\ V}{g\ Ln\frac{r2}{r1}} \qquad 5\text{-}15$$

حيث:

Σ = معيار ينسب إلى خواص جهاز الطرد المركزي

v = سرعة دوران السلطانية (الطاسة) Rotational velocity of bowl (رادين/ث)

V = حجم السائل في الحوض (م^3)

g = عجلة الجاذبية الأرضية (م/ث^2)

r_1 = نصف القطر من خط الوسط إلى سطح الأوساخ (م)

r_2 = نصف القطر من خط الوسط إلى داخل جدران السلطانية (م)

يمكن إيجاد سرعة دوران السلطانية Bowl speed من المعادلة 5-16

$$v=\frac{2\pi\omega}{60} \qquad 5\text{-}16$$

حيث:

v = سرعة دوران الإناء (رادين/ث)

w = سرعة دوران الإناء (دورة في الدقيقة، rpm)

يمكن إيجاد حجم السائل في السلطانية كما في المعادلة 5-17

$$V = 2\pi \frac{(r1 + r2)}{2}(r2 - r_1)l \qquad 5\text{-}17$$

حيث:

l = طول السلطانية (م)

أما معادلة بيتا فتقوم بتقدير طرد المواد الصلبة وحركتها داخل جهاز الطرد المركزي كما مبين في المعادلة 5-18

$$\frac{W1}{\beta_1} = \frac{W2}{\beta_2} \qquad 5\text{-}18$$

حيث:

W_1 = معدل تحميل المواد الصلبة لجهاز الطرد المركزي الأول (كجم/ساعة)

β_1 = دالة بيتا لجهاز الطرد المركزي الأول

W_2 = معدل تحميل المواد الصلبة لجهاز الطرد المركزي الثاني (كجم/ساعة)

β_2 = دالة بيتا لجهاز الطرد المركزي الثاني

أما دالة بيتا فيمكن إيجادها من المعادلة 5-19

$$\beta = \Delta v \; d \; n \; \pi \; Z \; D \qquad 5\text{-}19$$

حيث:

β = دالة بيتا لجهاز الطرد المركزي

Δv = الفرق بين سرعة دوران السلطانية والناقل (رادين/ث)

d = المسافة بين الشفرات، أو الخطوات الحلزونية scroll pitch (م)

n = عدد الخطوات (لا بعدي)

Z = ارتفاع الأوساخ في السلطانية (م)

D = قطر السلطانية (م)

وبهذه الطريقة يتسنى مقارنة جهازي الطرد المركزي لتبين معادلة سقما خواص الترسيب للجهاز بالنسبة لمعدل دفق السائل فيها، وتشير معادلة بيتا إلى حركة المواد الصلبة بالنسبة للتحميل لهذه المواد. وعادة تؤخذ القيمة الأقل عند التصميم لتحديد سعة جهاز الطرد المركزي.

مثال 5-4

استخدم أسلوب الطرد المركزي لإزالة الماء من حمأة مهضومة تحوى 4 بالمائة مواد صلبة. وتنساب الفضلات السائلة المهضومة للطارد بمعدل دفق يومي 20 متراً مكعباً. نسبة للزيادة في كمية الأوساخ المطلوب إزالة الماء منها، كان لا بد من تحديث الطارد بآخر أكبر سعة ويماثله هندسياً. جد معدل الدفق الذي ينبغي أن يعمل عليه الطارد الثاني ليطابق عمل الأول باستخدام البيانات المبينة في الجدول التالي:

المنشط	الطارد الأصلي	الطارد الجديد المقترح
طول الإناء (سم)	25	48
قطر الإناء (سم)	15	35
سرعة الإناء (دورة في الدقيقة)	5000	4500
عمق الإناء (سم)	2.5	4.5
الخطوات الحلزونية (سم)	5	10
عدد الخطوات	1	1
سرعة السير (دورة في الدقيقة)	4950	4450

الحل

1- المعطيات: $C = 4\%$ ، $Q = 20$ م^3/يوم، مواصفات كل من الطارد الأصلي والطارد الجديد المقترح

2- من المعطيات يمكن تكوين الجدول التالي:

المنشط	الطارد القديم	الطارد الجديد المقترح
طول الإناء l (سم)	25	48
قطر الإناء D (سم)	15	35
نصف القطر r_2 (سم)	7.5 = 2÷15	17.5 = 2÷35
سرعة الإناء (دورة في الدقيقة)	5000	4500
سرعة دوران السلطانية v (رادين/ث)	2×π×5000÷60=523.6	2×π×4500÷60=471.2
ارتفاع الأوساخ في السلطانية Z (سم)	2.5	4.5
نصف القطر r_1=r_2-Z (سم)	5 = 2.5 - 7.5	13 = 4.5 - 17.5
الخطوات الحلزونية d (سم)	5	10
عدد الخطوات n	1	1
سرعة السير w (دورة في الدقيقة)	4950	4450
الفرق بين سرعة السلطانية والناقل Δv	50 = 4950 - 5000	50 = 4450 - 4500

استخدم معادلة سقما لإيجاد خواص ترسيب المواد الصلبة بكل طارد باستخدام المعادلة: $Q_1/\Sigma_1 = Q_2/\Sigma_2$

* جد الحجم من المعادلة: $V = 2p\{(r_1+r_2)/2\}*(r_2-r_1)*l$

* جد معيار سقما من المعادلة: $\Sigma = v^2*V/(g*Ln(r_2/r_1))$

المنشط	الطارد القديم	الطارد الجديد المقترح
الحجم V ($م^3$)	$2\times\pi\times(5+7.5)\times(7.5-5)\times25\div2= 2454.4$	$2\times\pi\times(13+17.5)(17.5-3)\times48\div2 = 20696.8$
سرعة دوران السلطانية v (رادين/ث)	523.6	471.2
$Ln(r_2/r_1)$	Ln(7.5/5) = 0.4055	Ln(17.5/13) = 0.29725
عجلة الجاذبية الأرضية ($سم/ث^2$)	981	981
معيار Σ	1691549.66	15758790.99
دفق السائل Q ($م^3$/يوم)	20	؟

4- جد دفق السائل إلى داخل الطارد الجديد المقترح من المعادلة $Q_2 = (Q_1/\Sigma_1)*\Sigma_2$:

$Q_2 = 20\times15758790.99 \div 1691549.66 = 186$ $م^3$/يوم

وهذا التحليل المعتمد على ترسيب المواد الصلبة (الموجودة بمعامل سقما) يعنى أن الطارد الجديد المقترح له نفس مواصفات الطارد القديم لإزالة الماء من الأوساخ ما فتئ دفق السائل إليه في حدود 186 $م^3$/يوم.

5- جد تحرك المواد الصلبة خارج الطارد عن طريق معادلة بيتا: $W_1/\beta_1 = W_2/\beta_2$

*جد معدل تحميل المواد الصلبة W للطارد من المعادلة: W = QCr

W = معدل الدفق×تركيز المواد الصلبة×الكثافة

*جد معيار بيتا من المعادلة: $\beta = \Delta v d n \pi Z D$

المنشط	الطارد القديم	الطارد الجديد المقترح
W(كجم/يوم)	800 = 40×20	؟
الفرق بين سرعة السلطانية والناقل Δv	50	50
الخطوات الحلزونية d (سم)	5	10
عدد الخطوات n	1	1
ارتفاع الأوساخ في السلطانية Z (سم)	2.5	4.5
قطر الإناء D (سم)	15	35
معيار β	29452.43	247400.42

6- جد قيمة معدل تحميل المواد الصلبة للطارد الجديد من المعادلة: $W_2 = (W_1/\beta_1)*\beta_2$

وعليه: $W_2 = 800\times247400.42 \div 29452.43 = 6720$ كجم/يوم

أو يمكن تقدير $W_2 = 6720 \div (0.04\times1000) = 168$ $م^3$/يوم (بافتراض نفس تركيز المواد الصلبة والكثافة)

وهذا التحليل المعتمد على حركة المواد الصلبة (الموجودة بمعامل بيتا) يعنى أن الطارد الجديد المقترح له نفس مواصفات الطارد القديم لإزالة الماء من الأوساخ ما فتئ معدل تحميل المواد الصلبة في حدود 168 م3/يوم.

7- ولتحديد سعة جهاز الطارد المركزي تتم المفاضلة بين معيار سقما (المتعلق بخواص الترسيب بالنسبة لمعدل دفق السائل فيها) ومعيار بيتا (المتعلق بحركة المواد الصلبة بالنسبة لتحميل هذه المواد)، وعادة تؤخذ القيمة الصغرى. وفى هذه الحالة يتحكم معدل تحميل المواد الصلبة (168 م3/يوم). وعليه ينبغي عدم تشغيل الطارد المركزي الجديد المقترح على معدل تحميل للمواد الصلبة يربو على 168 م3/يوم.

برنامج 5-4:

```
Public Class Form1
    'Gravitational acceleration in cm/s
    Const g = 981
    'Water Density
    Const rho_w = 1000

    Private Sub Form1_Load(ByVal sender As System.Object,
       ByVal e As System.EventArgs) Handles MyBase.Load
        Me.Text = "مثال 5-4"
        Button1.Text = "احسب معدل الدفق"
        Label1.Text = "نسبة المواد الصلبة-%"
        Label2.Text = "معدل دفق الفضلات-م3/يوم"
        Label3.Text = "دفق السائل في الطارد الجديد-م3/يوم"
        Label4.Text = "معدل تحميل المواد الصلبة للطارد الجديد-م3/يوم"
        Me.FormBorderStyle =
          Windows.Forms.FormBorderStyle.FixedSingle
        DataGridView1.Rows.Clear()
        DataGridView1.Columns.Clear()
        DataGridView1.RightToLeft =
          Windows.Forms.RightToLeft.Yes
        DataGridView1.Columns.Add("eCol", "المنشط")
        DataGridView1.Columns.Add("c1Col", "الطارد الأصلي")
        DataGridView1.Columns.Add("c2Col", "الطارد الجديد المقترح")
        DataGridView1.Rows.Add(7)
        DataGridView1.Rows(0).Cells("eCol").Value =
           "طول الإناء-سم"
        DataGridView1.Rows(1).Cells("eCol").Value =
           "قطر الإناء-سم"
        DataGridView1.Rows(2).Cells("eCol").Value =
           "سرعة الإناء-دورة/د"
        DataGridView1.Rows(3).Cells("eCol").Value =
           "عمق الإناء-سم"
```

```
    DataGridView1.Rows(4).Cells("eCol").Value =
       "سم-الحلزونية الخطوات"
    DataGridView1.Rows(5).Cells("eCol").Value = "الخطوات عدد"
    DataGridView1.Rows(6).Cells("eCol").Value =
       "د/دورة-السير سرعة"
    DataGridView1.AllowUserToDeleteRows = False
    DataGridView1.AllowUserToAddRows = False
    DataGridView1.Columns(0).ReadOnly = True
End Sub

Private Sub Button1_Click(ByVal sender As System.Object,
   ByVal e As System.EventArgs) Handles Button1.Click
    Dim C, Q1, Q2 As Double
    C = Val(TextBox1.Text) / 100
    Q1 = Val(TextBox2.Text)
    Dim l1, l2 As Double
    Dim D1, D2 As Double
    Dim r1a, r1b, r2a, r2b As Double
    Dim vel1, vel2, v1, v2 As Double
    Dim Z1, Z2 As Double
    Dim ds1, ds2 As Double
    Dim n1, n2 As Double
    Dim w1, w2, dv1, dv2 As Double
    l1 = Val(DataGridView1.Rows(0).Cells("c1Col").Value)
    l2 = Val(DataGridView1.Rows(0).Cells("c2Col").Value)
    D1 = Val(DataGridView1.Rows(1).Cells("c1Col").Value)
    D2 = Val(DataGridView1.Rows(1).Cells("c2Col").Value)
    r2a = D1 / 2
    r2b = D2 / 2
    vel1 = Val(DataGridView1.Rows(2).Cells("c1Col").Value)
    v1 = 2 * Math.PI * vel1 / 60
    vel2 = Val(DataGridView1.Rows(2).Cells("c2Col").Value)
    v2 = 2 * Math.PI * vel2 / 60
    Z1 = Val(DataGridView1.Rows(3).Cells("c1Col").Value)
    Z2 = Val(DataGridView1.Rows(3).Cells("c2Col").Value)
    r1a = r2a - Z1
    r1b = r2b - Z2
    ds1 = Val(DataGridView1.Rows(4).Cells("c1Col").Value)
    ds2 = Val(DataGridView1.Rows(4).Cells("c2Col").Value)
    n1 = Val(DataGridView1.Rows(5).Cells("c1Col").Value)
    n2 = Val(DataGridView1.Rows(5).Cells("c2Col").Value)
    w1 = Val(DataGridView1.Rows(6).Cells("c1Col").Value)
    w2 = Val(DataGridView1.Rows(6).Cells("c2Col").Value)
    dv1 = vel1 - w1
    dv2 = vel2 - w2
    Dim Vol1, Vol2 As Double
    Dim sigma1, sigma2 As Double
    Vol1 = 2 * Math.PI *
```

```
        ((r1a + r2a) / 2) * (r2a - r1a) * l1
    Vol2 = 2 * Math.PI *
        ((r1b + r2b) / 2) * (r2b - r1b) * l2
    sigma1 = (v1 ^ 2) * Vol1 / (g * Math.Log(r2a / r1a))
    sigma2 = (v2 ^ 2) * Vol2 / (g * Math.Log(r2b / r1b))
    Q2 = (Q1 / sigma1) * sigma2
    Dim Wr1, Wr2 As Double
    Dim beta1, beta2 As Double
    'W = QCr
    Wr1 = Q1 * C * rho_w
    'beta = dv*d*n*pi*Z*D
    beta1 = dv1 * ds1 * n1 * Math.PI * Z1 * D1
    beta2 = dv2 * ds2 * n2 * Math.PI * Z2 * D2
    Wr2 = (Wr1 / beta1) * beta2
    Wr2 = Wr2 / (C * 1000)
    TextBox3.Text = FormatNumber(Q2, 1)
    TextBox4.Text = FormatNumber(Wr2, 1)
  End Sub
End Class
```

يبين جدول 5-4 مقارنة بين أنماط إزالة الماء من الفضلات السائلة والعوامل المؤثرة في النظام.

جدول 5-4 مقارنة بين وحدات إزالة الماء

المنشط	الترشيح بالتفريغ	ترشيح المكبس	الطرد المركزي	المفرش الهوائي
الضغط المستخدم زمن الضغط		40 إلى 150 (N/cm^2) 1 إلى 3 ساعة	–	–
تركيز المواد الصلبة بعد إزالة الماء (%)	20 إلى 30	35 إلى 40	10 إلى 40	25 إلى 35
وسط الترشيح	قماش (طبيعي أو صناعي)، ألياف، حلزون ملفوف، شبك معدني، قطن، صوف، لباد، نايلون، بوليثين			رمل وحصى
التشغيل	20 ساعة في اليوم للمحطات الكبيرة، 30 ساعة في الأسبوع للمحطات الصغيرة – مستمرة		زمن الدورة 10 إلى 30 دقيقة، دورة الترشيح 2 إلى 5 ساعة	بضع أسابيع إلى بضع أشهر اعتماداً على الظروف المناخية

محتوي رطوبة الحماة الناتجة (%)	70 إلى 80	55 إلى 70	75 إلى 80	60
سمك كعكة الحماة		2.5 إلى 3.8 سم		طبقة 200 إلى 300 ملم
الكلفة		أغلى من الترشيح بالتفريغ نسبة لاستخدام المواد الكيميائية المضافة والصيانة وتغيير قماش المرشح	زهيدة نسبياً	تصلح لمجموعة سكانية أقل من 20.000 شخص
المشاكل والمصاعب	رائحة، انسداد قماش المرشح		الاهتزازات والضوضاء، التخلص من السائل المركز	رائحة، المساحة المطلوبة من الأرض

4-5 طرق التخلص من السائل النهائي

من الطرق المتبعة للتخلص من السائل النهائي المعالج التخفيف، واستخدام الموارد المائية المتاحة حسب التشريع المحلي المجاز، وزيادة المخزون الجوفي، وتربية الحيوانات والنباتات، وإعادة الاستخدام للترفيه وتجميل المنطقة وغيرها من أوجه الاستخدام المشروعة.

(أ) التخلص بالتخفيف Dilution

لا تعد طريقة التخفيف من النظم المثلى للتخلص من السائل النهائي الصادر من محطات معالجة الفضلات السائلة. ورغم عن هذا ربما وجدت نسب قليلة من هذا السائل طريقها للموارد المائية مما قد يؤثر بصورة أو بأخرى على بيئة هذه الموارد.

عند التخلص من السائل النهائي الصادر من محطات معالجة ذات كفاءة عالية، تعمل المياه الطبيعية على تخفيف تركيز المواد الملوثة الخطرة أو السامة، أو تلك التي قد تؤثر على الصحة العامة، أو الملوثات التي تعوق عمليات التنقية الذاتية للمجرى المائي. وعند التخلص من السائل النهائي المعالج في المياه الطبيعية ينبغي مراعاة التالي:

- منع وتدارك الآثار الضارة للملوث على المورد المائي،
- المحافظة على الحياة المائية الموجودة بالمورد،
- عدم تلوث المورد بدرجة لا تسمح باستخدامه من قبل الجمهور المستهلك لمائه أدنى نقاط المصب،
- التأكد بأن السائل النهائي لا يغير خواص المورد مثل اللون والطعم والرائحة،
- لا يقود التخلص من السائل النهائي لموت أو دمار الحياة المائية من حيوانات ونباتات وأحياء مجهرية،

- عدم تراكم الملوثات وتداخلها في السلسلة الغذائية التي ربما وصلت إلى الإنسان وأتت معها بأضرار أو مشاكل صحية للمستهلك.

تعتمد كفاءة طريقة التخفيف على عدة عوامل تتداخل فيما بينها وتضم التالي:

- طرق وكفاءة التنقية الذاتية Self purification الطبيعية الموجودة في الموارد المائي،
- دفق المورد،
- حركة وخواص الماء بالمورد،
- طرق استخدام المياه أدنى نقاط مصب السائل النهائي،
- كمية وخواص الفضلات والسائل النهائي.

<u>قانون التخفيف: Dilution law</u>

تستخدم بضعة نماذج رياضية لتقويم الآثار الناتجة من طريقة التخفيف ولحساب مقدار سعة التخفيف في المورد[1] للتخلص من السائل النهائي. ومن هذه النماذج طريقة اتزان الكتلة للدفق الداخل والخارج من المورد المائي. يفترض في شكل 5-7 احتواء السائل النهائي على ملوث بتركيز P_W عند تصريفه بحجم دفق يعادل Q_W ، قبيل اختلاطه مع المورد المائي الذي يتدفق بمعدل Q_r ويحمل درجة تركيز P_r من نفس الملوث. وعليه يمكن تقدير درجة تركيز الملوث أدنى نقطة المصب من موازنة الكتل الداخلة عند النقطة أ (قانون التخفيف)، كما مبين في المعادلة 5-20

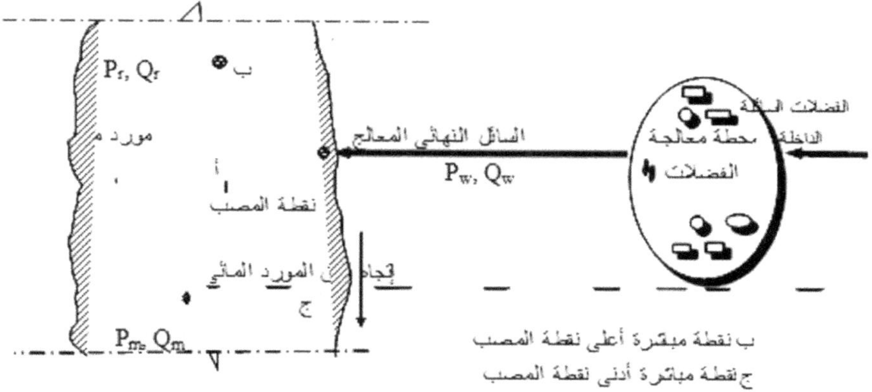

شكل 5-7 التخلص من الفضلات في المورد المائي

$$P_W*Q_W + P_r*Q_r = P_m*Q_m \qquad 5\text{-}20$$

حيث:

---
[1] المستقبل للسائل النهائي

P_w = درجة تركيز الملوث الصادر من محطة المعالجة أو السائل المتخلص منه (ملجم/ لتر)

Q_w = دفق السائل النهائي من محطة المعالجة (م^3/ ث)

P_r = درجة تركيز الملوث أعلى نقطة المصب (أ)، أو درجة تركيز الملوث في المجرى المائي قبل نقطة المصب (أ) (أي درجة التركيز عند النقطة ب) (ملجم/ لتر)

Q_r = دفق المجرى المائي (م^3/ث)

P_m = درجة تركيز الملوث أدنى نقطة المصب، أو تركيز الملوث في الخليط من المجرى المائي والسائل النهائي بعد النقطة (أ) (أي درجة التركيز عند النقطة ج) (ملجم/ لتر)

Q_m = الدفق المختلط من السائل النهائي ودفق المورد المائي (م^3/ث)

وتبين المعادلة 5-21 الدفق المختلط من السائل النهائي ودفق المورد المائي.

$$Q_m = Q_w + Q_r \qquad 5\text{-}21$$

مثال 5-5

معدل تدفق سائل نهائي معالج 200 م^3/دقيقة لمورد مائي ودرجة تركيز الحاجة الحيا كيميائية لمدة خمسة أيام له 37 ملجم/لتر. إذا كانت قيمة BOD في المورد المائي 1 ملجم/ لتر، ومعدل انسياب الماء فيه 10 م^3/الثانية. جد قيمة BOD في الخليط أدنى نقطة المصب.

الحل

1- المعطيات: $Q_w = 200$ م^3/دقيقة، $BOD_w = 37$ ملجم/ لتر، $BOD_r = 1$ ملجم/ لتر، $Q_r = 10$ م^3/ث.

2- جد معدل دفق الخليط من السائل النهائي المعالج ومعدل دفق المورد المائي من المعادلة: $Q_m = Q_w + Q_r$ وعليه: $Q_m = 200 + (10\times60) = 800$ م^3/دقيقة.

3- استخدم قانون التخفيف لإيجاد تركيز الملوث أدنى نقطة المصب من المعادلة:

$$BOD_w*Q_w+BOD_r*Q_r= BOD_m*Q_m$$

وعليه: $BOD_m\times800 = 37\times200 + 1\times10\times60$

ومنها: $BOD_m = 10$ ملجم/ لتر

برنامج 5-5:

```
Public Class Form1

    Private Sub Form1_Load(ByVal sender As System.Object,
       ByVal e As System.EventArgs) Handles MyBase.Load
        Label1.Text = "معدل تدفق السائل النهائي-م3/د"
        Label2.Text = "الحاجة الحياكيميائية لخمسة أيام-مج/لتر"
        Label3.Text = "الحاجة حياكيميائية للمورد-مج/لتر"
        Label4.Text = "معدل انسياب الماء للمورد-م3/ث"
        Label5.Text = "الحاجة حياكيميائية في الخليط أدنى المصب"
        Button1.Text = "احسب الحاجة"
        Me.Text = "مثال 5-5"
        Me.FormBorderStyle =
           Windows.Forms.FormBorderStyle.FixedSingle
    End Sub

    Private Sub Button1_Click(ByVal sender As System.Object,
       ByVal e As System.EventArgs) Handles Button1.Click
        Dim Qw, Qr, Qm As Double
        Dim BODw, BODr, BODm As Double
        Qw = Val(TextBox1.Text)
        BODw = Val(TextBox2.Text)
        BODr = Val(TextBox3.Text)
        Qr = Val(TextBox4.Text)
        Qm = Qw + (Qr * 60)
        BODm = ((BODw * Qw) + (BODr * Qr * 60)) / Qm
        TextBox5.Text = FormatNumber(BODm, 2)
    End Sub
End Class
```

(ب) نموذج معادلة استريتر – فيلبس للأكسجة في الأنهار: Streeter & Phelps oxygenation model

يؤشر الأكسجين المذاب إلى صحة المورد المائي السطحي وكلما قلت قيمته عن 4 أو 5 ملجم/لتر كلما قلت أنواع الأحياء المائية بالمورد، إلى أن تصبح البيئة لاهوائية وحينئذ تنعدم كل الحياة المائية أو تنزح من المنطقة لتلجأ إلى أخرى أفضل حالاً. تؤثر عدة عوامل في كمية الأكسجين المذاب في المياه السطحية منها:

- مصادر تجديد وزيادة الأكسجين في الأنهار النابعة من إعادة التهوية من الغلاف الجوى،
- التمثيل الضوئي من النباتات المائية والطحالب التي تعمل على إضافة الأكسجين نهاراً وإزالته ليلاً ،
- وجود الأوساخ والفضلات المستهلكة للأكسجين المذاب،
- كمية ونوع المترسبات في قعر المورد المائي السطحي،

- الروافد للمورد المائي وما تحمله من أكسجين مذاب،
- درجة الحرارة السائدة،
- نوع دفق المورد.

يصعب وضع أنموذج يأخذ في حسبانه العوامل المطروحة أعلاه، غير أنه يمكن أن يعتمد على نماذج مبسطة لتقدير وضع أقرب للواقع. ومن النماذج البسيطة المستخدمة تلك التي تركز على أهم العوامل المؤثرة على زيادة الأكسجين بالتهوية الجوية واضمحلال الأكسجين بفعل الأحياء المجهرية. وقد بني هذا الأنموذج المبسط على الافتراضات التالية:

- وجود دفق مستمر من الفضلات الملوثة في نقطة معينة في المورد المائي،
- حدوث خلط منتظم ومزج كامل لماء المورد والدفق المعالج من الفضلات عبر أي قطاع في المورد،
- لا يوجد انتشار للأوساخ في اتجاه الدفق (أي توجد ظروف دفق كتلي plug flow).

زيادة الأكسجين بالتهوية الجوية

تنساب حركة الغاز من حيز الغاز المحيط إلى حيز الماء عند هبوط درجة تركيز الأكسجين المذاب في الماء إلى أقل من درجة تركيز التوازن. ويطلق على الفارق بين درجة تركيز الأكسجين عند التوازن ودرجة تركيز الغاز الحقيقية "نقصان الأكسجين". وتتناسب درجة إعادة التهوية داخل النهر طردياً مع نقصان الأكسجين المذاب. أما كمية الأكسجة الناتجة من عملية التمثيل الضوئي فتعتمد على عدة عوامل مثل: حجم مستوطنات الطحالب، وكمية أشعة الشمس الواصلة إلى خلايا الطحالب. ويمكن تقدير معدل التهوية من الغلاف الجوى من المعادلة 5-22 بافتراض تناسب زيادة الأكسجين مع الفرق بين قيمة الأكسجين المذاب الفعلية في النهر في منطقة معينة ودرجة التشبع له.

$$r_r = k''*(c_s - c) \qquad 5\text{-}22$$

حيث:

r_r = معدل إعادة التهوية

k'' = ثابت إعادة التهوية (على اليوم) للأساس e

c_s = درجة تركيز الأكسجين المذاب عند التشبع (ملجم/ لتر)، وتتغير بدرجة الحرارة والملوحة والضغط البارومتري

c = درجة تركيز الأكسجين المذاب الفعلية عبر مقطع معين في النهر(ملجم/ لتر)

يعتمد ثابت إعادة التهوية "k على الظروف الخاصة للمورد فمثلاً يعلو الثابت للدفق السريع في الأنهار الضحلة على النهر البطيء أو البركة. فيمكن تقديره باستخدام معادلة أوكونر ودوبنس O'Conner & Dobbins equation {1،4،7،18} كما مبين في المعادلة 5-23

$$k'' = \frac{3.9\sqrt{v}}{\sqrt{H^3}} \qquad 5\text{-}23$$

حيث:

k" = ثابت إعادة التهوية لدرجة حرارة 20° م (على اليوم)

v = السرعة المتوسطة للنهر (م/ ث)

h = العمق المتوسط للنهر (م)

قيمة ثابت إعادة التهوية "k لدرجة حرارة أخرى يمكن تقديرها من المعادلة 5–24 {11،19}

$$(k'')_T = (k'')_{20} * (T_c)^{T-20} \qquad 5\text{-}24$$

حيث:

$(k'')_T$ = ثابت إعادة التهوية لدرجة الحرارة T (على اليوم)

$(k'')_{20}$ = ثابت إعادة التهوية لدرجة الحرارة 20 ° م (على اليوم)

T_c = معامل تصحيح درجة الحرارة، (عادة تؤخذ قيمته لتساوى 1.024)

T = درجة الحرارة (° م)

<u>معدل إعادة التهوية</u>

يعتمد معدل استهلاك الأكسجين الذائب على تركيز المواد العضوية، ومعدل التفسخ، وسعة التخفيف للمورد المائي. وبافتراض أن كمية الأكسجين المطلوبة لأكسجة الأوساخ والحمأة والمواد العضوية والمترسبات الموجودة في قعر المورد المائي تتناسب مع الحاجة الحيا كيميائية للأكسجين الموجود لمدة خمسة أيام BOD_5، يمكن إيجاد معدل إعادة التهوية من المعادلة 5–25

$$r_D = -k' * L_t \qquad 5\text{-}25$$

حيث:

r_D = معدل إعادة التهوية

k' = ثابت معدل إعادة التهوية، يفترض أنه مساو لثابت معدل التفاعل للحاجة الحيا كيميائية للأكسجين BOD خاصة للأنهار العميقة البطيئة الدفق، أما الأنهار السريعة المضطربة والضحلة فلها قيم لثابت إعادة التهوية أعلى بكثير مما يوجد في المخبر (على اليوم)

L_t = الحاجة الحيا كيميائية للأكسجين النهائي في النقطة المعينة بعد دخول الفضلات للنهر وبعد t يوم (ملجم/ لتر)

الحاجة الحيا كيميائية للأكسجين المتبقي في النقطة المعينة يمكن إيجاده من المعادلة 5 –26

$$L_t = L_o * e^{-k't} \qquad 5\text{-}26$$

حيث:

L_o = الحاجة الحيا كيميائية للأكسجين في نقطة المصب (ملجم/ لتر)

t = الزمن (يوم)

وبتعويض المعادلة 5-26 في المعادلة 5-25 تنتج المعادلة 5-27

$$r_D = -k'*L_o*e^{-k't} \qquad 5\text{-}27$$

استهلاك الأكسجين بواسطة المواد المترسبة

إن دخول الأحماض العضوية إلى المورد المائي يرسب المواد عالية الكثافة في قعر النهر مكونة طبقة أوساخ تعمل على استهلاك الأكسجين المذاب في الماء خاصة عند الدفق البطيء للمورد المائي. تتفسخ معظم هذه الأوساخ لاهوائياً بفعل الأحياء المجهرية في قعر المورد المائي، كما وتخضع الأوساخ لتفاعلات حيوية هوائية تنشط عند نقطة تلامس الحمأة والماء المنساب في المورد المائي. وتتغير معدلات الترسيب والجرف للمواد العضوية اعتماداً على سرعة حركة الماء في المورد المائي، ودرجة الدفق المضطرب داخل المورد المائي، وخواص وكمية المواد المترسبة في المنطقة. ويمكن تقدير أثر كميات الطين والأوساخ العضوية والمترسبات باستخدام المعادلات التجريبية مثل تلك التي طورت بواسطة فير ومور وتوماس {1،4،6،8،11،20،21} كما مبين في المعادلة 5-28

$$L_m = 3.14\left(10^{-2}\,L_o\right)T_c * VS * \frac{5+160VS}{1+160VS}\sqrt{t} \qquad 5\text{-}28$$

حيث:

L_m = أعلى احتياج للأكسجين بواسطة المواد المترسبة (جم/ م^2)

L_o = الحاجة الحيا-كيميائية للأكسجين BOD_5^{20} بوساطة المترسبات (جم/ كجم مواد طيارة)

VS = المعدل اليومي لترسب المواد الطيارة (كجم/ م^2)

t = زمن الترسيب (يوم)

T_c = معامل تصحيح درجة الحرارة، والذي يمكن إيجاده من المعادلة 5-29

$$T_c = \frac{BOD_5^T}{BOD_5^{20}} \qquad 5\text{-}29$$

حيث:

BOD_5^T = الحاجة الحيا-كيميائية للأكسجين لمدة خمسة أيام ولدرجة حرارة T ° م

BOD_5^{20} = الحاجة الحيا-كيميائية للأكسجين لمدة خمسة أيام ولدرجة حرارة 20° م

معادلة استريتر وفيلبس

يمكن أخذ العوامل المؤثرة في أكسجة الأنهار (من إعادة للتهوية وتمثيل ضوئي) لوضع نموذج مبسط للأكسجة، كما في معادلة استريتر وفيلبس التي تشير إلى نقصان كمية الأكسجين عند زيادة كمية الملوثات المتمثلة في قيمة الحاجة الحيا-كيميائية للأكسجين، وإلى تقليل قيمة نقصان الأكسجين بعمليات إعادة التهوية. وبضم معادلتي 5-22 و 5-27 تنتج معادلة استريتر وفيلبس 5-30.

معدل زيادة نقصان الأكسجين = معدل استهلاك الأكسجين - معدل الاكسجة

$$\frac{dD}{dt} = k' L_o e^{-k' t} - k'' D \qquad 5\text{-}30$$

حيث:

D = نقصان الأكسجين (ملجم/ لتر)

k' = معدل ثابت التفاعل من الدرجة الأولى (على اليوم)

L_o = الحاجة الحيا-كيميائية للأكسجين النهائي في النقطة المعينة (ملجم/ لتر)

t = الزمن (يوم)

k'' = معدل إعادة التهوية (على اليوم)

من أهم أوجه القصور في نموذج استريتر فيلبس التالي {6،4،1-19،8}:

- تجاهل أثر إنتاج الأكسجين بعمليات التمثيل الضوئي بواسطة الطحالب،
- عدم الأخذ في الحسبان فقدان الأكسجين الداخل في العمليات الحيوية للأوساخ والأحياء الموجودة بقعر المورد المائي،
- افتراض حدوث التلوث من مصدر واحد،
- عدم تضمين العوامل الأخرى المؤثرة على الأحمال العضوية بالإضافة إلى اعتبار القيمة الحيا-كيميائي للأكسجين فيه،
- عدم أخذ أثر عوامل أخرى مؤثرة في الاعتبار مثل: التلوث الحراري، وتأثير مترسبات الأوساخ في قعر النهر، وتأثير التمثيل الضوئي اليومي بالطحالب، والنترتة،
- افتراض وجود حالة ثبات بطول مسافة التلوث في النهر المعني.

رغماً عن أوجه القصور المبينة غير أن النموذج يعد معقولاً عند الاستخدام الحذر له. وبتكامل المعادلة 5-30، وبافتراض أن قيمة نقصان الأكسجين تساوى D_o عند بداية الزمن (t = صفر) تنتج معادلة استريتر فيلبس لمنحنى ارتخاء الأكسجين sag curve كما مبين في المعادلة 5-31

$$D_t = \frac{k' L_o}{k'' - k'}\left(e^{-k' t} - e^{-k'' t}\right) + D_o e^{-k'' t} \qquad 5\text{-}31$$

حيث:

D_t = كمية نقصان الأكسجين عند الزمن t (ملجم/ لتر)

D_O = كمية نقصان الأكسجين المبدئية في نقطة مصب السائل النهائي عند الزمن صفر (ملجم/ لتر)

k' = ثابت معدل الأكسجة (على اليوم)

k" = ثابت إعادة التهوية (على اليوم)

t = زمن سريان الملوث من نقطة المصب لمسافة معينة (x) أدنى النهر (يوم)

للحالة الخاصة التي يتساوى فيها k" = k' (ثابت معدل الأكسجة = ثابت إعادة التهوية) فيصبح حل المعادلة 5-30 كما مبين في المعادلة 5-32

$$D_t = \left(k' L_O t - D_O\right) e^{-k' t} \qquad 5\text{-}32$$

باعتبار أن للنهر مساحة مقطع ثابتة وأنه ينساب بسرعة دفق v فانه يقطع مسافة x في الزمن t حسب المعادلة 5-33

$$X = t * v \qquad 5\text{-}33$$

حيث:

X = المسافة أدنى النهر للزمن t (م)

t = الزمن المنقضي بين نقطة المصب والمسافة x أدنى النهر (يوم)

v = سرعة دفق ماء النهر (متر/ يوم)

وبتعويض المعادلة 5-33 في المعادلة 5-31 ينتج المعادلة 5-34

$$D_t = \frac{k' L_O}{k'' - k'}\left(e^{-k' x / v} - e^{-k'' x / v}\right) + D_O e^{-k'' x / v} \qquad 5\text{-}34$$

بطرح نقصان الأكسجين D_t من تركيز التشبع C_s ينتج الأكسجين المذاب كدالة في الزمن (معادلة 5-30) أو المسافة (معادلة 5-33) أدنى النهر. يبدأ التفتيت الحيوي للمواد العضوية مباشرة بعد صب السائل النهائي المعالج في المورد المائي مستهلكاً الأكسجين المذاب (عند x = صفر أو t = صفر). وعليه فإن إعادة التهوية من الغلاف الجوى تزيد بزيادة استخدام الأكسجين للعمليات الحيوية وتفتيت المواد العضوية المحمولة مع الأوساخ. ولا يلبث هذا الوضع أن يصل إلى نقطة يتساوى فيها معدل استهلاك الأكسجين (للتفتيت الحيوي) مع إعادة التهوية من الغلاف الجوى. وتسمى هذه النقطة بالنقطة الحرجة أو نقطة الاتزان. ونسبة لأن معدل إعادة التهوية أكبر من معدل استهلاك الأكسجين المذاب في المناطق أدنى النهر، فيقود هذا الوضع إلى الزيادة في درجة تركيز الأكسجين واضمحلال أثر الملوث (وربما انعدامه) أثناء عملية التنقية الذاتية للموارد المائية. وعليه يمكن تعريف التنقية الذاتية على أنها قدرة مصدر المياه الطبعي لتنقية نفسه بتفتيت المواد العضوية وغيرها من الملوثات {1،4،19}. وتدل النقطة التي تضمحل فيها كمية الأكسجين المذاب على أقصى معدل نقصان للأكسجين ينتج لمواكبة التفسخ الحيوي، أو ما يطلق عليها بالنقطة الحرجة. ويتبين مما ذكر أهمية النقطة الحرجة وما يواكبها من أدنى مقدار للأكسجين المذاب، يمثل أسوأ ظروف النهر.

يمكن إيجاد النقطة الحرجة بوضع معدل نقصان الأكسجين مساوياً للصفر ($\frac{dD}{dt}=0$) في المعادلة 5-30 مما ينتج عنه قيمة نقصان الأكسجين الحرج المشار إليها في المعادلة 5-35

$$D_c = \frac{k'}{k''} L_o e^{-k' tc} \qquad 5\text{-}35$$

حيث:

D_c = نقصان الأكسجين المذاب الحرج (ملجم/ لتر)

L_o = الحاجة الحيا-كيميائية للأكسجين على نقطة المصب (ملجم/ لتر)

k' = ثابت معدل التفاعل من الدرجة الأولى (على يوم)

t_c = الزمن الحرج أو الزمن المطلوب للوصول إلى المسافة الحرجة (يوم)

k'' = معدل إعادة التهوية (على اليوم)

ويقدر الزمن الحرج بمفاضلة المعادلة 5-31 بالنسبة للزمن t ووضعها مساوية للصفر ($\frac{d\,D_t}{dt}=0$)كما مبين في المعادلة 5-36

$$t_c = \frac{1}{k''-k'} \ln\left\{\frac{k''}{k'}\left(1-\frac{D_o(k''-k')}{k' L_o}\right)\right\} \qquad 5\text{-}36$$

حيث:

t_c = الزمن الحرج (يوم)

k'' = معامل إعادة التهوية (على اليوم)

k' = ثابت معدل التفاعل من الدرجة الأولى (على اليوم)

D_o = كمية نقصان الأكسجين المبدئية في نقطة مصب السائل النهائي عند الزمن صفر (ملجم/ لتر)

L_o = الحاجة النهائية الحيا-كيميائية للأكسجين على نقطة التخلص (ملجم/ لتر)

ومن ثم يمكن إيجاد أقصى نقصان للأكسجين بتعويض الزمن الحرج في المعادلة 5-31. وتوجد المسافة الحرجة بالتعويض عن الزمن الحرج في المعادلة 5-33

باستخدام نموذج استريتر وفليبس يمكن إيجاد التغير في نقصان الأكسجين لمسافات مختلفة أدنى النهر ورسم ما يسمى بمنحنى ترخيم الأكسجين Oxygen sag curve كما موضح مبسطاً في الشكل 5-8، الذي يبين وجود أربع مناطق: منطقة نقصان الأكسجين في بداية الرسم مباشرة بعد نقطة التخلص من السائل النهائي في المورد المائي، ثم منطقة التفتيت الحيوي، ثم منطقة زيادة درجة تركيز الأكسجين،

والمنطقة الأخيرة المحتوية على المياه النقية التي تمت فيها عملية التنقية الذاتية للمورد المائي بالتخلص مما تحتويه من ملوثات {1}. وينبغي ذكر أن لدرجة الحرارة أثراً بيّناً على منحنى ترخيم الأكسجين إذ أن زيادة الحرارة يواكبها زيادة في معدل استهلاك الأكسجين بينما تضمحل ذوبانيته، وتقود مثل هذه الظروف إلى الوصول السريع للمسافة الحرجة أدنى النهر. وهذا يعني أن النهر قد يحوي قدراً مناسباً من الأكسجين المذاب في الفصول الباردة غير أنه قد يحوي نقصان أكسجين غير مقبول في الفصول الدفيئة من الصيف {19}. ومن هنا يتبين الأثر الضار للتلوث الحراري من المحطات الحرارية وغيرها من مصادر التلوث الحراري، ومن ثم ربما تمكن نهر ما من قبول تحميل فضلات سائلة دون تأثير ضار غير أنه قد يحوي مقادير متدنية من الأكسجين عند وجود محطة حرارية.

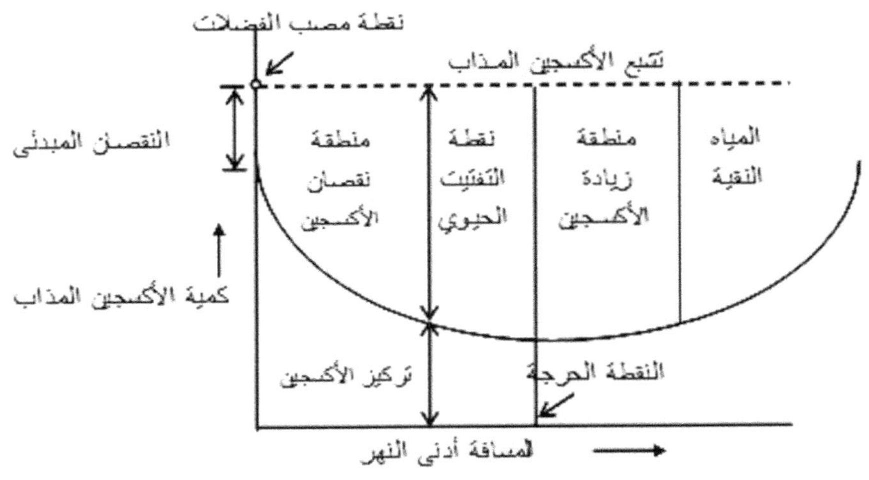

شكل 5-8 **منحنى ترخيم الأكسجين**

مثال 5-6

يصرف السائل النهائي المعالج وفق التشريعات المحلية في النهر المجاور لمحطة المعالجة. ويوضح البيان التالي خواص السائل النهائي والنهر المستقبل له:

المنشط	السائل النهائي	مياه النهر
كمية الأكسجين المذاب	1 ملجم/ لتر	متشبع
معدل الدفق (م^3/دقيقة)	8	50
سرعة الدفق (م/دقيقة)		15
الحاجة الحيا كيميائية للأكسجين (ملجم/ لتر)	36	3
العمق (متر)		2.4

معدل الأكسجة ('k للأساس e) 0.4 وثابت معدل التفاعل 0.15 على اليوم لدرجة حرارة 20°م، درجة الحرارة لم يطرأ عليها أي تغيير وظلت ثابتة على 20° م

1- جد كمية الأكسجين المذاب لخليط ماء النهر والسائل النهائي أدنى نقطة المصب،
2- جد الحاجة الحيا-كيميائية للأكسجين لخليط ماء النهر والسائل النهائي أدنى نقطة المصب،
3- جد النقصان في الأكسجين المذاب الابتدائي للنهر مباشرة بعد نقطة المصب،
4- أحسب الزمن الحرج أدنى النهر،
5- جد المسافة الحرجة أدنى النهر،
6- أحسب أدنى قيمة للأكسجين الذائب في النهر أدنى نقطة مصب السائل النهائي.

الحل

1- المعطيات: البيانات والمعلومات الخاصة بالسائل النهائي والنهر

2- جد كمية الأكسجين المذاب للخليط من المعادلة: $DO_m = [DO_r*Q_r + DO_w*Q_w]/[Q_r + Q_w]$

*جد درجة تركيز الأكسجين عند التشبع لدرجة حرارة الماء (20ه م) من الجداول من الملاحق بافتراض أن تركيز الكلور = صفر: $C_S = 9.2$ ملجم/ لتر والتي تساوي درجة تركيز الأكسجين في ماء النهر

*جد كمية الأكسجين المذاب في الخليط

$$DO_m = [1\times8 + 9.2\times50] \div [8 + 50] = 8.07$$

3- جد الحاجة الحيا كيميائية للأكسجين للخليط من المعادلة:

$$BOD_m = [BOD_r*Q_r + BOD_w*Q_w]/[Q_r + Q_w]$$
$$BOD_m = [36\times8 + 3\times50] \div [8 + 50] = L = 7.55$$

4- جد نقصان الأكسجين مباشرة أدنى المجرى المائي من المعادلة:

5- D_o = درجة تركيز تشبع الأكسجين - درجة تركيز الأكسجين للخليط = 9.2 - 8.07 = 1.13 ملجم/ لتر

6- جد الزمن الحرج باستخدام المعادلة:

7- $t_c = [1/(k'' - k')]*\ln\{(k''/k')*[1 - \{(OX_o/L_o)*(k'' - k')/k'\}]\}$

8- جد الحاجة الحيا كيميائية للأكسجين النهائي لمدة خمسة أيام على درجة حرارة 20ه م من المعادلة:

$$L_o = L/(1 - e^{-k't}) = 7.55 /(1- e^{-0.15*5}) = 14.3$$

9- وعليه يمكن إيجاد الزمن الحرج من المعادلة:

$$t_c = \frac{1}{k''-k'}\ln\left\{\frac{k''}{k'}\left(1-\frac{D_o(k''-k')}{k' L_o}\right)\right\} = \frac{1}{0.4-0.15'}\ln\left\{\frac{0.4}{0.15'}\left(1-\frac{1.13}{14.3}\frac{(0.4-0.15)}{0.15}\right)\right\} =$$

3.36 d

10-جد المسافة الحرجة من المعادلة: $X_c = t_c*v = 3.36dx15x24m/d = 1209\ m = 1.2\ km$

11-جد أقل كمية أكسجين في النهر أدنى مصب السائل النهائي من المعادلة:

$$D = \{[\frac{k'*L_o}{k''-k'}]*[e^{-k't} - e^{-k''t}]\} + (L*e^{-k''t})$$

$$= \{[\frac{0.15*14.3}{0.4-0.15}]*[e^{-0.15x3.36} - e^{-0.4x3.36}]\} + (1.13*e^{-0.4x3.36}) = 3.24$$

12-وعليه يمكن إيجاد أقل تركيز أكسجين: أقل تركيز أكسجين = 9.2 - 3.24 = 5.96 ملجم/ لتر.

برنامج 5-6:

```
Public Class Form1
    Private Function find_DOw(ByVal T As Integer) As Double
        Select Case T
            Case 0 : Return 14.6
            Case 1 : Return 14.2
            Case 2 : Return 13.8
            Case 3 : Return 13.5
            Case 4 : Return 13.1
            Case 5 : Return 12.8
            Case 6 : Return 12.5
            Case 7 : Return 12.2
            Case 8 : Return 11.9
            Case 9 : Return 11.6
            Case 10 : Return 11.3
            Case 11 : Return 11.1
            Case 12 : Return 10.8
            Case 13 : Return 10.6
            Case 14 : Return 10.4
            Case 15 : Return 10.2
            Case 16 : Return 10
            Case 17 : Return 9.7
            Case 18 : Return 9.5
            Case 19 : Return 9.4
            Case 20 : Return 9.2
            Case 21 : Return 9
            Case 22 : Return 8.8
            Case 23 : Return 8.7
            Case 24 : Return 8.5
            Case 25 : Return 8.4
            Case 26 : Return 8.3
            Case 27 : Return 8.2
            Case 28 : Return 7.9
            Case 29 : Return 7.8
            Case 30 : Return 7.6
```

```
        End Select
        Return -1
    End Function

    Private Sub Form1_Load(ByVal sender As System.Object,
       ByVal e As System.EventArgs) Handles MyBase.Load
        Me.Text = "مثال 5-6"
        Button1.Text = "احسب"
        Label1.Text = "الأكسجة معدل"
        Label2.Text = "اليوم على التفاعل ثابت"
        Label3.Text = "مئوية-الحرارة درجة"
        Label4.Text = "للخليط المذاب الأكسجين كمية"
        Label5.Text = "للخليط حياكيميائية الحاجة"
        Label6.Text = "المصب نقطة بعد المذاب الأكسجين في النقصان"
        Label7.Text = "يوم-النهر أدنى الحرج الزمن"
        Label8.Text = "كم-النهر أدنى الحرجة المسافة"
        Label9.Text = "ل/مج-المصب أدنى الذائب للأكسجين قيمة أدنى"
        Me.FormBorderStyle =
           Windows.Forms.FormBorderStyle.FixedSingle
        DataGridView1.Columns.Clear()
        DataGridView1.Rows.Clear()
        DataGridView1.RightToLeft =
           Windows.Forms.RightToLeft.Yes
        DataGridView1.Columns.Add("Col1", "المنشط")
        DataGridView1.Columns.Add("Col2", "النهائي السائل")
        DataGridView1.Columns.Add("Col3", "النهر مياه")
        DataGridView1.Rows.Add(5)
        DataGridView1.Rows(0).Cells("Col1").Value =
           "المذاب الأكسجين كمية"
        DataGridView1.Rows(1).Cells("Col1").Value =
           "د/3م-الدفق معدل"
        DataGridView1.Rows(2).Cells("Col1").Value =
           "د/م-الدفق سرعة"
        DataGridView1.Rows(3).Cells("Col1").Value =
           "ل/مج-حياكيميائية الحاجة"
        DataGridView1.Rows(4).Cells("Col1").Value = "م-العمق"
        DataGridView1.AllowUserToAddRows = False
        DataGridView1.AllowUserToDeleteRows = False
        DataGridView1.Columns("Col1").ReadOnly = True
    End Sub

    Private Sub Button1_Click(ByVal sender As System.Object,
       ByVal e As System.EventArgs) Handles Button1.Click
        Dim k1, k2 As Double
        Dim DOm, DOr, DOw As Double
        Dim Qr, Qw, T As Double
        Dim BODr, BODw, BODm As Double
        Dim D0, Lo, tc, Xc, D, v As Double
```

```
        Dim O2 As Double
        Const time = 5
        k2 = Val(TextBox1.Text)
        k1 = Val(TextBox2.Text)
        T = Val(TextBox3.Text)
        DOr = Val(DataGridView1.Rows(0).Cells("Col2").Value)
        Qr = Val(DataGridView1.Rows(1).Cells("Col2").Value)
        DOw = find_DOw(T)
        Qw = Val(DataGridView1.Rows(1).Cells("Col3").Value)
        DOm = ((DOr * Qr) + (DOw * Qw)) / (Qr + Qw)
        BODr = Val(DataGridView1.Rows(3).Cells("Col2").Value)
        BODw = Val(DataGridView1.Rows(3).Cells("Col3").Value)
        BODm = ((BODr * Qr) + (BODw * Qw)) / (Qr + Qw)
        D0 = DOw - DOm
        Lo = BODm / (1 - Math.Pow(Math.E, -k1 * time))
        Dim t1, t2, t3 As Double
        t1 = 1 / (k2 - k1)
        t2 = (D0 * (k2 - k1)) / (k1 * Lo)
        t3 = k2 / k1
        tc = t1 * Math.Log(t3 * (1 - t2))
        v = Val(DataGridView1.Rows(2).Cells("Col3").Value)
        Xc = tc * v * 24 / 1000
        Dim d1, d2, d3 As Double
        d1 = (k1 * Lo) / (k2 - k1)
        d2 = Math.Pow(Math.E, -k1 * tc) -
             Math.Pow(Math.E, -k2 * tc)
        d3 = D0 * Math.Pow(Math.E, -k2 * tc)
        D = (d1 * d2) + d3
        O2 = DOw - D
        TextBox4.Text = FormatNumber(DOm, 2)
        TextBox5.Text = FormatNumber(BODm, 2)
        TextBox6.Text = FormatNumber(D0, 2)
        TextBox7.Text = FormatNumber(tc, 2)
        TextBox8.Text = FormatNumber(Xc, 2)
        TextBox9.Text = FormatNumber(O2, 2)
    End Sub
End Class
```

<u>(ج) التخلص من السائل النهائي في البحيرات والبرك</u>

البركة كالحوض، والجمع البِرَكُ، يقال سميت بذلك لإقامة الماء فيها. والبركة: شبه حوض يحفر في الأرض لا يجعل له أعضاء فوق صعيد الأرض. البركة: مستنقع الماء ج بِرَكٌ. البُحَيْرةُ مجتمع الماء تحيط به الأرض {10}.

توجد البرك والبحيرات حيث تم تجميع وحجز السريان السطحي في مناطق منخفضة، أو حيثما تم إنشاء سد لتكوين خزان. وتعتمد نوع المياه في البركة أو البحيرة على المياه المستقبلة من المنطقة الجابية وما بها من مواد ملوثة أو مناشط محدثة لأي تلوث صناعي أو زراعي أو بشري أو غيره. وبفضل التخطيط الجيد يمكن المحافظة علي مياه البركة أو العمل علي تنقيتها واستعذابها لما فيه خير الجمهور المستهلك. كما أن كمية المياه متاحة بسهولة وبينة للعيان مقارنة بالمياه الجوفية. غير أن نوع المياه قد يأتي بمشاكل أو يتطلب تنقية معينة خاصة بالنسبة للبرك والبحيرات ذات الحجم الصغير {22}. والبحيرة ليست مثل النهر الذي يمكنه نقل الملوثات خارجه، مما يفاقم من مخاطر التلوث بالبحيرة {19}.

يعد الإشعاع الشمسي أهم عامل يرفع درجة حرارة البحيرات وخزانات وأحواض المياه. ومن الملاحظ أن الإشعاع يقل باطراد مع عمق البحيرة، حيث يقل إلى 40% في أول متر من العمق. ويحدد منحنى الحرارة ثلاث طبقات في البحيرة لكل البحيرات عند منتصف الصيف حيث يحدث معظم الانخفاض في درجة الحرارة في طبقة الانحدار الحراري Thermocline أو ما يسمى Metalimnium أما الطبقة العليا Eplimnium فلها تقريباً نفس درجة الحرارة، وتثبت درجة الحرارة بمقدار منخفض في الطبقة السفلي (الدنيا Hypolimnium). وتعمل التيارات السطحية، واضطراب الدفق، وحركة الحمل على تغير درجة الحرارة في البحيرة. وتنتج هذه التيارات السطحية بفعل الرياح من جراء دفع جزيئات الماء السطحية. وينتج من هذه التيارات دوامات مضطربة Turbulent eddies تقود بدورها إلى تغيرات في جزيئات الماء على المستوى الرأسي، مما يؤدى إلى مزج كامل أو جزئي في الطبقة العليا. كما تلعب قوى البَخر والإشعاع والحمل (أثناء الليل وفي المناخ البارد) دوراً ريادياً في اتزان الحرارة في الطبقة العليا. وتعتمد هذه الأحوال على الظروف المناخية ومؤثرات الأرصاد الجوي بالمنطقة وخواص البحيرة وشكلها وحجمها ووضعها الجغرافي ومدخلات ومخرجات الأنهار إليها ومنها وعمر البحيرة. تعتمد حياة وتكاثر الحيوانات والنباتات في البحيرة على كمية مواد التغذية الموجودة (وعلى وجه الخصوص: النتروجين والفسفور). ويطلق على البحيرات التي يقل بها النمو الحيوي قليلة التغذية أو النمو Oligotrophic (few foods)، وعلى تلك التي يكثر بها النمو الحيوي بحيرة متخمة Eutrophic. وعموماً تقل بالبحيرات قليلة النمو Oligotrophic المواد الغذائية وتكاثر النبات، وتحتوي على مياه شفافة ذات لون أزرق غامق أو أزرق مخضر. أما البحيرات من نوع البحيرة المتخمة فتقل فيها شفافية المياه ويميل لونها إلى الأصفر المخضر. ومن المعلوم أن نمو النباتات ووجود البكتريا يؤدى إلى تغير في مواد التغذية وإنتاج نواتج النمو الحيوي في وجود الضوء على الطبقة العليا. وعليه فمن منطلق النمو الحيوي يمكن إيجاد طبقتين في البحيرة إحداهما أدنى الأخرى. تمثل الطبقة الأولى طبقة الإنتاج الحيوي عن طريق التمثيل الضوئي أو ما يسمى Tophogenic zone، أما الطبقة أسفلها فتمثل Tropholytic zone. وتتراوح درجات تركيز المواد الذائبة الكلية في المياه العذبة العادية بين 50 و 400 ملجم/لتر. ومن الأملاح التي قد توجد بها: كربونات وكبريتات (سلفات) وكلوريد الكالسيوم والمغنيسيوم والصوديوم والبوتاسيوم، والحامض السّليكي silicic مع نسب قليلة من مركبات النتروجين والفسفور، بالإضافة إلى

مركبات الحديد والمنجنيز. كما توجد نسب قليلة من المواد العضوية الذائبة، هذا بالإضافة إلى كمية من الغازات الذائبة وعناصر ثقيلة. وعامة فإن أهم عشر مواد للنمو الحيوي تضم: الكربون والهيدروجين والأكسجين والنتروجين والفسفور والكبريت والكالسيوم والمغنسيوم والبوتاسيوم والحديد C, H, O, N, P, S, Ca, Mg, K, Fe. هذا بالإضافة إلى أهمية وجود مواد أخرى مثل الصوديوم والمنجنيز والخارصين والنحاس والبورون Na, Mn, Zn, Cu, B وربما غيرها. كما هنالك نوع آخر من حالة البحيرة يوجد به كميات كبيرة من مواد التغذية غير أن ظروف الماء لا تسمح بالنمو الحيوي لوجود مواد دبالية، أو لقلة تغلغل الضوء، أو لارتباط مواد التغذية مع حمض الدبال وتكوين الدبال، أو لقلة الرقم الهيدروجيني أو ما ماثلها، وتسمى هذه الحالة رديئة (سيئة) التغذية dystrophic. هذا وقد أشار جستس ليبج Justus Liebig في 1840 إلى فكرة "اعتماد نمو النبات على كمية المواد الغذائية المتاحة له بكميات قليلة"، مما يعرف بقانون ليبج للأقل law of the minimum. ويفيد قانون ليبج في اختيار أسرع الطرق للتحكم في تخمة البحيرة بتحديد الغذاء المحدد للنمو وتقليل تركيزه {19}. فمثلاً تكثر في البرك المتخمة الطحالب الزرقاء المخضرة (*Cyanophyta*) blue-green التي يمكنها الحصول على النتروجين مباشرة من الغلاف الجوي مما يعني أن تقليلها عملياً ينبغي أن يتم بالتحكم في الفسفور. ويبين جدول 5-5 مقارنة بين الأنواع السالفة من البحيرات (23).

جدول 5-5 مقارنة بين أنواع البحيرات (22،23)

المنشط	قليلة النمو Oligotrophic	بحيرة متخمة Eutrophic	بحيرة رديئة التغذية Dytrophic
العمق	عميقة	ضحلة نسبياً أو عميقة	ضحلة
درجة الحرارة	عالية في طبقة الانحدار الحراري. وباردة في الطبقة السفلي	تقل أو لا توجد في الشتاء البارد	متغيرة
المواد العضوية	تقل في القعر أو عالقة	تكثر في القعر وعالقة	تكثر في القعر وعالقة
مواد الإلكتروليت	قليلة أو متغيرة	متغيرة، عادة عالية	قليلة
مواد التغذية Ca, B, N	قليلة نسبياً	كثيرة	ضئيلة جداً
مواد دبالية	قليلة أو لا توجد	قليلة	كثيرة
الأكسجين الذائب	عالٍ عبر كل العمق على مدار السنة	يوجد في البحيرة العميقة ذات الطبقات، قليل أو منعدم في الطبقة السفلي	لا يوجد في المياه العميقة
الأحياء المائية الكبيرة	ضئيلة	كثيرة	ضئيلة
العوالق المائية	محددة وتكثر أنواعها	كثيرة ومتغيرة النوع	متغيرة، عادة قليلة في النوع

			والكم
وحيش fauna	غنية نوعاً وكماً	كثيرة، متغيرة نوعاً وكماً	قليلة أو منعدمة
الأسماك	سالمون، التروتة (سلمون مرقط)، السيسك، تكثر أسماك المياه الباردة	لا توجد أسماك مياه باردة. تكثر أسماك الفرخ الرامح والفرخ وسمك ذئب البحر، وأسماك المياه الدافئة	قليلة أو لا توجد

يمكن في بعض الأحوال التخلص الموضعي point من السائل النهائي الصناعي والزراعي والمنزلي في البرك والبحيرات وخزانات المياه السطحية البرية خاصة عند غياب الأنهار والروافد أو صعوبة استخدامها، وقد تجد الملوثات من مصادر غير موضعية non-point مثل الدفق الزراعي والحضري الذي قد يحمل ملوثات كيميائية سامة ومواد غذائية مستهلكة للأكسجين. غير أن هذه الممارسة قد تقود إلى تراكم الغرين والمواد العضوية ومواد التغذية في البحيرة مما يؤدي إلى:

- تقليل العمق،
- تكاثر النمو الحيوي مثل الطحالب حسب وجود الطاقة ومواد التغذية،
- تدهور نوع الماء بالبحيرة،
- ازدياد مشاكل الروائح والمناظر المنفرة من جراء هلاك الطحالب وغيرها،
- نمو النباتات ذات الجذور على حواف البحيرة الضحلة،
- تناقص الأكسجين المذاب،
- نزوح الأحياء المائية وهلاكها خاصة تلك التي تحتاج إلى كميات عالية من الأكسجين،
- تدفئة ماء البحيرة،
- تكون كبريتيد الهيدروجين في البيئة اللاهوائية مما يعمل على تحرر معادن مثل الحديد والمنجنيز من المترسبات وذوبانيتها في البحيرة،
- ظهور التخمة على البحيرة.

من ضمن هذه النماذج المستخدمة لتقويم درجة التلوث الحادث في البرك أنموذج البحيرة ذات الخلط الكامل. ويفترض في هذا الأنموذج التالي {1،4،8،11}

- وجود خلط كامل لمياه البحيرة ربما بفعل الرياح،
- معدل دفق منتظم،
- وجود ظروف مناسبة لحدوث حالة اتزان،
- يتبع تفسخ الملوث تفاعل من الدرجة الأولى.

باستخدام نظرية توازن الكتلة يمكن تقدير درجة تركيز أي ملوث في بحيرة ذات خلط كامل يصب فيها نهر معين وتستقبل فضلات سائلة من محطة معالجة حسب المعادلة 5-37

$$C = \frac{W}{\beta V}\left(1 - e^{-\beta t}\right) + C_o e^{-\beta t} \quad 5\text{-}37$$

حيث:

C = درجة تركيز الملوث في البحيرة وفى الماء الخارج منها (كجم/م^3)

W = التحميل للخليط كما مبين في المعادلة 5-38

$$W = Q_r * C_r + Q_w * C_w \quad 5\text{-}38$$

Q_r = دفق النهر الذي يصب في البحيرة (م^3/ث)

C_r = درجة تركيز الملوث في النهر (كجم/م^3)

Q_w = دفق الفضلات السائلة إلى البحيرة (م^3/ث)

C_w = درجة تركيز الملوث في الفضلات السائلة (كجم/م^3)

β = قيمة تعتمد على زمن المكث بالبحيرة وثابت التفاعل كما مبينة في المعادلة 5-39

$$\beta = \frac{1}{t} + k' \quad 5\text{-}39$$

k = ثابت تفاعل الدرجة الأولى للأساس e (/يوم)

V = حجم البحيرة

C_o = درجة تركيز الملوث في البحيرة عند الزمن t = صفر (كجم/م^3)

t = الزمن

أما درجة تركيز الملوث عند حالة الاتزان فيمكن إيجادها من المعادلة 5-37 بعد جعل قيمة الزمن تتناهى إلى ما لانهاية كما موضح في المعادلة 5-40

$$C_e = \frac{W}{\beta V} \quad 5\text{-}40$$

حيث:

C_e = درجة تركيز الملوث عند الاتزان داخل البحيرة (كجم/م^3)

بالنسبة للفسفور فإنه يدخل إلى البحيرة بعدة طرق منها: الأنهار التي تصب في البحيرة والتصريف من المنطقة الجابية، والتصريف الصناعي والزراعي الموضعي. كما يمكن وضع تصور مبسط لأنموذج للفسفور في البحيرة لاسيما وقد يخرج الفسفور منها مع الأنهار الخارجة منها أو يترسب إلى قعر البحيرة.

ومن أهم الافتراضات في مثل هذا الأنموذج المبسط:

- وجود خلط كامل وظروف اتزان بالبحيرة،
- تجاهل السلوك الحركي للبحيرة بتغير الموسم،

- الفسفور هو الغذاء المتحكم وتقديره يؤشر للتخمة،
- وجود معدل ترسيب ثابت للفسفور.

يمكن كتابة معادلة توازن الكتلة للفسفور بالبحيرة باستخدام الأنموذج المبسط كما موضح في المعادلة 5-41، لموازنة المضاف من الفسفور إلى المزال منه.

$$S = QP + vAP \qquad 5\text{-}41$$

حيث:

S = معدل زيادة الفسفور من كل المصادر التي تأتي به (جرام/ث)

P = تركيز الفسفور (جم/م^3)

Q = معدل دفق النهر الخارج من البحيرة (م^3/ث)

v = معدل ترسيب الفسفور (م/ث)، يمكن أخذها لتساوي 3 إلى 30 م/سنة

A = مساحة سطح البحيرة (م^2)

5-5 تمارين عامة

5-5-1 تمارين نظرية

1) ما المقصود بالحمأة الصلبة؟
2) ما الفرق بين الهضم الهوائي والهضم اللاهوائي؟ فيم يتم استخدام كل منهما؟
3) ما أهم أهداف هضم الحمأة في وحدة المعالجة؟
4) أذكر أهم العوامل التي تؤثر في عملية الهضم اللاهوائي.
5) ما أهم المؤثرات في إنتاج الغاز في الهاضم؟
6) عرف ما يأتي: بكتريا الميثان، وتخمير المواد العضوية، والتعويز، والطحالب الزرقاء المخضرة، ومعامل الانضغاطية.
7) أكتب بإيجاز عن طريقة تقليل الماء من الحمأة والأوساخ وأهميتها بوصفها وحدة تسبق التخلص النهائي من الحمأة.
8) لماذا يصعب إزالة الماء من الفضلات السائلة؟
9) ما أهم أهداف عملية إزالة الماء من الأوساخ؟
10) تحدث بإيجاز عن كل مما يأتي:
    - استخدام مفرش التجفيف في البلدان النامية،
    - لون الحمأة المهضومة،
    - محاسن مرشح ضغط المكبس،
    - عيوب وحدة الهضم،
    - العوامل المؤثرة على كفاءة التفريغ الهوائي لإزالة الماء من الحمأة،

- زمن تشقق الكعكة،
- التخمة في البرك المائية،
- قوى الطرد المركزية لإزالة الماء من الحمأة،
- خصخصة معالجة الفضلات السائلة في إطار العولمة واتفاقية التجارة الدولية.

11) "يمكن تقدير خدمات التخلص من الفضلات الصناعية على قياسات مخبرية لها علاقة بالحجم أو طبيعة الفضلات". ما أفضل النظم الواجب احتضانها لتسعيرة الفضلات الصناعية لولاية الخرطوم؟ وضح الأسباب.

12) أذكر أهم الطرق المستخدمة للتخلص من السائل النهائي المعالج بمنطقتك. وما أوجه القصور في هذه الطرق؟ وكيف يمكن تطويرها في ظل سياسة خصخصة معالجة الفضلات؟

13) عرف الآتي: التخلص بالتخفيف، التنقية الذاتية للمورد المائي، المسافة الحرجة في تلوث الأنهار.

14) أكتب باختصار عن كل من الآتي:

- التنقية الذاتية من الفضلات العضوية وغير العضوية في المصادر المائية،
- دور الطحالب في عملية أكسجة الأنهار،
- التخلص من السائل النهائي في البحيرات،
- قانون ليبيج للأقل.

15) "درجة التركيز المهلكة لبعض أنواع المواد السامة للأسماك ليست محددة وتعتمد على عدة ظروف متباينة" ناقش هذه العبارة.

16) لماذا يتوقع أن يتواجد تغير يومي في درجة تركيز الأكسجين المذاب في ماء النهر؟

17) "من أهم أساسيات التخلص من السائل النهائي المعالج والتشريع للتلوث جعل محطات المعالجة جزء من المنهاج ليترك الأمر للتنقية الذاتية الطبعية" ناقش هذه العبارة.

18) ما أثر التيارات المائية الدوامية في الخلجان المستقبلة لتصريف فضلات سائلة؟

19) وضح المخاطر البيئية من جراء التخلص من الفضلات الصناعية الحمضية أو القلوية.

2-5-5 تمارين عملية

هضم الحمأة

1) قارن بين نسب الميثان (CH_4) وثاني أكسيد الكربون (CO_2) لإنتاج الغاز في مفاعل لاهوائي من الايثانول C_2H_5OH. وحمض الخليك CH_3COOH وحمض الاوكساليك COOH.COOH. رتب النسب تصاعدياً.

إزالة الماء من الحمأة

استخدم قمع بكنر لعينة من الحمأة المهضومة لقياس معامل المقاومة النوعية لعينة مضاف إليها كيسلجر مادة مساعدة لإزالة الماء وتم الحصول على البيانات التالية:

الزمن (دقيقة)	2	3	4	5	7	10	13	18	20
حجم الراشح المجمع (مللتر)	12.8	15.6	18	20.2	23.5	28.1	31.8	37.3	39

درجة رطوبة خليط الحمأة ومادة كيسلجر 97 %، وقراءة مانومتر الضغط 69 كيلو باسكال، ودرجة حرارة الراشح 19°م، ودرجة لزوجة الراشح 1.027×10^{-3} نيوتن×ث/م^2 لدرجة حرارة 19°م، والمقاومة النوعية قبل التهيئة بالكيسلجر 28.4×10^{13} م/كجم. جد درجة إزالة الماء من الحمأة المهيأة. (بكالوريوس الخرطوم 1985).

3. استخدم البيانات التالية لإيجاد المقاومة النوعية للحمأة :

الزمن (ث)	30	60	90	120	150	180	210	240	270	300	330	360	390
حجم الراشح×10^{-6} (م^3)	8	14	19	23	27	31	34	37	40	43	45	48	51

الضغط الفراغي العامل 60 كيلو باسكال، واللزوجة للراشح 1.005×10^{-3} نيوتن ث/م^2، ومساحة الترشيح 3.85×10^{-3} م^2، وتركيز المواد الصلبة 6.541 كجم/م^3 (بكالوريوس أم درمان الإسلامية 1998).

4) في اختبار مقاومة نوعية باستخدام قمع بكنر لعينة من أوساخ صادرة من جهاز حمأة نشطة تم الحصول على البيانات التالية علماً بأن الاختبار قد أجري ثلاث مرات:

الزمن (ثانية)	حجم الراشح (مللتر)		
	اختبار 1	اختبار 2	اختبار 3
60	2.9	3	3.1
120	3.7	3.8	3.9
240	5.3	5.4	5.5
480	8.3	6.9	7.0
900	12.6	12.7	12.8
1200	14.3	14.4	14.5

جد قيمة المقاومة النوعية للأوساخ علماً بأن الفراغ المستخدم = 60 كيلو باسكال، ولزوجة الراشح = 1.005×10^{-3} نيوتن ث/م^2، وحجم الراشح المستخدم = 50×10^{-6} م^3، وتركيز المواد الصلبة = 4 %، وقطر ورقة ترشيح واتمان رقم 1 = 7 سم (بكالوريوس السلطان قابوس 1996).

5) في اختبار مقاومة نوعية باستخدام قمع بكنر لعينة من أوساخ صادرة من جهاز حمأة نشطة تم الحصول على البيانات التالية:

الزمن (دقيقة)	حجم الراشح (مللتر)		
	اختبار 1	اختبار 2	اختبار 3
1	1.3	1.4	1.5
2	2.3	2.4	2.5
4	4.1	4.2	4.3
8	6.8	6.9	7.0
15	10.3	10.4	10.5

جد قيمة المقاومة النوعية للأوساخ علماً بأن الفراغ المستخدم = 97.5 كيلو باسكال، ولزوجة الراشح = 1.011×10^{-3} نيوتن ث/م^2، وحجم الراشح المستخدم = 50×10^{-6} م^3، وتركيز المواد الصلبة = 7.5 %، ودرجة الحرارة 20° م، وقطر ورقة ترشيح واتمان رقم 1 = 7.5 سم (بكالوريوس الخرطوم 1984).

6) استخدم قمع بكنر لعينة من الحمأة المهضومة لقياس معامل المقاومة النوعية وتم الحصول على البيانات التالية:

الزمن (ثانية)	حجم الراشح المجمع (مللتر)
120	4.9
180	6.3
240	7.4
300	8.4
420	10.3
600	12.75
780	14.7
1080	17.6
1200	18.8

علما بأن التفريغ الهوائي المستخدم 68.95 كيلو باسكال ودرجة حرارة الراشح 20°م، ودرجة لزوجة الراشح 1.002×10^{-3} نيوتن×ث/م^2، وتركيز المواد الصلبة 21.4 كجم/م^3، ومساحة ورقة ترشيح واتمان رقم 1 تعادل 38.48×10^{-4} م^2، حجم العينة المستخدم 100×10^{-4}م^3. ارسم قيم (t/V) بالنسبة إلى V ثم جد الميل وقيمة المقاومة النوعية (بكالوريوس الخرطوم 1983).

7) بيانات إزالة الماء من الحمأة المجمعة من اختبار قمع بكنر مبينة في الجدول التالي:

الزمن (ثانية)	الراشح (مللتر)
14.5	66
29.5	92
45	112
59	129
70	134
89	156
102	167
120	180

ظروف الاختبار الخاصة على النحو التالي: الضغط 15 بوصة زئبق، ودرجة حرارة الراشح 20°م، وتركيز المواد الصلبة 0.056 جم/مللتر، ومساحة ورقة ترشيح 104.6 سم^2. جد المقاومة النوعية للحمأة (بكالوريوس الإمارات العربية المتحدة 1991).

8) أوضح تقدير المقاومة النوعية لضغوط مختلفة ميل 0.65 لرسم logr مع logP، والمقاومة النوعية لضغط 95 كيلو باسكال تبلغ 1.5×10^{13} م/كجم للحمأة (أ). وقيمة المقاومة النوعية للحمأة (ب) حسب بيانات أدبيات الموضوع 2.1×10^{9} ث^2/جم لضغط 196 كيلو باسكال. قارن بين درجة إزالة الماء للحمأتين المذكورتين (بكالوريوس الخرطوم 1985).

9) المقاومة النوعية لحمأة 0.2×10^{13} م/كجم لضغط 49 كيلو باسكال. جد المقاومة النوعية للحمأة لضغط 69 كيلو باسكال إذا كان معامل الانضغاطية للحمأة 0.7 (بكالوريوس الخرطوم 1986).

10) جد معامل الانضغاطية للنتائج التالية لتغير معامل المقاومة النوعية لعينة مهضومة مع الضغط :

الضغط (كيلو باسكال)	معامل المقاومة النوعية (م/كجم) = $\times 10^{14}$
290	5
580	10
1170	20
1758	30
2344	40

11) استخدمت طريقة الطرد المركزي لإزالة الماء من حمأة مهضومة تحوى 3% مواد صلبة، وتدخل الفضلات السائلة المهضومة للطارد بمعدل دفق مترٍ مكعبٍ في الساعة. ونسبة لحدوث زيادة في كمية الأوساخ ينبغي تحديث الطارد بآخر أكبر سعة ويماثله هندسياً. جد معدل الدفق الذي ينبغي أن يعمل عليه الطارد الثاني ليطابق عمل الأول باستخدام البيانات المبينة في الجدول التالي:

المنشط	الطارد الأصلي	الطارد الجديد المقترح
طول الإناء (سم)	30	50
قطر الإناء (سم)	20	40
سرعة الإناء (دورة في الدقيقة)	4800	4100

ارتفاع الأوساخ في السلطانية(سم)	3	4
الخطوات الحلزونية (سم)	6	9
عدد الخطوات	1	1
سرعة السير(دورة في الدقيقة)	5000	4400

التخلص من السائل النهائي

12) الحاجة الحيا كيميائية للأكسجين لمدة خمسة أيام لنهر 1 جزء في المليون. تقوم مدينة بالجوار بتصريف الفضلات السائلة في النهر. وللفضلات حاجة حيا كيميائية للأكسجين لمدة خمسة أيام 262 ملجم/لتر. إذا كان دفق النهر ثمانية أضعاف دفق الفضلات السائلة، جد قيمة الحاجة الحيا كيميائية للأكسجين لمدة خمسة أيام للخليط (بكالوريوس السلطان قابوس 1991)

13) درجة تركيز البوتاسيوم أعلى محطة معالجة 15 ملجم/لتر ودفق الفضلات 4 أمتار مكعبة في الثانية. درجة تركيز البوتاسيوم أدنى محطة المعالجة 40 ملجم/لتر. إذا كان دفق النهر 20 متراً مكعباً في الثانية، جد تركيز البوتاسيوم في مسيل الفضلات السائلة (بكالوريوس السلطان قابوس 1991)

14) تصرف ثلاثة مصانع الفضلات السائلة مشتركة في النهر المجاور، ويبين الجدول التالي كمية وخواص الفضلات لكل مصنع:

المصنع	كمية الفضلات السائلة المتخلص منها (م^3/ث)	BOD_5^{20} للفضلات (ملجم/لتر)
1	0.3	250
2	0.1	379
3	0.2	157

جد BOD_5^{20} للخليط الذي تم صرفه للنهر (دبلوم كلية الصحة والدراسات البيئية 1985)

15) يتدفق نهير بمعدل 1.2 م^3/ث وله حاجة حيا كيميائية للأكسجين لمدة خمسة أيام 2 ملجم/لتر فيما هو مشبع بالأكسجين. ومن المقترح استخدام النهر ليستقبل فضلات سائلة بمعدل 0.15 م^3/ث. إذا كان أقصى نقصان للأكسجين الذائب المسموح به 3 ملجم/لتر أدنى النهر، ودرجة حرارة النهر 20°م (C_s = 9.2 ملجم/لتر) جد أقصى حاجة حيا كيميائية للأكسجين للسائل الخارج بافتراض: تركيز الأكسجين الذائب في السائل الخارج = 100%، ودرجة الحرارة ثابتة على 20°م، $k' = 0.1$ /يوم، $k'' = 0.4$ /يوم (بكالوريوس أم درمان الإسلامية 1999).

16) الفضلات السائلة المعالجة لعدد 20000 شخص يتم صرفها للنهر المجاور بمعدل دفق 0.15 م^3/ث وحاجة حيا كيميائية للأكسجين لمدة خمسة أيام 2 ملجم/لتر. استهلاك الماء بوساطة المواطنين يصل إلى 150 لتراً على الفرد في اليوم، ومساهمة BOD 65 جم/فرد/يوم. إذا كان BOD في النهر أدنى نقطة المصب لا يجب أن يتجاوز 4 ملجم/لتر، جد كفاءة محطة المعالجة لتحقيق هذا الشرط، وأوجد أقصى BOD مسموح به للسائل الخارج. (بكالوريوس الخرطوم 1986).

17) الدفق الطبيعي لنهر 0.5 م^3/ث والحاجة الحيا كيميائية للأكسجين لمدة خمسة أيام 1 ملجم/لتر وهو مشبع بالأكسجين المذاب. تصب فضلات سائلة في النهر بمعدل 0.2 م^3/ث وحاجته الحيا كيميائية للأكسجين 25 ملجم/لتر وذات تشبع 10% أكسجين مذاب. جد الأكسجين المذاب لمدة خمسة أيام للخليط، ونقصان الأكسجين الذائب لليومين القادمين، ونقصان الأكسجين الحرج. بافتراض أن درجة الحرارة ثابتة على 20°م (درجة تركيز الأكسجين لهذه الحرارة = 9.2 ملجم/لتر)، وقيم k' = 0.1 على اليوم، k" = 0.4 على اليوم (ماجستير الخرطوم 1986، دبلوم كلية الصحة والدراسات البيئية 1988)

18) ينساب نهر بتدفق 3.12 م^3/ث والحاجة الحيا كيميائية للأكسجين لمدة خمسة أيام له 2 ملجم/لتر وهو مشبع بالأكسجين المذاب. تقوم محطة معالجة صناعية بتصريف السائل المعالج في النهر بمعدل دفق يومي 6480 م^3 مع حاجة حيا كيميائية للأكسجين لمدة خمسة أيام 30 جزء في المليون. جد تركيز الأكسجين المذاب، وتركيز النقصان في الأكسجين المذاب في الخمسة أيام القادمة بافتراض أن درجة الحرارة ثابتة على 20°م ، وقيم k' = 0.1 على اليوم، k" = 0.4 على اليوم (دبلوم كلية الصحة والدراسات البيئية 1988)

19) ينساب نهر بمعدل 1800 م^3/ساعة وله حاجة حيا كيميائية للأكسجين 1 ملجم/لتر وهو مشبع بالأكسجين. تقوم محطة فضلات بتصريف الخارج منها في النهر بمعدل 12 م^3 في الدقيقة، وله حاجة حيا كيميائية للأكسجين Y، ودرجة تشبعه بالأكسجين المذاب 10 بالمائة. إذا كان مقدار نقصان الأكسجين الحرج 2.5 ملجم/لتر، جد قيمة Y بالملجم/لتر، وأوجد قيمة نقصان الأكسجين المذاب بعد مضي يومين بافتراض أن درجة الحرارة ثابتة على 20°م ، وقيم k' = 0.1 على اليوم، k" = 0.4 على اليوم(بكالوريوس الإمارات العربية المتحدة 1988)

20) ينساب نهر بمعدل 45 م^3/دقيقة وله حاجة حيا كيميائية للأكسجين لمدة 1 ملجم/لتر وهو مشبع بالأكسجين. تقوم محطة فضلات بتصريف سائل نهائي بمعدل 15 م^3 في الدقيقة، ولها حاجة حيا كيميائية للأكسجين X، ودرجة تشبعها بالأكسجين المذاب 10 بالمائة. إذا كان مقدار نقصان الأكسجين المذاب للخليط بعد مضي يومين 2.6 ملجم/لتر، جد قيمة X، وقيمة نقصان الأكسجين الحرج بافتراض أن درجة الحرارة ثابتة على 20°م ، وقيم k' = 0.1 على اليوم، k" = 0.4 على اليوم(بكالوريوس الإمارات العربية المتحدة 1989)

21) ما مقدار الحاجة الحيا-كيميائية للأكسجين للسائل النهائي المعالج التي يمكن التخلص منها في المورد المائي المجاور لكي يتم الإتيان بدرجة تركيز من الأكسجين لا تقل عن 4 ملجم/لتر في مسافة 100 كيلومتر أدنى المورد المائي من نقطة مصب السائل المعالج علماً بأن دفق المورد المائي 8 م^3/ث. (أفترض أن سرعة الماء بالمورد المائي في حدود 1 كلم/الساعة، وأن قيمة k' تساوي 0.1 على اليوم، وقيمة k" تعادل 0.4 على اليوم وأن درجة الحرارة ثابتة على 20 درجة مئوية) (بكالوريوس أم درمان الإسلامية 1998).

22)ينتج مصنع 216000 متر مكعب في اليوم من الفضلات السائلة لتجد طريقها إلى النهر المجاور والذي ينساب بمعدل 10 أمتار مكعبة في الثانية بسرعة 2 كيلومتر في الساعة وعلى درجة حرارة 20°م. درجة حرارة السائل النهائي المعالج 30°م. أوضحت التجارب المخبرية أن BOD_5^{20} للفضلات 400 ملجم/لتر وللنهر 2.5 ملجم/لتر. الفضلات السائلة لاهوائية، غير أن مياه النهر تحوي 85 % من درجة تشبع الأكسجين.

- ما مقدار درجة حرارة خليط ماء المورد المائي والسائل النهائي أدنى نقطة المصب؟
- جد الحاجة الحيا-كيميائية للأكسجين لخمسة أيام للخليط أدنى نقطة المصب،
- أحسب نقصان الأكسجين الحرج،
- قدر المسافة الحرجة أدنى المورد المائي،
- ما رأيك في النتائج المتحصل عليها في ضوء التشريعات المائية؟

23) تصريف محطة فضلات سائلة 500 لتر على الثانية وحاجة حيا كيميائية للأكسجين 45 ملجم/لتر، وأكسجين ذائب 0.4 ملجم/لتر ودرجة حرارة 17.5°م، لتدخل إلى نهر له معدل دفق 4.5 م^3/ث، وله حاجة حيا كيميائية للأكسجين 6 ملجم/لتر وأكسجين مذاب 8.4 ملجم/لتر ودرجة حرارة 22.5°م. عند إجراء تجارب مخبرية على مياه الفضلات السائلة المخففة بمياه النهر وجد أن $k' = 0.1$ على اليوم لدرجة حرارة 20°م لأساس 10، وk'' في النهر أدنى نقطة مصب الفضلات 0.53 على اليوم لدرجة حرارة 20°م لأساس e باستخدام أبحاث مادة استشفافية، جد:

- الحاجة الحيا كيميائية للأكسجين والأكسجين المذاب للخليط،
- مستخدماً معادلة ترخيم الأكسجين كم تبلغ قيمة نقصان الأكسجين الحرج وموضعه،
- كم مقدار الزيادة في مستوى الأكسجين الحرج إذا تمت تهوية الفضلات السائلة إلى أكسجين مذاب DO 8.4 ملجم/لتر قُبيل تصريفها؟ (بكالوريوس الإمارات العربية المتحدة 1990)

24)تستخدم مدينة مياه مصب نهر مجاور للشرب وتبعد المدينة من المحيط مسافة 30 كيلومتر أعلى الانسياب. للمصب مساحة منتظمة حوالي 450 متراً مربعاً وتم قياس معامل الانتشار الدوامي E ووجد أن قيمته 289.35 م^3/ث، تركيز الكلوريد في المحيط 19000 جزء في المليون. ولدفق ماء عذب لمعدل 1800 م^3/دقيقة يبلغ تركيز الكلوريد في المدينة 18 ملجم/لتر. تم تشييد سد على بعد 30 كيلومتر أعلى التيار من المدينة لحماية فقدان الماء العذب للمحيط. إذا انخفض معدل دفق الماء العذب الناتج إلى 180 م^3/دقيقة، كم يبلغ تركيز الكلوريد حينئذ؟ اعتماداً على إجابتك ماذا تقترح للحل المناسب لهذه الظروف؟ (بكالوريوس الإمارات العربية المتحدة 1989)

6-5 المراجع والمصادر

(1) عصام محمد عبد الماجد، التلوث: المخاطر والحلول، المنظمة العربية للتربية والثقافة والعلوم، القباضة الأصلية، تونس (تحت الطبع).

(2) Gunnerson, C. G., and Stuckey, D. C., Anaerobic Digestion Principles and Practice for Biogas Systems, World Bank, Technical Paper Number 49, World Bank, Washington, DC, USA, 1986.

(3) Barnes, D.; Bliss, P. J.; Gould, B. W. and Vallentine, H. R., Water and Wastewater Engineering Systems, Pitman International, Bath 1981.

(4) عصام محمد عبد الماجد، الهندسة البيئية، دار المستقبل للطباعة والنشر، عمان، الأردن، 1995.

(5) Raju, B. S. N., Water Supply and Wastewater Engineering, Tata McGraw-Hill Pub. Co. Ltd., New Delhi, 1995.

(6) Rowe, D. R. and Abdel-Magid, I. M., Handbook of Wastewater Reclamation and Reuse, CRC Press\Lewis Publishers, Boca Raton, FL, 1995.

(7) بشير محمد الحسن وعصام محمد عبد الماجد، الصناعة والبيئة: معالجة المخلفات الصناعية، معهد الدراسات البيئية، جامعة الخرطوم، الخرطوم، السودان، 1986.

(8) Abdel-Magid, I. M., Hago, A., Rowe, D. R., Modeling Methods for Environmental Engineers, CRC Press\Lewis Publishers, Boca Raton, FL, 1997.

(9) Hasimato, A. G., Varel, V. H., and Chen, Y. R., Ultimate Methane Yield from Beef Cattle Manure: Effect of Temperature, Ration Constituents, Antibiotics and Manure Age, Agric. Wastes, 3(4), 1981, pp. 241-56.

1) مجمع اللغة العربية، المعجم الوجيز، وزارة التربية والتعليم، مصر، 1995.

(1) Metcalf and Eddy Inc., Wastewater Engineering: Treatment Disposal Reuse, 3rd Ed., McGraw-Hill Inc., New York, 1991.

(2) Coackley, P. The Dewatering Treatment, Ph.D. thesis, London University, 1953.

(3) Water Pollution Control Federation, Sludge Dewatering, Manual of Practice No. 20, Washington, 1969.

(4) Eckenfelder, Jr., W. and Englande, Jr, Andrew, Industrial Water Quality, McGraw-Hill Education; 4 edi., 2008

(5) Vesilind, P. A. and Peirce, J. J., Environmental Pollution and Control, 2nd Ed., Butterworth-Heinemann, London, 1990.

(6) Carman, P. C., Fundamental Principles of Industrial Filtration, Transactions of the Institution of Chemical Engineers, 1938, Vol. 16, 168 - 188.

(7) Coackley, P. Development in our knowledge of sludge dewatering behavior, 8th Pub. Health Engng. Conf. held in the Dept. of Civil Engng., Loughborough Univ. of Techno., 1975, 5.

(8) O`Conner, D. and Dobbins, W., The Mechanism of Reaeration in Natural Streams, J. Sanitary Engineering Division, ASCE, SA6, 1956.

(9) Masters, G. M, and Wendell P. Ela, Introduction to Environmental Engineering and Science, Prentice Hall, 3rd Edi., 2007

(10) Mara, D., Sewage Treatment in Hot Climates, Wiley and Sons, Chichester 1980.

(11) Fair, G. M., Moore, E. W., and Thomas, H. A., The Natural Purification of River Muds and Pollutional Sediments, J. Sewage Works, 13: 270, 1941.

1) عصام محمد عبد الماجد، والطاهر محمد الدرديري، الماء، آفاق للطباعة والنشر، الخرطوم، 1999

2) Zanvello, A., Behaviour of Lake Waters, Padova University, 1977.

الفصل السادس: التشريعات والأحكام والقوانين

6-1 مقدمة

والشريعةُ والشِّراعُ والمَشْرَعَةُ: المواضع التي يُنْحَدر إلى الماء منها. والشريعةُ والشِّرْعةُ: ما سنَّ الله من الدين وأمَرَ به كالصوم والصلاة والحج والزكاة وسائر أعمال البر مشتق من شاطئ البحر، ومنه قوله تعالى {**ثم جعلناك على شريعة من الأمر**} وقوله تعالى {**لكلٍ جعلنا منكم شِرعة ومنهاجاً**} {1}. الحُكم الحِكمة من العلم، والحكيم العالم وصاحب الحكمة. وقد حكم أي صار حكيماً. والحكم: العلم والفقه؛ قال تعالى {**وآتيناه الحكم صبياً**} أي علماً وفقهاً. قال ابن سيده: الحُكم القضاء، وجمعه أحكام، وقد حَكَمَ عليه بالأمر يَحكُمُ حُكماً وحُكومةً وحكم بينهم كذلك. والحُكم: مصدر قولك حكم بينهم يحكم أي قضى، وحكم له وحكم عليه. وقانون كل شئ : طريقُه ومقياسه. والقوانين: الأصول، الواحد قانون، وليس بعربي. التشريع: سَنُّ القوانين {2}.

من الأهداف العامة لسن التشريعات ووضع الأحكام واستنباط القوانين البيئية {3–10}:

- ضمان حماية الصحة البيئية،
- الحد من استشراء التلوث البيئي،
- مواكبة التشريعات والأحكام والمعتقدات السائدة بالمنطقة،
- إمكان المكافحة قبل اللجوء للعلاج،
- ردع التلوث العمد،
- تجنب الظلم وإلزام الملوث للتخلص مما صنع،
- التثقيف والتوعية الصحية.
- تحقيق السلامة والاطمئنان للمواطن.

يحكم تطبيق التشريعات والأحكام الخاصة بالتخلص من الفضلات السائلة عدة ضوابط ومتغيرات تتباين من منطقة لأخرى وتضم {3–10}:

- الصفات الطبعية والكيمائية والحيوية للملوثات،
- درجة السمية ومقدار التعرض الملائم دون استحداث لأي مخاطر أو أمراض،
- وصول الملوثات للماء والطعام والهواء والبيئة المحيطة ونسب تركيزها،
- أسلوب دخول الملوثات للسلسلة الغذائية،
- عادات الأكل عند المجموعة السكانية المتأثرة بمصدر التلوث والقريبة منه،
- الجوانب الإدارية والإجرائية والاقتصادية والمالية والسياسية والاجتماعية والثقافية،

- التقاليد والموروثات والمعتقدات والقيم والمفاهيم والطقوس والمسلمات الدينية المؤثرة والسائدة بالمنطقة،
- التنمية المحلية المستدامة،
- الاستراتيجية القومية،
- تحديد المجموعة السكانية الأكثر تعرضاً للتلوث،
- درجة تعرض الفرد للملوثات،
- الأثر المركب للملوثات على الفرد المتأثر، وأثر كل ملوث على حدة،
- العون الذاتي والمشاركة الشعبية،
- وجود التقانة المحلية والقطاع الفني المؤهل ومرتكزات التدريب.

قد يقود غياب التشريع الخاص بحماية البيئة إلى عشوائية صرف الفضلات الملوثة مما قد يعيق كثيراً مكافحة التلوث أو التخلص منه، ويسهل على المتسببين في تلوث البيئة التخلص من فضلاتهم بأي أسلوب دون الاهتمام بحدوث الكوارث والأضرار عاجلها أو آجلها. ولا بد من التأكد من تطبيق التشريعات والأحكام وتقويم التطبيق والعمل بالتشريع ثم التفكر في التطوير والتحديث. ويتطلب هذا الإجراء إنشاء المخابر المحلية والمركزية وتهيئتها بالأجهزة المناسبة والمواكبة لتقدم التقانة ومستحدثات العلوم، على أن تدار بالمؤهلين والمدربين على فنون استعمالها وصيانتها للكشف عن درجة التلوث، وتحديد الخطورة المتوقعة، وابتداع وسائل المكافحة ومنع التكرار. كما ينبغي العناية بأمر إنشاء مراكز البحوث المتخصصة وتطويرها واستقطاب الكوادر المؤهلة لتسييرها؛ وتكوين مصارف المعلومات؛ وتبادل التقانة والخبرة. كما يتطلب سن وتطبيق التشريع وجود الجهاز الإداري المؤهل والذي يعمل في تناغم وتنسيق مع كل الجهات ذات الصلة، وبهذا المفهوم التكافلي يتسنى تحقيق بيئة عمل صالحة وخالية من التلوث.

لابد من النظر إلى مكافحة التلوث والتحكم في السيول والفيضانات واستصلاح الأرض عند التفكر في تخطيط نظم الإدارة المائية بغرض إيجاد الحلول العملية والمقبولة والمفاضلة بين المتطلبات المتنافسة للاستخدام الأمثل للموارد المائية.

إن التخطيط المتزن للموارد المائية مطلب أساسي للنظر المستقبل في نظام ديناميكي لا يتأتى بوجود الإمكانات المالية والكفاءات المؤهلة فقط، إنما تؤثر عليه عوامل اقتصادية وسياسية واجتماعية وفنية متعلقة بالمنطقة وظروفها.

2-6 التشريعات والأحكام والقوانين المائية

من ضمن التشريعات الخاصة بماء الشرب الخطوط التوجيهية المعدة بواسطة منظمة الصحة العالمية {8،9} (أنظر جدول 6-1) والتي تركز على الخواص الحيوية (البكتيريولوجية والميكربيولوجية) لما لها من أثر واضح على صحة المستهلك، وتعرضت المؤشرات للنواحي الكيميائية لاحتمال تسببها في مخاطر صحية ضارة عند التعرض لها لفترة زمنية طويلة وعند تراكمها مثل المعادن الثقيلة والمواد المسرطنة. أما الافتراضات المتبعة لتقدير الخط التوجيهي فقد أخذت في حسبانها وجود جرعة لا تتولد مخاطر أقل منها لمعظم أنواع السمية. وبالنسبة للمواد الكيميائية التي يتأتى منها مثل هذه الآثار السمية يمكن إيجاد الجرعة اليومية المحتملة Tolerance daily intake, TDI كما موضح في {8} المعادلة 6-1:

$$TDI = \frac{NOAELorLOAEL}{UF} \qquad 6\text{-}1$$

حيث:

TDI = الجرعة اليومية المحتملة (ملجم/كجم وزن جسم)

NOAEL = المستوى الذي لم يلاحظ أي آثار ضارة فيه no-observed-adverse-effect level

LOAEL = أقل مستوى يلاحظ آثار ضارة lowest-observed-adverse-effect level

UF = معامل شك uncertainty factor

ومن ثم يمكن إيجاد الخط التوجيهي كما في المعادلة 6-2:

$$GV = \frac{TDI * bw * P}{C} \qquad 6\text{-}2$$

حيث:

GV = الخط التوجيهي

bw = وزن الفرد (وتفترض منظمة الصحة العالمية 60 كيلوجرام للبالغ، و10 كجم للطفل، و5 كجم للرضيع)

P = نسبة TDI المنسوبة لماء الشرب

C = استهلاك ماء الشرب اليومي (لتران للبالغ، ولتر للطفل، و 0.75 من اللتر للرضيع)

ومن أهم السمات العامة للخطوط التوجيهية لمنظمة الصحة العالمية {3،8،9}:

- يمثل الخط التوجيهي مقدار ودرجة تركيز ملوث لا ينتج عنه خطر صحي واضح للمستهلك،
- تركز الخطوط التوجيهية على معرفة نوع وصفات مياه الشرب بما يضمن جودة الماء للاستهلاك البشرى لكل الاستخدامات المنزلية (بما فيها النظافة الشخصية) والاحتياجات الصناعية؛ غير أن هنالك بعض الاستخدامات الخاصة التي تتطلب جودة أعلى للمياه (مثل عمليات غسيل الكلى).

- يُعتمد الخط التوجيهي مؤشراً للكشف عن أسباب الزيادة في تركيز الملوث، وذلك بغية أخذ الاحتياطات والتدابير والمعالجة اللازمة، كما يستفاد منها عند التشاور مع جهات الاختصاص لإسداء النصح فيما يتعلق بالصحة العامة،
- تم وضع الخط التوجيهي للمحافظة على الصحة العامة عند استخدام الماء على المدى الطويل،
- عند وضع المعايير والتشريعات الوطنية لمياه الشرب (بالاعتماد على الخطوط التوجيهية) لا بد من أخذ عدة عوامل في الحسبان مثل: جغرافية البيئة المحلية، والنواحي الاقتصادية والاجتماعية، والتقدم الصناعي بالمنطقة، والحمية الغذائية، وغيرها من المؤثرات المهمة عند التعرض للماء أو عند استخدامه. وربما أنتجت هذه العوامل تشريعات قومية تختلف في جوهرها عن هذه الخطوط التوجيهية،
- في حالة وجود أي من الإشريكية القولونية أو القولونيات الكلية يجب إجراء التحقيق الفوري. وأقل عمل ينبغي عمله في حالة وجود بكتريا القولونيات الكلية هو إعادة أخذ العينة. وفى حالة اكتشاف وجود هذه البكتريا مرة أخرى يجب معرفة المسبب لها بإجراء تحقيق فوري آخر،
- رغماً عن أن الإشريكية القولونية هي أفضل مؤشر للتلوث البرازي، غير أن الكشف عن بكتريا القولونيات المحتملة للحرارة يعد بديلاً مقبولاً. ولا ينبغي قبول مؤشرات بكتريا القولونيات الكلية في المناطق الريفية (خاصة في الدول النامية) نسبة لاحتمال تواجد بكتريا أخرى في المصادر غير المعالجة. وقد لاحظت الخطوط التوجيهية انتشار التلوث البرازي في معظم مصادر الماء الريفية في الدول النامية، ولذا تنصح الخطوط جهات الاختصاص بوضع خطة ذات أهداف متوسطة المدى لتحسين إمدادها المائي.

يمكن استصحاب هذه المؤشرات لمنظمة الصحة العالمية لتقوم أي دولة أو ولاية بوضع معاييرها ومواصفاتها وقوانينها لماء الشرب طبقاً لظروف البيئة والمناخ والثقافة والاجتماع والاقتصاد السائدة فيها.

جدول 6-1 الخطوط التوجيهية لمنظمة الصحة العالمية لماء الشرب {8،9}

أ) النوعية البكتيرولوجية لماء الشرب [a]:

الكائن الحي	الخط التوجيهي
كل المياه المستخدمة للشرب:	العدد لكل 100 مللتر
الإشريكية القولونية أو بكتريا القولونيات المحتملة للحرارة[b,c]	لا توجد في أي عينة
المياه النقية الداخلة إلى شبكة التوزيع[b]	
الإشريكية القولونية أو بكتريا القولونيات المحتملة للحرارة	لا توجد في أي عينة
بكتريا القولونيات (الكلية)	لا توجد في أي عينة
المياه النقية داخل شبكة التوزيع[b]	
الإشريكية القولونية أو بكتريا القولونيات المحتملة للحرارة	لا توجد في أي عينة
بكتريا القولونيات (الكلية)	لا توجد في أي عينة. كما لا توجد في 95% من العينات المأخوذة طيلة مدة 12 شهراً في حالات الإمدادات الكبرى وعند تحليل عدد مناسب من العينات.

ب) المواد الكيميائية المؤثرة على الصحة:

(1) المواد غير العضوية

العنصر	ملجم /لتر	العنصر	ملجم /لتر
أنتيمون	0.005	رصاص	0.01
زرنيخ	0.01	زئبق	0.001
بورون	0.3	موليبدنوم	0.07
باريوم	0.7	منجنيز	0.5
كادميوم	0.003	نيكل	0.02
كروم	0.05	نترات (NO_3^-)	50
نحاس	2	نتريت (NO_2^-)	3
سيانيد	0.07	سيلينيوم	0.01
فلور	1.5		

(2) المواد العضوية المؤثرة على الصحة

المركب	ميكروجرام/لتر	المركب	ميكروجرام/لتر
<u>ألكانات مكلورة</u>		<u>الهيدروكربونات العطرية</u>	
رباعي كلوريد الكربون	2	بنزين	10
ثنائي كلور إيثان	20	تولوين	700
1،2 ثنائي كلور إيثلين	30	زايلين	500
1،1،1 ثلاثي كلور إيثان	2000	إثيل بنزين	300
		ستيرين	20
		بنزو (أ) بيرين	0.07
<u>إيثين مكلور</u>		<u>البنزين المكلور</u>	
كلوريد الفينيل	5	أحادي كلور بنزين	300
1،1 ثنائي كلور إيثين	30	1،2 ثنائي كلور بنزين	1000
1،2 ثنائي كلور إيثين	50	1،4 ثنائي كلور بنزين	300
ثلاثي كلور إيثين	70	ثلاثي كلور بنزين (الكلي)	20
رباعي كلور إيثين	40		
<u>متعددة</u>			
سداسي كلور بيوتادايين	0.6		

(3) المبيدات

المبيد	**ميكروجرام/لتر**	**المبيد**	**ميكروجرام/لتر**
ألاكلور	20	سباعي الكلور وفوق أكسيد سباعي الكلور	0.03
ألديكارب	10		9
ألدرين/ ثنائي ألدرين	0.03	سداسي كلور بنزين	2
بنتازون	30	لندين	20
كلوردين	0.2	ميثوكسيد كلور	9
د.د.ت	2	خماسي كلور فينول	20
2،4د	30	برمترين	20
1،2–ثنائي كلور البروبان	20	بروبانيل	20
		ثلاثي الفلورالين	

(4) المطهرات ونواتج التطهير

المطهر	مليجرام/لتر	المطهر	مليجرام/لتر
أحادي كلورامين	3	ثلاثي هلوجين الميثان	
كلور	للتطهير الجيد ينبغي وجود متبقي للكلور الحر ≤ 0.5 ملجم/لتر بعد زمن مكث 30 دقيقة لرقم هيدروجيني أكبر من 8	بروموفورم	100
		ثنائي بروم كلور الميثان	100
		ثنائي كلور بروم الميثان	60
		كلوروفورم	200
برومات	25		
2،4،6-ثلاثي كلور فينول	200		
أحماض الخل المكلورة		اسيتو نتريلات مهلجنة	
ثنائي كلور حمض الخل	50	ثنائي كلور اسيتو نتريلات	90
ثلاثي كلور حمض الخل	100	ثنائي بروم اسيتو نتريلات	100
		ثلاثي كلور اسيتو نتريلات	1

جـ) المواد التي ربما أثارت شكوى من المستهلك

العنصر	المقترح	العنصر	ملجم/لتر
خواص طبيعية:		مواد غير عضوية	
اللون	TCU 15	ألمونيوم	0.2
الطعم والرائحة	يجب قبولها	أمونيا	1.5
درجة الحرارة	يجب قبولها	كلوريد	250
العكر	NTU 5	نحاس	12
		كبريتيد الهيدروجين	0.05
		حديد	0.3
		منجنيز	0.1
		صوديوم	200
		كبريتات	250
		المواد الصلبة الكلية	1000
		خارصين	3
مواد عضوية	ميكروجرام/لتر	مطهرات ونواتج التطهير	
تولوين	24 إلى 170	كلور	600 إلى 1000
زايلين	20 إلى 1800		
أثيل بنزين	2 إلى 200		
ستيرين	4 إلى 2600		
أحادي كلور بنزين	10 إلى 120		
1،2-ثنائي كلور بنزين	1 إلى 10		
1،4-ثنائي كلور بنزين	0.3 إلى 30		
ثلاثي كلور بنزين (الكلي)	5 إلى 50		

كلور فينول 2-كلور فينول 2،4-ثنائي كلور فينول 2،4،6-ثلاثي كلور فينول	0.1 إلى 10 0.3 إلى 40 2 إلى 300		

د) المواد الإشعاعية

إجمالي نشاط ألفا	0.1 بيكوكوري/لتر
إجمالي نشاط بيتا	1 بيكوكوري/لتر

هـ) المواد الكيميائية التي لا تؤثر على الصحة في درجات التركيز الموجودة في مياه الشرب

الأسبستس، القصدير، الفضة	غير مهم إعطاء خط توجيهي مبني على الأسس الصحية لهذه المركبات لأنها لا تمثل خطراً على صحة الإنسان في درجات التركيز الموجودة في مياه الشرب

(a) يجب عمل تحقيق فوري عند اكتشاف الاشريكية القولونية أو البكتريا القولونية الكلية. وأقل إجراء في حالة البكتريا القولونية الكلية هو إعادة أخذ عينة، وإذا وجدت هذه البكتريا في العينة المعادة يجب معرفة السبب بإجراء تحليلات أخرى فوراً.

(b) رغم أن الاشريكية القولونية هي المؤشر الدقيق للتلوث البرازي غير أن تعداد بكتريا القولونيات المحتملة للحرارة خيار آخر مقبول. وعند الضرورة يجب إجراء اختبارات تأكد. وبكتريا القولونيات الكلية ليست مؤشر مقبول للتوعية الصحية لإمداد المياه الريفية خاصة في المناطق المدارية التي قد توجد بمعظم إمدادات المياه غير المنقى بكتريا ليست لها أهمية صحية.

(c) لقد لوحظ في أكثرية إمدادات مياه الريف في الدول النامية انتشار التلوث البرازي. وفي هذه الظروف يجب على المنظمة القومية إجراء مسح صحي ووضع أهداف متوسطة المدى للتحسين المنظور لإمدادات الماء كما مقترح في مجلد 3 من الخطوط التوجيهية لنوعية مياه الشرب لمنظمة الصحة العالمية.

3-6 مشروع مواصفة سودانية قياسية لمياه الشرب {11}

المُواصَفَةُ: صفةُ الشيء المطلوب شراؤه أو عَمَله. وبيع المواصفة (في الفقه) : أن يبيع المرء ما ليس عنده، ثم يبتاعه ويصفه إلى المشتري {2}.

من أهم العوامل التي تحكم تحديد المواصفة: مصدر الماء ومورده، وأنماط الاستهلاك العام ودواعيه (من شرب وطهارة ونظافة شخصية وتبريد وزراعة وري وصناعة وسقى حيوانات وترفيه وتجميل المنطقة ... الخ)، وخواص الماء الخام، والتقانة المتاحة محلياً، والمخاطر الصحية المتوقعة، وسهولة واستمرارية وإمكانية الحصول على الماء العذب.

وفي هذا الإطار فقد قامت كل من وزارة الصحة الاتحادية والهيئة السودانية للمواصفات والمقاييس بالتعاون مع منظمة الصحة العالمية بوضع مواصفة قياسية لمياه الشرب بُنيت على ضوء الخطوط

التوجيهية لماء الشرب المعدة بواسطة منظمة الصحة العالمية {8} وبناءً على المحدات والظروف السودانية. ثم تم عرض المواصفة على كوكبة من أهل التخصص وعلماء المياه بالسودان لضمان إمداد المستهلك بماء جيد المواصفات والخواص ويصلح للشرب. ويبسط جدول 6-2 هذه المؤشرات للماء الشروب والتي يقصد بها "المياه المعالجة أو غير المعالجة من أي مصدر والتي تقدم عن طريق شبكة توزيع أو مباشرة من المصدر بغرض استعمالها لاستهلاك الإنسان ولا يشمل ذلك المياه المعبأة أو المياه المعدنية"، والمياه المنصوص عنها في المواصفة صالحة لاستهلاك الإنسان وللأغراض المنزلية العادية بما في ذلك النظافة الشخصية {11}. وقد ركزت المواصفة على الحد الأقصى للمواد الكيميائية غير العضوية، والمواد العضوية، والمبيدات والمطهرات والمواد الناتجة عنها ذات الآثار الصحية الضارة بالمستهلك، والنشاط الإشعاعي بمياه الشرب. ثم تعرضت المؤشرات للنواحي الكيميائية لاحتمال تسببها في مخاطر صحية بعد التعرض لها لفترة زمنية طويلة. كما ركزت المواصفة للمواد التي قد تؤدي لظهور آثار غير مستساغة للمستهلك، ثم ركزت على الصفات البكتيريولوجية والحيوية لمياه الشرب. وقد تم حساب المعايير المذكورة في المواصفة بافتراض متوسط استهلاك الفرد من مياه الشرب 3 لترات في اليوم، وأن متوسط وزن الفرد 60 كيلوجراماً. والحد الأقصى المذكور في المواصفة حسب ليكون نوع الماء مقبولاً للمستهلك ولا يشكل خطورة على الصحة عند الاستعمال مدى الحياة.

جدول 6-2 المواصفة السودانية لماء الشرب {11}

أ) **المتطلبات العامة:** يجب أن تكون نوعية مياه الشرب مقبولة من حيث المظهر والطعم والرائحة للمستهلك.

ب) الحد الأقصى للمواد الكيميائية غير العضوية ذات الآثار الصحية الضارة بالمستهلك

العنصر	ملجم /لتر	العنصر	ملجم /لتر
أنتيمون	0.004	رصاص	0.007
زرنيخ	0.007	زئبق	0.0007
بورون	0.2	موليبدنوم	0.05
باريوم	0.5	منجنيز	0.5
كادميوم	0.003	نيكل	0.014
كروم	0.04	نترات (NO_3^-)	50
نحاس	1.5	نتريت (NO_2^-)	2
سيانيد	0.05	سيلينيوم	0.007
فلور	1.5		

ج) الحد الأقصى للمواد الكيميائية العضوية ذات الآثار الصحية الضارة بالمستهلك

المركب	ميكروجرام/لتر	المركب	ميكروجرام/لتر
1) ألكانات مكلورة		3) الهيدروكربونات العطرية	
رباعي كلوريد الكربون	1.3	بنزين	7
ثنائي كلور إيثان	14 20	تولوين	500 350

1،2 ثنائي كلور إيثلين		زايلين إثيل بنزين ستيرين بنزو (أ) بيرين	200 15 0.05
<u>2) إيثين مكلور</u> كلوريد الفينيل 1،1 ثنائي كلور إيثين 1،2 ثنائي كلور إيثين ثلاثي كلور إيثين رباعي كلور إيثين	 3.5 20 35 50 30	<u>4) البنزين المكلور</u> أحادي كلور بنزين 1،2 ثنائي كلور بنزين 1،4 ثنائي كلور بنزين ثلاثي كلور بنزين (الكلي)	 200 700 200 15
<u>5) متعددة</u> ثنائي(2-ايثيل اكسيل) ادياييت ثنائي (2-ايثيل اكسيل) فثلات اكريلميد ايبلكلوروهيدرين حمض الاكياتيك EDTA حمض نتريلثلاثي الخلات ثلاثي أكسيد بيوتالين سداسي كلور بيوتادايين	 55 5.4 0.4 0.4 150 150 1.5 0.4		

د) الحد الأقصى للمواد الكيميائية (المبيدات والمطهرات والمواد الناتجة عنها) ذات الآثار الصحية الضارة بالمستهلك

المبيد	ميكروجرام/لتر	المبيد	ميكروجرام/لتر
ألاكلور	15	1،3-ثنائي كلور البروبان	15
ألديكارب	7.5	سباعي الكلور وفوق أكسيد سباعي الكلور	0.02
ألدرين/ ثنائي ألدرين	0.02	سداسي كلور بنزين	7
اترازين	1.5	لندين	1.5
بنتازون	20	ميثوكسيد كلور	15
كاربوفيوران	3.5	خماسي كلور فينول	7
كلوردين	0.15	مولونيت	4
كلوروتولورون	20	بيندمثلين	15
د.د.ت	1.5	برمترين	15
2،4د	20	بروبانيل	15
1،2-ثنائي كلور البروبان	15	بيرايديت	75
			1.5
			15

		سيمازين ثلاثي الفلورالين	
كلوروفينوكسي – مبيدات عشبية غير 2،4 د و MCPA 2,4 DB ثنائي كلور البروبان فينوبروب ميكوبروب 2,4,5-T	67 75 6 7 6		

المطهر	مليجرام/لتر	المطهر	مليجرام/لتر
أحادي كلورامين كلور برومات كلوريت 2،4،6-ثلاثي كلور فينول	2 للتطهير الجيد ينبغي وجود متبقي للكلور الحر ≤ 0.5 ملجم/لتر بعد زمن مكث 30 دقيقة لرقم هيدروجيني أكبر من 8 17 150 150	<u>ثلاثي هلوجين الميثان</u> بروموفورم ثنائي بروم كلور الميثان ثنائي كلور بروم الميثان كلوروفورم	75 75 40 150
<u>أحماض الخل المكلورة</u> ثنائي كلور حمض الخل ثلاثي كلور حمض الخل	35 75	<u>اسيتو نتريلات مهلجنة</u> ثنائي كلور اسيتو نتريلات ثنائي بروم اسيتو نتريلات ثلاثي كلور اسيتو نتريلات كلوريد السيانوجين (CN)	60 75 0.7 50

هـ) الحد الأقصى للنشاط الإشعاعي بمياه الشرب

إجمالي نشاط ألفا	0.07 بيكوكوري/لتر
إجمالي نشاط بيتا	0.7 بيكوكوري/لتر

و) الحد الأقصى للمواد التي قد تؤدي لظهور آثار غير مستساغة للمستهلك

العنصر	المستوى الذي من المتوقع أن يقود لشكوى المستهلك	لعنصر	المستوى الذي من المتوقع أن يقود لشكوى المستهلك (ملجم/لتر)
خواص طبيعية: اللون[1] الطعم والرائحة درجة الحرارة العكر[2] الرقم الهيدروجيني	 TCU 15 يجب قبولها يجب قبولها NTU 5 6.5 إلى 8.5	مواد غير عضوية ألمونيوم[3] أمونيا[4] كلوريد[5] كبريتيد الهيدروجين[6] حديد[7] صوديوم[8] كبريتات المواد الصلبة الكلية خارصين[9]	 0.2 1.5 250 0.05 0.3 200 250 1000 3
مواد عضوية 2-كلور فينول 2،4-ثنائي كلور فينول	ميكروجرام/لتر 5 20		

ز) الصفات البكتيرولوجية والحيوية لماء الشرب:

الكائن الحي	الخط التوجيهي
1) كل المياه المستخدمة للشرب:	
الإشريكية القولونية أو بكتريا القولونيات المحتملة للحرارة	لا توجد في أي عينة 100 مللتر
الحيوانات الأوالي المعوية الممرضة	لا توجد في أي عينة 100 مللتر
2) المياه النقية الداخلة إلى شبكة التوزيع	
الإشريكية القولونية أو بكتريا القولونيات المحتملة للحرارة	لا توجد في أي عينة 100 مللتر
بكتريا القولونيات (الكلية)	لا توجد في أي عينة 100 مللتر

[1] وضع الحد الأقصى على أساس قبول المستهلك للون الماء.
[2] وضع الحد الأقصى على أساس قبول المستهلك لنوع الماء
[3] وضع الحد الأقصى على أساس الترسبات وتغير اللون في الماء
[4] وضع الحد الأقصى على أساس تغير الطعم والرائحة في الماء
[5] وضع الحد الأقصى على أساس تغير الطعم وتسبب الائتكال
[6] وضع الحد الأقصى على أساس أثره في تغير الطعم والرائحة
[7] وضع الحد الأقصى على أساس أثره في تلوين الملابس والأدوات الصحية
[8] وضع الحد الأقصى على أساس أثره على الطعم
[9] وضع الحد الأقصى على أساس أثره على مظهر المياه وطعمها

الحيوانات الأولي المعوية الممرضة	لا توجد في أي عينة 100 مللتر
3) المياه النقية داخل شبكة التوزيع	
الإشريكية القولونية أو بكتريا القولونيات المحتملة للحرارة	لا توجد في أي عينة 100 مللتر
بكتريا القولونيات (الكلية)	لا توجد في أي عينة. كما لا توجد في 95% من العينات المأخوذة طيلة مدة 12 شهراً في حالات الإمدادات الكبرى وعند تحليل عدد مناسب من العينات.
الحيوانات الأولي المعوية الممرضة	لا توجد في أي عينة 100 مللتر

ح) الاشتراطات الصحية العامة:

- يجب خلو مياه الشرب من أي مكونات طبعية، أو مضافة من المصدر، أو الشبكة العامة لم يرد ذكرها ويثبت أن لها آثاراً صحية ضارة بصحة المستهلك،
- يجب خلو مياه الشرب من الفطريات والخمائر الممرضة.

4-6 تشريعات إعادة استخدام الماء للري

نسبة لشح الماء في عدة مناطق أو من أجل ترشيد الاستهلاك أو لأسباب أخري يتم - بطرق مباشرة أو غير مباشرة - استخدام مياه الصرف الصحي المعالجة لري المزارع والحقول والميادين وتجميل المدن. غير أنه ينبغي توخى الحذر عند ري المحاصيل التي تؤكل نيئة وغير مطبوخة. ومن المعايير المتبعة للماء المستخدم للري تحديد القيمة الحيا-كيميائية للأكسجين، ودرجات تركيز المواد الصلبة العالقة في السائل النهائي المعالج، مع التركيز علي الخواص البكترولوجية التي تشكل خطراً حقيقياً على الصحة العامة. وعليه فقد تم تحديد قيمة كائنات القولونيات *Coliform* organisms بحيث لا تتجاوز 23 أو 2.2 قولونيات على 100 مللتر في بعض المعايير لبعض الدول، وفى دول أخرى تم تحديد رقم القولونيات الكلية في حدود 100 كائن على 100 مللتر عند استخدام المياه لري المحاصيل في نظم الري غير المحددة Unrestricted irrigation. أما في غالبية التشريعات فيحدد أقصى عدد للقولونيات البرازية *Faecal coliforms* لعلاقتها بالجراثيم نسبة لتشابه خواص معيشتها البيئية، ومعدل إزالتها أو هلاكها في محطات المعالجة. ولا ينبغي الاعتماد على العدد الكلى للقولونيات لتحديد التلوث البرازي، لاسيما وليس كل القولونيات من مصدر برازي (خاصة في المناطق ذات المناخ الدافئ) إذ أن نسبة كبيرة منها من أصل غير برازي. كما أن القولونيات البرازية ليست بالمؤشر الجيد عند وجود تلوث بالحمات أو بالحيوانات الأولي أو بالديدان. وينبغي وضع معيار لبيض الديدان (في المناطق الموبوءة بأمراض الديدان) لاحتمال انتشار الأمراض المتعلقة به عند استخدام الماء للري {3-10،5}.

يبين جدول 6-3 الخطوط التوجيهية العامة الأمريكية للملوحة في المياه المستخدمة للري، ومن المعروف أن المحاصيل تختلف كثيراً لمدى تحملها للتغيرات في درجة الملوحة أو المواد الصلبة الذائبة. وقد أوضحت الخطوط التوجيهية أن هذه المعايير مهمة للمناطق الجافة وشبه الجافة {12}.

جدول 6-3 الخطوط التوجيهية العامة الأمريكية للملوحة في المياه المستخدمة للري {12}

التقسيم	المواد الصلبة الذائبة (ملجم/لتر)	الموصلية الكهربائية (مللموهوز/سم)
المياه التي لم يلاحظ منها مشاكل خطيرة	500	0.75
المياه التي لها تأثير خطر على المحاصيل الحساسة	500 إلى 1000	0.75 إلى 1.5
المياه التي لها مردود سالب على عدة محاصيل وتحتاج إلى نظم إدارية متأنية	1000 إلى 2000	1.5 إلى 3
المياه التي يمكن استخدامها للنباتات المتحملة في تربة مسامية مع وجود نظم إدارية متأنية	2000 إلى 5000	3 إلى 7.5

يبين جدول 6-4 أعلى درجات تركيز للعناصر الثقيلة في المياه المستخدمة للري بالتركيز على المعادن الثقيلة والمواد السامة طبقا لنوع التربة والمدى الزمني.

جدول 6-4 أعلى درجات تركيز للعناصر الثقيلة في المياه المستخدمة للري {4،6،10،13}

العنصر	المياه المستخدمة باستمرار في التربة (ملجم/لتر)	للاستخدام لمدى 20 سنة في تربة ناعمة النسيج ذات رقم هيدروجيني 6 إلى 8.5
الألمنيوم	5	20
الزرنيخ	0.1	2
البيريليوم	0.1	0.5
الكادميوم	0.01	0.05
الكروم	0.1	1
الكوبالت	0.05	5
النحاس	0.2	5
الفلور	1	15
الحديد	5	20
الرصاص	5	10
	0.2	10
	0.2	2
	0.02	0.02
	0.1	1

المنجنيز النيكل السيلينويم الفناديوم الخارصين	2	10

جدول 6-5 دلائل النوعية الميكروبيولوجية الموصي بها لاستعمال المخلفات السائلة في الزراعة "أ" {14}

الفئة	ظروف إعادة الاستعمال	المجموعة المعرضة	الدودة الممسودة المعوية الدودة المدورة (ب) (عدد المتوسط الحسابي للبيضات في كل لتر) (أ)	القولونيات البرازية (عدد المتوسط الهندسي لكل 100 مل) (ج)	معالجة المخلفات السائلة المتوقع أن تحقق النوعية الميكروبيولوجية المطلوبة
أ	ري المحاصيل المرجح أن تؤكل غير مطهية، الملاعب الرياضية، الحدائق العامة (د)	العمال المستهلكون الجمهور	≥ 1	≥ 1000(د)	سلسلة من برك التثبيت تصمم لتحقيق النوعية الميكروبيولوجية الموضوعة أو معالجة معادلة
ب	ري محاصيل الحبوب، المحاصيل الصناعية، محاصيل العلف، المراعى والأشجار (هـ)	العمال	≥ 1	لا يوصى بمعيار	الاحتجاز في برك التثبيت لمدة 8 - 10 أيام أو إزالة معادلة للديدان والقولونيات البرازية

ج	ري موضعي للمحاصيل في الفئة ب إذا لم يحدث تعرض بين العمال والجمهور	لا أحد	لا ينطبق	لا ينطبق	معالجة سابقة كما تتطلبها تكنولوجيا الري، لكن لا تقل عن ترسيب أولي

المفتاح

أ) في حالات معينة، ينبغي أن تؤخذ في الحسبان العوامل الوبائية والاجتماعية والثقافية والبيئية، وتعدل الدلائل تبعاً لذلك،

ب) نوعاً الإسكارس (الصفر الخراطيني) والديدان السوطية والديدان الشصية،

ج) أثناء فترة الري،

د) دليل أكثر صرامة (≤ 200 قولونيات برازية لكل 100 مللتر) يلائم المروج العامة مثل حدائق الفنادق التي قد يلامسها الجمهور بشكل مباشر،

ه) في حالة أشجار الفاكهة، ينبغي أن يتوقف الري قبل قطف الثمار بأسبوعين وينبغي ألا تلتقط أي ثمرة من علي الأرض. وينبغي ألا يستعمل الري بالرشاشات.

يبين جدول 6-5 المواصفات والدلائل النوعية الميكروبيولوجية الموصى بها من قبل منظمة الصحة العالمية لاستعمال المخلفات السائلة في الزراعة {14،15}. ويتضح أن المحاصيل قد تم تقسيمها إلى مجموعات علي حسب تعرض المجموعة للمخلفات السائلة والدرجة الصحية المتوخاة على النحو التالي {3-15،14،5}:

<u>مجموعة I</u> : تتعلق هذه المجموعة بالحماية المطلوبة لجمهور المستهلكين وعمال الزراعة. وتضم المجموعة تلك المحاصيل التي يمكن أكلها نيئة، والفواكه المروية بالرش، وحشائش الحقول والبساتين والميادين العامة ودور الرياضة.

<u>مجموعة II</u> : تنشد هذه المجموعة الحماية فقط لعمال الزراعة. وتضم المجموعة محاصيل الذرة والمحاصيل الصناعية (مثل: القطن وليف السيزال الذي تتخذ منه الحبال) ومحاصيل الأطعمة المعلبة ومحاصيل العلف والمراعي والأشجار. كما تضم أحياناً الخضراوات التي لا تؤكل نيئة (مثل البطاطا)، أو الخضراوات التي تنمو أعلى سطح الأرض (مثل الفلفليات). وفي هذه الأحوال يجب التأكد من عدم تلوث المحصول عند ريّه بالرشاش أو وقوعه على الأرض، والتأكد بأن تلوث المطبخ بهذه المحاصيل قبل الطبخ لا يأتي بمخاطر صحية. ولتحقيق المعايير والمواصفات والتشريعات لا بد من تكاتف وتعاون الوحدات المختلفة العاملة بالدولة لتحقيق الأهداف المنشودة وتوخى السلامة العامة والمحافظة عليها،

مجموعة III : لا تطلب حماية لهذه المجموعة، وتضم ري المحاصيل في مناطق معينة بالنسبة للمجموعة II عندما لا يتعرض العمال والجمهور لها.

ينبغي إدخال التعديلات الملائمة على المعايير المعدة من قبل منظمة الصحة العالمية قبل اعتمادها لتعالج الظروف المحلية ونتائج الأبحاث الطبية والعادات والتقاليد والموروثات والمحددات الاجتماعية والثقافية والبيئية والدينية بالمنطقة مع إعطاء مرونة أكبر لها متي ما اقتضى الحال وظروف التقانة ذلك {3-5}.

تمخض اجتماع إعادة التقويم لخبراء البيئة وأخصائي الوبائيات المنعقد في انجلبيرج بسويسرا {41} عن وضع أنموذج للمخاطر الصحية ذات الصلة باستخدام الغائط غير المعالج والفضلات السائلة الزراعية والبيئة المائية وأشار الأنموذج إلى أهمية الأمراض بالترتيب التالي:

أولاً: أوبئة الديدان المَمْسُودة المعوية intestinal nematode مثل الإسكارس وداء المُسَكَّات Trichuris والديدان الشِصِّية Hookworms

ثانياً: الأوبئة البكتيرية البرازية مثل الدسنتاريا والتيفود والأوبئة الفيروسية البرازية مثل rotavirus والتهاب الكبد المعدي نوع A (أنظر جدول 6-5).

وتم اعتماد النموذج لوضع الخطوط التوجيهية للبراز والفضلات السائلة {41}. وقد اعتمدت هذه الخطوط التوجيهية على تحاليل دراسات معتمدة لأخصائي الوبائيات؛ والتي أشارت إلى الأثر الصحي من مثل هذا الاستخدام. كما اعتمد النموذج على العوامل التي تؤثر على نقل الجراثيم والممرضات بالفضلات السائلة والبراز. وحددت التوجيهات معياراً للديدان مؤشراً لكل الجراثيم التي يسهل ترسيبها بما فيها الحيوانات الأولى مثل المنشقة Schistosoma والأميبة والجِيَارِديَّة Giardia

تقترح مجموعة انجلبيرج {41} استخدام برك الموازنة لمعالجة الفضلات السائلة متى ما أمكن (أنظر جدول 6 – 5). وركزت المجموعة على النوعية الميكربيولوجية للسائل الناشئ من الفضلات السائلة المعالجة المستخدمة للري الزراعي في المناطق المدارية وشبه المدارية.

6-5 تشريعات وأحكام إعادة استخدام الماء لتغذية المخزون الجوفي

من المعلوم أن وضع تشريعات لإعادة استخدام الماء لتغذية المخزون الجوفي يساعد على زيادة كفاءة التخزين، وتنقية الماء، وترفيع نوعيته، وزيادة إنتاجية الآبار، والمحافظة على التربة. ويوضح جدول 6-6 أنموذجاً لأحد هذه التشريعات المعدة في الدولة الأمريكية.

جدول 6-6 تشريعات إعادة استخدام الماء لتغذية المخزون الجوفي {3،10}

المنشط	القيمة (ملجم/لتر)	المنشط	القيمة (ملجم/لتر)
زرنيخ	0.05	عدد بكتريا القولونيات البرازية	23 لكل مائة مللتر
باريوم	2	بورون	0.02
كادميوم	0.01	كلوريد	0.05
كروم	0.15	نحاس	2
سيانيد	0.2	حديد	0.1
رصاص	0.05	منجنيز	0.1
زئبق	0.01	أمونيا	5
نترات (NO_3^-)	10	نتريت (NO_2^-)	0
سيلينيوم	0.01	فضة	0.1
خارصين	10	الرقم الهيدروجيني	5 إلى 9
الحاجة الحيا-كيميائية للأكسجين	10	المواد الصلبة العالقة	10
الرائحة	لا توجد	الزيوت والشحوم	لا توجد
الأكسجين	هوائي		

6-6 تشريعات وأحكام إعادة استخدام الماء للترفيه

تضم مناطق الترفيه: السباحة، والتجديفن والسباق المائين والصيد. وتعتمد تشريعات وأحكام إعادة استخدام الماء للترفيه على عدة متغيرات منها:

- نوع الاستخدام،
- صفات السائل النهائي المعالج المستخدم،
- درجة التلامس بين الماء ومرتاد المنطقة،
- درجة تركيز المواد الملوثة الموجودة بالمنشأة المستخدمة للماء. فمثلاً بالنسبة للسباحة يمكن أن تأتى الملوثات من مستخدم المسبح (كريم، مستحضرات تجميل، مساحيق، أصباغ، دهان، عرق، زُهْم

(مادة دهنية يفرزها الجلد{4}) مخاط، لعاب، أجزاء برازية، بول، أجزاء جلد)، أو من الهواء المحيط (غبار، حبيبات وجسيمات صلبة)، أو من المنطقة المحيطة.

يمكن أن تقسم التشريعات إلى ثلاثة محاور تضم: مناطق الترفيه التي بها تلامس أولي، ومناطق الترفيه التي بها تلامس ثانوي، ومناطق الترفيه التي لا يحدث فيها تلامس بين المستخدم والماء. تضم المناطق الأولى: السباحة والاستحمام والتزلج على الماء، والتي يحدث فيها تلامس مباشر ولفترة من الزمن بين المستخدم والماء مع احتمال شرب كمية من الماء أثناء التواجد فيه. أما المناطق الثانية فتشمل: التجديف، والصيد، وري ملاعب الجولف، والمعسكرات. والمناطق الأخيرة تضم: نوافير الماء، وتربية الأحياء المائية، ومناطق الترفيه المقفولة.

يبين جدول 6-7 مقترحاً لنوع الماء المستخدم للترفيه في المناطق التي بها تلامس أولي وتلك المناطق التي يتوقع أن يحدث بها تلامس ثانوي.

جدول 6-7 تشريعات ماء الترفيه {4،10،16،17}

المنشط	تلامس أولي	تلامس ثانوي
النمو الحيوي	لا يوجد	لا يوجد
عدد بكتريا القولونيات البرازية	100/2.2 مللتر	100/2.2 مللتر
الأكسجين الكيميائي (ملجم/لتر)	30	60
المواد الطافية وطبقة الخبث	لا يوجد	لا يوجد
الرائحة	لا توجد	لا توجد
الزيوت والشحوم	لا توجد	لا توجد
الأكسجين الذائب (ملجم/لتر)	10	هوائي
الرقم الهيدروجيني	6.5 إلى 8.3	6.5 إلى 8.3
المواد الصلبة المترسبة	لا توجد	لا توجد
المواد الصلبة العالقة (ملجم/لتر)	5	–
درجة الحرارة (°م)	15 إلى 35	
العكر	1	5

7-6 التشريعات والأحكام والمعايير والقوانين المتعلقة بإعادة استخدام الماء للصيد

يبين جدول 6-8 معايير مقترحة لتلك الأنهار المستخدمة لصيد الأسماك.

جدول 6-8 المعايير المقترحة للأنهار المستخدمة لصيد الأسماك {6،10،16}

المنشط	المعيار المقترح
ثاني أكسيد الكربون	أقل من 12 ملجم/لتر
الرقم الهيدروجيني	6.5 إلى 8.5
الأمونيا	أقل من 1 ملجم/لتر
العناصر الثقيلة	
النحاس	أقل من 0.02 ملجم/لتر
الزرنيخ	أقل من 1 ملجم/لتر
الرصاص	أقل من 0.1 ملجم/لتر
السيلينيوم	أقل من 0.1 ملجم/لتر
السيانيد	أقل من 0.012 ملجم/لتر
الفينول	أقل من 0.02 ملجم/لتر
المواد الصلبة الذائبة	أقل من 1000 ملجم/لتر
المطهرات	أقل من 0.2 ملجم/لتر
الأكسجين الذائب	أكبر من 2 ملجم/لتر
المبيدات الحشرية:	
د. د. ت.	أقل من 0.002 ملجم/لتر
أندرين	أقل من 0.004 ملجم/لتر
مالاثيون	أقل من 0.160 ملجم/لتر

8-6 تشريعات وأحكام البيئة البحرية

يعرف القانون البحري {18} تلوث البيئة البحرية بما فيها مصبات الأنهار بإدخال مواد أو طاقة في البيئة البحرية بواسطة الإنسان مباشرة أو غير مباشرة لتنتج أو قد تنتج مواداً ذات أثر ضار بالصحة أو مؤذٍ للموارد الحية والحياة البحرية، خطر على صحة الإنسان، عائق للنشاطات البحرية، بما فيها الصيد والاستخدام المشروع للبحر، إفساد النوعية لاستخدام ماء البحر أو تقليل أسباب المتعة.

يتأثر تشريع وقانون التخلص من الملوثات في البيئة البحرية على مجمل متغيرات تشمل التالي {5،10،15،19}:

- النواحي الاقتصادية المتاحة،
- استخدام التكنولوجيا الملائمة،
- مستوى المحافظة المطلوب للحد من التأثير السلبي للملوثات على المجتمع والبيئة المحلية والإقليمية والدولية،
- كمية التلوث بالمنطقة،
- إجراء وتطبيق البحث العلمي المحلي ونتاجه،
- تدريب المجموعات (الكفاءات) المهمة للمكافحة،
- زيادة كفاءة المجموعات (الأطر) الفنية،
- وضع الخطط الفاعلة الممرحلة لصد التلوث،
- استقطاب العون الرسمي والشعبي والخيري والدولي،
- خطة حماية البيئة حسب الاستراتيجية القومية،
- الحرص على تنفيذ القوانين والتشريعات وتطبيقها والعمل علي هديها.

تقسم التشريعات البحرية إلى عدة أقسام منها: القانون الدولي لحماية البحار، والتشريعات على المستوى الدولي، والتشريعات على المستوى الإقليمي {20،5،3–23}:

- تؤثر على القانون الدولي عدة عوامل تضم: حرية استخدام البحار، والحقوق المكتسبة للمياه الإقليمية وانتهاكها، والمعايير العامة للقانون الدولي للأنهار (عند وجوده أو بعد التوقيع على أي معاهدة وبروتوكول)، والتعاون الدولي والإقليمي، والمقومات العامة للمسئولية (مثل: جهل أو أخطاء محدث التلوث، والإلمام بمخاطر التلوث، والخبرة والكفاءة والمعرفة العلمية، وطبيعة المبتلي بالتلوث، والبرهان التطبيقي والمنطقي والمؤسس المطلوب عند حدوث التلوث، وتداخل المصالح الفردية والعالمية، وحق الدفاع عن النفس، وحق البقاء والوجود والحاجة)، والمراقبة والتقويم البيئي. وتتغير التشريعات والأحكام على المستوى الدولي بناءاً على درجة واستشراء التلوث ومفرزات التقانة من ملوثات مستحدثة ومتجددة. وتتعلق أهم هذه التشريعات بكل من: التلوث من مصادر في قواعد على البر (مثل الأنهار ومصباتها، وأنابيب الأوساخ، ومنشآت المصب)، والتلوث من مصادر من نشاطات قعر البحر (النشاط البحري القعري، والجزر الصناعية، والمنشآت البحرية)، والتلوث من النشاطات داخل البحر (المواخر والسفن، والمنشآت، والآليات التي تمخر تحت لواء أو مسئولية الدولة، والتلوث بالغمر، وتلوث السفن (تلوث زيتي وتلوث كيميائي بالأوساخ وفضلات المواد السامة والتلوث النووي: من السفن ذات المفاعلات النووية أو تلك الحاملة لمواد مشعة)، والتلوث من دفن وطمر الأوساخ والفضلات (الأوساخ الإشعاعية، والمخلفات بصورة عامة)، وتلوث العمليات البحرية والغلاف القاري والأرخبيل،

وتلوث العمليات العسكرية البحرية (العمليات النووية والعمليات الحيوية ومعدات الدمار والردع السامة)، والتلوث بطرق غير مباشرة أخرى.

- تضم التشريعات والأحكام على المستوى الإقليمي: بروتوكولات التآزر والتضامن والتعامل والتنسيق المشترك لمنع حوادث التلوث الزيتي من السفن وغيرها، ومكافحة تلوث المواد المشعة، وقوانين دفن وردم الملوثات في البحار، ومكافحة التلوث من جراء مصادر ذات أصول صادرة من اليابسة، والتلوث بفعل العمليات والاستكشافات الواقعة على الغلاف القاري وعبر البحار، وتطبيق قوانين الحفاظ علي نقاء البيئة البحرية ومنع التلوث، وقوانين التحكم في تلوث مياه اليابسة والهواء والإنتاج المحلى للملوثات التي ربما أثرت بطرق غير مباشرة على البيئة البحرية.
- تعتمد التشريعات على المستوى المحلى على عدة عوامل تضم: التقدم العلمي والتقاني، والنمو الحضاري للمنطقة، ووجود أدوات سبل القياس والأجهزة المخبرية، والكفاءات المهنية والفنية، والنواحي الاقتصادية والاجتماعية السائدة. ويمكن أن تضم هذه التشريعات: تشريعات عامة لحماية البيئة المحلية، وتشريعات رصد تلوث السفن ومواخر البحار، وتشريعات دفن الملوثات المشعة والسامة في البحار، وتشريعات التلوث الناجم عن الغلاف القاري وقعر البحار (من جراء المناجم والتعدين والاستكشافات والعمليات المطردة بالمنطقة)، وتشريعات لأي تلوث صادر من اليابسة ومؤثر علي البحار، وتشريعات لأي تلوث بحري ثانوي (عبر الأنهار والمسطحات المائية داخل اليابسة أو من الغلاف الجوى أو من الصناعة وأسس الإنتاج أو التخلص من الفضلات البشرية والحيوانية والزراعية والتجارية وما ماثلها)، وتشريعات للحد من التجارب النووية في البحار.

ومن الملامح الأساسية للائحة العامة لميناء بورتسودان {24،25} فيما يتعلق بإلقاء القاذورات والزيوت وخلافه في الميناء فقد أشارت المادة 22 منها إلى التالي:

1. لا يجوز لأي سفينة أن تلقي في الميناء أي أوساخ أو فضلات أو مواد كيمائية ضارة بالإنسان أو بالحيوان ويكون إلزاماً على أي سفينة تطلب منها سلطة الميناء التخلص من البقايا التي تستفيد من الخدمات التي تقدمها السلطة لجمع الأوساخ ورميها وتحصل أجور هذه الخدمات بالفئات المنصوص عليها في تعريفة أجور الميناء.
2. لا يجوز لأي سفينة أو مركب أن تضخ أو تفرغ أي زيوت أو مواد ملتهبة أو أن تسمح بشربها – في مياه الميناء والبوغازات وأي مياه أخرى متصلة بها.
3. يجب على كل سفينة تكون موجودة بالميناء أن تقفل دورات مياهها ومراحيضها متى ما طلبت منها سلطة الميناء ذلك ولا يجوز في أي وقت أن تلقي بأي نفايات أو أقذار أو براز من أي سفينة على أي جزء من الرصيف.
4. يجب أن يقذف عادم البخار والمياه وكل ما يخرج من السفينة من جانبها الأسفل تحت مستوى الرصيف وذلك بخرطوم أو أي جهاز آخر ويجب أن تغطى جميع مواسير المياه والبخار تغطية كافية.

9-6 تشريعات السائل النهائي وخواص الأوساخ لمعالجة الفضلات البرازية غير الداخلة لشبكة الصرف الصحي

يبين جدول 6-9 التشريعات والخطوط التوجيهية المقترحة للسائل النهائي وخواص الأوساخ لمعالجة الفضلات البرازية غير الداخلة لشبكة الصرف الصحي. وقد ذُكر {26} أن هذه الخطوط التوجيهية تحتاج إلى اختيار على ضوء: الظروف المحلية، والنواحي الاقتصادية، وخواص الأوساخ البرازية. وقد تظهر الخطوط التوجيهية أكثر يسراً مقارنة بالتشريع المتعلق بالتخلص من الفضلات المنزلية عبر شبكة الصرف الصحي؛ غير أن وضع تشريع أكثر صرامة قد يقود إلى الاحتياج إلى زيادة الاستثمار وطلب تقانة متقدمة مما يؤدي إلى صعوبة وزيادة تكلفة الصيانة والتشغيل.

جدول 6-9 مقترح خطوط توجيهية لخواص السائل النهائي والحمأة من محطات معالجة الأوساخ البرازية {26}

	COD ملجم/لتر	BOD ملجم/لتر	NH_4-N ملجم/لتر	بيض الديدان (عدد/لتر)	القولونيات البرازية (عدد/مائة لتر)
(أ) السائل النهائي					
معالجة من أجل التخلص في الموارد المائية المستقبلة له					
*** نهر أو خليج موسمي**					
*** غير مرشح**	**300 إلى 600**	**100 إلى 200**	**10 إلى 30**	**2 إلى 5**	**10^4**
*** مرشح**	**100 إلى 150**	**30 إلى 50**			
*** نهر مستمر أو بحر**					
*** غير مرشح**	**600 إلى 12**	**200 إلى 500**	**20 إلى 50**	**10**	**10^5**
*** مرشح**	**150 إلى 25000**	**50 إلى 70**			
معالجة لإعادة الاستخدام					
*** ري مقيد**	**غ**	**غ**	**@**	**# 1**	**10^5 #**
*** ري خضراوات**	**غ**	**غ**		**# 1**	**10^3 #**
(ب) الحمأة المعالجة من المحطة					
*** استخدام في الزراعة**	**غ**	**غ**	**غ**	**3 إلى 8/جم مواد صلبة كلية##**	**مستوى مقبول عند مواكبة معيار البيض**

المفتاح

غ = غير حرج
@ = معدلات الري وخواص السائل النهائي يجب اختيارها بحيث لا تتجاوز احتياجات المحاصيل من النيتروجين (100 إلى 200 كجم نتروجين/هكتار.سنة اعتماداً على المحصول)

= WHO 1989 Health guidelines for the use of wastewater in agriculture and aquaculture, Technical Report Series 778.

= استناداً على تحميل بيض ديدان مَمْسُودة nematode eggs على وحدة المساحة السطحية حسب الخطوط التوجيهية لمنظمة الصحة العالمية للري بالفضلات السائلة 1989، واستناداً على معدل تسميد 2 إلى 3 أطنان من المواد الجافة للهكتار في السنة

10-6 ملامح من قانون صحة البيئة السوداني

عرف قانون صحة البيئة لعام 1975م تلوث الماء بصرف أو إضافة أي أدران أو أوساخ أو سائل أو غاز أو مادة كيميائية أو حيوية في مصادر مياه الشرب العامة أو الخاصة أو الآبار أو الحفائر والتي تؤثر على نوع الماء وعلى طرق استخدامه المختلفة أو تضر بصحة البيئة {27}.

وأشار الجزء الثالث من القانون إلى تلوث الماء وأبان البند الثامن منه (أنظر المرفق 8 للنسخة الأصلية باللغة الإنجليزية) " لا يحق لأي شخص تصريف أو إلقاء أو محاولة تصريف وإلقاء أي عناصر صلبة أو سائلة أو غازية في مصادر مياه الشرب، ومجاري الأنهار وأفرعها، الحفير، البئر أو البحر بأي صورة ضارة أو يحتمل أن تضر بالإنسان أو صحة الحيوان واستخدام الماء بالإنسان لأي غرض، ودون تحيز لعموم ما سبق لا يقوم أي شخص بإلقاء التالي في مصادر مياه الشرب:

أ. أي نفاية صناعية صلبة أو سائلة أو غازية معالجة كانت أم غير معالجة.

ب. أي مادة كيميائية مستخدمة في الصناعة معالجة كانت أم غير معالجة.

ج. أي أوساخ سائلة خام أو أوساخ سائلة نابعة من دورات المياه، والمطبخ، والحمامات أو مراحيض الحفرة.

د. أي بقايا صلبة غير مرغوبة معالجة كانت أم غير معالجة، ناتجة من الاستخدام البشري للمساكن والمصانع أو غيرها من المناطق العامة.

ه. أي حيوان ميت أو بقاياه، أو حيوان عالق في أو بجوار أي بحر أو نهر أو فرع يتدفق في أي نهر أو حفير أو بركة طبيعية أو بئر أو قناة.

وتشير المادة 9 من القانون {27} على أن يعمل كل مسئول صحة في الولاية على:

أ. التحكم في مصادر مياه الشرب العامة والخاصة، ومشاريع مياه الشرب، وأن تقوم بأخذ العينات منها للتأكد من النوعية وأنها خالية من التلوث.

ب. فحص التوزيع أو أي موارد لمياه الشرب في المدن والقرى بغرض ضمان وصول المصادر للموطنين خالية من التلوث.

ج. عمل الفحص الطبي الدوري للعاملين الذين يعملون في الموارد أو التوزيع أو إمداد الماء المستخدم للشرب لضمان خلوهم من أي مرض معدٍ يحتمل نقله بوساطة الماء.

د. أخذ الاحتياطات لتنقية مصادر المياه المعرضة للتلوث لجعلها صالحة للاستهلاك.

وتشير المادة 10 من القانون {27} إلى:

1. على أي شخص أو جهة مسئولة تقوم بتخزين أو إمداد الجمهور بماء شرب عبر القطاع العام أو الخاص أن يذعن للشروط الصحية الصادرة من وزير الصحة من فترة لأخرى.
2. دون التحيز لعموم ما سبق من بنود لا يسمح لأي شخص أو جهة مسئولة في القطاع العام أو الخاص:

أ. إمداد الجمهور بماء شرب قبل أن يتم فحصه بوساطة لجنة فنية مكونة بجهة مسئولة مؤهلة قبل أن يحصل هذا الشخص أو الجهة المسئولة على شهادة منها بأن الماء صالح للاستعمال.

ب. إمداد الجمهور بماء شرب مضاف إليه مواد صلبة أو سائلة أو غازية أو مشعة يحتمل أن تضر بصحة الإنسان.

ج. إنشاء مبانٍ، ومخيمات، وحدائق، ومراعٍ، أو مزارع بالقرب من المواقع المعينة لتجميع مياه الأمطار أو بالقرب من الأنهار التي تجري فيها أو الأنهار التي تمد الحفير أو مشاريع المياه الهندسية.

د. تعيين أو تشغيل أي عامل إلا إذا أتم الفحص الطبي وثبت خلوه من أي أمراض معدية.

وتشير المادة 12 من القانون {27} إلى: إمكانية السماح للجهات الصحية بتصريف الفضلات السائلة المعالجة والنفايات الصناعية في المجاري الصحية بعد خضوعها للتالي:

أ. إذا كان المجرور قناة تستخدم فقط للفضلات السائلة المعالجة أو قناة خلط تستخدم لكلٍ من الفضلات السائلة المعالجة أو النفايات الصناعية مع المياه الطبيعية لري الأراضي الزراعية:

* النسبة المئوية للأكسجين الحيا-كيميائي تكون أقل من 20 جزء في المليون من وزن الماء.
* نسبة المواد الصلبة العالقة أقل من 30 جزء في المليون من وزن الماء.
* يجب ألا تكون هنالك مواد كيميائية مركزة في الماء المعالج تؤثر على صحة الإنسان أو الحيوان أو تعمل على أذى المحاصيل
* تتخذ الجهة الصحية الإجراءات التي تمنع الإنسان أو الحيوان من استخدام الماء المعالج لغير أغراض ري الأراضي الزراعية

ب. إذا كان المجرور حوض بخر أنشئ لذلك الغرض:

- يجب أن يبعد موقع الحوض من المنطقة السكنية في القرية أو المدينة.
- يجب تشييد الحوض بصورة تمنع التسرب.
- يجب أن يصمم المجرور الداخل للحوض بصورة تمنع توالد البعوض.

ومن المفيد ذكره أن هنالك مشروعاً لقانون آخر لصحة البيئة يتضمن في ثناياه النواقص التي واكبت قانون 1975 في طور الإجازة من جهات الاختصاص. ومن سماته العامة توضيح الاختصاصات للوزارة الاتحادية والوزارات الولائية، وتكوين لجان صحة البيئة بها، وحظر التصريف بالمصانع وغيرها، وإزالة ما يضر بصحة البيئة، ومنع تلوث المياه، ومراقبة مياه الشرب، وشروط حفظ وإمداد مياه الشرب، والرقابة ضد أوبئة مياه الشرب، وتصريف المجاري والفضلات الصناعية السائلة، وتلوث الهواء بالتركيز على مواقع الصناعات وأماكن حرق الأوساخ والكمائن ومنع تلوث الهواء، وحظر إلقاء النفايات دون تصديق {28}.

وهنالك مشروع قانون حماية البيئة لسنة 1999م {29} والذي عرف في الباب الأول والفصل الأول من أحكامه التمهيدية البيئة على النحو التالي "البيئة الطبيعية بمكوناتها من العناصر الأساسية كالماء والهواء والتربة والنبات ومجموعة النظم الاجتماعية والثقافية التي يعيش فيها الإنسان والكائنات الأخرى ويستمدون منها قوتهم ويؤدون فيها نشاطاتهم"؛ ثم عرف حماية البيئة {29} "يقصد بها حفظ التوازن الدقيق للبيئة وعدم المساس بهذا التوازن ومنع تدهورها وترشيد الاستغلال حسب طاقة الموارد"؛ وعرف التلوث {29} "يقصد به التغيرات المستحدثة في البيئة والتي ينتج عنها للإنسان والكائنات الحية الإزعاج أو الأضرار أو الأمراض أو الوفاة بطريقة مباشرة أو غير مباشرة أو إفساد العناصر الأساسية للبيئة أو الإخلال بأنظمتها السائدة والمعروفة".

وقد أوضح الفصل الثاني من الباب الثاني من القانون {29} في البند 11 ب ملوثات الماء على أنها:

1. تسرب النفط أو مشتقاته،
2. مخلفات المصانع السائلة،
3. النفايات المنزلية السائلة وغيرها،
4. مخلفات الصرف الصحي والقمامة،
5. التلويث بأي طريقة أخرى بواسطة الإنسان بالتبول أو إلقاء القاذورات والمواد الضارة في أي مصدر من مصادر المياه أو بأي وسيلة أخرى تتلف أو تحدث تغيراً ضاراً بهذه المصادر.

غطى القانون {29} في مجمله: أهدافه، وتشكيل المجلس الأعلى لحماية البيئة، والسياسات والموجهات لحماية البيئة، وإنشاء الصندوق القومي لحماية البيئة، وواجب الأشخاص الطبيعية والاعتبارية، والمخالفات والجزاءات والعقوبات، وأنواع ملوثات الهواء والماء والتربة والنبات، والمحكمة المختصة، وتوقيع العقوبة الأشد، ومعايير مكافحة التلوث ووسائله، وتطبيق أحكام الاتفاقيات الدولية، وسلطة إصدار اللوائح.

6-11 السياسة القومية للموارد المائية واستراتيجيتها وخططها

في بعض المناطق العربية، والشرق أوسطية لم يواكب شح المياه، أو نضوب معينها، تقليل لاستخدام الماء أو ترشيد استغلاله، حتى عندما يتدفق الماء من مصادر غير متجددة، ساعدتها محطات التحلية لاستعذابه، رغم ازدياد تكلفة تنمية الماء، وتزكيته، وإصلاحه عند الحاجة والضرورة، كما هو الحال في معظم دول الخليج العربي، عند استخدام الماء للبلديات والصناعة والزراعة. وفي هذا سوء استغلال لهذا المورد الحيوي الهام، الشيء الذي ينتج عنه آثار ضارة وفادحة؛ لاسيما وللماء أثر جلي في الحياة، وإنتاج الغذاء وصناعته. ومن المعلوم أن معظم مصادر الماء العذب والمتجدد (الماء التقليدي)، مثل: الأنهار، والبحيرات، والماء الجوفي، قد تم اكتشافه (وربما الاستغلال التام له بنهاية القرن الحالي) في بلدان الشرق الأوسط[1] وشمال أفريقيا {20}، لاسيما وتقل الأمطار في هذه المناطق الجافة ويزداد البخر بمعدلات قد تصل إلي أكثر من عشرة أضعاف تهاطل الأمطار.

ومن أهم العوامل المؤثرة، وربما المصعدة، لمشاكل ندرة الماء وقلته بالمنطقة التالي {3،31}:

- الجفاف والتصحر، والتدهور البيئي،
- شح الموارد المائية العذبة بالمنطقة المعنية (أنظر جدول 6–10)،
- سوء اختيار مواقع المدن أو تعذر وضعها بالقرب من مصادر الماء الطبعية،
- توزيع الماء على البسيطة،
- محدودية التوسع، وإيجاد مصادر مائية باستخدام التقانة المحلية المتاحة،
- الإفراط في استغلال المصادر والموارد المائية غير المتجددة،
- النمو السكاني (عوامل معدلات النمو، والتكاثر، والهجرة، واللجوء، والنزوح، والتشرد)،
- الزيادة المطردة في مستوي معيشة الفرد، واستهلاك الماء،
- النمو التجاري والتنمية عبر تنفيذ استراتيجية وخطط متغيرة،
- التطور الصناعي والذي نتج عنه مستوى متغير من الاحتياج اعتماداً على النشاط الصناعي والكثافة الصناعية المزدهرة بالمنطقة،
- زيادة الرقعة الزراعية بغرض الاكتفاء الذاتي للغذاء أو من أجل المنافسة. ومن المتوقع ازدياد الحاجة للماء إلى حدٍ كبيرٍ قد يصل في بعض المناطق إلى عشرة أضعاف كل الاحتياجات والاستخدامات الأخرى،
- تدهور نوع الماء الجوفي بالتلوث الملحي وغيره، مع قلة التغذية الجوفية،
- تدهور النظم في بيئات صعبة،

[1] يعنى بمصطلح الشرق الأوسط: كل الإقليم الجغرافي الذي يضم البحرين وإيران والعراق والكويت وقطر وعمان واليمن والإمارات والسعودية والأردن وسوريا وفلسطين ولبنان وتركيا وليبيا ومصر والسودان.

- زيادة تراكم معدلات الملوحة في التربة والماء الناتجة عن الزراعة المروية، وبسبب غياب الصرف الجيد مما يهدد إنتاج المحاصيل،
- استخدام الماء العذب للتشجير، والتخضير، والزينة، وري الحدائق العامة، والمناظر الخلابة، ونوافير الماء، وسبل الترفيه المائية الشيء الذي له أثر مقدر على الاحتياج المائي.

جدول 6-10 أهم الأنهار بمنطقة الشرق الأوسط {30،32}

النهر	متوسط الدفق ومنطقة قياسه ($م^3$)	الدول المشتركة	الطول	مساحة المنطقة الجابية ($كلم^2$)	أهم الروافد
الفرات	30×10^9 حدود تركيا وسوريا	تركيا وسوريا والعراق	2330	233000	خابور (1.8×10^9) وكاراسو ومراد ومنظور وبيري
دجلة	48.7×10^9 مقدرة عند المقرن مع الفرات		1718	171800	زاب الكبير (بين تركيا والعراق 13.2×10^9) وزاب الصغير (7.2×10^9) ودالا (بين إيران والعراق 5.7×10^9) وآدهايم (بين إيران والعراق)
شط العرب		العراق	190	19000	
النيل	84×10^9 عند أسوان	إثيوبيا والسودان ومصر وبروندي وروواندا ويوغندا وكينيا وتنزانيا والكنغو	6690	3007000	النيل الأبيض (28×10^9) والنيل الأزرق (54×10^9) وسوباط (13.5×10^9) وبحر الغزال وبحر الجبل وبحر الزراف والعطبراوي (12×10^9) والرهد والقاش
الأردن	1.85×10^9	لبنان وسوريا وفلسطين والأردن	228	18300	اليرموك (400×10^6) ودان (245×10^6) وحسباني (138×10^6) وبنياس (121×10^6)

عند التفكر في تخطيط نظم الإدارة المائية لا بد من النظر إلى مكافحة التلوث، والتحكم في الفيضانات، واستصلاح الأرض بغية إيجاد الحلول العملية والمقبولة، والمفاضلة بين المتطلبات المتنافسة للاستخدام الأمثل للموارد المائية.

إن التخطيط المتزن للموارد المائية مطلب أساسي للنظر المستقبل في نظام ديناميكي لا يتأتى بوجود الإمكانات المالية، والكفاءات الوطنية المؤهلة فقط، إنما تؤثر عليه عوامل اقتصادية، وسياسية، واجتماعية، وفنية متعلقة بالمنطقة وظروفها. قد تضم منظومة التخطيط الإستراتيجي الإنمائي مراحل الإعداد والتقويم والاعتماد {23} (أنظر شكل 6-1).

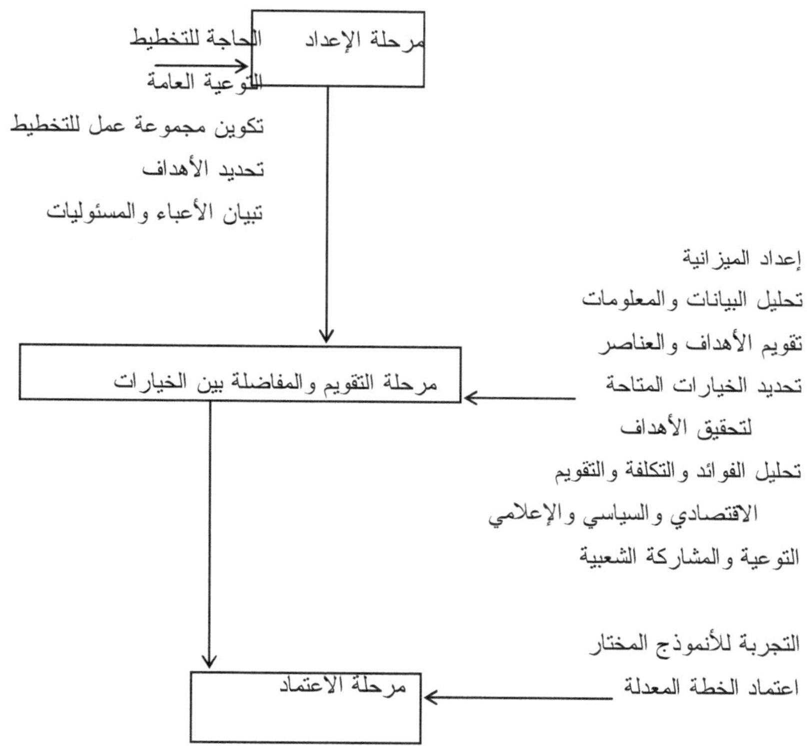

الاختيار بقرار سياسي حسب المعلومات المتوفرة (النواحي الاقتصادية والاجتماعية وقائمة الأولويات ..)

تنفيذ الخطة وإدارتها

المتابعة والتقويم المستمرين

استطلاعات الرأي

وضع التشريع والمعايير وتنفيذها

تقويم الأثر البيئي

شكل 6-1 منظومة التخطيط الاستراتيجي الإنمائي

6-12 إدارة القطاع المائي

يمكن تعريف قطاع إدارة الماء بتخصيص مصادر الماء لأفرع جهات مستخدمة لها بإذن أو رخصة، طبقاً لنظم تتبع من السياسة المائية، والاستراتيجية القومية، والخطط التنموية المنبثقة عنها والتابعة لجهات الاختصاص الفاعلة {3،31،34}. وتخاطب نظم الإدارة المؤسسات الحقيقية، والقانون، واللوائح، والموجهات، وغيرها من المحاذير القانونية، وأجهزة التحكم المؤسس التي يحتاج إليها لإحداث التغيير، وتحقيق المرامي والأهداف. ومن المهم أن تستند تنمية الماء وإدارته على طرق المشاركة التي تضم قطاعات المهندسين وقواعدهم، والجمهور المستهلك، ومخططي المدن، وأخصائي التمويل والمصادر المالية، بالإضافة إلى البيئيين، وصناع القرار السياسي {35}؛ وأن تكون السياسات المائية الموضوعة، والاستراتيجية التي بنيت عليها الخطط المفصلة سهلة الفهم والتطبيق، ومناسبة للتنفيذ بوساطة الإدارة الهندسية المعنية، والقطاع المائي، والجمهور المستفيد.

ومن نافلة القول إنه من الآمن، والأنسب، أن تقوم كل منطقة، أو إقليم، على حدة بوضع نظم إدارية، وتخطيطية للموارد المائية المتعلقة بها، وذلك نسبة لاختلافات الطقس، والمناخ، وهيدروليكية المنطقة الجابية المحيطة وهيدرولوجيتها، والعادات، والتقاليد، والأعراف، والعقائد، والسلوك، والنمو السكاني، واستراتيجية خطط التنمية، والتقانة المتاحة، والعمالة الماهرة المدربة، وأولويات البحث العلمي وأهدافه {35} والمرجو المتاح. ويحتاج للإدارة الجيدة لموارد الماء، ومصادره، للمشاريع الراهنة والمستقبلة: للزراعة، والصناعة، وتخطيط المدن، وتوليد إنتاج الطاقة، وغيرها من الاحتياجات الضرورية ومخططات التنمية المستدامة التي توافق الاحتياجات الحالية دون التفريط في مقدرة الأجيال القادمة لمواكبة الاحتياجات الخاصة بها {36}.، والاقتصاد الشامل المتوازن، والتنمية الاجتماعية المتمشية مع الأهداف الاستراتيجية، والمبنية على الاستخدام العقلاني الفيصل، والإدارة الجيدة للموارد والمصادر. ومن الأفضل بالنسبة للإدارة الفاعلة الفصل الصارم بين الوحدات التي تتعامل مع الماء بوصفه مصدراً ومورداً، وبين تلك الوحدات المستخدمة للماء والقائمة علي تنميته {3،34}.

<u>الخطة القومية المائية</u>

تهدف عملية التخطيط المائي للوصول إلى الاستخدام الأمثل للماء لتلبية الاحتياج، ولمواكبة التحديات {37}. وينشد التخطيط المائي إيجاد موازنة بين الاحتياجات المائية، والمتاح من المصادر والموارد {38}. ويعتمد تخطيط مصادر وموارد الماء وسبل تنميتها علي الاعتراف بالتداخل الوثيق والربط بين دورة الماء الهيدرولوجية وغيرها من النظم مثل: استخدام الأرض، والمحافظة علي التربة، وإدارة المنطقة الجابية، واستخدام وإمداد الماء الجوفي، والتصريف، والتحكم في الأحياء والبيئة المائية، والمجتمع، وتوزيع السكان، والموارد الاقتصادية، والرفاهية الاجتماعية، والصحة العمومية وغيرها من العوامل المؤثرة {37}. كما يحتاج في التخطيط المائي إلى معرفة النواحي السياسية، والمالية، والمنهجية، والتقانية، ومستلزمات التقويم، {39} والتنسيق بين منظومات إدارة الماء والتخطيط {3}.

يحتاج إلى التخطيط الاستراتيجي للتحكم في النظام المركزي، أو لوضع إطار للإبداع والحداثة، أو لمساعدة التغير المؤسس، أو لتحديد الموارد والمفاضلة مع القوى السياسية، أو للبحث العلمي المستقبل.

التخطيط الاستراتيجي عملية مستمرة ونشاط مشترك لكل الأجهزة الإدارية والتنفيذية بغرض التقويم والمراجعة ووضع وتطوير الخطط الاستراتيجية بعيدة المدى لتحقيق الأهداف (أنظر شكل 6-2).

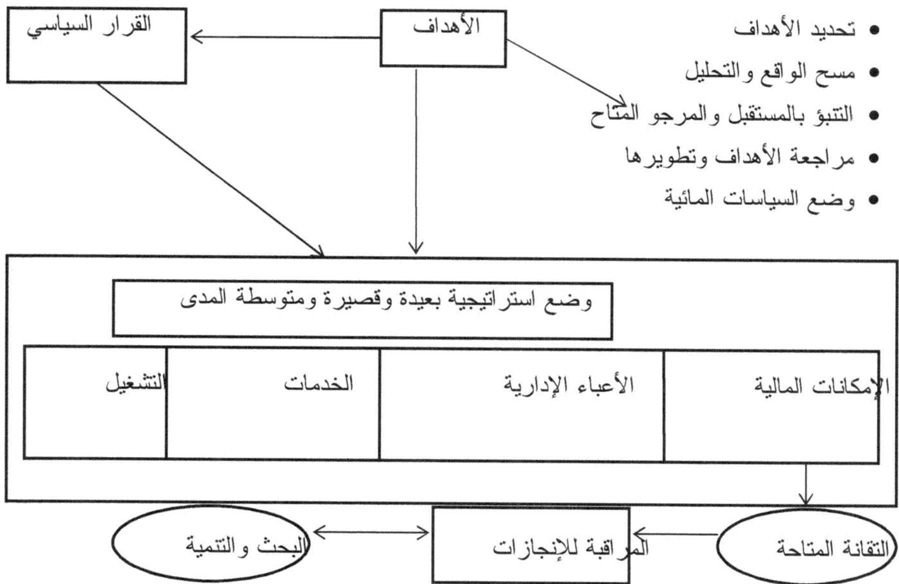

شكل 6-2 معينات التخطيط الاستراتيجي

تهدف الخطة القومية للماء إلي تحقيق المقاصد التالية {40،39،37،34،33،3}:

- التنمية الكفؤة والاقتصادية التي تفي بمتطلبات الجمهور وزيادة رفاهيته،
- الحصول علي أكبر قدر من المنافع والريع،
- التركيز على تحسين البيئة وتلافي التلوث،
- حماية السياسة الغذائية،
- إنشاء وتنشيط وحدة منظمة لتخطيط الموارد المائية، وتنميتها، وتفعيل الاختيار القومي للمشاريع، والبرامج، والسياسة التي تعين علي الإتيان بالتنمية القومية ذات الجدوى الاجتماعية والاقتصادية،
- تحديد المطلوبات، ووضع البدائل، وتقويم الأثر والوقع، واختيار الطرق الملائمة للعمل، وتفعيل المشاركة والتعاون، والتنسيق فيما يتعلق بالموارد المائية،
- تصميم استراتيجية مالية، وإدارة لموارد ومصادر الماء،

- التنسيق بين برامج الماء والمنظمات ذات الصلة،
- تقويم المياه القومية،
- استقراء سيناريو إمداد واحتياج الماء في المستقبل،
- إجراء الأبحاث المائية الموجهة للإصلاح والتزكية، والعمل علي تطبيق النتائج المشجعة،
- توجيه ودعم برامج تخطيط المياه المحلية والإقليمية،
- السماح بإنشاء مشاريع الماء الفاعلة،
- اكتشاف موارد مائية جديدة والحفاظ على القديم منها،
- تصميم وتنفيذ نظم فاعلة لتوزيع الماء للجمهور المستهلك،
- تقوية الإطار القانوني والمؤسس ليفي بالإدارة الفاعلة لمصادر الماء متمشياً مع أولويات واستراتيجية التنمية الوطنية طويلة الأجل،
- وضع استراتيجية لحفظ الماء، وترشيد استعماله للإيفاء باحتياجات الماء الصالح للشرب، ورفع كفاءة الزراعة دون زيادة الاستهلاك ،وتحديد التنمية الزراعية المستقبلة،
- الاستخدام المستدام ، والمحافظة علي المصادر والموارد المتجددة في المنظومة الوطنية،
- التحكم في تنمية الموارد والمصادر غير المتجددة (غير التقليدية) مثل: المياه الجوفية عبر الحفريات، والماء الجوفي الملح، ومياه البحار، ومياه الصرف المالحة، والسائل النهائي من محطات معالجة الفضلات السائلة،
- زيادة الموارد والمصادر، أو ربما تغيير نظم الاستهلاك لتحقيق الكفاية المائية حسب الأولويات،
- تحديد المنظمات الرئيسة المسئولة عن التخطيط الاستراتيجي والتمويل بالمنطقة،
- العمل علي تنفيذ الخطة القومية من منظور المحاور السياسية، والتقانية، والمالية، والقانونية،
- كسب الموافقة السياسية للخطط،
- وضع وتطوير استراتيجية متكاملة بعيدة المدى لكل خدمات المياه،
- العمل على ربط المواصفات الخدمية والموارد المالية بصورة أكثر دقة في خطة الاستراتيجية المائية،
- وضع أهداف التشغيل،
- التركيز على تخطيط العوائد والمنصرفات،
- التركيز على التحليل والدقة فيه،
- إنتاج خطط تشغيلية متوسطة المدى على مستوى الولايات،
- إعطاء نوع خدمة مقبول تأخذ في حسبانها: التكاليف، والأثر البيئي؛ وتقوم بمعالجة القصور عبر فترة زمنية معقولة،
- تحقيق الأهداف الزمنية بأقل تكلفة وبكفاءة متزنة النمو والاستقلال الأمثل للموارد البشرية والمادية،
- مواكبة الأهداف المالية والمحدات المالية المجازة في تناغم مع إدارة المياه لتحقيق غايات متطلبات الأداء للقوى البشرية،وتكاليف التشغيل بناءً على ميزانية مفصلة لكل نشاط وهدف،

- البحث العلمي الموجه،
- تدريب الكفاءات البشرية،وتطويرها، وتنميتها، وبناء القدرات،
- استشارة المستهلك واستطلاعات الرأي،
- مشاركة القطاع الخاص،
- إنتاج نوع جيد من الماء لمقابلة الاحتياجات المتنامية للسكان،والصناعة،والزراعة،مع ترشيد الاستخدام،
- نشر الخدمات الصحية،والتخلص الأمثل من الفضلات في مواكبة مع زيادة الاستهلاك، والنمو السكاني، والزيادة في حجم المدن بسبب الهجرة من الريف، والتنمية الزراعية والصناعية،
- تحقيق الصرف والسيل بصورة جيدة، ودرء آثار الفيضانات للعمران والزراعة،
- تحقيق نظافة عامة للموارد المائية،
- الاستخدام الأمثل للماء في كل الأغراض بما فيها الترفيه والرياضة والسباحة،
- النظر إلى أهمية وضع استراتيجية الأمن المائي،
- الحد من توقعات الفقر المائي،
- العمل على تزاوج إنتاج الماء بالطاقة النظيفة بما فيها الطاقة النووية، والشمسية، والهيدرولوكية، والرياح،
- الاستخدام الاستراتيجي لمصادر الماء غير التقليدية للتزكية والإصلاح (التنمية) بما فيها الماء الأجاج، وماء البحار، والمياه المستخلصة من معالجة الفضلات السائلة، وعائد دفق الري،
- التخطيط لمصادر الماء من أجل السلام بالمنطقة (سلام الماء)،
- وضع اتفاقيات ملائمة ومبنية على المفاوضات لمياه الأنهار والماء الجوفي المشتركة بين الدول والإدارة المثلى لهذه الموارد وتنميتها وتنسيقها،
- المحافظة على المياه الجوفية غير المتجددة من الحفريات وعدم استخدام هذا الاحتياطي الاستراتيجي إلا في حالات الطوارئ والاستخدام قصير المدى لأغراض معينة،
- التركيز على ترشيد استخدام الماء، والمحافظة عليه، والإدارة المستدامة لموارد الماء بغرض التنمية الاقتصادية في المنطقة، وإعادة توزيع أولويات الاستخدام المائي،
- العمل على أن تحوي الخطة الاستراتيجية للماء مؤثرات التقانة، والسياسة، والآثار البيئية،
- التفكر في كيفية استخدام الموارد المائية للدخول للعولمة والمعلوماتية.

محاور الخطة القومية للماء

من أهم المحاور الأساسية التي تحدد الخطة الرئيسة وتوصيفها لقطاع إدارة الماء التالي {3،21،40}:

- تحديد الأهداف والمرامي،
- وضع الافتراضات والأفكار المطورة لتحقيق الحلول المثلي،

- تحديد المشاكل واحتمالات تناغم فرص الماء، وموارد الأرض ذات الصلة مع أهداف وأولويات المحلية، والمقاطعة أو الولاية،
- تحديد مدي يناسب أفق التخطيط (عادة تؤخذ فترة عشر سنوات)،
- تحديد مدة التخطيط لتقدير حجم مشاريع المياه، وإيجاد احتياجات امتداد النظام (عادة تؤخذ فترة خمسين عاماً)،
- تعيين مشاريع تنموية وفقاً للخطة القومية الشاملة،
- تبيان هياكل المؤسسات والجمعيات ذات الصلة بالماء، ووضع توصيف لوحداتها،
- وضع استراتيجية إدارة الماء، وتحديد الحلول، والتقويم الفعلي،
- وضع التشريع الأمثل للتحكم في استخدام الماء والمحافظة عليه،
- تقييد واستقراء وتحليل البيانات والمعلومات ذات الصلة بالمورد والمصدر المائي،
- تشكيل الخطط البديلة، وتقويمها، ومقارنتها،
- وضع خطة عمل مناسبة، والعمل على تنفيذها،
- وضع تصور التشغيل، والإدارة، والصيانة، والترميم.

ولابد من مراجعة الإستراتيجية العامة لعكس التغير في المواضيع المؤثرة مع الجهات المسئولة عن صناعة الماء وإنتاجه، لكي يضم إلى البرنامج الرئيس المعلومات الحديثة المتعلقة بنمو المنطقة الخدمية، والاحتياجات المائية، وأنماط التضخم وغيرها من المعايير ذات الصلة. وتتواصل استمرارية تحليل الخطة وتقويمها لإيجاد أفضل وأحسن السبل ذات الجدوى الاقتصادية داخل نظام الماء الحالي، لتنعكس هذه داخل الخطة المائية المالية. ويجب العمل علي أن تعنى الخطة المالية بإيجاد أنسب تكامل لمصادر التمويل. أما استنباط أطر التشغيل، والصيانة، والإصلاح، وإعادة التأهيل، وتكاليف التغيير والاستبدال فيحوي استنباط الرواتب، والمعاشات، والإمدادات، والأجهزة، والطاقة، وقطع الغيار وغيرها من مكونات التكلفة ذات الصلة بقطاع الماء الخدمي {3،31،40}. ومن المهم مشاركة الجمهور في عملية التخطيط والعمل بمشورتهم خاصة فيما يتعلق بالمناخ، وطبيعة المجاري المائية الموسمية، وأثر نوعية الماء على المستهلكين. كما أن التفكر مع الجمهور يساعد أيضاً على فهم القيم، والمعتقدات، والمفاهيم، والموروثات المفيدة لجمع المعلومات المهمة ولاتخاذ القرار المناسب، ومن ثم يمكن استنباط التشريع والأحكام المائية المناسبة لتحقيق المرامي التالية {3،31،40}:

- تطوير إدارة الماء بالتعرف عن كثب على مسئوليات القطاعات والمؤسسات المختلفة ذات الصلة بمشاريع الماء،
- تنشيط عجلة التخطيط الشامل والمتكامل،
- ترشيد الاستخدام، وحماية المصدر والمورد المائي،
- فض نزاع المصالح الناجم عن المشاركة في القطاع المائي،
- إعطاء المؤشرات المهمة لتوجيه السلوك المستقبل بالنسبة للحالات الجديدة،
- تكامل خطط استصلاح الأرض، واستخدام الماء،

- تقويم الخطط الحالية، واستقراء الخطط المستقبلة لإدارة الماء واستخدامه،
- استخدام طرق الأنمذجة أطراً للتقويم والإدارة.

تضم العوامل المؤثرة على مطلوبات الخدمات ومتغيرات الاستثمار التالي:

- المطلوبات الخدمية للمستهلك الجديد،
- المطلوبات الخدمية المستقبلة للمستهلك الحالي،
- قصور الخدمات المبينة من قبل الجمهور المستهلك،
- التشريع،
- زيادة مطلوبات الأمن والحماية،
- مطلوبات الكفاءة العالية وتوفير التكلفة،
- الاستثمار لمنع تدهور الممتلكات والعقارات،
- احتياجات المستهلك.

من الأهمية بمكان التكهن باستقراء الاستهلاك المستقبل والتي تعطى مؤشراً لعجز الإمداد أو طاقة المورد المائي.

دور الجهات ذات الصلة بالخطة القومية لموارد ومصادر الماء

من أهم الجهات ذات العلاقة بالخطة القومية المائية: القطاع الحكومي والجهات الطوعية والصناعية وأصحاب الحرف وبيوت الخبرة المحلية والعالمية كما مبين في النقاط التالية {3،31}:

(أ) دور القطاع الحكومي: يتركز العمل الحكومي في وضع السياسة المائية، وتحديد مواضيع لتخطيط موارد الماء ومصادره، ووضع تصور برامج المشاريع التي تحتاج إلى تمويل كبير، وتنظيم إدارتها، وإنشاء البُنى التحتية، وتجميع معلومات التقانة والتنسيق، ووضع المعايير الخاصة بأداء المناطق الحرجة، وتمويل البحث العلمي حسب الاستراتيجية الموضوعة له، ووضع الاستراتيجية العامة، ووضع الأحكام والتشريع المناسب. وينبغي أن تعالج المحليات والولايات البرامج المائية الخاصة بها، وأن تضع الخطط اللازمة لإمداد الماء وفض النزاع، والاتفاقيات الثنائية مع المناطق المجاورة، ومعالجة الفضلات، والتحكم في الفيضان، ومياه الأمطار، ونوعية ماء الخلجان والسواحل، والتحكم والمراقبة، وتقسيم السلطات، والتنمية، والتمويل، ونظام المعلومات، والإدارة والتشغيل، والتنسيق والتكامل بين الوحدات العاملة في قطاع الماء.

(ب) دور المجتمع والجماعات الطوعية: تتحمل جمعيات الحرفيين، والمهنيين، والتقانيين، والفنيين، والجمعيات ذات الصلة بالمياه قدراً من المسئولية المتعلقة بمصادر الماء وموارده، وطرق التخطيط. وينبغي عليها المساهمة في تمويل البحث العلمي، ونشر نتائجه للاستفادة منها في

التخطيط، واستقطاب مشاركة الجمهور لدعم برامج التخطيط الشامل، وقبولها، وتنفيذها، ونجاحها، بالإضافة لتجويد الأداء، والمراقبة، وصيانة الوحدات. ثم يمكنها أن تؤثر في إطار التنسيق بين الوحدات المختلفة ووضع استراتيجية لجمعها في شكل تكتلات مائية، فمثلاً يمكن انبثاق هيئة طوعية مائية تعمل على: إيجاد سبل تنسيق وتعاون بين الجهات الرسمية والشعبية والأهلية والخاصة داخل القطر وعالمياً؛ وتبني المشاريع القومية من أجل التنمية المستدامة والمتوازنة؛ وإيجاد الدعم اللازم لها.

(ج) دور الصناعة والتجارة: يمكن أن تساهم الصناعة والتجارة في تحقيق التنمية بتمويل المشاريع البحثية المهمة، والمشاركة بالتقانة المتاحة لديها، والإدارة والتشغيل، وجلب المواد الخام الجديدة والخبرة وإعطاء المعلومات والتعاون على عقد الندوات وحلقات التدريب.

(د) بيوت الخبرة: يمكن أن تساعد بيوت الخبرة في البحث العلمي، والمشاريع البحثية، ووضع خطط مصادر الماء، غير أنه من الأفضل أخذ الحيطة والحذر من بيوت الخبرة التي تأتي من مناطق غنية بالمياه عند وضع خطط المياه لمناطق الشرق الأوسط الجافة أو تلك المناطق التي تشكو شح الماء وقلة موارده.

مراحل الخطة القومية {3،31}:

يمكن تقسيم مراحل الخطة القومية إلي مرحلة أولية تسبق التخطيط، ثم مرحلة التخطيط، لتليها مرحلة ثانوية أو مرحلة ما بعد التخطيط.

1) المرحلة الأولية (مرحلة ما قبل التخطيط): يجب في هذه المرحلة عمل التالي:

- إنشاء مركز معلومات محلي لجمع المعلومات من كل القطاعات العاملة في القطاع المائي عبر مجموعة عمل مختارة،
- استحداث عدد مناسب من محطات الرصد، والمراقبة، والقياس، والتحكم، والمعايرة، والصيانة وتركيبها لتحقيق أهداف الخطة القومية،
- تقدير كمية الماء الحالية من الموارد المتاحة، واستقراء الكمية المطلوبة مستقبلاً في شتى المناحي،
- معرفة أثر نوعية الماء على المشاريع المقترحة وبرامجها،
- وضع أنمذجة استقرائية واستنباطية ملائمة للمشاريع المقترحة والمجازة،
- حصر مناطق تلوث المصادر والموارد المائية، وأوجه التلوث فيها، وسبل التحكم فيه والتخلص منه،
- تحديد الأولويات والأهداف التي تحقق تفعيل الخطة القومية وفقاً للإمكانات السياسية، والاجتماعية، والاقتصادية (المرجو المتاح)،
- تحقيق قدر جيد من التنسيق والتعاون بين الوحدات العاملة في مجال الماء والإصحاح،
- بناء الهياكل الإدارية للوحدات المختلقة والمطلوبة،
- إنشاء وحدة للتنفيذ، والتطبيق، والمتابعة تحت رعاية سلطة عليا مسئولة عن التنمية الإقليمية، والتخطيط، والإدارة.

2) <u>مرحلة التخطيط</u>: تهتم هذه المرحلة بالتالي:

- تحقيق الإدارة المائية المستدامة، وإدارة الاحتياج،
- التركيز على ترشيد الزراعة المروية، والتحكم في نظم الزراعة، وإعادة استخدام ماء الصرف والفضلات السائلة، ورفع كفاءة الري، والتغذية الاصطناعية، وتطوير نوعية الماء،
- العمل علي مشاركة الوزارات والجهات ذات الصلة بالقطاع المائي في التخطيط، ووضع الاستراتيجية، والمواصفات القياسية وضبط الجودة لنوع الماء، وإدارة المعلومات، والحماية الصحية، والمراقبة، والإشراف، والتحكم في مخاطر الأمراض، وأساليب المعالجة والمكافحة، وأنماط الاستعذاب والتنقية، وإعادة الاستخدام والدوران، والتثقيف الصحي، وتطبيق وتنفيذ القوانين والتشريع والأحكام الضابطة للتلوث وطرق مكافحته،
- مشاركة قطاعي النساء والشباب في برامج وضع الأولويات، وأساليب ترشيد وحفظ الماء، والإصحاح الجيد،
- العمل علي أن تتفاعل الاستراتيجية المائية مع الظروف المتغيرة للإمداد والاحتياج المائي،
- وضع أسلوب منظم لإدارة الماء (خاصة عند تقويم المياه الجوفية) والتخلص من الملوثات،
- البدء في برنامج تخطيط جيد للماء والإصحاح، ووضع تصور لتكامل برامج إمداد الماء والتحكم في الملوثات،
- وضع خطط حقيقية متكاملة لأحواض الأنهار (للمناطق النهرية والنيلية) مع إعطاء أولوية للحقوق المكتسبة، والتنسيق، ومقاصد المشاركين في منطقة الحوض النهري،
- احتواء الخطة القومية للقطاع المائي على كل مواقع مصادر الماء مثل: المعالجة، والتخلص النهائي، وإعادة الاستخدام، والأثر الاجتماعي، والتقويم البيئي، والتشريع والمعايير، والاقتصاد، والاستراتيجية السياسية، والصلة بين المصادر والموارد الأخرى.

3) <u>المرحلة الثانوية (مرحلة ما بعد التخطيط)</u>: من أهم مرتكزات هذه المرحلة:

<u>(أ) المراقبة والمتابعة والتزكية والإصلاح</u>

- لابد أن تدفع القطاعات المستفيدة من الماء تكلفة خدمات إنتاجه وتوزيعه من غير الاعتماد علي أي هبات ومنح غير مبررة. ويمكن أن تشجع قاعدة "يدفع الملوث" وتطبيق تعريفة الماء الحقيقية في الترشيد والحفظ وإعادة الاستخدام،
- يجب أن يتم عرض الخطة الاقتصادية المعدلة علي الجمهور للمشاركة، والنقد، والإجازة،
- العمل علي تحديث شبكات القطاع المائي ومدها لتغذية مناطق أخرى طبقاً لخطة تنمية الموارد المائية بالتنسيق مع الخطة القومية الشاملة،
- البدء في تنفيذ برامج المراقبة والتحكم،
- التركيز (في عمليات المتابعة) على الصيانة، والترميم، والاستبدال، وإعادة التأهيل، وتنفيذ القوانين والتشريعات والأحكام،

- التخطيط المتأني لتأهيل وتدريب الوحدات والأفراد، والاحتياجات اللازمة لتحقيق فاعلية برامج المتابعة وأخذ القرار.

(ب) التدريب

- التركيز على تنمية القوة العاملة وتأهيلها، وترفيع البنية الأساسية من خلال وحدات التدريب، ومراكز البحث العلمي، وإدارة المشاريع،
- بناء كادر قومي لأخصائي القطاع المائي لإجراء البحوث، وإدارة النشاط ومراقبته بصورة مستمرة لمدى طويل، وربما استدعى الحال فتح مركز قومي للتدريب.

(ج) البحث العلمي:

- يحتاج البحث العلمي إلى قاعدة بحث، ومعلومات وبيانات لدعم خطة القطاع المائي وعملياتها،
- وضع خطة قومية للبحث العلمي، ربما بتحديد رؤوس المواضيع البحثية وتقسيمها على مؤسسات التعليم العالي، والمراكز البحثية، والوحدات ذات الصلة، والمنظمات، لتحقيق الموازنة المثلى بين البحث الإداري، والصحي، والاقتصادي، والاجتماعي، والفني، والتقاني، والقانوني، والسياسي،
- العمل على تفعيل مراكز البحوث، ووضع اتفاقيات توأمة ومواءمة مع المؤسسات التعليمية ذات الصلة،
- استقطاب رؤوس الأموال من القطاع الرسمي والشعبي والخاص للإنفاق على احتياجات البحث العلمي.

(د) القوانين والمواصفات والمقاييس

- تفعيل هيئة المواصفات والمقاييس وتأهيلها.
- تنمية القانون المائي الملائم وتطويره لكل من: الأولويات المقترحة والمستجدات المنظورة والمستترة، وإدارة البرامج وفض النزاعات والطرف الثالث والمحدات العارضة.

(هـ) الخصخصة

- التفكر في إمكانية تحويل نظم القطاع المائي من القطاع الحكومي إلى وحدات وشركات للقطاع الخاص وأصحاب العمل (خصخصة القطاع المائي).
- الشروع في إعطاء فرصة لقطاع الحرفيين والقطاع الخاص لرصد التلوث الصناعي والزراعي والتجاري وكشفه مبكراً ومكافحته (خصخصة مكافحة التلوث)

(و) المشاركة الشعبية

- استنباط طرق ملائمة لتفعيل التوعية الشعبية، ورفع الحس البيئي، والمشاركة الجماهيرية، والتعليم الشعبي، والتدريب، وجمع المعلومات ونظمها، والتشغيل والصيانة، والإدارة المتكاملة للموارد المائية.
- التركيز على توعية صُنّاع القرار ورفع حسهم البيئي والمائي، وإيجاد سبل ملائمة للحصول على موافقة القادة السياسيين على مرتكزات الخطط القومية المجازة وابتداع سبل تنفيذها.

- إعطاء فرص أفضل للجمعيات الطوعية (الجمعيات غير الحكومية، والسياسية والعلمية والحرفية واتحاد العمل والصناعة) للمشاركة الفاعلة والمتكاملة.

عند البحث عن سبل تمويل المشروع ينبغي الأخذ في الحسبان {33}:

- الأولويات المجازة حسب خطط التنمية الاستراتيجية في المنطقة،
- أهداف المشروع،
- أثر المشروع على اقتصاديات المنطقة،
- الأثر البيئي المترتب على المشروع،
- إدارة الحوض المائي،
- رصد البيانات والمعلومات المتعلقة بالمشروع في مناحي الجيولوجيا والهيدرولوجيا ونوع الماء والبيئة والحياة السائدة،
- الاستغلال الأمثل للموارد في الإطار القومي،
- رأي الجمهور.

تمر عملية تقويم appraisal المشروع بمراحل معينة قبل أخذ القرار للاستمرار فيه وتنفيذه، وتضم هذه المراحل الأطوار التالية:

- دراسات تحديد النظم المحتملة،
- دراسات جدوى لمقارنة أي نظم بديلة،
- دراسات جدوى للتأكد من جدوى اختيار مشاريع معينة.

وينبغي أن تتم هذه الدراسات استناداً على إعادة تقويم الأهداف، والتحليل الهيدرولوجي، وتمثيل النظام وأنمذجته، وتقويم الأثر البيئي، والدراسات الهندسية، وتقديرات التكلفة، والتحليل الاقتصادي والتمويلي، وتحديد خيارات الأولويات، وتقرير الأثر البيئي Environmental report assessment. وينبغي التركيز على تقويم الأثر البيئي للمشروع والذي قد يكون مؤقتاً أو دائماً، موجباً أو سالباً طبقاً للعوامل المؤثرة.

ومن أنواع الأثر البيئي المتوقع:

- الأثر الاجتماعي Social impact: للأفراد أو المجتمع ككل، وذلك علي المساكن والمجمعات ومناطق العمل والنشاطات التي يتوقع أن تتأثر بيئياً بالمشروع بصورة دائمة أو مؤقتة؛ ومدي الأثر وحجمه والمقترحات التي تعمل علي تفعيل المخاطر السيئة الناجمة. وينبغي إجراء تقويم الأثر الاجتماعي بالتنسيق مع السلطة المحلية والجهات ذات الصلة والمنظمات المختصة.

- الأثر علي الاقتصاد المحلي Impact on local economy: فيما يتعلق بالأثر الطارئ على الأهداف الرئيسة للنظام؛ ومن أمثلة ذلك الضرر على الزراعة وخصوبة التربة، وقيمة الأرض، والعمالة.
- الأثر البيئي Ecological impact وذلك بتغير نوع الماء بالمورد، أو تغير انسياب الماء به، أو التغير في البيئة المائية، والتغير في مصايد الأسماك، والأثر على الطيور المائية وغيرها من الأحياء، والأثر الصحي على السكان المحيطين بمنطقة المشروع، والحفاظ على البيئة المحلية.
- الأثر الجيومورفولوجي Geomorphological impact مما يؤدى إلى التحات والنحر والترسيب أو الزلازل والانزلاقات الأرضية والفيضانات.
- الأثر الاستساغي Aesthetic impact قد يتدخل المشروع مع تجميل المنطقة وتطويرها، وقد يؤثر على المباني الأثرية والتاريخية، أو قد يؤدي إلى احتمالات تصميم حديث. ويجب الأخذ في الحسبان تقويم الأثر على البيئة المحيطة، والأشجار والغابات، والطبغرافية، وتأصيل المنطقة وتاريخها، والأثر على المناظر البيئية الأصيلة.

من أهم المؤثرات التي قد تعيق التخطيط الاستراتيجي الجيد:

- الزيادة المتسارعة في السكان بسبب الهجرة إلى المدن والنزوح من الريف أو غيره من الأسباب الجوهرية.
- عدم وضوح الأولويات والأهداف ربما لغياب التخطيط الاستراتيجي الشامل.
- تلوث الموارد المائية.
- غياب البنى التحتية المؤثرة على الخطط المائية.
- صدور القرارات السياسية غير المدروسة من أجل الترضيات السياسية أو النواحي الأمنية.
- القبول الجماهيري للمشروع.
- عدم وجود البيانات والمعلومات المهمة مثل:

  * تعداد السكان والزيادة المتوقعة لفترة التصميم.
  * الاحتياجات المائية.
  * طاقة الموارد المائية بالمنطقة.
  * نظم المراقبة والمحاسبة.
  * تعريفة الخدمة.
  * الخرط الطبغرافية والهندسية.
  * مستوى الخدمة المطلوبة.
  * المقارنة الاقتصادية بين البدائل المتاحة.
  * العمالة.
  * الطاقة.
  * التقانة المستدامة الموجودة، والتدريب للكفاءات المؤهلة.

* القدرة على الدفع.
* المرونة الاستراتيجية لتغير الخطط حسب الظروف.
* إدارة المشروع.

- أهمية تغير البنى التحتية التي انتهى عمرها التصميمي منذ أمد بعيد، وكيفية تحقيق حدة التغير بأقل الأضرار البيئية وبأرخص السبل المناسبة.

13-6 حقوق الارتفاق

تعريف الارتفاق لغة:

الارتفاق في اللُّغة: هو الانتفاع بالشيء؛ والارتفاق شرعاً: هو أحد أنواع الملك الناقص، وهو حق عيني قصر على عقار، لمنفعة عقار آخر مملوك لغير الأول أياً كان شخص المالك، كإجراء الماء من أرض الجار، أو تصريف الماء الملوث في مصرف معين، سواءً أكانت الأرض المرتفق بها مملوكة ملكاً عاماً أم خاصاً، وبقطع النظر عن شخصية مالك العقار المرتفِق والمرتفَق به. ولذا وُصِف حق الارتفاق بأنه "حق عيني" فلو كان العقاران لمالك واحد، لم يثبت حق الارتفاق {42}.

وبعبارة وجيزة: حق الارتفاق، حق مقرر على عقار، لمنفعة عقار آخر مالكه غير مالك العقار الأول. وهو يشبه حق الانتفاع من حيث إنه ليس فيه ملكية تامة لمالك العقار المنتفع، بل إن بعض المؤلفين يعده من أقسام حق الانتفاع {43}.

الفرق بين حق الارتفاق وحق الانتفاع

الحق نوعان: حق عيني، وحق شخصي. فالحق العيني، هو علاقة مباشرة بين شخص وشيءٍ معين بذاته مثل حق الملكية، وحق الارتفاق. والحق الشخصي هو علاقة شرعية بين شخصين، أحدهما يكون مكلفاً بعمل، والآخر بالامتناع عن عمل، كعلاقة الدائن والمدين، يكلف المدين بأداء الدَّين، وهذا عمل؛ وعلاقة المودع بالمودع عنده (الوديع)، فللمودع حق على المودع عنده في ألا يستعمل الوديعة؛ وهذا امتناع عن عمل، وكلٌ من الارتفاق والانتفاع من الحقوق العينية لا الشخصية، لكن يظل بينهما فروق:

1- أن حق الارتفاق مقرر لعقار، وأما حق الانتفاع فهو مَقرر لشخص، فحق إجراء الماء من أرض إلى أُخرى حق مقرر للأرض الثانية، فينتفع به كل مالك لها، ولا يقتصر الانتفاع به على شخص معين. أما حق الانتفاع فإنه خاص بشخص المنتفع، فإذا مات انتهى حقه سواءً أكان ناشئاً بين الأحياء كالإجارة والإعارة، أم بين ميت وحي كالوصية والوقف.
2- يكون حق الارتفاق مقرراً دائماً على عقار، ولذا تقل به قيمته عن الأرض الخالية من مثل هذا الحق. أما حق الانتفاع فقد يتعلق بالعقار، كأرض أُعيرت، وقد يتعلق بالمنقول مثل كتاب أُعير.

3- حق الارتفاق حق دائم لا ينتهي بوقت، فيورث باتفاق المذاهب. أما حق الانتفاع فهو مؤقت ينتهي بموت الشخص المنتفع كالموصى له بمنفعة أرض.

كيفية ثبوت حق الارتفاق

يثبت أي حق من حقوق الارتفاق بواحدة من ثلاثة أسباب:

1- أن يتعلق الحق بمرتفق عام، فيثبت لكل من يتصل به عقاره حق الارتفاق فيه شرباً، ومسيلاً، ومروراً.

2- الإذن من المالك إذا كان العقار المتعلق به الحق مملوكاً ملكاً خاصاً. فإنه بهذا الإذن يصير له حق الارتفاق على عقار الآخر، وليس لمالك العقار الآخر منعه.

3- القِدَم. فإذا وُجد أن لعقار على آخر حقاً مقرراً، حفظ له ذلك الحق مادام لم يعرف وقت حدوثه. عملاً بقاعدة "القديم يترك على قدمه". وإن علم وقت الحدوث فإن كان مثبتاً لذلك الحق كان للعقار الحق بهذا السبب المثبت. وإن كان غير مثبت بأن كان سبباً باطلاً، وعلم ذلك بالبينة حكم ببطلانه. عملاً بقاعدة أخرى "الضرر لا يكون قديماً" {44}.

الأحكام العامة لحقوق الارتفاق

1- يجب آلا يؤدي استعمال حقوق الارتفاق إلى الإضرار بالغير، فلا يجوز لمن يسقي أرضه وزرعه بالماء بحق الشرب أن يسرف في الماء بحيث يضر بمن تحته أو حوله من المنتفعين بمجرى الماء، عملاً بالحديث النبوي: "**لا ضرر ولا ضرار**" {45}.

2- الأملاك العامة، مثل: الطرق، والمرافق العامة كالقناطر التي تقيمها الدولة على الترع، والجسور والكباري التي تنشئها الدولة على الأنهار، أو البحار، ولم تأخذ رسوم عبور أو أجراً مقابل استعمالها، فحق الارتفاق المقرر عليها ثابت لكل الناس، بلا إذن من أحد عند المذاهب الثلاثة، المالكية، والشافعية، والحنابلة، واشترط الأحناف إذن الحاكم أو استصحاب إذنه.

وكذلك حقوق الارتفاق ثابت في الأنهار الكبيرة، فلا يحتاج الفرد عند إرادة شربه أو سقي زرعه أو صيده أو استحمامه من الأنهار الكبيرة من إذن الإمام والحاكم، وحقوق الارتفاق ثابتة في النيل الأزرق، والأبيض، والدندر، والرهد، ونهرعطبرة، والقاش، والسوباط، ونهر الجور، وغيرها من الأنهار المشهورة عالمياً مثل، دجلة والفرات، والعاص، والدانوب، وسيحون، وجيحون والمسسبي، وغيرها. فلا يشترط إذن الإمام عند الأئمة الثلاثة واشترط أبو حنيفة الإذن من الإمام أو الحاكم {46}.

أما الأملاك الخاصة بفرد أو أفراد فلا يثبت حق الارتفاق عليها إلا بإذن المالك.

وإذا لم يعرف سبب حق الارتفاق، يترك لصاحبه حق الانتفاع به ويفترض كونه قديماً حادثاً، عملاً بقاعدة "القديم يترك على قدمه" بشرط ألا يكون ضاراً كمسيل الماء القذر الذي يلوث ماء بئر الجيران، فيجب إزالة منشأ الضرر عملاً بقاعدة أخرى هي قيد في سابقتها وهي: " الضرر لا يكون قديماً".

أنواع حقوق الارتفاق

تنحصر حقوق الارتفاق المهمة عند الحنفية في ستة حقوق هي: حق الشرب، وحق المجرى، وحق المسيل، وحق الطريق، وحق الجوار، وحق التعلى.

ولا يجوز عند الحنفية إنشاء حقوق أُخرى؛ لأن في إنشائها تقييداً للملكية، والأصل في الملكية أنها لا تقبل تقييداً، وما قيدت به هو استثناء لا يتوسع فيه.

ويرى المالكية: أنها غير محصورة في الحقوق الستة، فيجوز إنشاء حقوق ارتفاق أُخرى بالإرادة، كأن يلتزم شخص ألا يقيم في ناحية من أرضه بناءً أو يغرس شجراً، أو ألا يرتفع ارتفاعاً معيناً {47}.

ويتطرق الكتاب إلى الحقوق الثلاثة الأُولى التي تخص الماء، ومن أراد بقية الحقوق رجع إليها في كتب الفقه الإسلامي.

حقُ الشِّرب

الشُّرب، الشَّرب، والشِّرب، ثلاث لغات. بضم الشين، وفتحها، وكسرها. إلا أن الغالب على الشَّرب، جمع شارب {48} قال الأعشى:

فقلت للشَّرب في درني وقد ثملوا: شيموا، وكيف يشيم الشارب الثَّمل؟ {49}

وقال الأخطل:

صريعُ مدامٍ يرفع الشَّرْبُ راسه ليحيا وقد ماتت عظامٌ ومفصلُ
إذا رفعوا عظماً تحامل صدره وآخر مما نال منها مُخَبَّلُ

والغالب على الشِّرب، الحظ والنصيب من الماء قال الله تعالى: {**قال هذه ناقةٌ لها شِربٌ ولكم شِربُ يومٍ معلوم**} الشعراء: 155 بكسر الشين؛ وهو المشروب بلا خلاف. وقال تعالى: {**ونبئهم أن الماء قسمة بينهم كل شِرب محتضر**} القمر: 28. قال ابن الجوزي "**لها شِرب**" أي حظ من الماء، قال ابن عباس: لها شرب معروف لا تحضروه معها. ولكم شِرب لا تحضره معكم. وقرأ أبي بن كعب، وأبو المتوكل، وابن الجوزاء، وابن أبي عبلة: "**لها شُرْب**" بضم الشين {50}. ومن ضم الشين في الشُرْب جعله اسماً للمشروب، ومن فتح الشين جعله مصدراً كالضَّرب، قال ابن خالويه: هما لغتان، وأصاب بقوله هذا، وهذا دلالة على رسوخ قدمه في علم العربية والقراءات {51}. وقال ابن الأثير: الفتح أقل اللغتين {52}

قال وقرأ أبو عمرو {**فشاربون شَرْب الهيم**} الواقعة: 55. والحقَّ أن أبا عمرو لم يقرأ وحده بفتح الشين، قال مكي بن أبي طالب القيسي: قرأ نافع، وحمزة، وعاصم بضم الشين، شُرب جعلوه اسماً للمشروب وقيل مصدر كالشُغْل.

وقرأ أبو عمرو بن العلاء المازني، وابن كثير، والكسائي، وابن عامر بفتح الشين جعلوه مصدر شرب شَرباً كالضرب، {53}. قال ابن الجوزي: العرب تقول: شربته شُرباً، وشَرْباً، وأكثر أهل نجد يقولون شَرْباً بالفتح قال الأعشى:

تكفيه حَزَّةُ فلْذٍ إن ألمَّ بها من الشِّواء ويكفي شَرْبه الغُمَرُ {54}

ودليل الشُّرب قول الأعشى أيضاً:

فما أنت من أهل الحَجُون ولا الصفا ولا لك حق الشُّرْب من ماء زمزمِ

وما جعل الرحمن بيتك في العُلى بأَجيادَ، غربي الصفا والمُحَرَّمِ

والفقهاء يستعملون حق الشِّرب: على النصيب من الماء لسقي الزرع والأشجار، وهذا عند أكثر الفقهاء، وقد يستعمل في زمن الشرب، وهو نوبة الانتفاع بالماء أو زمن الانتفاع لسقي الشجر أو الزرع؛ ويلحق به حق الشفة: وهو حق الشُّرْب بضم الشين، وهو ما يخص الإنسان والحيوان من الماء ومنفعته، كوضوء الإنسان وغسله، ومياه غسل الأواني والثياب، وشرب دوابه وماشيته، والمياه تنقسم باعتبار حق الشِرب والشفة إلى أنواع أربعة.

النوع الأول. ماء الأنهار العامة

وهو الماء الذي يجري في مجاري عامة غير مملوكة لأحد، وإنما هي للجماعة، مثل القاش، والنيل الأزرق، والنيل الأبيض، والفرات، ودجلة، والعاص ونحوها من الأنهار العظيمة وما تفرع منها من ترع ومجاري أنشأتها الدولة لمنافع الناس وري أراضيهم، فلكل إنسان أن ينتفع من هذه المياه، ويشرب منها هو وحيوانه، ويسقي زرعه وغرسه، وينصب عليها الساقية أو الآلات والوابورات ومضخات المياه، وله أن يجري منها نهراً أو خليجاً إلى أرضه بشرط ألا يضر بالعامة وضمن حدود قانون التعامل المسموح به عرفاً. وذلك لأن مياه هذه الأنهار غير مملوك لأحد، لأن الملك إنما يكون بالاستيلاء، والقهر والإحراز. ومياه هذه الأنهار غير محرزة ولا مقهورة، ولا محل استيلاء أحد، وفوق ذلك فهذه الأنهار غير مملوكة الرقبة لأحد على الخصوص، ولذا بقي ماؤُها على أصل الإباحة، وصار الناس فيه شركاء بمقتضى الشركة الطبعية في الإباحة لقوله صلى الله عليه وسلم: "**المسلمون شركاء في ثلاثة: في الماء، والكلأ، والنار**" {55}. والشركة في الحديث شركة إباحة، فمن سبق إلى شيءٍ منها واستولى عليه، واحرزه دخل في ملكه.

ولهذا كلِّه فإن لكل إنسان حق الشِّرب والشِّفة مطلقاً من غير قيد إلا قيداً واحداً وهو ألا يترتب على تصرف الإنسان ضرر بالعامة، لأن الضرر يجب أن يزول، وليس للحاكم منع أحد من الانتفاع بكل الوجوه، كما هو المقرر بالانتفاع في الطرق والجسور والمرافق العامة فإذا أضر شربه فلكل واحد من المسلمين منعه أو الحد من تصرفه لإزالة الضرر، لأنه حق لعامة المسلمين، وإباحة التصرف في حقهم مشروطة بانتفاء الضرر، إذ لا ضرر ولا ضرار {56}.

والدليل على كون هذه الأنهار غير مملوكة لأحد، وإنما الحق فيها مشاع للجميع قوله صلى الله عليه وسلم: "**الناس شركاء في ثلاث: في الماء، والكلأ، والنار**" {57}. وشركة الناس فيها شركة إباحة، لا شركة ملك، لعدم إحرازها، والمراد بالماء في الحديث: ما ليس بمحرز، فإذا أُحرز فقد مُلِك. فخرج من أن يكون مباحاً، كالصيد إذا أُحرز، فلا يجوز حينئذٍ أن ينتفع به إلا بإذن صاحبه، والمراد بالكلأ: الحشيش والمراعي الطبيعية التي تنبت بنفسها من غير أن يُباشر أحدٌ زرعه أو سقيه، فيملكه من قطعه وأحرزه، وإن كان في أرض غيره، والمراد بالنار، الاستضاءة بضوئها، والاصطلاء بها، والإيقاد من لهبها، بخلاف من أراد أن يأخذ من الجمر، لأنه ملكه ويتضرر بذلك، فكان له منعه كسائر أملاكه {58}.

النوع الثاني: ماء العيون، والآبار والحياض

وهو الذي يستخرجه الشخص بنفسه. وهو ليس بمملوك عند الحنفية، وعليه فإنهم يرون أن لصاحبه حقاً خاصاً، وهو مباح في نفسه، سواءً أكان في أرض مباحة أم مملوكة. أما المالكية، والشافعية فيقولون بملكية ماء الآبار والحياض والعيون إن كانت في ملكه.

وعليه على قول الأحناف أنه يثبت فيه حق الشفة دون حق الشِّرب، فأن أبى صاحبه، كان للمحتاج أخذه جبراً، ولو بالقوة وله أن يقاتله بسلاح لأن الماء في البئر مباح غير مملوك عند الحنفية والحنابلة، ولكن بشرط ألا يجد المحتاج ماءً آخر قريباً منه والدليل لحق المحتاج: أن قوماً سَفْراً وردوا ماء فطلبوا من أهله السماح لهم بالشرب منه، وبسقي دوابهم التي كادت أن تهلك من العطش، فأبوا، فذكروا ذلك لعمر بن الخطاب رضي الله عنه فقال: "هلا وضعتم فيهم السلاح" {592}.

وهذا النوع يتجلى فيه ويتضح حق الارتفاق على نحوٍ أوضح من النوع الآتي:

النوع الثالث: ماء الأنهار الخاصة

وهو ماء الأنهار أو الجداول الصغيرة، والأفلاج الخاصة المملوكة لبعض الناس، وحكمه كالنوع الثاني. يثبت لكل أحدٍ فيه حق الشفة، لا حق الشرب. فلكل إنسان الحق في الانتفاع به لنفسه ودوابه، وإن لحق به ضرر يسير؛ "لأن الضرر الأشد يزال بالضرر الأخف". ولكن ليس له أن يسقي منه زرعه وشجره إلا بإذن صاحبه، ولصاحبه أن يمنع الغير من سقي الزرع والأشجار "حق الشِّرب". لأن له في مائه حقاً خاصاً.

واستحب الشافعية والمالكية، والحنابلة لصاحب الماء أن يبذل الفضل بغير ثمن، ولا يجبر على بذله، إلا لقوم اشتد بهم العطش فخافوا الموت، فيجب عليه سقيهم، فإن منعهم فلهم أن يقاتلوه بالسوط والعصا، والمرافعة.

النوع الرابع: الماء المحرز في أوان خاصة

وهو ما حازه صاحبه في آنية أو ظروف خاصة كالجرار، والصهاريج والأنابيب، وسيارات نقل المياه، ومنه مياه المدن، وشركات تعبئة المياه، وهذا الماء مِلْك خاص لمن أحرزه أو حمله على سيارته فليس لأحد حق الانتفاع به إلا بإذن صاحبه، ولصاحبه بيعه أو التصرف فيه كما يشاء {60}، فقد روي عن النبي صلى الله عليه وسلم أنه "**نهى عن بيع الماء إلا ما حمل منه**" {61}.

وبالرغم من كون هذا الماء مملوكاً لصاحبه، فيجوز للمضطر الذي خاف على نفسه الهلاك من العطش، أن يشرب منه أو يأخذ منه حاجته، ولو بالقوة ليدفع الهلاك عن نفسه إذا كان فاضلاً عن حاجة صاحبه، بأن يكفي لحفظ رمقها، ولم يجد المضطر ماءً آخر، لكن يجب عليه دفع قيمة الماء، لأن الاضطرار لا يبطل حق الغير، أو أن حل الأخذ لا ينافي الضمان والأولى أن يقاتله بغير سلاح، ولأن منعه من الماء في هذه الحال دناءة وقلة مروءة وقد جاء الإسلام بالكرم والأخلاق الحسنة وفي الحديث: "**إن الله كريم يحب الكرم، ويحب معالي الأخلاق، ويكره سفاسفها**" {62}.

الأحكام والتشريعات العامَّة لحق الشرب أو الانتفاع بالمياه

المحافظة على مجرى الماء مطلقاً، وإزالة جميع ما يعترض جريان المياه سواءً أكان ذلك باستمرار تنظيف المجرى، أو عيون المياه، ويتبع ذلك المحافظة على ضفتي النهر، وحافة البئر، فإن لم يفعل المرتفق ذلك، كان لصاحب المجرى الحق في منعه من الانتفاع، دفعاً للضرر، وعملاً بقوله صلى الله عليه وسلم: "**لا ضرر ولا ضرار**".

ومن أنواع الضرر، تسرب الماء إلى أرض الجار على وجه غير معتاد، وقد ينتج ذلك عن الإهمال أو الغفلة أو سوء القصد، أو التعمد وفي كل هذه الأحوال راعت الشريعة أموال الناس وممتلكاتهم، وحكمت عليه بالضمان، أي ضمان ما أُتلف، عملاً بقاعدة "الخطأ والعمد في أموال الناس سواء".

وقال الحنفية: ولا يضمن من ملأ أرضه ماءً فنزت أرض جاره أو غرقت؛ يعني في حال السقي المعتاد الذي تتحمله الأرض عادة، لأنه متسبب غير متعد. فإن بالغ في السقي، وكان أكثر من المعتاد، فإنه متعدٍ، وعليه ضمان ما أتلف، وعليه الفتوى عندهم.

14-6 تمارين عامة

1. ما معنى قانون، وحكم، وتشريع لغةً واصطلاحاً؟
2. بين أهم أهداف التشريعات المائية
3. اذكر أهم العوامل المؤثرة على وضع التشريعات المائية وتطبيقها
4. تحدث بإيجاز عن كم من الآتي:
   - الخطوط التوجيهية لماء الشرب لمنظمة الصحة العالمية.
   - الخطوط التوجيهية لماء الشرب بالخرطوم.
   - تشريعات ماء الري بمنطقتك.
5. ناقش أهم الافتراضات المتبعة عند وضع خطوط توجيهية للمواد الكيميائية في الماء المعالج والمستخدم للإنسان.
6. ما الآثار الضارة الناجمة من تواجد كل من التالي بدرجات تركيز عالية في الماء المعاد استخدامه: الإشريكية القولونية، والبورون، والفلور، واليود، والنترات، وكبريتات الكالسيوم، وأشعة ألفا، والنحاس؟
7. تحدث عن قانون البيئة بمنطقتك؛ وبين كيفية تحديثه؟
8. كيف يمكن مناقشة اتفاقيات مياه النيل وروافده بوساطة الدول المشتركة فيه (رواندا وتنزانيا وزائير وكينيا ويوغندا وإثيوبيا وإريتريا ومصر والسودان) على هدي الكتاب والسنة؟
9. ما أهم بنود اتفاقية 1959 م لمياه النيل الموقعة بين السودان ومصر؟ وما رأيك فيها؟
10. ما هي فوائد وضع تشريعات تتعلق بالتخلص من الفضلات والمخلفات السائلة المنزلية والصناعية؟
11. حدد أهم السمات الرئيسة لمواصفات منظمة الصحة العالمية المتعلقة بإعادة استخدام الماء للري.
12. تحدث باختصار عن كل مما يأتي:
    - تشريعات إعادة استخدام الماء لتغذية المخزون الجوفي.
    - تشريعات إعادة استخدام الماء في أحواض سباحة الأطفال.
    - التشريعات المتعلقة بتلوث البحار بالنفط وأحكامها.
    - التشريعات الدولية في ظل اتفاقية التجارة الدولية.
13. ما فائدة وضع تشريعات للمبيدات الحشرية والعشبية في المعايير المقترحة للأنهار المستخدمة لصيد السمك؟
14. ما أهم ملوثات البحار؟ وكيف يمكن الحد من انتشارها؟
15. كيف يمكن وضع استراتيجية مائية قومية وتفعيلها في إطار العولمة وثورة المعلوماتية؟
16. ما الفرق بين الارتفاق وحق الانتفاع؟
17. تحدث بإسهاب عن الأحكام العامة لحقوق الارتفاق.
18. عدد أقسام الماء باعتبار حق الشرب والشفة.

19."الخطأ والعمد في أموال الناس سواء" كيف تستخدم هذه القاعدة في وضع المواصفات وضبط الجودة للفضلات السائلة الصناعية؟

15-6 المراجع والمصادر

1. ابن منظور، لسان العرب، مؤسسة التاريخ العربي، دار إحياء التراث العربي، بيروت، 1993.

2. مجمع اللغة العربية، المعجم الوجيز، طبعة خاصة بوزارة التربية والتعليم، جمهورية مصر العربية، الهيئة العامة لشئون المطابع الأميرية، 1995.

3. عصام محمد عبد الماجد والطاهر محمد الدرديري، الماء، آفاق للطباعة والنشر، الخرطوم، 1999.

4. عصام محمد عبد الماجد، التلوث: المخاطر والحلول، المنظمة العربية للتربية والثقافة والعلوم، القباضة الأصلية، تونس (تحت الطبع).

5. عصام محمد عبد الماجد، الهندسة البيئية، دار المستقبل للطباعة والنشر، عمان، الأردن، 1995.

6. بشير محمد الحسن وعصام محمد عبد الماجد، الصناعة والبيئة: معالجة المخلفات الصناعية، معهد الدراسات البيئية، جامعة الخرطوم، الخرطوم، السودان، 1986.

7. عصام محمد عبد الماجد، وبشير محمد الحسن، إمدادات المياه بالسودان، دار جامعة الخرطوم للنشر، المجلس القومي للبحوث، الخرطوم، السودان، 1986.

8. WHO, Guidelines for drinking water quality, World Health Organization; 3rd edi., Geneva, 2004.

9. Gorchev, H. G. and Ozolins, G., WHO Guidelines for Drinking Water Quality, A paper presented at the International Water Supply Association Congress, 6-10 Sept. 1982, Zurich, Switzerland.

10. Rowe, D. R. and Abdel-Magid, I. M., Wastewater Reclamation and Reuse, CRC Press\Lewis Publishers, Boca Raton, FL, 1995.

11. وزارة الصحة الاتحادية بالتعاون مع منظمة الصحة العالمية، ورشة عمل وضع المعايير الوطنية لمياه الشرب ولائحة معايير مياه الشرب، 20 إلى 22 فبراير 1999، الخرطوم.

12. USEPA, Evaluation of Land Application Systems, Office of Water Program Operations, EPA-430/9-75-001, US environmental Protection Agency, Washington, DC 20460, 25, 1975.

13. Ayers, R. S. and Westcot, D. W., Water Quality for Agriculture, Food and Agriculture Organization of the United Nations, Rome, 7, 11, 54, 69, 1976.

14. تقرير مجموعة علمية بمنظمة الصحة العالمية، الدلائل الصحية لاستعمال المخلفات السائلة في الزراعة وتربية الأحياء المائية، سلسلة التقارير التقنية رقم 778، منظمة

الصحة العالمية، جنيف، 1990، الطبعة العربية صدرت عن المكتب الإقليمي لشرق البحر المتوسط، الإسكندرية، مصر، 1990

15. World Health Organization, WHO Guidelines for the Safe Use of Wastewater, Excreta and Greywater, WHO, 3rd Edi., 2006
16. Lieuwen, A. Effluent Use in the Phoenix and Tucson Metropolitan Area, Water Resources Research Centre, University of Arizona, Phoenix, 20, 1990.
17. WPCF, Water Reuse, Manual of Practice SM-3, 2nd Edi., Water Pollution Control Federation, Alexandria, VA, 78, 201, 1989.
18. The law of the sea, Official text of the United Nations convention on the law of the sea with annexes and index, final act of the third United Nations conference on the law of the sea, Introductory materials on the convention and the conference, United Nations, 1997.
19. Albone, E. S., Eglinton, G., Evans, N. C., Hunter, J. M., and Rhead, M. M., Fate of DDT in Severn Sediments, J. Environ. Sci. Technolo., Vol. 6, 1972, 914-919.
20. Blamer, M. and Sass, J., Oil Pollution: Persistence and Degradation of Spilled Fuel Oil, Science, Vol. 167, 1972, 1120-1122.
21. WHO Regional Office for Europe, Human Health in Areas with Industrial Contamination (Euro Non Serial Publications), WHO, 2015
22. عصام محمد عبد الماجد، وحامد إبراهيم حامد ومحمد فكري شلبي، تلوث البيئة البحرية، أسبابها ومخاطرها وتشريعات الحماية منها، مؤتمر حماية البيئة البحرية، كلية الشريعة والقانون، جامعة الإمارات العربية المتحدة، العين، 26 إلى 27 إبريل 1989.
23. Abdel-Magid, I. M.; and El-Zawahry, A., Preconditions and requirements for successful environmental policies in the Sultanate of Oman, the Sudan and Egypt, A paper presented at the Conference on Preconditions and Requirements for Successful Environmental Policies in the Arab World, from 3 - 5 May 1993, held in Irbid, Jordan, organized by the Earth and Environmental Science Department, the Yarmouk University; the National Program for Environmental Awareness and Information; and Friedreich Naumann Stiftung.
24. اللائحة العامة لميناء بورتسودان لسنة 1979.
25. اللائحة العامة لميناء بورتسودان (تعديل) لسنة 1989، وزارة النقل والمواصلات والسياحة.
26. Heinss, V, Larmie, S.A. & Strauss, M., Solids Separation & Pond Systems for the Treatment of Faecal Sludges in the Tropics: Lessons Learnt & Recommendations for Preliminary Design, 2nd Edi., EAWAG, WRI, SANDEC, Report AV.5/98, 1998.
27. Environmental health act, 1975, Ministry of Health, Khartoum.

28. مذكرة تفسيرية: مشروع قانون صحة البيئة لسنة 1997، لجنة مراجعة القوانين الصحية، غير منشور.

29. قانون حماية البيئة لسنة 1999، المجلس الأعلى للبيئة والموارد الطبيعية، وزارة البيئة والسياحة الاتحادية، الخرطوم.

30. Murakami, M. Managing water for peace in the Middle East: Alternative strategies, United Nations University Press, Tokyo, 1995.
31. Abdel-Magid, I. M., Effective water policies strategies for national water authorities, The Arabian J. for Science and Engng., Vol. 22, No. 1C, June 1997, 199-212.
32. Shahin, M., Review and assessment of water resources in the Arab region, Water International J., 14, pp. 206 - 19.
33. Brandon, T. W. Edi., Water Services Planning, Water Practice Manuals, The Institution of Water Engineers and Scientists, London, 1986
34. de Jong, R. L., Aridity, Economic development and water sector management, Proceedings of the International Conference on Water Resource Management in Arid Countries, Muscat, Sultanate of Oman, held during the period 12-16 March 1995, Vol. 1, pp. 228-234.
35. Mohorjy, A. M. and Grigg, N. S., Water resources management system for Saudi Arabia, J. Water Resources Planning and Management, ASCE, March/April 1995, Vol. 121(2), pp. 205-215.
36. Haimes, Y.Y., Sustainable development: A Holistic approach to natural resource management, J. Water International, 1992, Vol. 17(4), pp. 187-192.
37. Abraha, B. M., Case Studies on strategies for arid water resources management: Problems and policy implications, Proceedings of the International Conference on Water Resource Management in Arid Countries, Muscat, Sultanate of Oman, held during the period 12-16 March 1995, Vol. 1, pp. 265-272.
38. Simonovic, S., Application of water resources systems concept to the formulation of a water master plan, Water International, March 1989, 14(1), pp. 37-50.
39. Sipes, J. L., Sustainable Solutions for Water Resources: Policies, Planning, Design, and Implementation, Wiley; 1 edi., 2010
40. Brice, R. L. and Unangst, E. R., Long-range financial planning for water utilities, J. AWWA, May 1989, 81(5), pp. 48-52.
41. Engleberg Report, Health aspects of wastewater and excreta use in agriculture & aquaculture, Report of a review meeting of environmental specification and epidemiologists, Engelberg, Switzerland, IRCWD, Duebendorf, Switzerland, July, 1-4, 1985.

1) أحكام المعاملات الشرعية، للشيخ علي الخفيف ص 15، 16.

الفقه الإسلامي وأدلته، للدكتور وهبة الزحيلي 588/5، 589

2) المالكية ونظرية العقد في الشريعة الإسلامية للشيخ محمد أبي زهرة ص 78، 79
3) المدخل الفقهي العام للعلامة مصطفى الزرقاء ص 596.
الفقه الإسلامي وأدلته، للدكتور وهبة الزحيلي 591/5.
الملكية ونظرية العقد للشيخ محمد أبي زهرة ص 79
4) أخرجه الإمام مالك في الموطأ 745/2 برقم 1429. والحاكم في المستدرك وصححه 66/2 برقم 2345 ووافقه الذهبي على تصحيحه في كتابه التلخيص 66/2 بهامش المستدرك. وأخرجه البيهقي في السنن الكبرى 69/6 برقم 11166، 11167؛ 157/6 برقم 11658؛ 133/10 برقم 20231. وابن ماجه في سننه 784/2 برقم 2340، 2341. وأبو يعلي الموصلي في مسنده 397/4 برقم 2520. والدار قطني في سننه 228/4 برقم 83، 84. والطبراني في المعجم الأوسط 193/1 برقم 270، 23/2 برقم 1037. والطبراني في المعجم الكبير 86/2 برقم 1387، 302/11، 11806. وأحمد بن عمرو بن الضحاك في معجم الآحاد والمثاني 215/4 برقم 2200. والشافعي في مسنده ص 224.
5) المدخل الفقهي العام للعلامة مصطفى الزرقاء ص 596.
6) الحق والالتزام للأستاذ الشيخ علي الخفيف ص 64.
الأموال ونظرية العقد للأستاذ يوسف موسى ص 171.
الفقه الإسلامي وأدلته للدكتور وهبة الزحيلي 592/5.
7) النهاية في غريب الحديث، لأبن الأثير 254/2
وغريب الحديث لأبي عبيد القاسم بن سلام الهروي 182/1
8) معلقة الأعشى.
9) زاد المسير في علم التفسير لأبن الجوزي 139/6
10) القراءات الشاذة لأبن خالويه 345/2 – 346
11) النهاية في غريب الحديث 254/2
12) الكشف عن وجوه القراءات لمكي بن أبي طالب القيسي.
والحجة في القراءات السبع لأبن مجاهد ص 314
وزاد المسير في علم التفسير لأبن الجوزي 145/8
وتفسير النسفي 218/4
ومعاني القرآن للفراء 127/3 – 128
إعراب القراءات السبع وعللها لأبن خالويه 345/2
13) والحزة ما قطع من اللحم طولاً، والفلذ كبد البعير، والغمر، أصغر الأقداح، أنظر بيت الأعشى في: زاد المسير 145/8 والأصمعيات 89، وجمهرة أشعار العرب 254 ومختارات ابن الشجري 19 وأمالي المرتضى 105/3
14) أخرجه أبو داود في سننه 278/3 برقم 3472

وابن ماجه في سننه 826/2 برقم 2472

وأحمد بن حنبل في مسنده 364/5 برقم 23132

والبيهقي في السنن الكبرى 150/6 برقم 11612، 11613، 11614،

والطبراني في معجمه الكبير 80/11 برقم 11105

15) الفقه الإسلامي وأدلته الدكتور وهبة الزحيلي 596/5

16) الحديث تقدم تخريجه.

17) نهاية المحتاج 257/4

بدائع الصنائع 192/6

المغني لابن قدامة 531/5

القوانين الفقهية لأبن جُزى 339

مغني المحتاج 373/2

18) الخراج لأبي يوسف ص 97

19) الدر المختار 311/5 - 313

المهذب للشيرازي 427/1

الخراج لأبي يوسف ص 95 - 97

20) الأموال لأبن سلام ص 309

21) أخرجه الحاكم في المستدرك وصححه 111/1 برقم 151، وسكت عنه الذهبي في التلخيص، أنظر التلخيص بهامش المستدرك

والبيهقي في السنن الكبرى 191/10 برقم 20569، 20570

والطبراني في المعجم الكبير 181/6 برقم 5928

والخرائطي في مكارم الأخلاق 19 برقم 6، 8

مرفقات

مرفق 1: بعض الخواص الطبيعية للماء

درجة الحرارة (مئوية)	الكثافة كجم / م مكعب	درجة اللزوجة المطلقة $\mu \times 10^{-3}$ نيوتن*ث/متر مربع	درجة اللزوجة الكيناماتيكية $\nu \times 10^{-6}$ متر مربع/ث	الوزن النوعى كيلو نيوتن/متر مكعب	التوتر السطحى $\sigma \times 10^{-2}$ = نيوتن/متر
صفر	999.8	1.792	1.792	9.807	7.56
2	999.9	1.674	1.674	9.807	7.54
4	1000	1.568	1.568	9.808	7.51
5	999.9	1.519	1.519	9.807	7.49
6	999.9	1.473	1.473	9.807	7.48
7	999.9	1.429	1.429	9.807	7.46
8	999.8	1.378	1.388	9.806	7.45
9	999.7	1.348	1.348	9.805	7.43
10	999.7	1.31	1.31	9.805	7.42
11	999.6	1.274	1.274	9.804	7.41
12	999.5	1.239	1.24	9.803	7.39
13	999.4	1.206	1.207	9.802	7.38
14	999.2	1.175	1.176	9.801	7.36
15	999	1.145	1.146	9.8	7.35
16	998.9	1.116	1.117	9.799	7.33
17	998.8	1.087	1.089	9.795	7.32
18	998.6	1.06	1.062	9.793	7.31
19	998.4	1.034	1.036	9.791	7.29
20	998.2	1.009	1.011	9.789	7.28
25	997.1	0.895	0.898	9.778	7
30	995.7	0.8	0.804	9.765	7.12
35	994.1	0.721	0.725	9.749	7.04
40	992.2	0.656	0.661	9.731	6.96
45	990.2	0.599	0.605	9.711	6.88
50	988.1	0.549	0.556	9.69	6.79
55	985.7	0.506	0.513	9.666	6.71
60	983.2	0.469	0.477	9.642	6.62
65	980.6	0.436	0.444	9.616	6.53
70	977.8	0.406	0.415	9.589	6.44
75	974.9	0.38	0.39	9.56	6.35
80	971.8	0.357	0.367	9.53	6.26
85	968.6	0.336	0.347	9.499	6.17
90	965.3	0.317	0.328	9.467	6.08
95	961.9	0.299	0.311	9.433	5.99
100	958.4	0.284	0.296	9.399	5.89

* Van der Leeden, F.; et.al., The water encyclopedia, 2nd Edi., Lewis Pub., Chelsea, 1991

* Munson, B.R., e.t.al., Fundamentals of fluid mechanics, John Wiely & Sons, New York, 1991

* Davis, M.L. & Cornwell, D.A., Introduction to environmental engineering, McGraw-Hill Inter. Chemical Engng. Series, 2nd Edi., McGraw-Hill, Inc., 1991

* Streeter, V and Wylie, E.B., Fluid mechanics, McGraw Hill Kogakusha, Tokyo, 7th Ed., 1979

مرفق 2: قيم تركيز التشبع للأكسجين الذائب فى الماء والمعرض لمياه مشبعة بهواء يحتوى على 20.9% أكسجين وتحت ضغط يعادل 760 ملم زئبق

درجة الحرارة (مئوية)	كمية الكلوريد الذائب فى الماء (ملجم/ لتر)				الفروق لكل 100 ملجم كلوريد
	صفر	5000	10000	20000	
صفر	14.6	13.8	13	11.3	0.017
1	14.2	13.4	12.6	11	0.016
2	13.8	13.1	12.3	10.8	0.015
3	13.5	12.7	12	10.5	0.015
4	13.1	12.4	11.7	10.3	0.014
5	12.8	12.1	11.4	10	0.014
6	12.5	11.8	11.1	9.8	0.014
7	12.2	11.5	10.9	9.6	0.013
8	11.9	11.2	10.6	9.4	0.013
9	11.6	11	10.4	9.2	0.012
10	11.3	10.7	10.1	9	0.012
11	11.1	10.5	9.9	8.8	0.011
12	10.8	10.3	9.7	8.6	0.011
13	10.6	10.1	9.5	8.5	0.011
14	10.4	9.9	9.3	8.3	0.01
15	10.2	9.7	9.1	8.1	0.01
16	10	9.5	9	8	0.01
17	9.7	9.3	8.8	7.8	0.01
18	9.5	9.1	8.6	7.7	0.009
19	9.4	8.9	8.5	7.6	0.009
20	9.2	8.7	8.3	7.4	0.009
21	9	8.6	8.1	7.3	0.009
22	8.8	8.4	8	7.1	0.008
23	8.7	8.3	7.9	7	0.008
24	8.5	8.1	7.7	6.9	0.008
25	8.4	8	7.6	6.7	0.008
26	8.2	7.8	7.4	6.6	0.008
27	8.1	7.7	7.3	6.5	0.008
28	7.9	7.5	7.1	6.4	0.008
29	7.8	7.4	7	6.3	0.008
30	7.6	7.3	6.9	6.1	0.008

مرفق 3: ضغط بخار الماء المشبع بدلالة الحرارة

درجة الحرارة (مئوية)	البخار المشبع (ملم زئبق)									
	0	0.1	0.2	0.3	0.4	0.5	0.6	0.7	0.8	0.9
-10	2.2									
-9	2.3	2.3	2.29	2.27	2.26	2.24	2.22	2.21	2.19	2.17
-8	2.5	2.49	2.47	2.45	2.43	2.41	2.4	2.38	2.36	2.34
-7	2.7	2.69	2.67	2.65	2.63	2.61	2.59	2.57	2.55	2.53
-6	2.9	2.91	2.89	2.86	2.84	2.82	2.8	2.77	2.75	2.73
-5	3.2	3.14	3.11	3.09	3.06	3.04	3.01	2.99	2.97	2.95
-4	3.4	3.39	3.37	3.34	3.32	3.27	3.27	3.24	3.22	3.18
-3	3.7	3.64	3.62	3.59	3.57	3.52	3.52	3.49	3.46	3.44
-2	4	3.94	3.91	3.88	3.85	3.79	3.79	3.76	3.73	3.7
-1	4.3	4.23	4.2	4.17	4.14	4.08	4.08	4.05	4.03	4
0	4.6	4.55	4.52	4.49	4.46	4.4	4.36	4.36	4.33	4.29
0	4.6	4.62	4.65	4.69	4.71	4.75	4.78	4.82	4.86	4.89
1	4.9	4.96	5	5.03	5.07	5.11	5.14	5.18	5.21	5.25
2	5.3	5.33	5.37	5.4	5.44	5.48	5.53	5.57	5.6	5.64
3	5.7	5.72	5.76	5.8	5.84	5.89	5.93	5.97	6.01	6.06
4	6.1	6.14	6.18	6.23	6.27	6.31	6.36	6.4	6.45	6.49
5	6.5	6.58	6.54	6.68	6.72	6.77	6.82	6.86	6.91	6.96
6	7	7.06	7.11	7.16	7.2	7.25	7.31	7.36	7.41	7.46
7	7.5	7.56	7.61	7.67	7.72	7.77	7.82	7.88	7.93	7.98
8	8	8.1	8.15	8.21	8.26	8.32	8.37	8.43	8.48	8.54
9	8.6	8.67	8.73	8.78	8.84	8.9	8.96	9.02	9.08	9.14
10	9.2	9.26	9.33	9.39	9.46	9.52	9.58	9.65	9.71	9.77
11	9.8	9.9	9.97	10.03	10.1	10.17	10.24	10.31	10/38	10.45
12	11	10.58	10.66	10.72	10.79	10.86	10.93	11	11.08	11.15
13	11	11.3	11.38	11.75	11.53	11.6	11.68	11.76	11.83	11.91
14	12	12.06	12.14	12.22	12.96	12.38	12.46	12.54	12.62	12.7
15	13	12.86	12.95	13.03	13.11	13.2	13.28	13.37	13.45	13.54
16	14	13.71	13.8	13.9	13.99	14.08	14.17	14.26	14.35	14.44
17	15	14.62	14.71	14.8	14.9	14.99	15.09	15.17	15.27	15.38
18	15	15.56	15.66	15.76	15.96	15.96	16.06	16.16	16.26	16.36
19	16	16.57	16.68	16.79	16.9	17	17.1	17.21	17.32	17.43
20	18	17.64	17.75	17.86	17.97	18.08	18.2	18.31	18.43	18.54
21	19	18.77	18.88	19	19.11	19.23	19.35	19.46	19.58	19.7
22	20	19.94	20.06	20.19	20.31	20.43	20.58	20.69	20.8	20.93
23	21	21.19	21.32	21.45	21.58	21.71	21.84	21.97	22.1	22.23
24	22	22.5	22.63	22.76	22.91	23.05	23.19	23.31	23.45	23.6
25	24	23.9	24.03	24.2	24.35	24.49	24.64	24.79	24.94	25.08
26	25	25.45	25.6	25.74	25.89	26.03	26.18	26.32	26.46	26.6
27	27	26.9	27.05	27.21	27.37	27.53	27.69	27.85	28	28.16
28	28	28.49	28.66	28.83	29	29.17	29.34	29.51	29.68	29.85
29	30	30.2	30.38	30.56	30.74	30.92	31.1	31.28	31.46	31.64
30	32	32	32.19	32.38	32.57	32.76	32.95	33.14	33.33	33.52

Source: Wilson, E.M., Engineering Hydrology, Macmillan Education, 3rd Edi., Houndmills, 1983.

مرفق 4: بعض الأوزان الذرية لبعض العناصر ذات الصلة

العنصر	الرمز	الوزن الذري
هيدروجين	H	1
ليثيوم	Li	6.9
بورون	B	10.8
كربون	C	12
نتروجين	N	14
أكسجين	O	16
فلور	F	19
صوديوم	Na	23
مغنيسيوم	Mg	24.2
ألمونيوم	Al	27
سيليكون	Si	28
فسفور	P	31
كبريت	S	32
كلوريد	Cl	35.5
بوتاسيوم	K	39
كالسيوم	Ca	40
كروم	Cr	52
منجنيز	Mn	55
حديد	Fe	56
كوبالت	Co	59
نحاس	Cu	63.5
خارصين	Zn	65
زرنيخ	As	75
سيلكون	Si	28
بروم	Br	80
استرونسيوم	Sr	87.6
فضة	Ag	108
كادميوم	Cd	112
يود	I	126.9
باريوم	Ba	137
ذهب	Au	197
زئبق	Hg	200.6
رصاص	Pb	207
ريديوم	Ra	226

مرفق 5: أحداث تاريخية في مضمار القطاع المائي

قبل الميلاد استخدام الفضلات السائلة في الري في أثينا

1550 زراعة الفضلات السائلة في ألمانيا

1700 زراعة الفضلات السائلة في بريطانيا

1762 الترسيب الكيميائي للفضلات السائلة في بريطانيا

1849 دراسات سنو Snow في وباء الكوليرا في لندن

1864 اخترع باستير البسترة (للخمور)

1865 استخدام الأحياء المجهرية في هضم الحمأة في بريطانيا

1868 الترشيح المتقطع للفضلات السائلة في بريطانيا

1876 أول حوض للتحليل اللاهوائي في الولايات المتحدة الأمريكية

1879 اكتشف نيسن Neissen جرثومة السيلان *Neisseria gonorrhoeae*

1880 رأى لافيران Laverran جرثومة الملاريا ولم يصدقه أحد

1882 تهوية الفضلات السائلة في بريطانيا، اكتشف كوخ عصويات السل *Tubercle bacillus*

1885 اكتشف اشريش Escherich الاشريكية القولونية *E. coli*

1889 الترشيح بالتلامس في ماسوشستس Massachusetts بأمريكا

1891 بحيرات هضم الحمأة في ألمانيا

1895 استخدام الميثان من أحواض التحليل للإنارة في بريطانيا

1897 بين روس Ross انتشار الملاريا بالبعوض

1898 الترشاش الدوار لمرشحات النضيض

1900 بين ريد Reed انتشار الحمى الصفراء بالبعوض

1902 خطة تخطيط مدينة الخرطوم

1904 استخدام حوض أمهوف في ألمانيا

1904 أول حوض لإزالة الرمل في أمريكا

1906 كلورة الفضلات السائلة للتطهير في أمريكا، اكتشف شودين وهوفمان Schaudinn & Hoffman جرثومة *Treponema pallidum* المسببة للزهري syphilis

1908 أول مرشح نضيض للبلديات في أمريكا

1911 أول حوض أمهوف في أمريكا

1916 أول حمأة نشطة في أمريكا

1927 إنشاء لجنة الخرطوم لتخطيط المدن

1946	إنشاء لجنة تخطيط المدن المركزية
1950	قانون إعادة تخطيط المدن
1951	إنشاء شبكة مجاري مياه الخرطوم
1954	تشغيل شبكة الصرف الصحي بقلب الخرطوم
1957	صدور لائحة تخطيط المدن والقرى
1959	إنشاء محطة مياه الشرب بالخرطوم

مرفق 6: تخطيط شبكات تصريف مياه الأمطار بمناطق الإعمار الجديدة بولاية الخرطوم

1) مقدمة

تركز هذه الدراسة على تخطيط وتصميم شبكات تصريف مياه الأمطار في مناطق الإعمار الحديثة بولاية الخرطوم، وقد أخذت في الحسبان الولاية كما حددتها الخارطة المودعة لدى مصلحة المساحة. ويركز هذا المشروع على تخطيط شبكة من المصارف الرئيسة والفرعية اللازمة لتصريف مياه الأمطار؛ كما تم تحديد مخارج المصارف الرئيسة في نهر النيل بفروعه الثلاثة وأماكن السدود الترابية التي يجب تشييدها لوقاية كلٍ من مدينة الخرطوم بحري -من شمال شرق المدينة – ومن مدينة أم درمان من سيول الأمطار القادمة من خارج المدينة ومن جهة الغرب منها.

وتتحدث هذه الدراسة عن تصريف مياه الأمطار من مناطق الإعمار الجديدة التي يتم تخطيطها أو تلك التي تم تخطيطها ولم يتم بعد إعمارها أو بدأ الإعمار في أطواره الأولى.

إن مناطق الإعمار الجديدة بولاية الخرطوم تمثل ما لا يقل عن ضعف الرقعة المعمرة حالياً ولقد وجدت صعوبة كبيرة في حصرها وتقدير حجمها تقديراً صحيحاً إذ أنه لا توجد لدى سلطات المساحة في خرائطها المودعة للمدن الثلاث خريطة موحدة تشمل كل هذه الامتدادات الجديدة.

فمثلاً في حالة مدينة الخرطوم تنتهي الخريطة المودعة بحدود المدينة القديمة حتى نهاية الصحافات جنوباً، والنيل الأبيض غرباً، والبراري شرقاً. وفي مدينة أم درمان لا تشمل الخريطة المودعة أياً من امتدادات الثورات بعد الحارة العاشرة كما لا تشمل أم بدة، ولا تشمل امتدادات أبو سعد. أما في مدينة الخرطوم بحري فتنتهي الخريطة بامتداد الصافية شمالاً وحلة كوكو شرقاً والنيل الأزرق جنوباً.

ومن الملاحظ في الامتدادات الجديدة قيام كل امتداد سكني أو صناعي أو مشترك بنفسه ولا يرتبط بالمدينة الأم في الخريطة. وهذا الوضع يجعل تخطيط شبكات تصريف مياه الأمطار وتنفيذها تنفيذاً هندسياً سليماً أمراً يصعب جداً إدراكه.

2) أسس تخطيط شبكات تصريف مياه الأمطار

إن تخطيط شبكات تصريف مياه الأمطار لأي منطقة إعمار يجب أن يراعى فيها الآتي:

1. أخذ حدود المنطقة المراد تعميرها وتحديد موقع المنطقة بالنسبة لبقية مناطق المدينة الأم، وهل يمكن ربط شبكة مياهها بأي مصرف رئيس مجاور؟

2. إذا لم يكن في الإمكان الربط بمصرف رئيس مجاور ويحتاج للوصول إلى مخرج عند النيل أو عند أحد فروعه كيف يسير المصرف إلى ذلك المخرج؟
3. إعداد خريطة كنتورية للمنطقة.
4. إعداد التخطيط العمراني للمنطقة ورسم القطع السكنية والتجارية .... الخ والطرق كل ذلك تمشياً مع طبيعة الأرض الجيوغرافية والطبوغرافية.

إن استيفاء المتطلبات من 1 إلى 4 أعلاه قد لا يكون ممكناً في حالة بعض المناطق السكنية، خاصة أمر ربط المنطقة ببقية المناطق وبالمدينة الأم؛ إذ لا توجد لدى مصلحة المساحة خريطة مودعة بكامل الامتدادات الجديدة وهذا لا شك يجعل أمر معالجة خدمات تصريف مياه الأمطار والصرف الصحي وحتى الطرق تحول دونه عقبات يجب العمل فوراً للتغلب عليها.

إن ربط المنطقة بمنسوب المصب يتطلب وجود نقاط ثابتة Bench Marks لمختلف المناطق. وهذا لا يوجد حالياً وعليه من الواجب أن يعمل المسئولون بفرع الوزارة على توفير هذه الثوابت وإعداد خريطة أساسية واحدة تشمل كل مناطق الامتدادات السكنية الجديدة.

3) أسلوب حديث لتصريف مياه الأمطار

درج المسئولون على تصميم شبكة مياه الأمطار على أساس مصارف مبنية من الطوب بقاع من الخرسانة للمصارف الرئيسة والفرعية. وفي غالب الأحيان تكون المصارف المحلية عبارة عن جداول محفورة دون بنائها، وربما كان الحال كذلك في حالة بعض المصارف الفرعية.

أثبت هذا الأسلوب عدم جدارته في عدد من الحالات، ربما بسبب عدم تطبيق الأسس الهندسية السليمة في التصميم والتخطيط؛ لكن حتى إذا تم تصميم سليم، وتنفيذ سليم للمصرف الرئيس، وجاء المصرف الفرعي والمحلي غير مشيد، بل عبارة عن جدول محفور فقد يؤدي هذا الأمر لقصور كبير في المشروع. وعليه وإن كان لابد من إتباع هذا الأسلوب للتصريف فلا بد من أن يكون قعر المصرف (Invert) مشيد بمواد ثابتة؛ مثلاً يمكن أن يشيد بالخرسانة بشكل قعر دائري، أو بالحجر أو بالطوب والمونة الأسمنتية، ويحفر عليه الجدول، ولا تبنى حوائطه. وحينئذٍ يضمن انسياب مياه الأمطار انسياباً جيداً وفقاً للانحدار الثابت لقعر المصرف. غير أن كل هذه البدائل لا تؤدي للحل السليم والاقتصادي لهذه المناطق التي يزيد حجمها الآن عن ضعف حجم المدينة الأم، لذا يمكن تقديم الأسلوب الجديد التالي للتصريف:

إن الأسلوب المقدم الآن يمكن تسميته بأسلوب **التصريف الانسيابي** في كل أجزاء المنطقة المعمرة دون اللجؤ إلى حفر أو تشييد مصارف الأمطار داخل الحي السكني. أي يعتمد التصريف كلياً على انحدار مساحة المسكن نحو الشارع؛ وانحدار الشارع المحلي نحو الشارع الفرعي؛ وانحدار الشارع

الفرعي نحو الشارع الرئيس حيث تتجمع كل مياه المنطقة بشارع رئيس واحد (أو اثنين)، يشيد على جانبه مصرف واحد رئيس ليحمل المياه إلى خارج المنطقة إلى المصب عند النيل أو عند أحد المصارف الرئيسة الكبرى الممتدة عبر مناطق الإعمار بالمدينة.

يتطلب هذا الأسلوب معرفة بمستويات المنطقة المعينة وربطها بالمناطق المجاورة التي تشترك معها في مصرف رئيس كبير حتى تصل لمصبها في النيل. ويعني هذا أهمية تأمين عامل انحدار مناسب من أعلى مسكن بالمنطقة حتى المصب في المصرف الرئيس للمنطقة والمناطق المجاورة.

وحتى يمكن توضيح طريقة التصريف المقترحة لنأخذ مثلاً المنطقة السكنية الموضحة بالخريطة المرفقة (أنظر رسم رقم 1). توضح الخريطة منطقة سكنية فيها حوالي 28 مربعاً سكنياً، في كل مربع 20 مسكناً. وقد خطط على الخريطة مسار مياه الأمطار من داخل المنطقة إلى حدود المنطقة الجنوبية، حيث تتجمع جميع هذه المياه في مصرف رئيس يبنى بقعر من الخرسانة وحافة من الطوب المحروق والمونة الأسمنتية. وينبغي مراعاة الموجهات التالية:

1) يقرر منسوب متفق عليه لسطح الأرض لتشيد أرضية كل مسكن بارتفاع 85 سم فوق منسوب سطح الأرض المقرر.
2) يتم تشييد أرضية الحوش الداخلي بارتفاع 45 سم فوق سطح الأرض.
3) يشيد سطح ممر المشاة أمام القطع السكنية بارتفاع 25 سم فوق سطح الأرض تقريباً.
4) يشيد سطح الشارع بحوالي 15 إلى 20 سم فوق سطح الأرض.

كل هذه المناسيب تقريبية قابلة للتعديل بالزيادة أو النقصان في حدود مناسبة؛ غير أنه يجب الاحتفاظ بقدر الإمكان بفروقات المناسيب بين كل سطح وآخر لضمان تصريف مياه الأمطار من سطح الحوش إلى الشارع الفرعي ثم الشارع الرئيس ثم المصرف الرئيس.

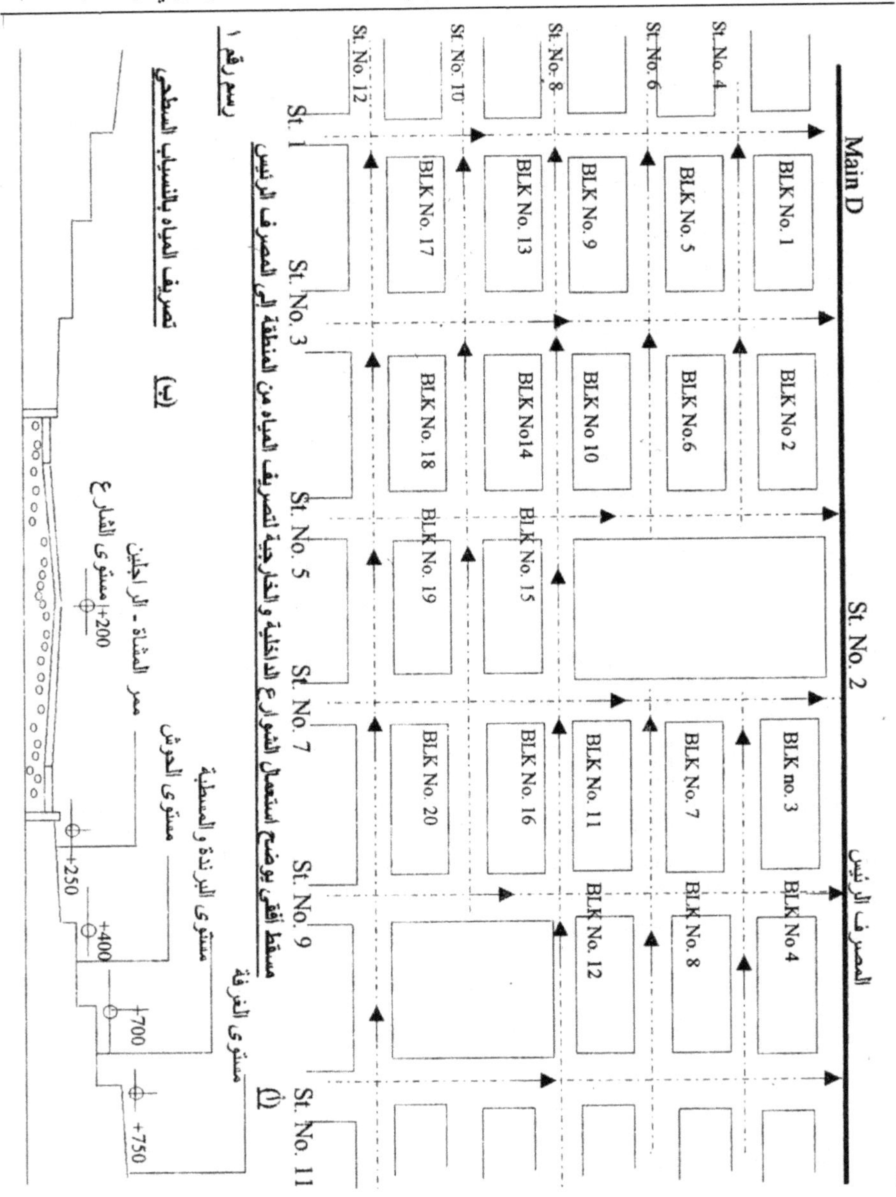

مسقط أفقي يوضح استعمال الشوارع الداخلية و الخارجية لتصريف المياه من المنطقة إلى المصرف الرئيس (أ)

تصريف المياه بالإنسياب السطحي (ب)

رسم رقم ١

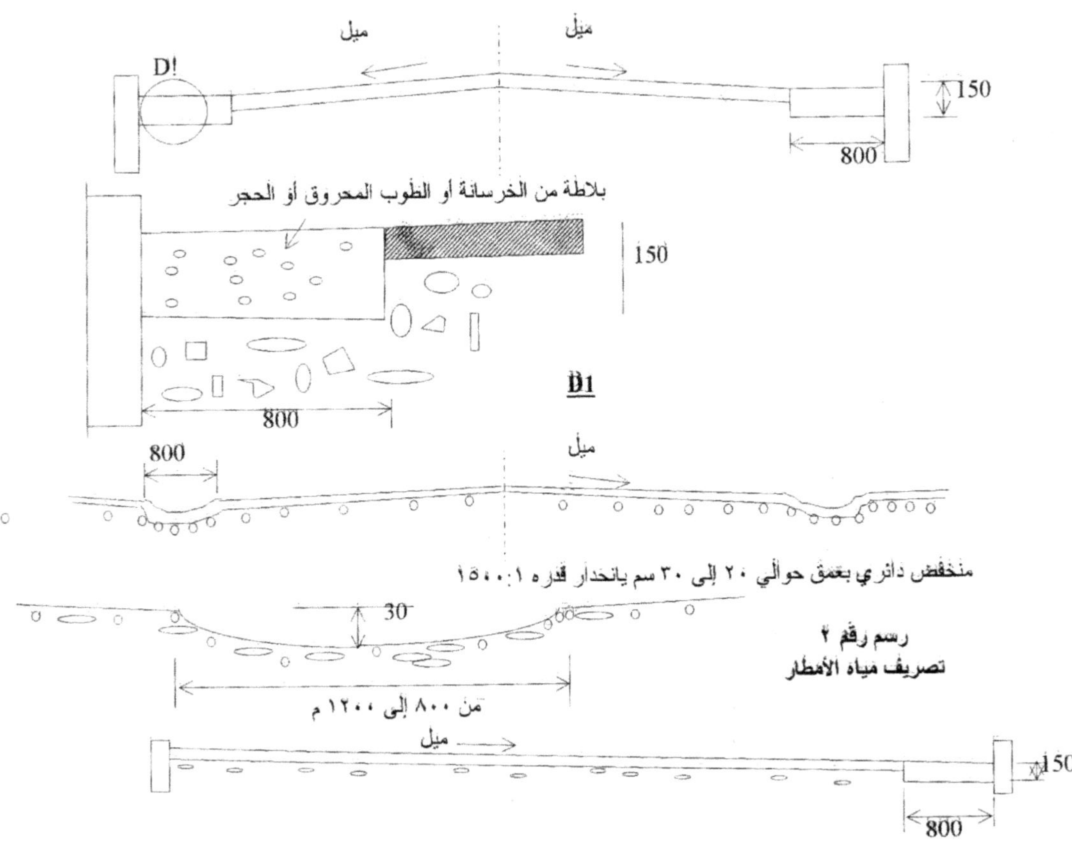

رسم رقم ٢
تصريف مياه الأمطار

يشيد سطح الشارع بميل طولي مناسب ليضمن سير مياه الأمطار على السطح بسهولة؛ ويمكن أن يكون ذلك بنسبة 3000 : 1 ويكون انحدار الشوارع السائرة شرق غرب نحو الشوارع السائرة شمال جنوب كما مبين في الرسم. ثم يشيد سطح الشوارع السائرة شمال جنوب بمستوى أقل من تلك السائرة شرق غرب (حوالي 5 إلى 7 سم) حتى يضمن تصريف مياه الشوارع السائرة شرق غرب إليه، ويتم تشييده بانحدار من الشمال للجنوب بميلان في حدود مثلاً 2500 : 1 وعليه يمكن تصريف كل مياه الأمطار من المنطقة السكنية إلى خارجها ثم إلى المصرف الرئيس الذي يشيد في الحدود الجنوبية للمنطقة، وهذا يشيد بصفة مستديمة بالطوب المحروق والخرسانة كمصرف رئيس للمنطقة.

إن نجاح هذه الطريقة يتوقف على سلامة سطح الشارع، واستوائه. وعندما يكون الشارع من الإسفلت فلا إشكال هناك، لكن عندما يكون السطح ترابياً فغالباً يتأثر بكثرة مرور الحركة فيحدث فيه بعض النحر والتآكل، وربما حفر صغيرة قد تؤثر في السير السوي للماء على سطحه. لذا يمكن أن يلجأ إلى أسلوب آخر هو إدخال مجرى سطحي على جانبي الشارع حيث يتم تبليط أو رصف حوالي 70 سم إلى متر في كل طرف للشارع بالطوب المحروق أو حجر الجرانيت (انظر رسم رقم 2) بانحدار مناسب (مثلاً حوالي 1000 : 1 أو 5000 إلى 1)، ويكون هناك ممر سطحي للماء ثابت لا يتأثر بالحركة؛ وبالطبع يترتب على هذا تكاليف إضافية؛ إلا أن ذلك لا يرقى إلى حجم تكاليف تشييد المصرف الكامل، وقد لا يتعدى ذلك حوالي 15 % من تكاليف المصرف الكامل مع أن الأداء لا يقل بل سيكون أحسن وأضمن من المصرف التقليدي الدائم نسبة لتعرض المصرف التقليدي الدائم للانسداد الذي لا يحدث في المصرف السطحي.

ولقد تم تنفيذ مشروع صغير بهذا الأسلوب لتصريف مياه الأمطار من منطقة سكنية بها حوالي 140 مسكناً بمنطقة الكلاكلة بالخرطوم، وثبت نجاح المشروع بعد فصل الخريف، حيث كانت هذه المنطقة خالية من أي تجمع لمياه الأمطار بعد كل زوبعة مطرية، حيث تسير المياه من شارع فرعي إلى الشارع الرئيس إلى خارج المنطقة في الحدود الجنوبية (انظر رسم رقم 2).

4) كيفية تقدير حجم المياه وتصميم المصرف

لأجل تصميم مصرف الأمطار وتقدير المياه التي يحملها، أي حجم المياه التي تصل إليه من المنطقة التي يخدمها، تتبع قاعدة أسست على كثافة نزول الأمطار لفترة التسعة والعشرين عاماً الماضية. فقد تم إعداد قاعدة حسابية تربط بين كثافة نزول الأمطار وفترة استمرار النزول. أسست هذه القاعدة بناءً على تجميع معلومات إحصائية لحوالي 230 حالة نزول مطري في خلال 25 عاماً أمكن بها إعداد منحنيات (الكثافة – لفترة النزول)، ومن هذا أمكن إعداد جدول لكثافات تتكرر مرة كل عامين وأخرى تتكرر مرة كل خمسة أعوام ليتم على ضوئها تصميم حجم المصارف بناءً على تقدير المياه المتجمعة من المنطقة (انظر الجدول 3-5).

ولقد كان الاختيار دائماً هو القاعدة التي أسست على كثافات تتكرر كل عامين، إذ أن تلك التي تتكرر مرة كل خمسة أعوام تستوجب تشييد مصرف حجمه يزيد عن ضعف حجم ذلك المشيد لعامين، ولا حاجة لذلك الحجم الكبير ربما مرة كل 5 أعوام. ثم أنه في حالة التصميم لكثافة تتكرر كل خمسة أعوام فإنه يعني أن المصرف سوف يصرف المياه من المنطقة خلال ساعتين لأكبر كثافة، بينما إذا صمم على أساس كثافة تتكرر كل عامين فسوف تصل فترة التصريف إلى أربع ساعات. ولا ضرر من حبس المياه لساعتين إضافيتين داخل المنطقة إذا أخذنا في الاعتبار الفرق الكبير في تكاليف التشييد للمصرفين؛ إذ أن المصرف المصمم عل أساس كثافة تتكرر كل خمسة أعوام يكون حجمه حوالي ضعف حجم المصمم على أساس كثافة تتكرر كل عامين.

يقدر الماء الذي يحمله المصرف باستعمال القاعدة الآتية والمعروفة لدى المهندسين العاملين في هذا المجال بالطريقة العقلانية The Rational method

$$Q = \frac{C * I * A}{360}$$

حيث أن:

Q = كمية الماء الجارية للمصرف بالمتر المكعب على ثانية Runoff

I = كثافة نزول المطر Rainfall Intensity

A = مساحة المنطقة التي تصب مياهها في المصرف المعني بالهكتار Drainage area in Hectares

C = عامل انسياب الماء Runoff coefficient = 0.4 للأراضي المعمرة تعميراً كثيفاً = 0.3 للأراضي قليلة التعمير أو شبه فضاء.

من هذه القاعدة يمكن تحديد حجم المصرف المعني أما عامل I لكثافة نزول الأمطار فيؤخذ من الجدول المناسب أما فترة نزول المطر Duration فتحدد بتقدير فتر انسياب مياه الأمطار من أقصى حدود المنطقة المعمرة إلى مدخل المصرف أو الجزء من المصرف المراد تحديد أبعاده أو حجمه (أنظر جدول 3-5).

5) بعض مزايا أسلوب تصريف مياه الأمطار بالانسياب على سطح الطريق

إن تخطيط وتصميم مصارف الأمطار وفقاً للأسلوب الذي تم شرحه في هذه الدراسة يمتاز عن الطرق التقليدية المتفق عليها حالياً بعدد من المزايا نورد أهمها فيما يلي:

1. كل الطرق والفسحات تكون دائماً محتفظة بسطح خالٍ من الحفر والتشوهات بسبب مصارف محفورة على جنباتها وكذلك الحال مع الفسحات العامة.

2. تكاليف معالجة تصريف المياه بهذا الأسلوب تمثل حوالي 35 % من تكاليف الأسلوب التقليدي؛ إذ أنه بإتباع هذا الأسلوب أمكن توفير حوالي 6 كيلومترات من المصارف الفرعية المبنية في منطقة طول شوارعها حوالي 10 كيلومترات. و تكلف هذه الستة كيلومترات حوالي 12 مليون ديناراً بينما تكلف الردميات الإضافية اللازمة لتحقيق الانحدار الكافي للشوارع حوالي 4 ملايين ديناراً (حجم الردميات الإضافية بها 50000 متراً مكعباً) أي تحقق وفراً وقدره 7 ملايين ديناراً وفراً مادياً كما تحقق وقاية كافية للمنطقة بسبب ارتفاع أرضيات المسكن وحوشه والطرق.

6) ملخص وتوصيات

1. ضرورة اهتمام المسئولين بفروع الوزارة للمدن الثلاث بمراجعة الامتدادات السكنية والصناعية التي خططت وربما وزعت خلال الخمسة عشر عاماً الماضية أو أكثر، والتأكد من تسجيلها بالخريطة الأساسية المودعة لدى كل مدينة. هذا أمر مهم جداً وسابق أساسي لأي عمل هندسي سليم لتخطيط وتصميم مصارف مياه الأمطار والصرف الصحي أو حتى للطرق وخطوط الماء والكهرباء.
2. ضرورة إعداد العدد الكافي من الروبيرات Bench Marks في مناطق الإعمار الجديدة على أن تكون هذه منسوبة للشبكة القومية بالطوبوغرافية مما يسهل تحديد مناسيب مصارف الأمطار والطرق في أي منطقة.
3. تصميم كل الطرق في مناطق الإعمار الجديدة بحيث يمكن تصريف مياه الأمطار التي تصل إليها بطريقة انسيابية إلى خارج المنطقة وهذا يتطلب رفع مستوى أرضية المباني إلى حوالي 80 سم فوق سطح الأرض المتفق عليها، وسطح منتصف الشارع إلى حوالي 20 سم فوق مستوى الأرض.

مرفق 7: تصميم وسائل تصريف مياه الأمطار

تم تصميم تصريف مياه الأمطار بإتباع أسلوب الانسياب السطحي دون الحاجة لأي مصرف محفور إلا مصرف واحد هو المصرف الرئيس خارج المنطقة.

حدد لأي طريق من هذه الطرق منسوب وميلان محددان هما جزء من شبكة مناسيب وميول تغطي المنطقة بكمالها بما فيها من دكاكين (متاجر)، طرق، ساحات عامة ... الخ.

لتحديد حجم المياه المتدفقة إلى الطريق تم استعمال قاعدة كثافة استمرارية الهطول Intensity duration على أساس كثافة متكررة كل عامين. هذه القاعدة أُسست على كثافات نزول الأمطار بولاية الخرطوم للتسع والعشرين سنة المنتهية في 1990، وتم على ضوئها إعداد قاعدة حسابية تربط بين كثافة نزول الأمطار وفترة النزول.

ولقد أوضح المسح الطبوغرافي الذي أُجري أن هذه المنطقة ذات سطح مستوٍ نسبياً وإن كان يميل ميلاً طفيفاً في اتجاه الشمال الغربي.

تتألف منطقة السوق المحلي من ست وحدات رئيسة يفصلها عن بعضها البعض عدد من الطرق الرئيسة. كما تتخلل أي من الوحدات مجموعة من الطرق الفرعية، لتقسم أي وحدة إلى وحدات أصغر، وعليه أمكن تعيين المساحة التي يخدمها أي طريق ويتم حسابها.

ولضمان سريان المياه في الطريق سرياناً تلقائياً وطبيعياً بالجاذبية الأرضية، لا بد من وجود ميلان طولي لأي طريق. وبعد تحديد المساحات يمكن حساب زمن التجميع Time of concentration, T للمياه المتدفقة من أي منطقة على أساس سرعة تدفق 0.5 م^3/ث.

يتم حساب كثافة النزول المطري (I) من زمن التجميع (T) من المعادلة:

$$I=50.41\left(0.991^{T}\right)\left(T^{-0.23}\right) \qquad (1)$$

حيث:

I = كثافة النزول المطري، ملم/ساعة Rainfall intensity

T = زمن تجميع المياه المتدفقة من أي منطقة Time of concentration

أيضاً يمكن استخدام منحنيات أو جداول كثافة استمرارية الهطول وبتطبيق المعادلة العقلانية: Rational Formula

$$Q=\frac{C*I*A}{360} \qquad (2)$$

حيث:

Q = حجم الماء المتدفق في الثانية، م^3/ث Rainfall

A = مساحة المنطقة التي تدفق منها المياه، بالهكتار Drainage area

I = كثافة النزول المطري، ملم/ساعة Rainfall intensity in for the corresponding time of concentration

C = ثابت تعتمد قيمته على طبيعة سطح المنطقة، يمكن أخذه 0.41 Runoff coefficient

يمكن حساب حجم الماء المتدفق في الثانية Q

وبعد أن يحسب حجم الماء المتدفق وباستخدام صيغة مانئج

$$Q_f = \frac{A_f \, r_H^{\frac{2}{3}} \sqrt{S}}{n} \qquad (3)$$

حيث:

Q_f = سعة المصرف، م^3/ث drain capacity

A_f = المساحة القطعية للمياه المتدفقة في المصرف، م^2 area of water flow in drain

r_H = نصف القطر الهيدروليكي، م hydraulic radius

S = ميلان المصرف drain slope

n = معامل مانئج، يعادل 0.01 Manning coefficient

يمكن حساب الأبعاد الهندسية لمقطع الطريق ليصل حجم المياه المتدفقة إليه من المنطقة التي يخدمها.

مثال توضيحي

لحساب (Q) المتدفقة من الجزء الشرقي من الوحدة (A) لحساب زمن التجميع (T)على أساس سرعة جريان المياه داخل المنطقة تساوي 0.5 م/ث

1. زمن تجميع المياه المتدفقة من المنطقة T = (طول الشارع ÷ سرعة جريان المياه) + زمن الدخول

$$T = \frac{460}{0.5x60} + 5 = 20.3 \text{ min}$$

2. كثافة النزول (I) تحسب من المعادلة:

$$I=50.41\left(0.991^{T}\right)\left(T^{-0.23}\right) = 50.41\left(0.991^{20.3}\right)\left(20.3^{-0.23}\right) = 21 \text{ mm / hr}$$

3. يتم تقدير المساحة على النحو التالي: (A = 8.55 هكتار)

$$A = \left(\frac{240+140}{2}\right) x \frac{450}{10000} = 8.55 \text{ ha}$$

4. يتم تقدير حجم المياه المتدفقة في الثانية من الصيغة العقلية:

$$Q = \frac{C * I * A}{360} = \frac{0.4 * 21 * 8.55}{360} = 0.2 \ m^3 / sec$$

وهو الحجم التصميمي اللازم لتصميم الأبعاد الهندسية للطريق (F)، هذا الطريق (F): عرضه 7 أمتار، وميله الجانبي 1.5 %، وارتفاع الجوانب (التلتوارات) به 15 سم، والميلان الطولي له 1 : 2000.

وعند أخذ معاملماننج = 0.10، وباستعمال المعادلة: $$Q_f = \frac{A_f \, r_H^{\frac{2}{3}} \sqrt{S}}{n}$$

ينتج: Q_f = 0.22 م^3/ث

<u>تجميع البيانات:</u>

أ) أعمال الرفع المساحي والقياسات

تم رفع كل المنطقة وتوضيح معالمها وربطها بالأماكن المجاورة وكذلك تم عمل نقاط ربط أرضية (Control points) في كل أركان المنطقة

مرفق 8: بعض القوانين واللوائح السودانية ذات الصلة بالماء والمخلفات السائلة

1) قانون أمراض الحيوان 1901
2) قانون إبادة الجراد لسنة 1907،
3) قانون أمراض النباتات لسنة 1913،
4) قانون مكافحة الآفات الزراعية لسنة 1919،
5) قانون الغابات بالمديرية لسنة 1932،
6) قانون الحفاظ على الحياة البرية لسنة 1936،
7) قانون مصائد الأسماك البحرية لسنة 1937،
8) قانون مراقبة سحب مياه النيل لسنة 1939م، 1949، 1951، (تعديل) 1968
9) قانون النقل النهري لسنة 1950، 1973،
10) قانون نقل البضائع بالبحر لسنة 1951،
11) قانون مصائد أسماك المياه العذبة لسنة 1954،
12) قانون مكافحة أعشاب الهيسنت المائية لسنة 1960،
13) قانون مشروع الجزيرة لسنة 1960
14) القانون البحري 1960، 1961،
15) لائحة مراقبة سحب مياه النيل العمومية (تعديل) لسنة 1960، تعديل لسنة 1998،
16) القانون البحري لسنة 1961،
17) قانون الصيدلة والسموم لسنة 1963،
18) قانون المياه الإقليمية السودانية والرصيف القاري لسنة 1970،
19) قانون مؤسسة الرهد لسنة 1972،
20) لائحة المباني والمصانع وأمكنة العمل (قانون الصحة العامة) لسنة 1973،
21) قانون هيئة الموانئ البحرية لسنة 74، (تعديل) لسنة 76
22) قانون المبيدات لسنة 1974،
23) قانون المؤسسة العامة للري والحفريات لسنة 1974
24) قانون الحجر الصحي لسنة 1974،
25) قانون هيئة توفير المياه الريفية 1975
26) قانون الصحة العامة لسنة 1975،
27) لائحة مصائد الأسماك البحرية (تعديل) لسنة 1975،
28) قانون صحة البيئة لسنة 1975،
29) قانون الأمن الصناعي لسنة 1976،

30) لائحة مكافحة البلهارزيا لسنة 1977،
31) قانون هيئة السياحة الفنادق لسنة 1977،
32) لائحة تنظيم كيفية التصرف في أواني الكيماويات، ومبيدات الحشرات والمخصبات الزراعية لسنة 1977،
33) قانون تنمية إقليم غرب السافنا لسنة 1978،
34) قانون تنظيم الملاحة النهرية الداخلية لسنة 1980، لسنة 1992
35) قانون ري مشروع الجزيرة لسنة 1984،
36) قانون الهيئة القومية لمياه المدن سنة 1406هـ
37) قانون الهيئة القومية لتنمية موارد المياه الريفية لسنة 1406هـ
38) قانون الهيئة القومية للغابات لسنة 1989
39) قانون الغابات لسنة 1989،
40) قانون التقاوي لسنة 1990،
41) اللائحة العامة لميناء بورتسودان (تعديل) لسنة 1989، لسنة 1997،
42) اللائحة العامة لميناء وادي حلفا لسنة 1990
43) قانون الري والصرف لسنة 1990،
44) قانون المجلس الأعلى للبيئة والموارد الطبيعية لسنة 1991،
45) قانون الموارد المائية (تعديل) سنة 1992، لسنة 1995،
46) قانون المبيدات ومنتجات مكافحة الآفات لسنة 1994،
47) مشروع قانون هيئة مياه الري لعام 1995،
48) قانون الهيئة القومية للمياه 1995
49) لائحة الاتجار وتنظيم التداول والاستخدام التجاري للمبيدات ومنتجات مكافحة الآفات لسنة 1996،
50) قانون حماية البيئة لسنة 1999

مرفق 9: أسماء الماء وصفاته في اللغة العربية[1]

حرف الألف:

- **الماء الأُجاج:** ماء ملح، وقيل: مُرٌّ، وقيل: شديد المرارة.
- **الماء الآجن:** الماء المتغير الطعم واللون.
- **الماء الآسِن والأسِن:** المتغير الريح.
- **ماءٌ أزرق، وأخضر، وأشهب، وأسود:** يعني صافٍ ثم غلب الأسود على الماء وقرنوه بالتمر، فقالوا: الأسودان.
- **الأليل والقسيب:** هو صوت الماء الشديد، تقول: مررت بنهرٍ وله أليلٌ وقسيبٌ شديد.

حرف الباء الموحدة:

- **الماء البحر:** الماء الملح والعذب إذا كثر. وقد غلب استعماله على الملح حتى قلَّ في العَذْب.
- **البَقْبقة:** صوت حركة الماء إذا خرجت من الأرض إلى أعلى، وكذلك بقبقة القدر إذا غلت.

حرف الجيم المهملة[2]:

- **الجخجخة:** هي صوت تكسُّر جري الماء.
- **الجَوَاز:** الماء الذي يُسقاه المال من الماشية ونحوه.

حرف الحاء المهملة:

- **حَبَاب الماء:** الحَباب، والحَبَبُ، تكَسُّره، وطرائقه، فقاقيعه، وقيل معظمه.
- **حُبُك الماء:** طرائقه.
- **الماء الحُرَاق، والحُرَّاقُ:** ماء شديد الملوحة يحرق أوبار الإبل إذا شربته أو أكثرت الشرب منه.. وليس بعد الحراق شيءٌ.

---

[1] المرجع: الماء، عصام محمد عبد الماجد والطاهر محمد الدرديري، ط 1، مطبعة آفاق بالخرطوم 1999 نال جائزة عبد الله الطيب لأفضل مؤلف للعام 1999 من المجلس القومي للصحافة والمطبوعات. ط2، 2001م الدار السودانية للكتب للطباعة والنشر والتوزيع شارع البلدية الخرطوم. ط3 مع محمد عصام محمد عبد الماجد.

[2] يوصف المنقوط بالمعجم، والمتروك بالمهمل كتمييز لفظي،

- **الماء الحَشْرَج:** الماء الذي يجري على الرَّضْراض صافياً رقيقاً.
- **الماء الحميم، والحميمة:** شديد الحرارة. والحميمة الماء يُسَخَّن.
- **الماءٌ الحَنْبريتٌ:** صافٍ خالص.
- **الحَيْل:** الماء المستنقع في بطن وادٍ، والجمع أحيال وحيول.

حرف الخاء المعجمة:

- **الخرير:** صوت الماء، وقيل: الخرير صوت الماء في مضيق.
- **ماء الخَرِيص:** ماء السَّحاب، وقيل الخريص: الماء البارد. والخريص: شِبْه حوض واسع ينبثق فيه الماء من النهر ثم يعود إليه، والخريص ممتلئٌ.
- **الماء الخَمْجرير، والخُمَاجِر:** الذي تشربه الأنعام ولا يشربه الناس.

حرف الدال المهملة:

- **الدَّرْدَرة:** هي حكاية صوت الماء في بطون الأودية إذا تدافع

حرف الراء المهملة:

- **الرَّعْرَعة:** اضطراب الماء الصافي.
- **الرَّشف:** ماء قليل يبقى في الحوض، وهو وجه الماء الذي ترشفه الإبل بأفواهها.
- **الماء الرَّاكِد:** الدائم الساكن الذي لا يجري.
- **الماء الرُضَاب:** ماء عذب قال الشاعر: كالنحل في الماء الرُّضاب العذب. وقيل: الرُّضاب هنا بمعنى البرد، والنحل، كعسل النحل.
- **الماء الرقراق:** الماء الرقيق في البحر أو الوادي لا غرز له.
- **الماء الرَّنق:** الماء القليل الكَدِر يبقى في الحوض.
- **الماء الرهراهُ:** صافٍ.

حرف الزاي المعجمة:

- **الزَّرْجون:** الماء الصافي يستنقع في الجبل.
- **الماء الزُّعَاق:** **الماء الملح، أو** الماءٌ المُرٌّ، الغليظٌ، لا يطاق من أُجوجته.
- **الماء الزَّغْرَبُ، والزَّغْرَفُ:** الماء الكثير.
- **الماء الزُّلال:** الماء العذب، والبارد العذب، سريع النزول والمَرِّ في الحلق، والصافي الخالص.

حرف السين المهملة:

- **السؤر:** ما يبقيه الشارب في الإناء.
- **الماء السَّجَس والسَجِسّ، والسَجِيسٌ والمُسَجَّسٌ:** الماء المتغيِّر.
- **الماء السُّدُمُ:** الماء الذي وقعت فيه الأقمشة حتى كاد يندفن.
- **الماء السَّلْسَبيل:** الهنيء العذب السَّهل الدخول في الحلق.
- **الماء السَّلْسَلُ، والسَّلْسالُ، والسُّلاسل:** الماء العذب السَّلسل السَّلِس السَّهل في الحلق لعذوبته وصفائه. وقيل: هو العذب البارد
- **الماء السِّيح:** الماء الظاهر الجاري على وجه الأرض.

حرف الشين المعجمة:

- **الماء الشَّبِم:** الماء البارد. وهذا الماء الصافي الذي يجري في البطاح، وقد ضربته ريح الشمال الباردة. وحين ذلك يصير هذا الماء عذباً بارداً.
- **الماء الشَّروب:** الذي بين العذب والملح، والذي فيه شيءٌ من عذوبة وقد يشربه الناس على ما فيه.
- **الماء الشَّريب:** دون الشَّروب في العذوبة، وليس يشربه الناس إلا عند الضرورة وقد تشربه البهائم.
- **الماء الشُّنَان:** الماء البارد.

حرف الصاد المهملة:

- **الصُّبابة:** البقية من الماء وغيره في السقاء والإناء.
- **الصُّبةُ والشَّوْلُ:** القليل من الماء يكون في أسفل القربة والجمع أشوال.
- **الصلاصل:** بقية الماء واحدتها صُلْصُلَة.
- **الماء الصُّقعرُ:** الماء المر.
- **الماء الصفو والأزرق، والأخضر، والأشهب:** نقيض الكدر، وقد صفا الماء صفاءً وصفواً.

حرف الضاد المعجمة (السَّاقِطة[1]):

- **الماء الضحضاح والضحل:** إذا كان رقيقاً على وجه الأرض ليس له عمق.

[1] أي التي سقط العصى (الألف التي على الظاء فوقها).

- **الماء الضَّهل والضَّحل:** الماء القليل مثل الضَّحل، وبئر ضهول قليلة الماء. وعين ضاهلة نزرة الماء.

حرف الطاء المهملة المشالة[1]:

- **الطَّبطبة:** هي تلاطم أمواج السَّيل.
- **الطَّلْح:** بقية الماء في الحوض والغدير.
- **الماء الطهور:** وهو الطَّاهر في نفسه المطهر لغيره. وهو كل ماء نزل من السماء أو نبع من الأرض باقياً على أصل خلقته، لم يتغير أحد أوصافه الثلاثة، وهي اللون، والطعم، والرائحة. أو تغير بشيء لا يسلب طهوريته من الأشياء الطاهرة ولم يكن مستعملاً
- **الماء الطُيَّاب:** طيب عذب.

حرف العين المهملة:

- **العَجَّاج:** يسمع لماء النهر عجعجة، ودوي، وصوت.
- **الماء العَذْبُ:** الماء الطيب.
- **الماء العكر:** شبه العرب الماء العكر المتسخ بقطع الليل.

حرف الغين المعجمة:

- **غقيق الماء:** تقول: غَقَّ الماء وغقيقه: إذا جرى وله صوت من ضيق إلى سعة، أو من سعة إلى ضيق، وكذلك إذا غلا الماء فسمعت صوته.
- **الماء الغدق:** الماء الكثير وإن لم يكن مطراً. وقيل المطر الكثير العام.
- **الماء الغَسَّاق، والغَسَاق:** ما يجتمع من صديد أهل النار أو ما يسيل من جلود أهل النار من الصديد، لا يستطيعون أن يذوقوه من برده، أو الزمهرير البارد، أو البارد المنتن، أو الشديد البرد يحرق من برده.
- **الماء الغَلَلُ، والوَطَاءُ:** الماء يجري بين الشجر، أو الذي يجري بين الحجارة.
- **الماء الغَمَلَّج:** إذا كان غليظاً مراً.
- **الماء الغيل:** الجاري على وجه الأرض، والسيل الضعيف يسيل من بطن الوادي أو التلعة.

حرف الفاء:

[1] مشالة لرفع خطها بالألف فرقا بينهما وبين الضاد من شال بمعني ارتفع، والشولة هو الخط المنتصب المائل قليلا على ظهر الظاء.

- **الماء الفاتر:** بين الحار البارد.
- **الماء الفراتٌ:** ومياه فرتان عذبة باردة.
- **الفَراشُ:** أقل من الضحضاح والرقراق.
- **الماء الفَضَضُ:** الماء العذب، والماء السائل.
- **الماء الفضيض:** المتفرق من ماء المطر والبَرَد، أو الماء يخرج من العين أو ينزل من السحاب
- **الماء الفيض:** الماء الكثير أو النهر، والجمع أفياض، وفيوض.
- **الماء الفَظِيع:** الماء العذب الشديد العذوبة.

حرف القاف (المثناة):

- **الماء القار:** إذا كان الماء بارداً سُمّي قار، ثم خصر، ثم شُنان.
- **الماء القارس:** الماء الجامد.
- **القَبقبة:** هي صوت الماء بين الصخور.
- **الماء القراح:** الماء الذي اشتد صفاؤه ونقاؤه، وخَلُص من كل شائبة، الماء الذي لم يخالطه شيءٌ يُطَيَّب به، كالعسل، والتمر، والزبيب.
- **الماء القُعَاع:** الماء المر الغليظ، والذي لا أشد ملوحة منه تحترق منه أجواف الإبل، أو جمع إلى اشتداد الملوحة المرارة في المذاق.
- **ماءٌ قليل، وقُلال، وقَلال:** تقول: ماءٌ قليل، وقُلال، وقَلال. وسميت القُلَّة لِقِلَّةِ مائها.

حرف الميم:

- **الماء المأج والماج:** الماء الملح.
- **الماء المثمود والثمدَّ:** الماء القليل، أو هو الذي يظهر في الشتاء ويذهب في الصيف، أو الذي كَثُر عليه الناس حتى فَنِيَ.
- **الماء المُزْمَهِلّ:** صافٍ يهتز من صفائه.
- **الماء المستعمل:** كل ماء أزيل به الحدث، أو استعمل في البدن على وجه التقرب.
- **الماء المشفوه، والمضفوف:** الذي توارد عليه الناس حتى فَنِيَ.

- **الماء المَضْفُوف، المشفوه، والمثمود والمكولٌ، والمجموم، والمنقوص:** الماء الذي ازدحم الناس عليه، وتضافوا على الماء إذا كثروا عليه.
- **الماء المُطْلَق:** الماء الذي يبقى على أصل خلقته، ولم تخالطه نجاسة، ولم يغلب عليه شئٌ طاهر.
- **ماء المفاصل:** الماء الصافي المترقق المتدفق بين الجبلين.
- **الماء الملح:** خلاف العذب.
- **الماء المعين، والماء المَعْيُون:** هو الماء الظاهر، الذي تراه العيون جارياً على سطح الأرض.
- **الماء المُوغَرُ والوغير:** الماء المُسَخَّن.

حرف النون الموحدة الفوقية:

- **النَّشغ من الماء:** ما خَبُث طعمه.
- **النطفة:** كل ماء مجتمع ولا يكون إلا قليلاً، وكل سائل أو قاطر من إناء أو غيره فهو ناطف، وبه سمِّيت النطفة.
- **النَّفَسُ والجُرْعة:** القليل، ويجمع على أنفاس.
- **الماء النُّقَاخُ:** الماء البارد، العذب، الصافي الخالص الذي يكاد ينقخ الفؤاد ببرده ولذته.
- **الماء النَّمِير والنَّمِر:** كلاهما بمعنى الماء الزَّاكي في الماشية النَّامي عذباً كان أو غير عذب.

حرف الهاء:

- **ماء هُجْهُجٌ:** ماء لا عذبٌ ولا ملْحٌ.

حرف الواو:

- **الماء الوَطَاءُ:** السيل الضعيف كلما بعد وتواطأ من بطن الوادي فلا يكاد يُرى ولا يتبع.
- **الماء الوغير:** هو الماء المُسَخَّن.

مرفق 10: صور شاشات البرامج المدرجة في الكتاب

برنامج (3−1) – شاشة التصميم:

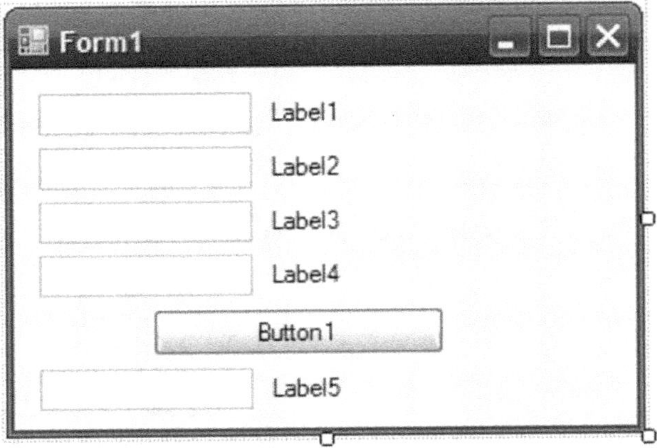

برنامج (3−1) – شاشة العمل:

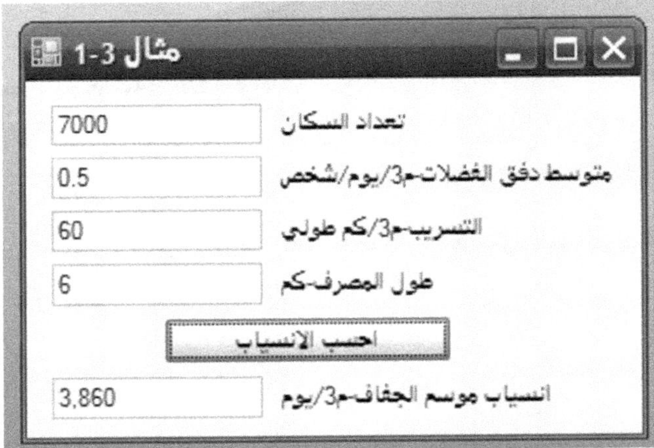

برنامج (3-2) – شاشة التصميم:

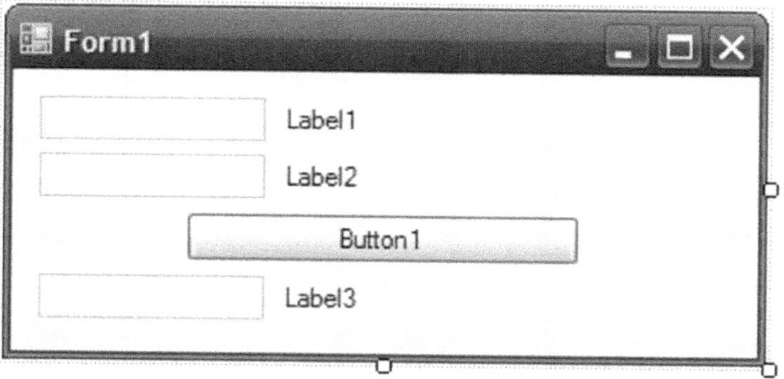

برنامج (3-2) – شاشة العمل:

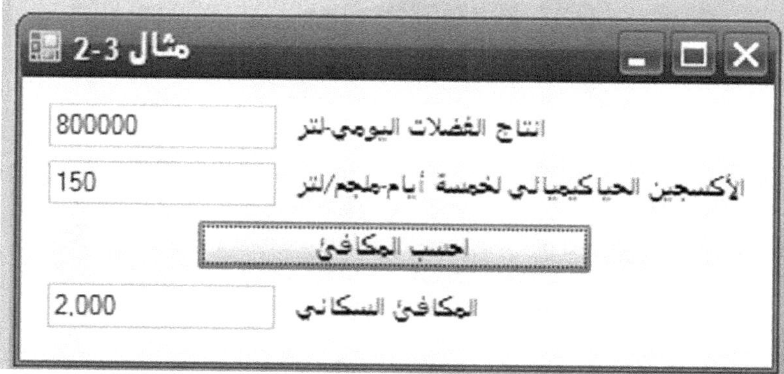

برنامج (3-3) – شاشة التصميم:

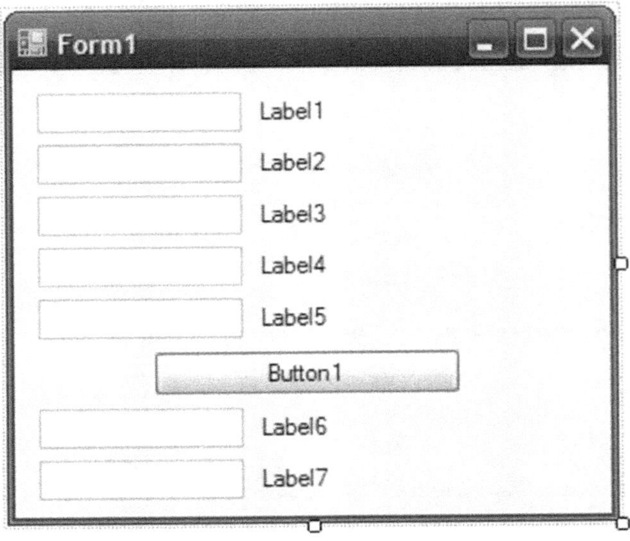

برنامج (3-3) – شاشة العمل:

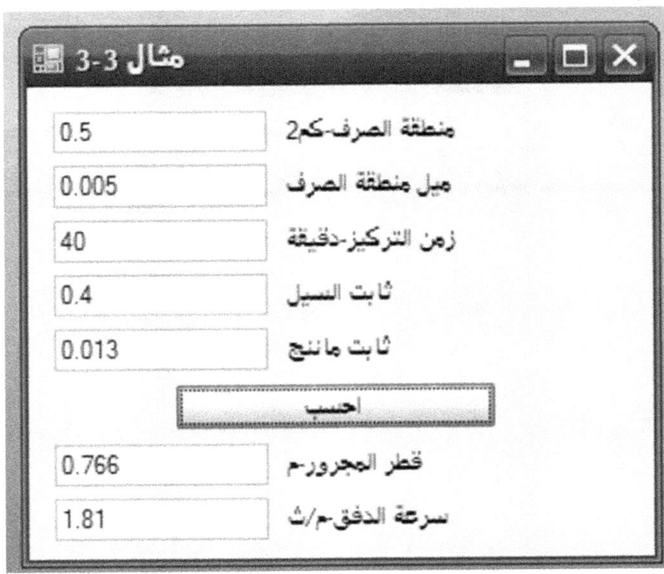

برنامج (3-4) – شاشة التصميم:

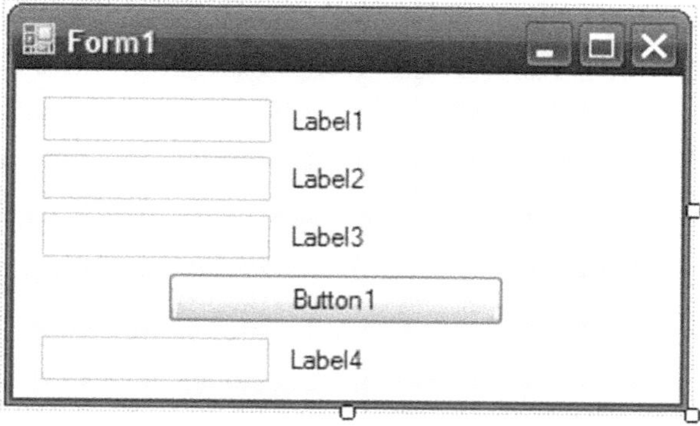

برنامج (3-4) – شاشة العمل:

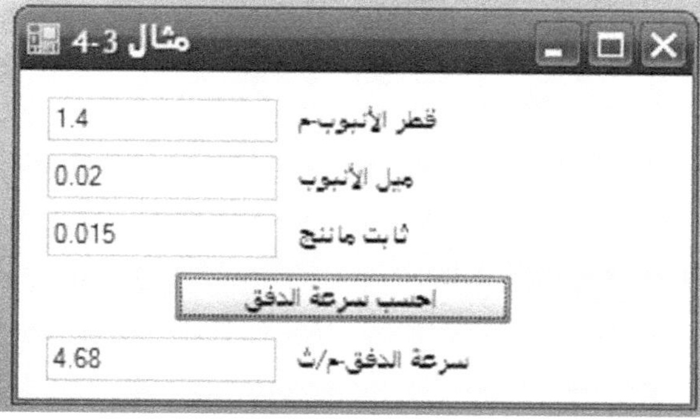

برنامج (5-3) – شاشة التصميم:

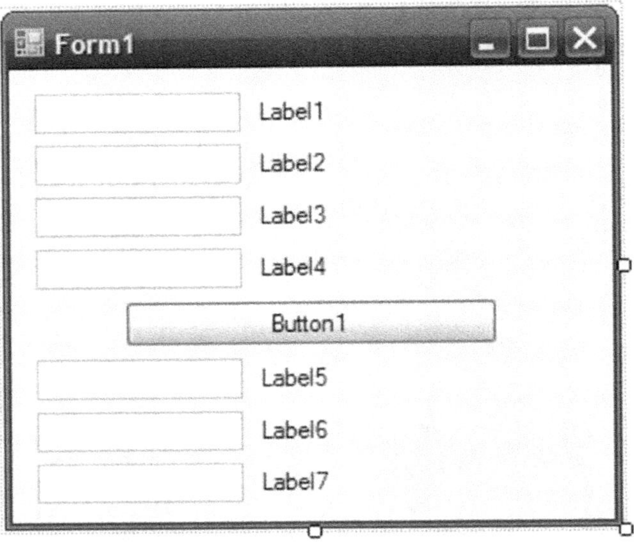

برنامج (5-3) – شاشة العمل:

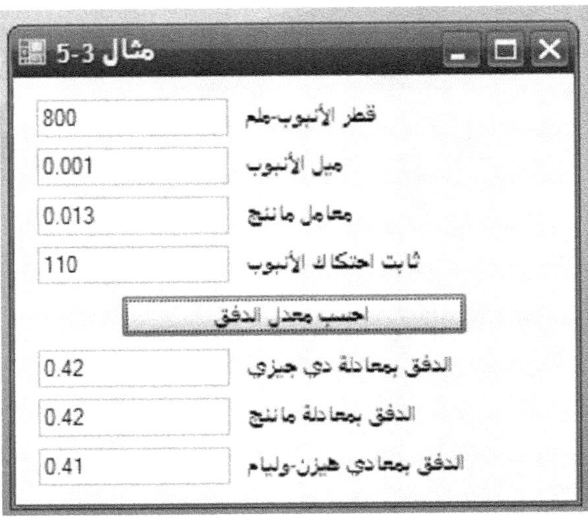

برنامج (3-6) – شاشة التصميم:

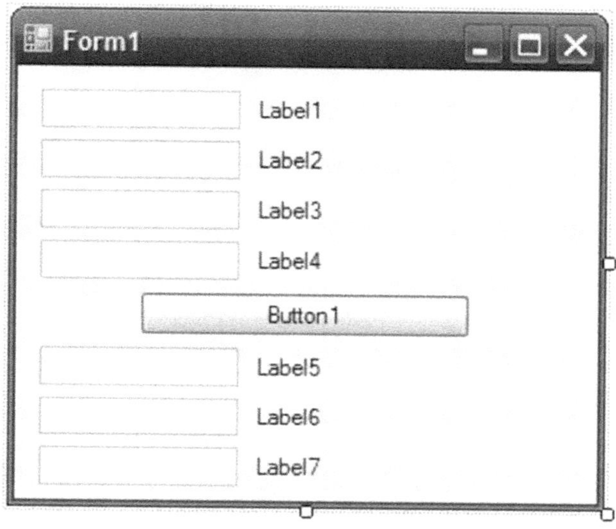

برنامج (3-6) – شاشة العمل:

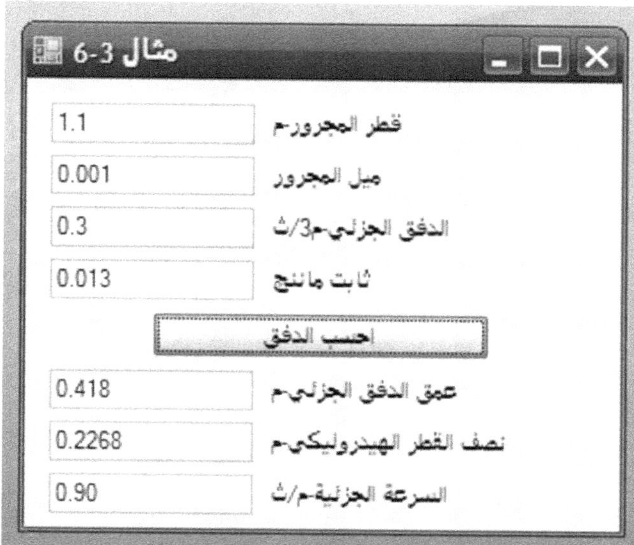

برنامج (7-3) – شاشة التصميم:

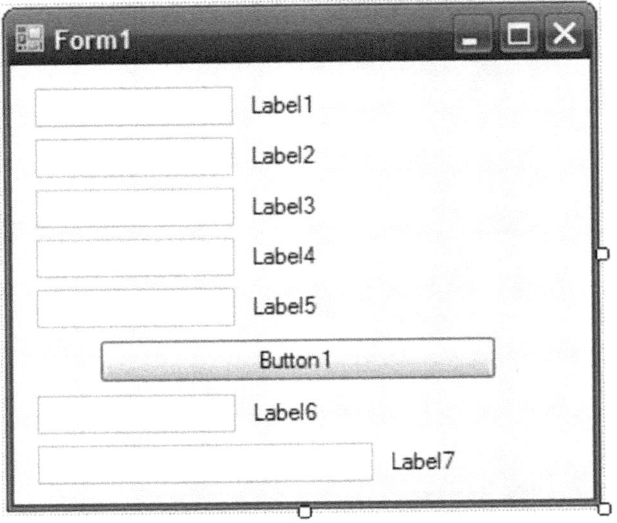

برنامج (7-3) – شاشة العمل:

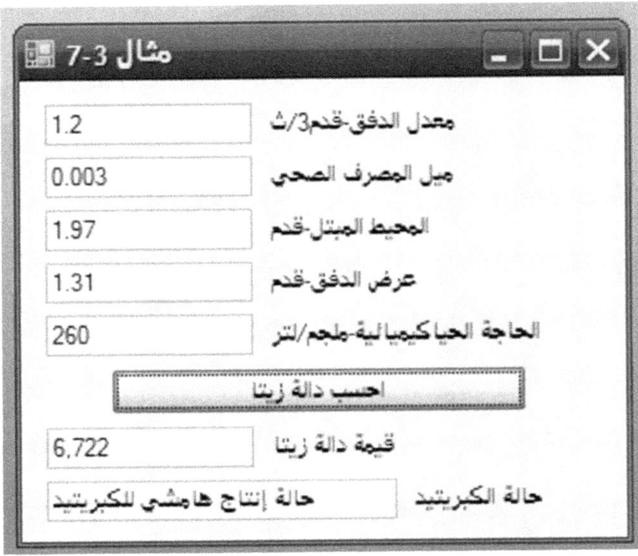

برنامج (1-4) – شاشة التصميم:

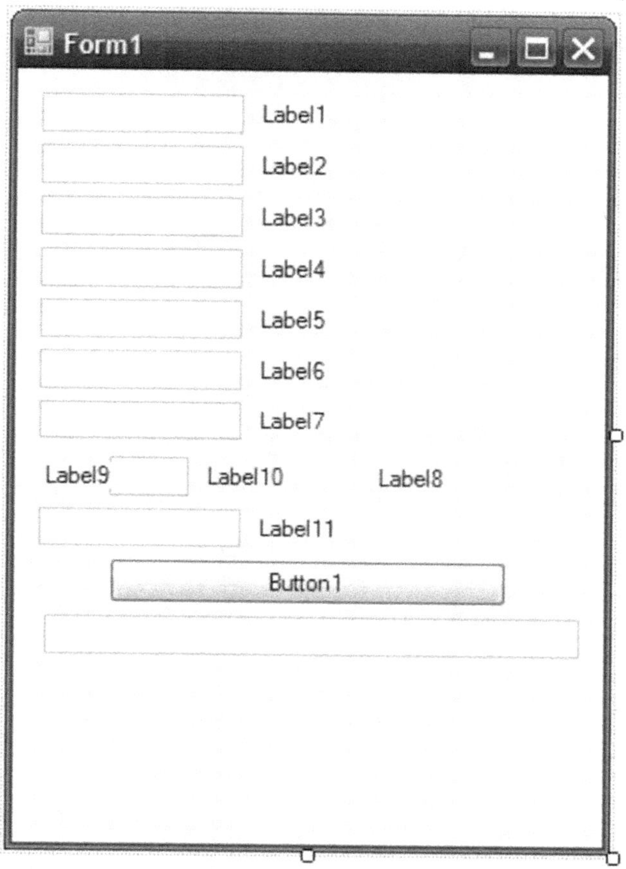

برنامج (4-1) – شاشة العمل:

برنامج (4-2) – شاشة التصميم:

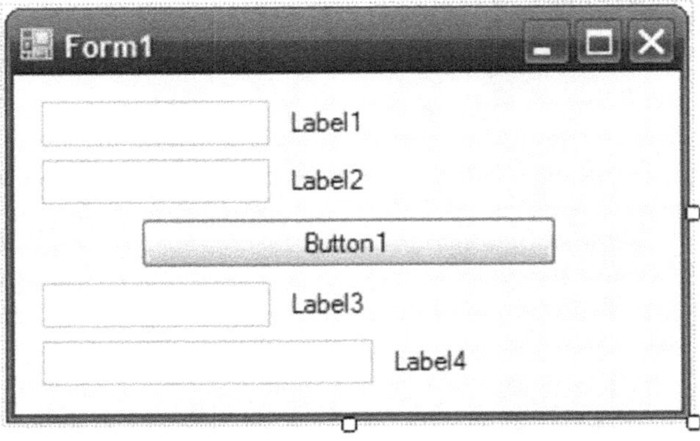

برنامج (4-2) – شاشة العمل:

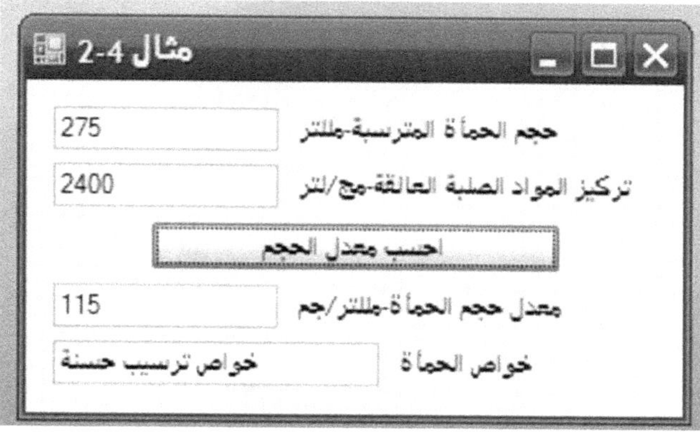

برنامج (4-3) – شاشة التصميم:

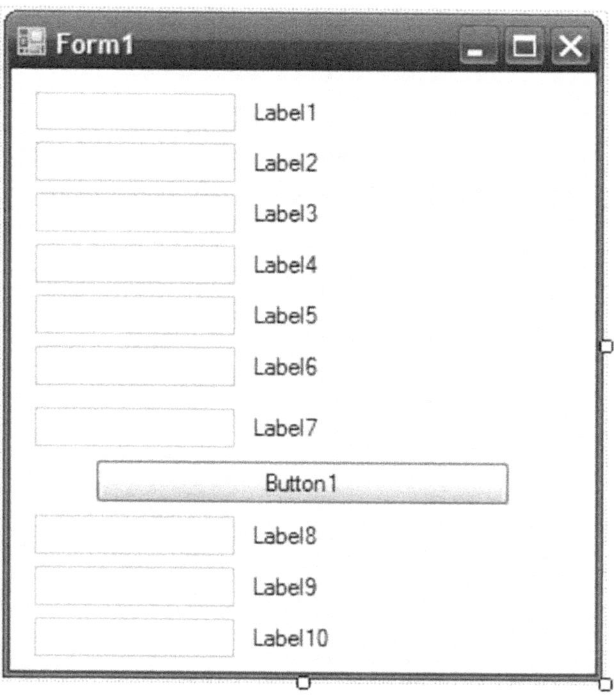

برنامج (4-3) – شاشة العمل:

برنامج (4-4) – شاشة التصميم:

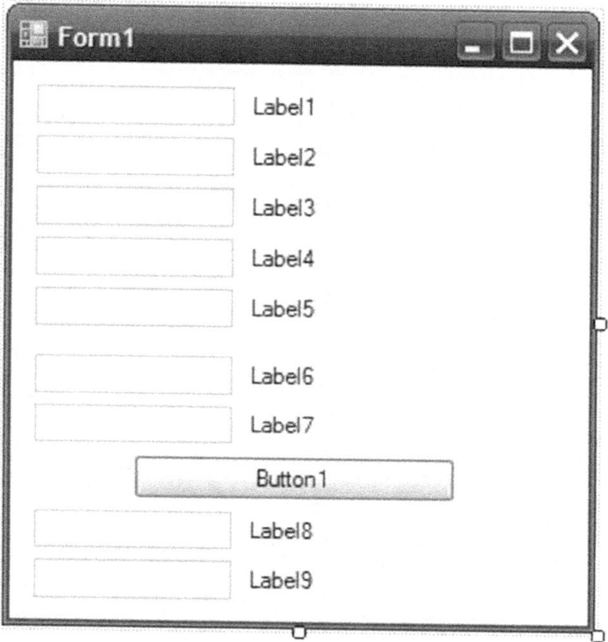

برنامج (4-4) – شاشة العمل:

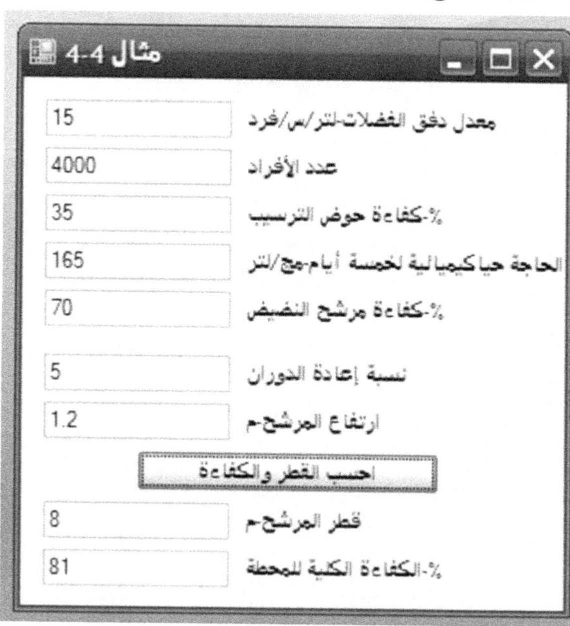

برنامج (4-5) – شاشة التصميم:

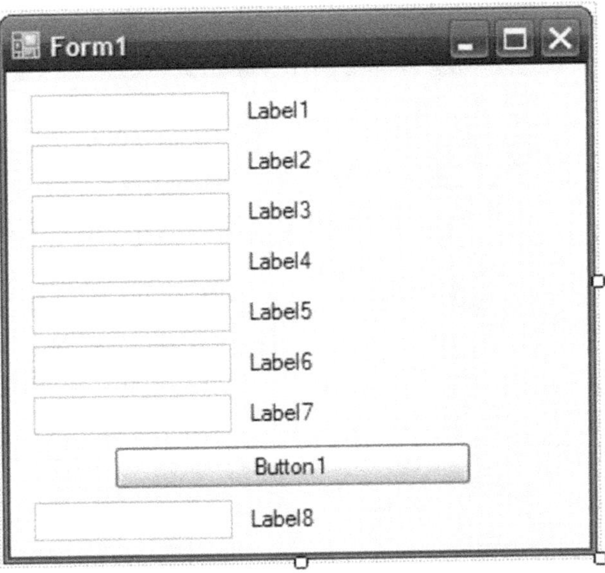

برنامج (4-5) – شاشة العمل:

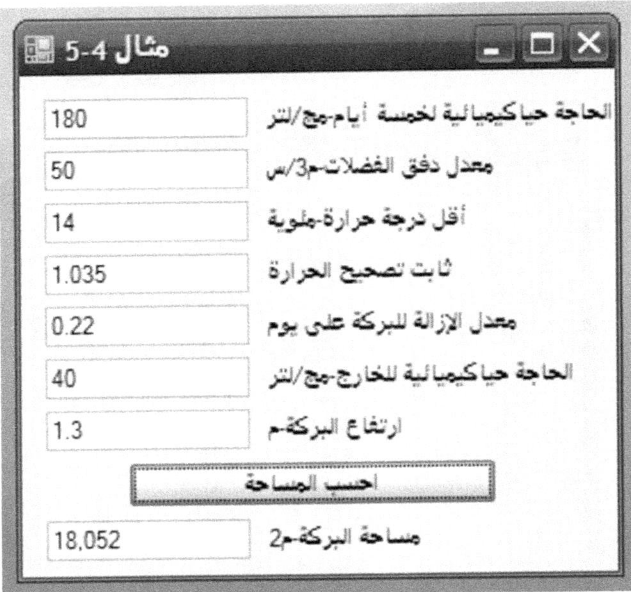

برنامج (4-6) – شاشة التصميم:

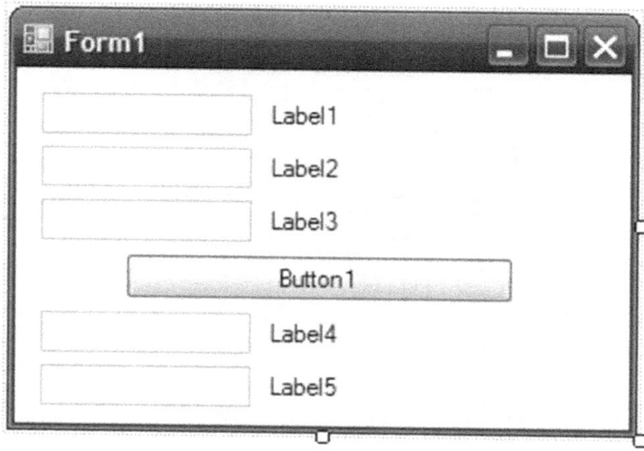

برنامج (4-6) – شاشة العمل:

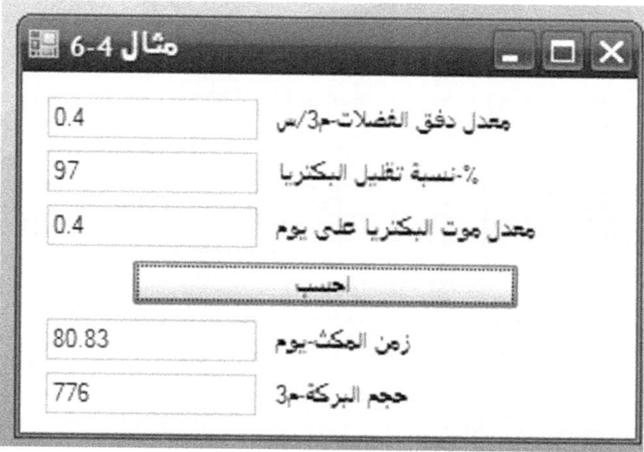

برنامج (4-7) – شاشة التصميم:

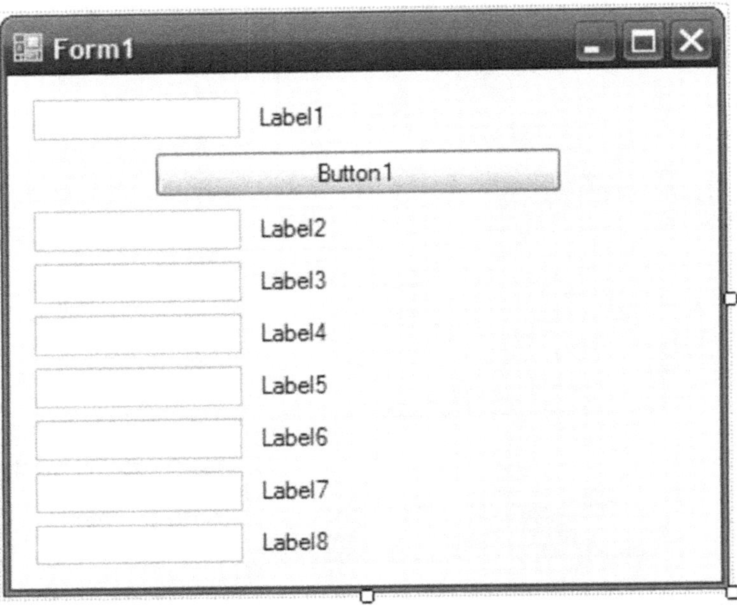

برنامج (4-7) – شاشة العمل:

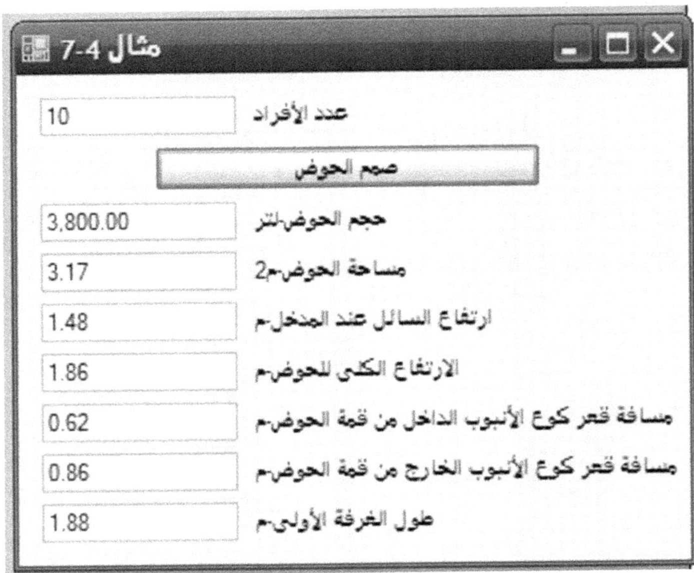

برنامج (5-1) – شاشة التصميم:

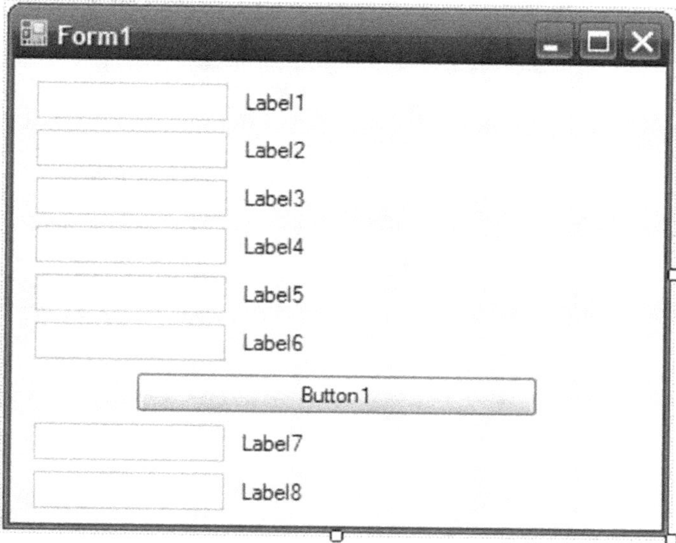

برنامج (5-1) – شاشة العمل:

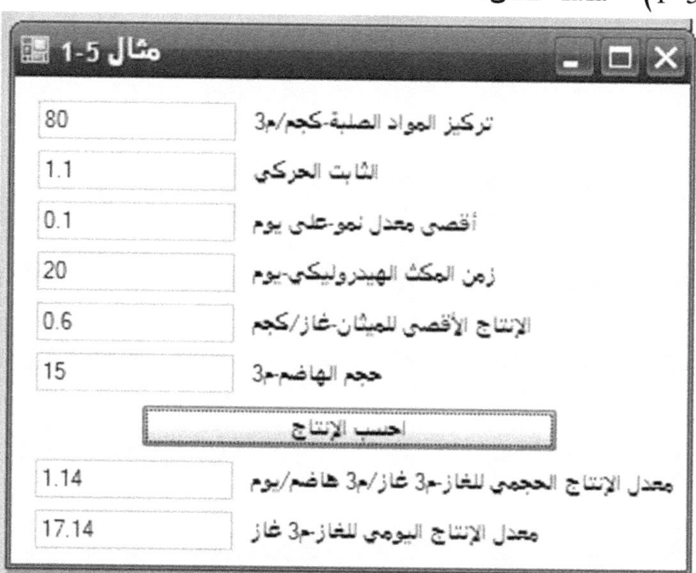

برنامج (2-5) – شاشة التصميم:

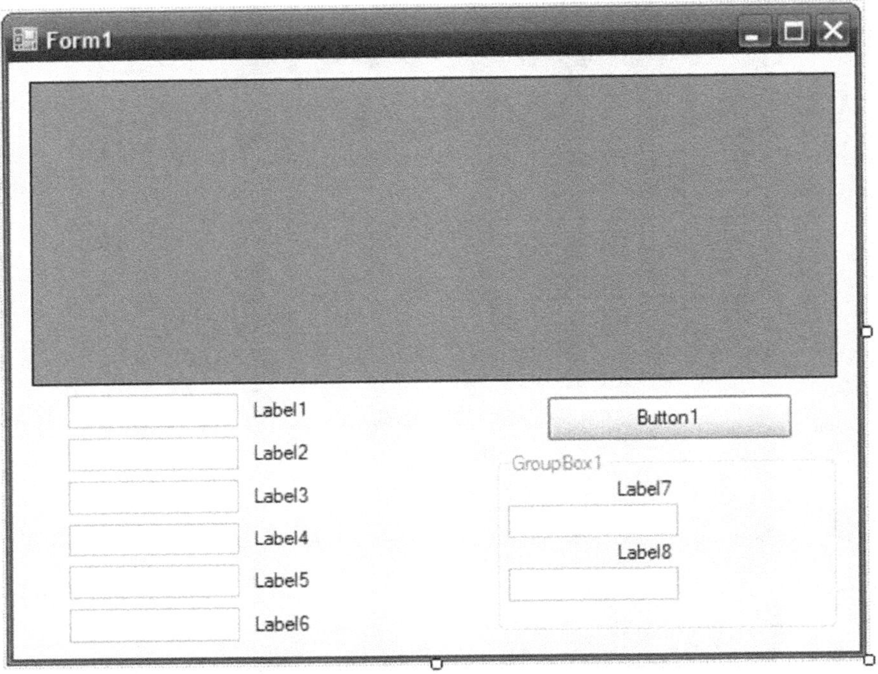

برنامج (5–2) – شاشة العمل:

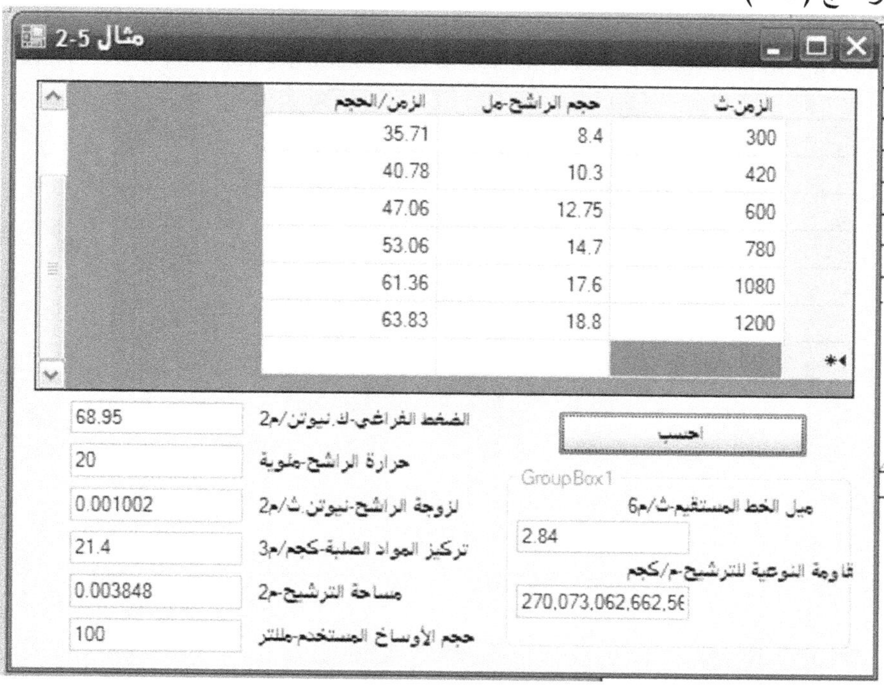

برنامج (5–3) – شاشة التصميم:

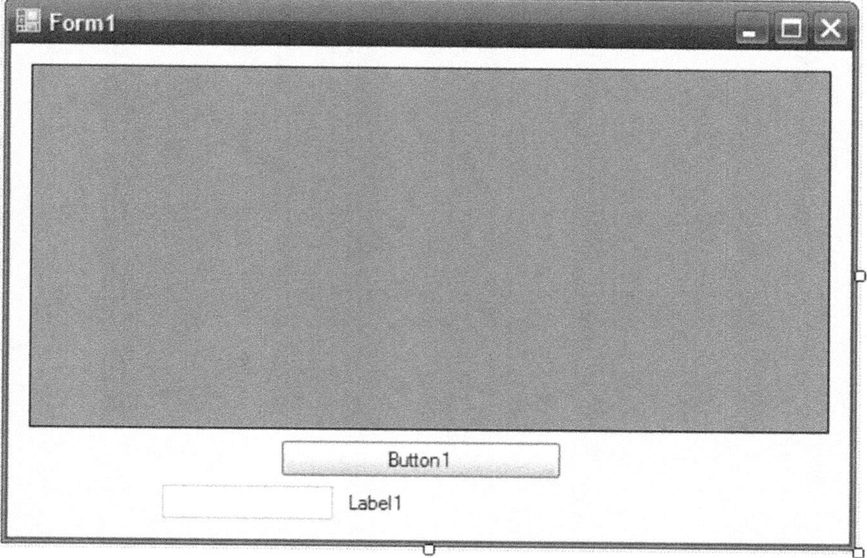

برنامج (5-3) – شاشة العمل:

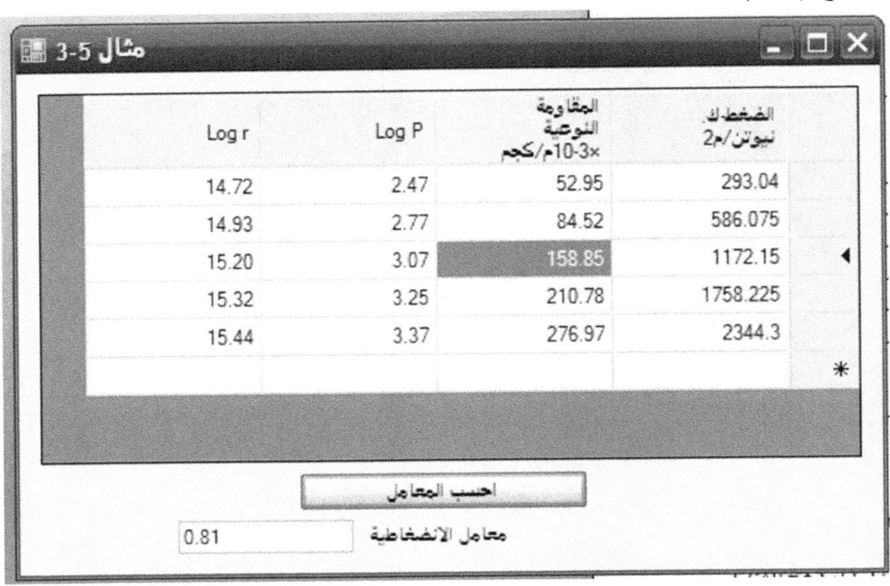

Log r	Log P	المقاومة النوعية ×10-3م/كجم	الضغط.ك نيوتن/م2
14.72	2.47	52.95	293.04
14.93	2.77	84.52	586.075
15.20	3.07	158.85	1172.15
15.32	3.25	210.78	1758.225
15.44	3.37	276.97	2344.3

برنامج (5-4) – شاشة التصميم:

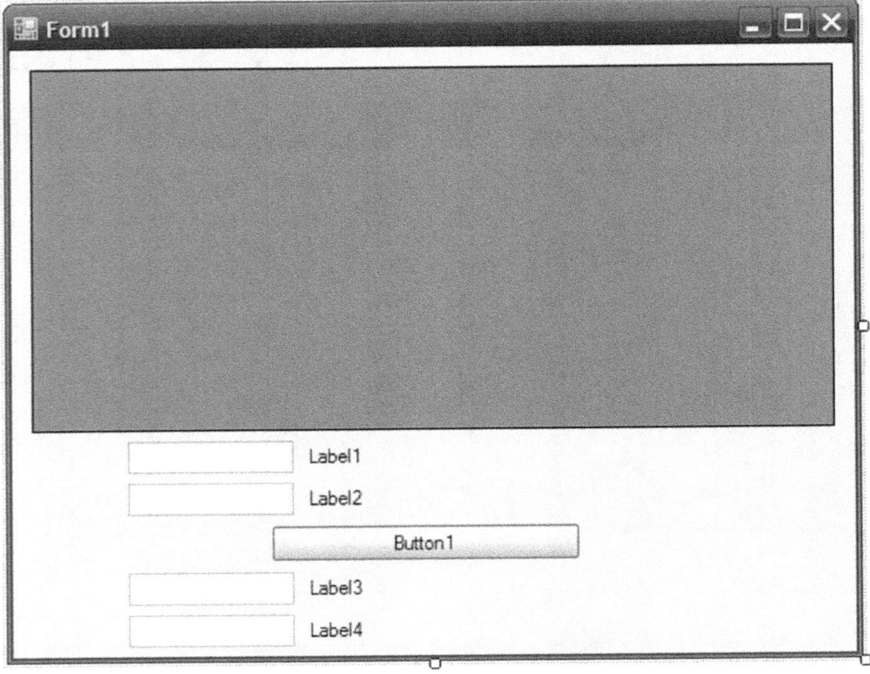

برنامج (5-4) – شاشة العمل:

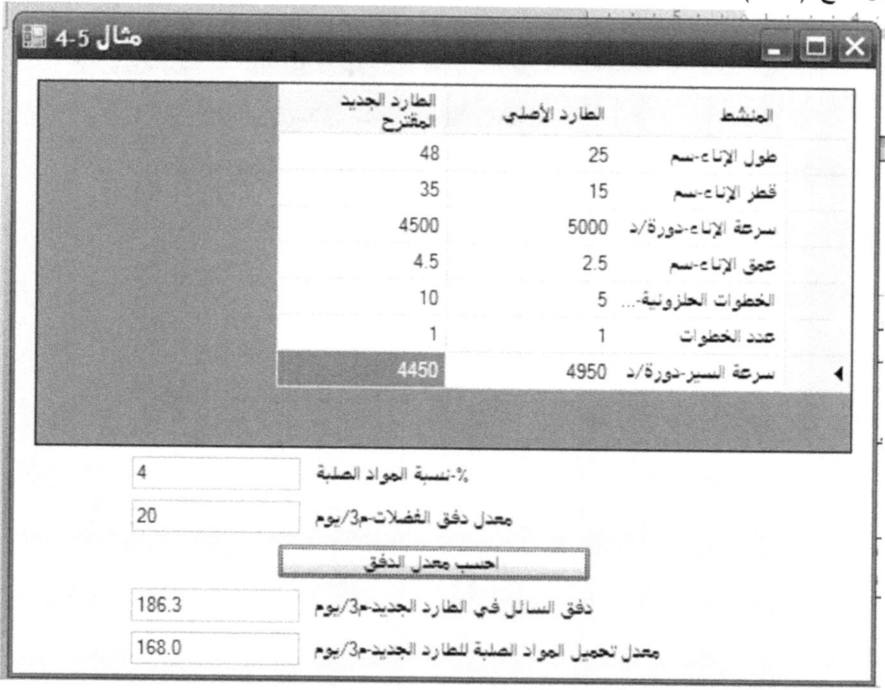

برنامج (5-5) – شاشة التصميم:

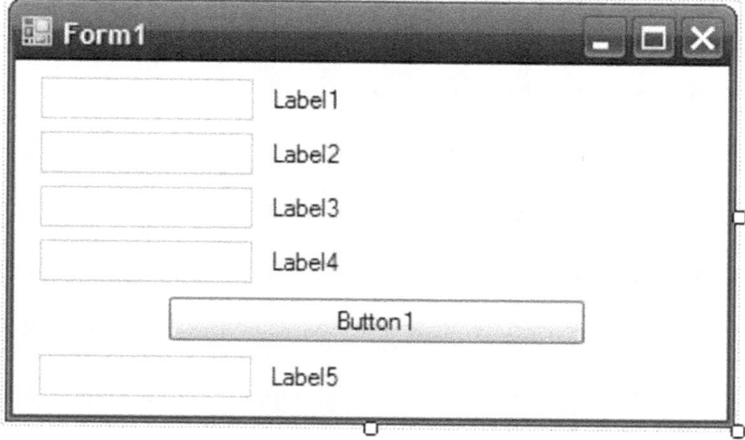

برنامج (5-5) – شاشة العمل:

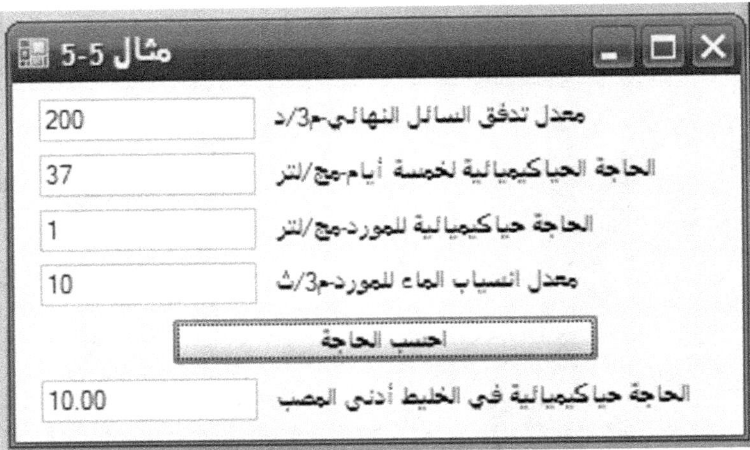

برنامج (5-6) – شاشة التصميم:

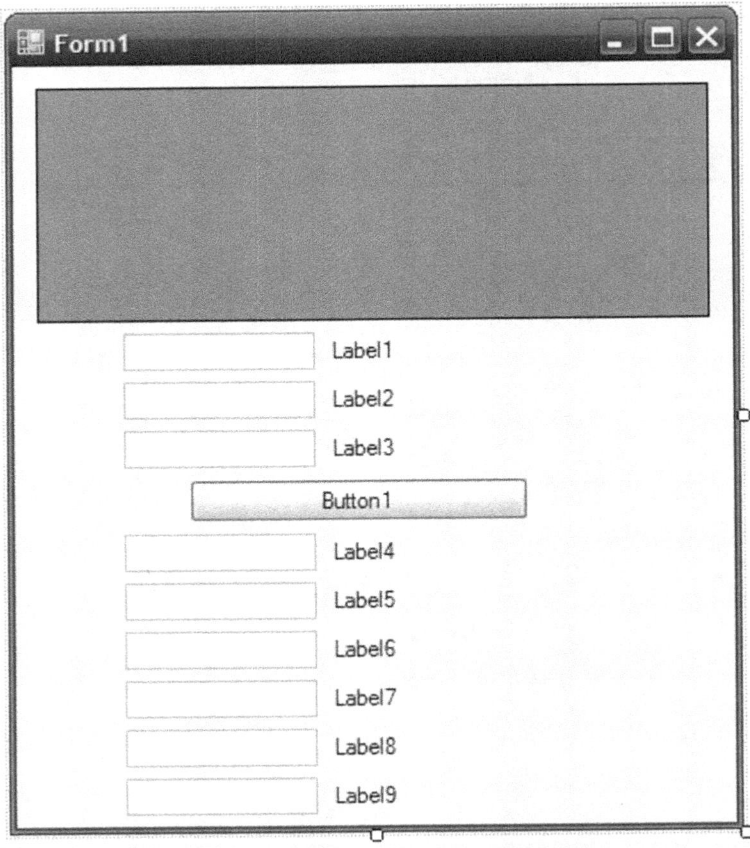

برنامج (5-6) – شاشة العمل:

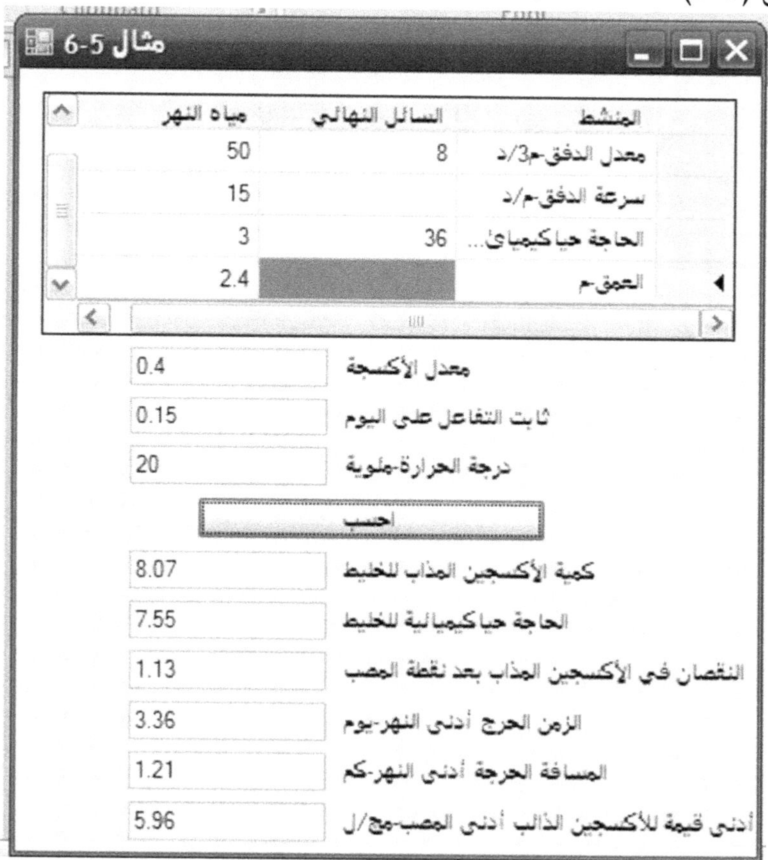

المؤلفون في سطور:

الأستاذ الدكتور المهندس المستشار/ عصام محمد عبد الماجد أحمد

- من مواليد مدينة رفاعة بالريف السوداني في 19 يوليو 1952 م.
- تلقى تعليمه الأولي برفاعة، والمتوسط بأبي حراز، والثانوي برفاعة.
- تخرج فى قسم الهندسة المدنية بجامعة الخرطوم (السودان) بمرتبة الشرف الأولى، 1977.
- نال دبلوم الري من جامعة بادوفا (إيطاليا)، 1978.
- حصل على ماجستير الهندسة البيئية من جامعة دلفت (هولندا)، 1979.
- نال الدكتوراه في الهندسة البيئية من جامعة استراثكلايد (بريطانيا)، 1982
- للمؤلف جملة من البحوث والأوراق العلمية المتخصصة والكتب الدراسية والمراجع العلمية والمهنية المتخصصة (باللغتين العربية والإنكليزية) فاز بعضاً منها بالجوائز التقديرية الرفيعة.
- عمل مهندساُ بالمؤسسة العامة للري والحفريات بوزارة الري والموارد المائية (مينا)، وأميناً عاماً للمجلس القومي لرعاية الثقافة والفنون بوزارة الثقافة والإعلام (الخرطوم)، وأستاذاً جامعياً في جامعات: الخرطوم (الخرطوم)، والإمارات العربية المتحدة (العين)، والسلطان قابوس (مسقط)، وأم درمان الإسلامية (أم درمان)، والسودان للعلوم والتكنولوجيا (الخرطوم)، وجوبا (الخرطوم)، ومركز البحوث والاستشارات الصناعية وأكاديمية السودان للعلوم (الخرطوم) بوزارة العلوم والتقانة (السودان) وجامعة الملك فيصل وجامعة الدمام (المملكة العربية السعودية). وتنقل في مؤسسات التعليم العالي والبحث العلمي متقلداً مناصباً إدارة الشعبة، و رئاسة القسم، ونائب العميد، والعميد، ووكيل الجامعة، ويعمل حالياً رئيساً لقسم المراجعة بمركز النشر العلمي بجامعة الدمام.

د. الطاهر محمد الدرديري

- من مواليد فداسي الحليماب 1947م بالجزيرة بالسودان.
- تخرج في كلية الشريعة والدراسات الاسلامية في جامعة أم درمان الاسلامية بتقدير ممتاز عام 1971م.
- حصل على ماجستير الحديث النبوي الشريف وعلومه من جامعة الازهر بمصر في 1979، ودكتوراة الحديث النبوي الشريف وعلومه من جامعة أم القرى باللملكة العربية السعودية في 1983م.
- عمل في جامعات: أم درمان الاسلامية والسلطان قابوس.
- للمؤلف عدة كتب واصدارات وأوراق علمية.

د. محمد عصام محمد عبد الماجد

- اختصاصي الباطنية الدكتور محمد عصام محمد عبد الماجد (MBBS، BLS، ALS، MRCP-UK الأجزاء الثلاثة) تخرج في كلية الطب بجامعة الخرطوم بالسودان 2008. أكمل التدريب الأساسي مع وزارة الصحة السودانية، ثم عمل كطبيب في قسم الطب الباطني بمستشفى جامعة الرباط بالسودان، ومستشفى أملج بوزارة الصحة بالمملكة العربية السعودية.
- اكمل تدريبه العالي لعضوية الكليات الملكية للأطباء في المملكة المتحدة (MRCP-UK) في أجزائه الثلاثة.
- درس في دورات التعليم والتعلم القائم على حل المشاكل في قسم الطب الباطني بجامعة السودان الدولية بالسودان.
- طبيب مسجل لممارسة المهنة لدى المجلس الطبي السوداني، وهيئة الصحة في أبو ظبي بالأمارات العربية المتحدة (HAAD)، والهيئة السعودية للتخصصات الصحية (SCHS) بالمملكة العربية السعودية.

- عضو كامل العضوية في جمعية الطب الحرج في المملكة المتحدة (SAM)، والجمعية الأوروبية لطب الطوارئ (EuSEM)، والجمعية الأوروبية للجهاز التنفسي (ERS).
- وهو أحد المراجعين النظراء مع مجلة العلوم الطبية والتجارب السريرية، والمجلة الإفريقية للعلوم الطبية.

تم الكتاب بحمد الله سبحانه وتعالى وبعونه وتوفيقه.

سبحانك اللهم وبحمدك لا إله إلا أنت نستغفرك ونتوب إليك